KB212719

All About Eyelash

속눈썹의 모든 것

권태일 · 김성언 · 김다롱 · 배주은 · 송진주 · 이정은 · 정은지 · 조예랑

메디시인

머 리 말

현대 사회는 아름다움에 대한 추구와 외모관리행동의 형태가 매우 다양하게 변화되고 있으며, '외모지상주의'라 할 만큼 외모에 대한 관심이 나날이 높아지고 있습니다.

첫인상은 타인에게 자신의 이미지를 각인시키는데 큰 역할을 하며, 특히 외모의 중심인 얼굴은 커뮤니케이션의 수단으로 매우 중요한 역할을 하게 됩니다.

얼굴에는 선천적인 요소도 있지만, 사회적·환경적 요소에 의해 변화되는 후천적인 요소를 담고 있어 대인관계에 지대한 영향을 미치기도 합니다.

외모에 대한 관심을 충족하기에 가장 효과적인 방법이 메이크업이며, 메이크업을 이용하여 자신의 개성을 표현하고 단점과 결점을 자연스럽게 보완하고 매력으로 승화시키기 위한 다양한 메이크업 기술이 개발 및 발전되고 있으며 자신감을 증진시키는 자기표현의 수단이 되고 있습니다. 아름다움을 표현하는 메이크업 중에서 눈화장이 가장 큰 부분을 차지하며, 본 교재에서는 눈을 돋보이게 하는 가장 효율적인 방법인 속눈썹 펌과 속눈썹 연장술의 모든 내용에 대해 저술하게 되었습니다.

1. 속눈썹 연장은 본인의 속눈썹에 가모를 붙여 속눈썹을 길게 연장하거나 다양한 기법으로 숱을 증모하여 속눈썹을 강조하는 기술입니다.
2. 속눈썹 펌은 속눈썹 전용 펌제를 이용하여 자연 속눈썹의 컬을 만들어 주는 기법으로 롯드를 이용한 다양한 펌 기법과 글루를 이용하지 않은 펌 기법으로 눈매를 강조할 수 있습니다.

속눈썹 연장과 펌은 마스카라나 기타 다른 제품없이 속눈썹을 돋보이게 하고, 깊고 진한 눈매를 표현할 수 있는 기술로 가장 각광받고 있으며, 메이크업 수정의 번거로움도 없고 인상형성에 있어서 매우 중요한 요인으로 작용하고 있습니다.

속눈썹 연장과 증모 및 속눈썹 펌 기법의 다양한 디자인 연출은 눈의 형태에 따라 조형하고자 하는 이미지에 적절한 가속눈썹의 굵기와 길이 및 컬의 형태를 선택하여 관리하고, 다양한 속눈썹의 색상과 질감 그리고 조형적 형태를 이용하여 매력적인 눈매를 완성합니다.

또한, 눈의 단점을 보완하여 눈매를 수정하고 각자의 개성을 살려 눈매를 수정 보완하여 매력적인 눈을 완성 시켜주기 위한 도구입니다.

본 교재는

PART 1. 속눈썹 미용의 개론으로 역사와 기초이론, 소독학으로 구성하였으며,

PART 2. 속눈썹 연장의 도구와 속눈썹 디자인 구도를 위한 도식화와 다양한 연장과 증모 기법들의 이론과 실제 및 연습 교본도 함께 구성하였으며,

PART 3. 속눈썹 펌의 모든 기초이론과 함께 컬과 길이에 따른 이론과 실제의 모든 내용으로 구성하였습니다.

속눈썹 분야에 대해 공부하시는 모든 분들께 본 교재에 수록된 내용들이 도움이 되기를 희망하며, 속눈썹 분야에 지침서로 도움이 되는 교재가 되었으면 합니다.

이 교재의 작업을 위해 고생하신 필자분들께 감사의 마음을 전합니다.
감사합니다.

계묘년 새 봄에
필자 대표

차례

PART I 미용개론

Chapter 01 속눈썹 미용 개론

Contents

Chapter 02 미용 개론

Chapter 03 소독과 위생

Chapter 04 고객 응대

차례

PART II 아이래쉬 익스텐션

Chapter 05 아이래쉬 익스텐션 도구 및 재료

Chapter 06 아이래쉬 익스텐션 기초 준비

차례

Chapter 09 러시안 볼륨

차례

차례

PART III 아이래쉬 펌

Chapter 15 아이래쉬 펌의 실제

Chapter 16 기초 테크닉 및 속눈썹 모의 진단

Chapter 17 아이래쉬 펌의 실습

차례

Chapter 18 아이래쉬 펌 후 관리사항

Chapter

1 속눈썹 미용(Eyelash Beauty) 개론

2 미용개론

3 소독과 위생

4 고객 응대

속눈썹 미용 Eyelash Beauty 개론

속눈썹의 정의

모발(毛髮, Hair)은 사람의 몸에 난 털을 통틀어 이르는 말로써 부위에 따라 두발(頭髮, Hair), 미모(眉毛, Eyebrow), 첩모(睫毛, Eyelash), 액모(腋毛, Armpit hair), 비모(鼻毛, Nose hair), 이모(耳毛, Ear hair), 음모(陰毛, Pubic hair) 등이 있다. 속눈썹은 지각이 매우 예민하여 먼지 등의 이물에 닿으면 아래위의 눈꺼풀을 닫아서 안구를 보호하며 아래위의 눈꺼풀 가장자리에 나 있는 길이 10mm 정도의 경모(硬毛, Terminal hair)의 한 종류이다.

속눈썹은 위쪽 눈꺼풀에 약 100~150개, 아래쪽 눈꺼풀에 약 70~80개 자라난다. 위 속눈썹이 아래 속눈썹보다 길고 촘촘하다. 환경 조건에 따라 눈썹의 길이와 개수가 변화한다. 예를 들어 대기 중 먼지가 많이 날릴수록 속눈썹이 길게 자라는 경향이 있어 도시인의 속눈썹이 시골 사람들보다 길게 자란다.

속눈썹 미용(Eyelash Beauty)의 역사와 전망

지난 수천 년 동안 남성과 여성 모두 전쟁이나 종교의식 그리고 미용을 목적으로 화장품을 이용하여 외모를 돋보일 수 있도록 하였다. 미(美)를 추구하는 것은 인간의 본능이라고 할 수 있지만, 민족마다 풍습, 생활 습관, 역사와 환경 등에 따라 다를 수 있다. 특히, 얼굴에서도 가장 두드러지는 눈에 주목하였으며, 길고 짙은 속눈썹이 눈을 아름답게 보이게 한다는 사실을 알고 눈 화장을 진하게 했다.

1. 속눈썹 미용의 역사

(1) 고대 이집트(Ancient Egypt, B.C.3000)

그림 1-1 클레오파트라(Cleopatra)

미용과 관련된 기록은 고대 이집트에서 시작되며, 실용적·보호적 기능을 가짐과 동시에 화려한 장식과 예술적인 문화로 발전하여 미용 역사의 기초가 되었다. 고대 이집트의 무덤에서 발굴된 벽화에는 눈 화장을 짙게 한 남녀의 모습을 확인할 수 있다. 화장법의 경우 주로 종교의식에 필요한 일종의 분장 같은 것이었으나 점차 장식의 개념으로 발전했다.

화장(Make up)은 고대 이집트의 클레오파트라(Cleopatra) 시대에 꽃을 피웠다. 강한 태양빛으로부터 눈을 보호하기 위해 코올(Kohl)을 사용하여 눈과 속눈썹이 강조되게 크게 만들고 물고기 형태로 길게 늘어뜨려 그렸는데, 이는 그들이 숭배했던 신과 더욱 가까워지려는 종교적 의미도 가진다고 할 수 있다. 구리 산화물의 반죽에 철과 망간을 혼합하여 만들어진 코올은 덩어리 모양의 석고로 만든 앨러배스터(설화석고, Alabaster) 병에 보관하며, 사용 시 침이나 동물성 기름(Animal fat)을 이용해서 촉촉하게 갠 다음에 나무 막대기나 상아로 펴 발랐다.

또한 곤충과 모래바람 등으로부터 눈을 보호하기 위해 눈가에는 말라카이트(공작석, Malachite)를 빻아 만든 아이섀도(Eye shadow)를 눈꺼풀과 속눈썹에 사용하였다. 그리고 무지개색을 띠는 딱정벌레 껍질을 빻아서 만든 최초의 아이 글리터(Eye glitter)를 남녀가 모두 사용했다. 고대 이집트인이 눈 화장을 위해 사용한 것이 오늘날의 아이라인, 아이섀도와 마스카라 등 눈 화장 시 사용하는 화장품의 기원이 되었다.

알칼리 성분을 함유한 나일강 유역의 점토로 이루어진 진흙을 모발에 바른 후 나무 막대에 감아서 태양의 직사광선을 이용하여 건조한 뒤 모발에 웨이브(Wave)를 만든 것이 오늘날 퍼머넌트 웨이브(Permanent wave)의 시초라 할 수 있다. 알칼리성 성분의 토양이 직사광선의 열을 받아 모발에 화학 변화를 일으켜 웨이브를 형성했다.

(2) 고대 그리스(Ancient Greece, B.C.1100~B.C.146)

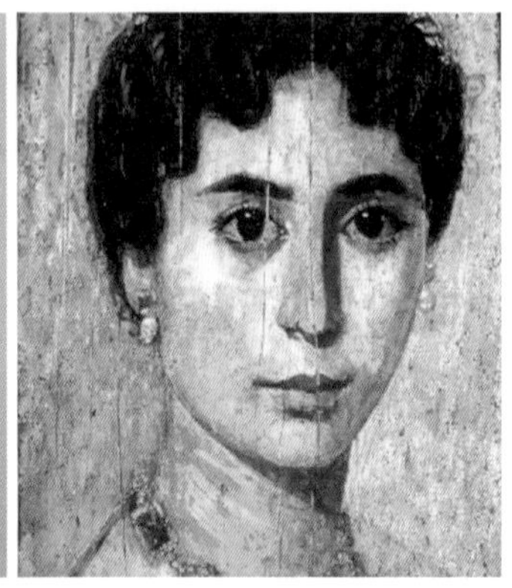

그림 1-2 고대 그리스의 화장

고대 그리스에서는 운동을 통한 건강미와 자연미 등을 추구하여 전체적인 균형에서 비롯되는 조화로움을 추구하였다. 몸단장이나 인위적인 장식을 비롯하여 화장품 사용을 전혀 용납하지 않았다. 남녀 모두 수욕(Hand bath) 후 향유를 바르는 것이 전부였으며, 남성들은 전투 참가 전에 목욕 의식을 하고 몸에 기름을 발랐다. 화장하는 여인은 판도라(Pandora)처럼 조화로운 자연의 섭리를 어기는 일종의 휴브리스(Hubris)라고 하여 정상을 벗어난 일을 저지르는 것으로 간주하였다.

고급 매춘 여성들인 헤타이라(Hetaira)만이 화장품을 사용하였으며, 이들에 의해 화장법이 전해지기 시작했다. 그리스 후대의 여성들은 피부를 채색하기 위해 백분으로 된 제품을 얼굴에 바르고 코올(Kohl)을 사용하여 눈썹을 단 하나의 선으로 이어지게 표현하였다. 이는 여성의 지성과 빼어난 아름다움을 나타내는 표시로 평가되었다.

고대 그리스의 물리학자 갈렌(Galen)은 이집트의 화장품 기록을 체계화하여 최초로 약학과 본초학을 접목시켜 과학화한 후 장미수, 벌꿀 왁스, 올리브기름을 섞은 콜드크림(Cold Cream)을 개발했다. 피부에 도포 시 수분이 증발하여 찬 느낌이 들며, 햇빛으로부터 피부를 보호해 주었다. 마사지와 병행 시 근육의 통증을 완화할 수 있었다.

① **수욕**(Hand bath) : 손을 물과 약액 등의 탕에 넣어 씻거나 따뜻하게 하는 것이다.

② **판도라**(Pandora) : 그리스 신화에 나오는 인류 최초의 여성으로 제우스가 프로메테우스로부터 불을 얻은 인간을 벌하기 위해 헤파이스토스를 시켜 진흙을 빚어서 만들게 하였다. 인간으로 태어난 판도라가 온갖 불행을 가두어 둔 상자를 호기심에 못 이겨 여는 바람에 인류의 모든 불행이 시작되었다고 한다. 사악한 아름다움과 치명적인 호기심을 상징한다.

③ **휴브리스**(Hubris) : 신의 영역까지 침범하려는 정도의 오만을 뜻하는 그리스에서 유래한 용어로 지나친 자신과 오만, 그리고 오만에서 생기는 폭력을 말한다.

④ **헤타이라**(Hetaira) : 고대 그리스의 교육을 받은 여성 책략가로 고급 창녀를 지칭한다.

그림 1-3 카라미스트럼(Calamistrum)

고대 그리스 여성들은 머리카락을 황금빛이 나는 금발의 자연스러운 형태의 웨이브를 형성하기 위해 스파이럴 형태의 금속 파이프 기구인 카라미스트럼(Calamistrum)을 사용하였다. 2개의 파이프 중 가느다란 쪽의 파이프를 화로 속에 넣어 뜨겁게 하고 굵은 쪽의 파이프 속에 넣어 머리카락을 기구에 감아 사용하였다. 이와 같은 기법은 오래 지속되었으며, 19C에는 석유램프를 이용하여 열을 가하게 되었다.

(3) 로마(Ancient Rome, B.C.753)

그림 1-4 파이윰의 초상화

문물의 교류가 행해지며 근동(Ancient Near East)의 화장품이 전해지게 되었고 고대 그리스로부터 전승된 미(美, Beauty)에 대한 엄격한 사고방식을 바꾸어 놓았다. 화장뿐만 아니라 손과 발의 손질이 흔히 이루어졌다. 고대 로마의 여성들은 길고 두꺼운 속눈썹이 아름다움의 기준으로 생각하여 코올(Kohl)과 태운 코르크(Burnt cork)를 이용하여 눈썹과 속눈썹을 검게 칠하는 화장이 성행하였다. 고대 로마인은 목욕을 즐겼으며, 다양한 온도의 탕에서 수천 명의 군중이 동시에 목욕할 수 있는 공중목욕탕이 만들어졌고 이로 인해 사교의 장이 되기도 하였다.

(4) 중세 시대(5~15C)

그림 1-5 중세 시대의 여인

종교적 전쟁으로 일어난 십자군 전쟁(11~14C)은 서유럽의 화장품을 소개하는 계기가 되었으나 기독교의 금욕주의 영향으로 화장을 경시하는 풍조가 생겨나 여성이 신체를 가꾸고 화장을 하는 행위를 엄격히 제한하고 금지하였다. 여성들은 어떠한 것이든지 남성적 이미지를 남기지 않고자 몸의 털을 제거하기 위해 뜨거운 바늘을 모낭 깊이 집어넣어 모낭을 제거하였다. 또한 창백한 이미지를 만들기 위해 밀가루 파우더를 피부에 칠하였고 눈 화장은 전혀 하지 않았으며, 외출 시에는 베일로 얼굴을 덮었다.

십자군 전쟁 이후 회교도의 풍습이 전해져서 여성들 사이에 아름답게 치장하는 것에 관한 관심이 다시 나타났다. 흰 피부를 위해 흰색과 핑크색의 수용성 안료를 사용하였고 피를 뽑아내어 빈혈이 발생하기도 하였다.

(5) 르네상스(Renaissance, 14~16C)

그림 1-6 엘리자베스(Elizabeth) 1세 여왕

인간을 위한 인간중심의 순수한 미의식의 회복을 추구하였다. 인간의 몸을 스스로 아름답게 꾸미기 시작하여 과장되고 화려한 의복과 화장을 즐겼다. 셰익스피어(Shakespeare)의 희극 속에서 화장하는 것을 페인팅(Painting)으로 기록하였다.

엘리자베스(Elizabeth) 1세 여왕의 스타일은 동시대 여성들에게 거대한 영향을 끼쳤다. 피부는 창백하고 투명하게 표현했으며, 둥글고 넓은 이마를 드러내기 위해 헤어라인을 정리하고 머리를 뒤로 넘겨 장식하였다. 활처럼 끝이 가는 눈썹을 위해 대부분의 털을 뽑아 제거하였다. 입술과 볼에 가볍게 색조화장을 하며 진한 색을 피하였다.

(6) 바로크(Baroque, 17C)

그림 1-7 무슈(애교점, Mouches)

일그러진 진주를 의미하는 바로크 시대에는 청교도들의 제약에도 화장이 점점 두껍고 화려해졌다. 천연두에 의한 흉터를 감추기 위해 사용하기 시작한 애교점(무슈, Mouches)은 이후 흰 피부를 강조하고 이성의 관심을 끌기 위해 사용되었다. 초기에는 점과 같이 원형을 부착하였으나, 점차 별과 초승달 등 여러 가지 다양한 모양을 부착하였다.

프랑스의 루이 13세(Louis XIII)와 같이 물결이 이는 파도와 같은 곱슬머리를 관자놀이로부터 러프(Ruff) 또는 레이스(Lace)의 칼라(Collar)에 내려뜨리는 것이 성행하여 앞 중앙에 가르마를 타고 전체적으로 컬을 하여 늘어뜨린 형태의 페리 위그(Peri wig) 또는 풀 바텀 위그(Full bottomed wig)라는 가발을 사용하기 시작했다.

① **러프**(Ruff) : 16~17세기에 유럽에서 남녀가 사용한 주름진 옷깃이다.

② **레이스**(Lace) : 서양식 수예 편물의 하나로 무명실이나 명주실 따위를 코바늘로 떠서 여러 가지 구멍이 뚫린 무늬를 만든다. 주로 옷의 장식이나 책상보, 꽃병 받침 따위를 만드는 데에 쓰인다.

③ **칼라**(Collar) : 양복이나 와이셔츠 따위의 목둘레에 길게 덧붙여진 부분이다.

러프 칼라(Ruff Collar) 레이스 칼라(Lace Collar)

그림 1-8 러프 칼라(Ruff Collar)와 레이스 칼라(Lace Collar)의 비교

(7) 로코코(Rococo, 18C)

그림 1-9 뷰티 패치(Beauty patch)

화장품의 제조는 더욱 활발해졌으며, 화려한 화장을 위해 흰 피부를 표현하고자 납과 수은이 첨가된 화장품을 무분별하게 사용하여 피부 화장이 두꺼워졌다. 눈에 열정을 부여한다는 이유로 남녀 모두 눈 아래에도 두꺼운 화장을 하였다. 숱이 적은 눈썹을 보완하기 위해 인조 눈썹을 사용하였으며, 뺨의 약간 아랫부분을 붉게 칠하여 상기된 느낌을 연출하였고 볼록한 뺨을 연출하기 위해 플럼프(Plump)라는 호두를 입에 물기도 하였다.

바로크 시대부터 이어진 애교점은 검은 벨벳 등의 천 조각과 종잇조각을 사용하여 별과 초승달 등 다양한 형태로 잘라 붙이는 뷰티 패치(Beauty patch)가 유행하였다. 뷰티 패치를 넣고 다니는 패치 박스(Patch box) 등은 당시 장신구로 큰 몫을 차지하였다.

그림 1-10 마리 앙투아네트(Marie Antoinette)

마담 퐁파두르(Madame de Pompadour)에 의해 머리카락을 뒤로 빗어 넘겨 부풀리지 않은 머리 형태인 퐁파두르(Pompadour)가 유행하였으나, 프랑스의 왕비였던 마리 앙투아네트(Marie Antoinette)로 인해 거대해지고 높아졌다. 남성들의 가발 또한 다양해졌고, 항상 백색 파우더를 뿌렸으며, 살롱(Salon)에서의 에티켓(Etiquette)으로 여기게 되어 남녀노소 모두 과도하게 사용하였다.

(8) 근세(Early modern period, 19C)

19C 중반 산업 혁명의 영향으로 공업과 화학기술의 발달로 화장품 제조기술이 발달하였다. 청교도에 의한 시민혁명을 통해 강한 화장은 사라지기 시작하여 대부분 화장을 하지 않았다. 위생과 청결을 중요하게 여기게 되어 비누의 사용이 보편화되었으며, 향수만을 사용하여 자연스러움을 강조하게 되었다. 자연주의 사상으로 자연스러운 화장이 주조를 이루었으며, 진하고 두꺼운 화장은 연극이나 무대에 한정되어지게 되었다.

볼연지와 입술화장은 여전히 메이크업의 중심으로 선호하였으나, 점차 속눈썹에 대한 관심이 높아졌다. 속눈썹 끝을 자르거나 매일 저녁 물과 호두 잎을 섞어 속눈썹을 씻으면 속눈썹이 잘 자랄 수 있다는 속설이 나타났다.

1830년 영국계 프랑스인 화학자인 림멜(Rimmel)이 석탄가루와 바셀린(Vaseline)을 섞어 판매한 제품이 전 유럽에 선풍적인 인기를 끌었다. 1880년 이후 여성의 미에 대한 생리적·본능적 욕구는 사회 분위기의 변화와 함께 되살아나기 시작하여 색조 메이크업이 유행하였다.

그림 1-11 마르셀 웨이브(Marcel Wave)

1875년 헤어디자이너 마르셀 그라토(Marcel Grateau)는 아이롱(Iron)을 이용한 마르셀 웨이브(Marcel Wave)를 개발하였다. 헤어 스타일링기의 열을 이용하여 파도와 같은 물결 모양으로 곱슬곱슬하게 정리하였으나, 일시적인 것으로 머리를 감거나 수증기의 접촉에 의해서 웨이브가 없어지게 되는 결점이 있었다.

(9) 20C(1900년대 이후)

① 1900년대

그림 1-12 베시 배리스케일(Bessie Barriscale)

과학이 급속도로 발전하면서 교통과 통신 등의 여러 분야에서 발달이 이루어졌다. 엘리자베스 아덴(Elizabeth Arden)과 헬레나 루빈스타인(Helena Rubinstein)은 미용제품을 출시하고 화장품 산업을 개척하기 시작했다. 1909년 러시아 발레단의 파리 공연을 계기로 동양적이며 신비로운 강한 색조가 인기를 끌었다.

베시 배리스케일(Bessie Barriscale)과 같이 눈을 옆으로 길어 보이게 하는 눈썹처럼 동양적인 분위기의 눈 화장도 유행하였다.

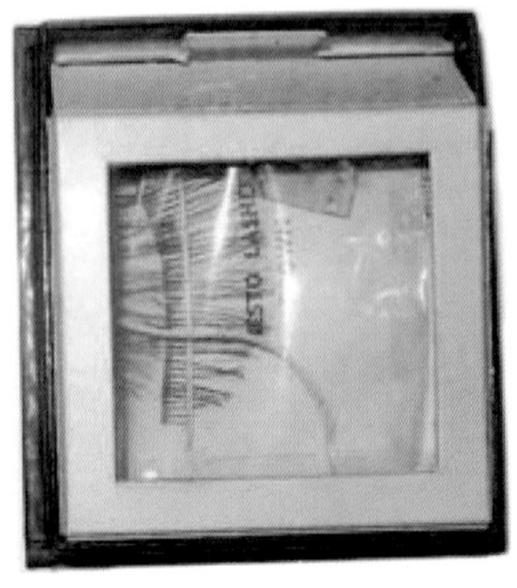

그림 1-13 네스토래쉬(Nestolashes)

1902년 찰스 네슬러(Charles Nessler)는 사람의 머리카락에 부레풀(Isinglass)을 사용하여 만든 인조 속눈썹인 네스토래쉬(Nestolashes)를 개발하였다. 1906년 붕사(Borax)와 같은 알칼리제가 모발의 화학변화를 일으켜 웨이브를 영구적으로 지속시키는 데 효과가 있다는 것을 발견하였고, 알칼리성 수용액으로 적신 모발을 막대기에 열을 가하여 퍼머넌트 웨이브(Permanent wave)를 성공하였다. 그러나 두피에서 말기 시작하여 모발 끝으로 말아가는 방식의 스파이럴 웨이브(Spiral Wave) 형태로 긴 모발에만 시술할 수 있다는 제약이 있었다.

① **부레풀**(Isinglass) : 물고기의 공기주머니인 부레를 말려 두었다가 물에 넣어 끓여서 만든 접착제

② **붕사**(Borax) : 붕산의 수소 원자가 금속 원소로 치환된 염으로 붕산 나트륨이 있다. 알칼리성 용액 중에서 과산화수소와 붕산염이 반응하여 만드는 과산화 붕산염은 산화제로 사용된다.

② 1910년대

1914년 제1차 세계대전으로 사회에 큰 변화를 가져왔다. 여성들이 남성의 일터에 진출하기 시작하였고 직업을 가지게 된 여성의 수가 늘어나면서 여성의 권리에 대한 목소리가 높아지기 시작했다. 1911년 안나 테일러(Anna Taylor)는 미국에서 초승달 모양의 천 조각을 사용하여 디자인한 인조 속눈썹에 대한 특허를 받았다.

그림 1-14 시나 오웬(Seena Owen)

1916년 영화감독 데이비드 워크 그리피스(David Wark Griffith)는 표정을 통해 감정을 표현하는 무성영화에서 길고 굵은 속눈썹은 눈에 시선을 집중시켜 배우의 표현력을 풍부하게 만든다는 것을 알고 자신의 영화를 위해 여배우 시나 오웬(Seena Owen)에게 인조 속눈썹을 부착하도록 요구하였다.

실제로 사용된 인조 속눈썹은 가발 제작자가 만든 것으로 실크 또는 거즈 소재에 머리카락을 붙여 만들었다. 하지만 당시의 인조 속눈썹(False Eyelash)은 일반적으로 미용을 위해 사용하는 것이 아니었고, 이를 부착하기 위한 안전한 접착제가 없었으며, 눈에 부착 시 스피릿 검(Spirit gum)을 사용하였다. 이렇게 촬영된 영화를 통해 대중에게 인조 속눈썹이 알려지기 시작했다.

그림 1-15 테다 바라(Theda Bara)

테다 바라(Theda Bara)는 창백한 얼굴, 움푹 꺼진 눈과 빨간 입술로 스크린에 등장하였다. 숯으로 그린 것 같은 새까맣고 일자형의 양쪽이 대칭을 이루지 않는 다소 어색한 눈썹을 그렸으며, 게슴츠레한 눈을 표현하기 위해 음영을 강하게 넣었다.

1917년 마벨 윌리엄스(Mabel Williams)는 석탄가루와 바세린(Vaseline)을 섞어 속눈썹을 진하고 풍성하게 만들었다. 최초의 마스카라인 래쉬 브로우 인(Lash-Brow-Iin)을 출시하였고, 이는 메이블린(Maybeline) 브랜드로 성장하였다.

1909년 이후 러시아 발레단의 파리 공연과 동양의 영향을 받아 오리엔탈(Oriental) 붐이 일어났고, 동양적인 신비스럽고 강한 색조가 유행하였다. 제1차 세계대전(1914~1918) 동안 화장품 산업의 규모가 작아졌으며, 짙은 화장은 저속하다고 여겼지만, 프랑스 파리의 여배우들의 대담하고 화려한 화장을 통해 일반 여성들에게 퍼져나갔다.

③ 1920년대

그림 1-16 클라라 보우(Clara Bow)

제1차 세계대전 후 서구는 정치, 경제와 문화적으로 많은 변화를 겪게 된다. 젊고 새로운 것에 대한 강조가 두드러지게 나타났으며, 자유를 추구하는 반항적이고 젊은 세대를 일컬어 플래퍼(Flapper)라고 하였다. 이들은 전통적인 보이쉬(Boyish)한 이미지를 위해 긴 머리를 과감히 잘라낸 보브 컷, 하얀 얼굴, 검고 가늘게 그려진 눈썹과 붉은 입술이 특징이었다. 이와 반대로 클라라 보우(Clara Bow)는 흰 피부에 눈썹을 뽑아 초승달과 같이 가늘게 다듬었고 눈의 위·아래를 짙게 표현하였으며, 눈꺼풀에 아이홀(Eye hole)을 중심으로 음영을 주어 처진 눈매를 연출하였다.

인조 속눈썹을 사용하여 깃털만큼 긴 속눈썹을 연출하기도 했다. 핑크색 볼과 큐피트의 활(Cupid's bow)이라고 불리는 빨간 입술로 전형적인 요부의 이미지를 표현하였다. 엘리자베스 아덴은 방수 마스카라(Waterproof Mascara)를 개발하였다. 헬레나 루빈스타인(Helena Rubinstein)은 여배우 테다 바라(Theda Bara)를 위하여 마스카라를 고안하였고, 이전의 제품에 비해 흘러내리지 않았다.

찰스 네슬러(Charles Nessler)는 불안전한 기구를 사용하였고, 웨이브가 형성되기까지 많은 시간이 소요되었다. 또한, 퍼머넌트 웨이브 시 사용하는 약품의 처방을 공개하지 않아 대대적인 보급은 불가능했다. 이후 많은 과학자들의 연구를 통해 1920년대부터 퍼머넌트 웨이브는 급격히 유행하기 시작했다. 1925년 죠셉 메이어(Joseph Meyer)가 모발의 끝에서 두피를 향해 와인딩하는 크로키놀 와인딩 기법(Croquignole Winding)을 착안하여 짧은 모발도 웨이브가 가능해졌다.

④ 1930년대

전쟁의 후유증이 가시지 않은 상태에서 전 세계적으로 대공황이 시작되었다. 산업의 진보는 계속 이루어져 화장품 산업도 속속 개발되면서 급속히 성장하였다. 불황이라는 시대적 상황에도 불구하고 여성들의 화장을 비롯한 패션 시장에 대한 관심은 여전히 계속되었다. 1920년대의 인위적인 어색함을 덜어내어 보다 자연스러움을 추구하기 시작했다.

아이섀도는 누드 톤의 갈색을 사용하여 자연스럽게 연출하였고 검은 아이라인으로 관능적인 효과를 주기 위해 위·아래 선명하게 그렸다. 긴 속눈썹을 사용하여 눈매에 신비함을 연출하였다. 눈썹의 형태는 일자형에서 아치형으로 형태만 변하였으나 눈썹을 완벽하게 손질하여 말끔하게 정리하고 가늘고 섬세하게 그리는 것은 유지되었다.

그림 1-17 그레타 가르보(Greata Garbo)

그레타 가르보(Greata Garbo)는 관능적인 이미지를 주기 위해 눈꼬리 부위를 검은 아이라이너로 짙게 그렸고 인조 속눈썹과 마스카라를 짙게 하였다. 눈은 깊어 보이도록 흰색 하이라이트를 주고 아이홀을 강조하였다. 영화배우들의 영향으로 일반 여성이 인조 속눈썹을 착용할 수 있게 되었다. 마조리 A. 버크(Marjorie A. Birk)는 필라멘트(Filament)에 사람의 머리카락을 묶어서 매듭짓는 기법을 사용하여 블랙 아이 텝 스트립 래쉬(Black Eye-Teb Strip Lashes)라는 인조 속눈썹을 출시했다.

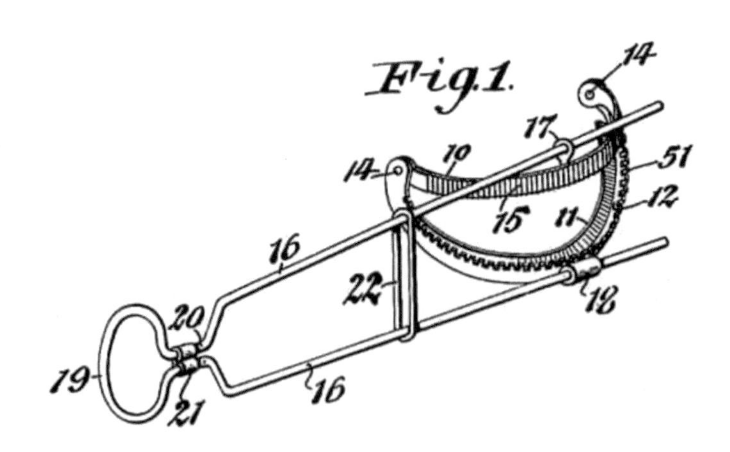

그림 1-18 최초의 아이래쉬 컬러(Eyelash Curler)

윌리엄 맥도넬(William Mcdonell)은 출시된 인조 속눈썹과 사람의 속눈썹 컬이 맞지 않는 부분을 발견하였고 이를 개선하기 위해 발명한 컬래쉬(Kurlash)는 스테인레스 스틸(Stainless Steel)로 만들어졌다. 현재 속눈썹을 말아 올리는데 사용하는 뷰러(아이래쉬 컬러, Eyelash Curler)와 크게 다르지 않다.

일부 미용실에서는 자연 속눈썹에 인조 속눈썹을 부착하는 시술을 서비스로 제공하였다. 고객의 속눈썹에 하나씩 부착하는 속눈썹 연장을 하였으나, 시간이 많이 소요되는 단점이 있었다.

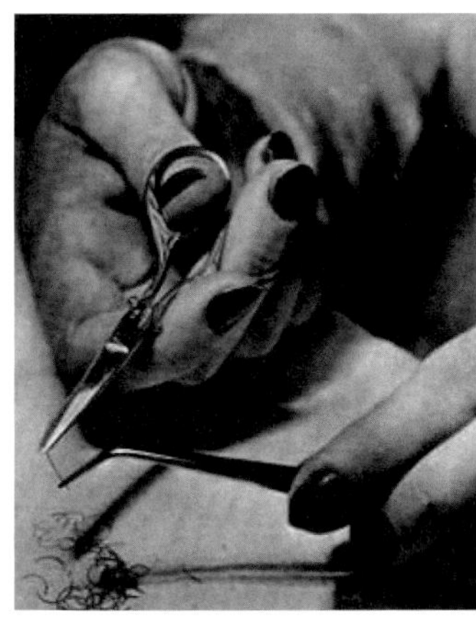
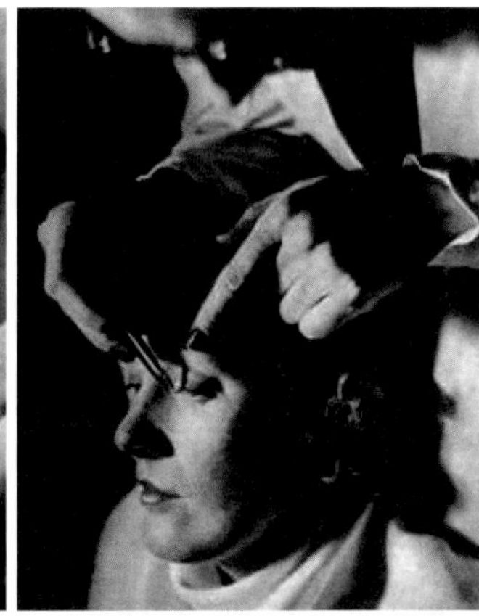

그림 1-19 최초의 속눈썹 연장

전기를 사용하지 않는 가열방식으로 약품의 화학반응에 의해 얻어진 기계적 퍼머넌트 웨이브가 고안되었다. 위험한 가열 기구를 사용하는 번거로움이 해소되어 세계적으로 보급되었다. 어깨 위로 웨이브 컬을 많이 넣거나 핑거 웨이브(Finger wave)처럼 여성스럽고 우아한 모양의 웨이브가 선호되었다.

기름을 바른 머리에 손가락을 사용하여 웨이브를 만드는 핑거 웨이브가 유행하였고, 옆 가르마를 하고 아래의 모발을 내려 귀 뒷부분에 크게 소용돌이를 만드는 스타일과 옆이나 가운데 가르마를 하고 웨이브나 컬을 만들거나 핀을 꼽고 머리를 뒤로 느슨하게 묶어 늘어뜨리는 스타일도 함께 유행하였다.

미국의 록펠러 의학 연구소(Rockefeller Institute of Medical Research)에서 연구를 통해 모발은 약한 염기성 용액에 의해 상온에서 쉽게 변화시킬 수 있다는 것을 알게 되었다. 이는 실온에서도 퍼머넌트 웨이브를 얻을 수 있는 가능성을 확인했다.

1936년에는 스피크만(J.B. Speakman)은 아황산수소나트륨(Sodium bisulfite)을 이용하면 40℃의 온도에서 퍼머넌트 웨이브를 얻을 수 있다는 것을 발견했다. 기존의 알칼리와 열에 의한 퍼머넌트 웨이브는 단백질의 구조인 시스틴 결합(Cystine bond)을 변형시키고 모발 손상을 초래하였다. 이를 보완하고자 시술시간이 짧은 콜드 퍼머넌트 웨이브(Cold permanent wave)를 창시하였다.

콜드 퍼머넌트 웨이브는 열을 사용하지 않고 상온에서 제1제인 염기성 파마약을 모발에 발라 스며들게 한 후 시스틴 결합을 절단하였다. 원하는 모양으로 와인딩(Winding) 한 후 일정한 시간이 지나면 제2제인 산화제를 사용하여 본래의 시스틴 결합으로 돌아오게 하여 머리 모양을 고정하였다. 이후 모발의 단백질 화학 구조가 해명되어 시스틴 결합을 절단하는 연구가 계속되었다.

⑤ 1940년대

경기 침체에서 조금씩 벗어날 무렵 유럽에서 다시 제2차 세계대전(1939~1945년)으로 궁핍한 생활 속에서도 메이크업과 헤어 스타일 등을 관리하기 위한 노력은 계속되었다. 구두약을 사용하여 속눈썹과 눈썹을 꾸몄으며, 레드 와인을 사용하여 입술을 붉게 만들었다.

그림 1-20 베로니카 레이크(Veronica Lake)

전쟁 중 군인들이 좋아하던 관능적인 모습의 핀업 걸(Pin up girl)이 등장하였다. 메이크업은 다소 두껍고 다소 각진 형의 선명한 눈썹을 연출하였고, 아이펜슬로 아이라인을 그릴 때 눈꼬리를 강조하며 마스카라를 자연스럽게 바른 뒤 인조 속눈썹을 덧붙였다. 볼륨감이 느껴지는 다소 두꺼운 붉은 입술을 표현하여 섹시미를 연출하였다. 당시에 인기 있었던 핀업 걸은 베로니카 레이크(Veronica Lake)와 리타 헤이워스(Rita Hayworth) 등이 있다.

제2차 세계대전이 끝날 무렵, 에릭(Eric Aylott)과 데이비드(David Aylott) 형제는 메이크업 아티스트로서 일을 시작했다. 당시에 출시된 인조 속눈썹의 품질이 만족스럽지 않아 자신의 브랜드인 아일루어(Eylure)를 만들었다.

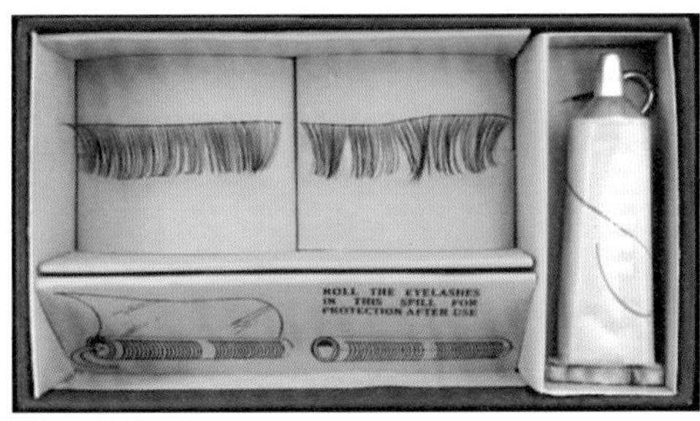

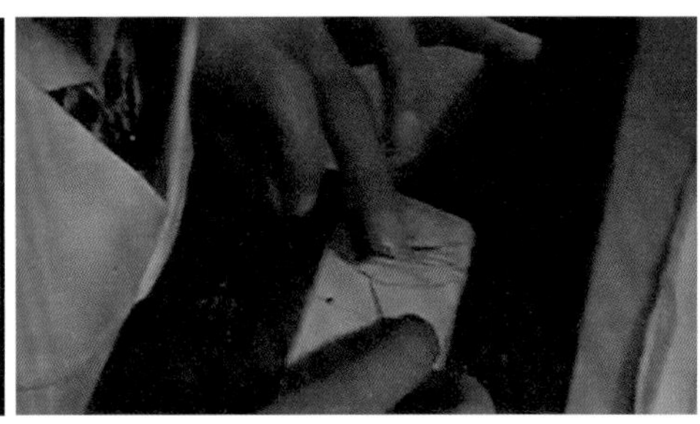

그림 1-21 아일루어(Eylure)의 최초의 속눈썹

아일루어는 가발 제작 방법을 인조 속눈썹 제작에 접목시켰다. 민두에 부착된 내유성 종이(Grease proof paper) 위에 나일론 실(Nylon thread)을 연결하여 머리카락을 매듭지어 만든 인조 속눈썹을 래쉬 픽스(Lashfix)라고 하는 속눈썹 접착제와 함께 박스에 담아 판매하였다.

1947년 미국의 FDA(식품의약품국)에 의해 치오글리콜산(Thioglycolic Acid)의 제조방법이 비교적 간단하면서 보건위생상 무해하고 비교적 냄새가 적으며, 효과적인 웨이브를 얻을 수 있다는 것을 인증받았다.

⑥ 1950년대

전쟁이 끝난 후 남성들이 다시 돌아오고 여성들이 가사에 충실하게 되면서 가정적이고 순종적인 여성을 사회의 이상형으로 여기는 사회적 분위기가 형성되었다. 경제적인 부흥으로 인하여 부와 풍요로움을 가지게 되었고 실용적인 것을 강조하던 풍조에서 벗어나 사치 성향의 상품 소비에 관심을 기울였다.

영화 스타들의 모습이나 화장이 여성의 외모에 영향을 주었고 인위적인 여성스러움을 강조한 화장과 의복이 확산되었으며, 아이메이크업(Eye make up)에 사용되는 아이섀도는 그것을 바르는 사람에게 어울리는 것보다 함께 매치된 의상과 잘 어울리는 것이 중요했다.

그림 1-22 오드리 헵번(Audrey Hepburn)

영화 로마의 휴일(Roman Holiday)에서는 오드리 헵번(Audrey Hepburn)의 귀엽고 발랄한 느낌을 표현하기 위해 다소 굵고 각진 형태로 눈썹을 진하게 그렸다. 아이라이너를 굵게 끝을 올려 표현함에 따라 여성스러움과 발랄함을 강조했다.

영화 사브리나(Sabrina)로 짧은 커트로 인한 머리의 허전함을 보완하기 위해 이어링(Earing)이 유행하였고 두꺼운 눈썹 화장법이 1950년대의 화장법에 전반적으로 영향을 끼쳤다.

그림 1-23 마릴린 먼로(Marilyn Monroe)

마릴린 먼로(Marilyn Monroe)는 눈매를 강조하기 위해 아이라이너를 굵게 끝을 올려 그리고 인조 속눈썹을 붙인 다음 마스카라를 사용하였다. 붉은색의 입술 위에 바세린으로 광택을 낸 윤기 있는 입술은 관능미를 표출하였다. 이로 인해 성이 상품화되는 상업적 분위기에 일조하였다.

그림 1-24 아일루어(Eylure)의 인조 속눈썹 패키지

아일루어(Eylure)는 인조 속눈썹을 포장하기 위해 눈과 같이 둥근형의 플라스틱 판에 부착하여 판매하였다. 인간의 머리카락이나 직물로 만든 인조 속눈썹이 아닌 아이섀도를 닮은 색으로 칠해진 투명한 플라스틱 스트립에 제작한 최초의 인조 속눈썹이 출시되면서 대중에게 더욱 큰 호응을 얻게 되었다. 특히, 눈에 사용 시 부착과 제거가 어려웠던 기존의 인조 속눈썹과 달리 쉽게 제거가 가능하여 위생적으로 사용이 가능했다.

제2차 세계대전 후 경제적 성장과 함께 콜드 퍼머넌트 웨이브제가 대량 생산되고 대중화되어 현재에 이르고 있으며, 퍼머넌트 웨이브란 콜드 퍼머넌트 웨이브를 지칭하게 되었다.

⑦ 1960년대

급변하는 세계 정세 속에서 과학기술이 급속히 발전하고 생산의 증가로 인한 소비가 중시되는 소비문화가 지속되었다. 또한, 미에 대한 가치 개념이 변화되면서 화장이 사회 구성원에 따른 다양한 미의 표출 수단으로 새롭게 전개되었다. 상업주의적 패션 산업의 영향으로 극단적이고 대담하게 표현되었다.

그림 1-25 트위기(Twiggy)

트위기(Twiggy)는 젊고 매력적인 여자를 뜻하는 돌리 버드(Dolly bird)라고도 불렸다. 아이와 같은 외모를 위해 눈에 다양한 컬러의 아이섀도, 어두운 아이라이너, 마스카라와 인조 속눈썹을 사용하여 아이 메이크업을 했다. 마스카라를 바른 후 속눈썹을 정리하고 인조 속눈썹을 한 가닥씩 부착하였고 약 3주간 지속되었으며, 가늘고 긴 것을 선호하였다.

밍크, 검은 담비, 바다표범 또는 인모로 만들어진 인조 속눈썹을 좋아하는 사람은 한 번에 세 개씩 붙이기도 했다. 두 가지의 다른 색으로 만든 이중 인조 속눈썹도 있었다. 속눈썹 길이를 늘리는 도구(Lash lengthener)는 일반 마스카라와 사용법이 같았다. 레브론(Revlon)의 제품은 파뷸래쉬(Fabulash)라고 불렸고, 브러쉬 온 마스카라(Brush on mascara)와 마찬가지로 판매되었다.

그림 1-26 안드레아(Andrea)의 아이 덴티파이(Eye-dentify)

인조 속눈썹은 여성을 위한 제품이라고 말하면서 눈의 형태에 따라 부착 방법에 대해 제시하였고, 눈꺼풀 한가운데에 붙이는 부분 속눈썹인 드미 래쉬(Demi lashes)는 튀어나온 눈에 붙이는 것이 제격이라고 하였다. 점점 눈을 강조하는 인조 속눈썹의 종류가 증가하였고, 글리터 래쉬(Glitter lash)라고 불리는 금과 은 또는 에나멜 가죽(Patent leather)과 같은 검은 광택을 가진 아래 속눈썹용으로 사용되는 특별 속눈썹도 판매하였다.

또한, 자연주의적 경향으로 엘리자베스 아덴의 남성 메이크업 아티스트인 파블로 만조니(Pablo Manzoni)는 새, 동물, 나비와 꽃들의 형상을 얼굴과 눈 주위에 그려 넣어 화려하고 자유분방함을 표현하였다. 또한 기하학적이며 인위적인 형태와 상업주의에 대한 반발로 새로운 이상을 추구하는 집단인 히피(Hippy)가 출현하였다. 얼굴과 몸에 추상적인 색채와 꽃무늬 등을 그리며 이국적이거나 민속적인 패턴이 등장하게 되었다.

Point

① **파뷰래쉬**(Fabulash) : 레브론(Revlon)의 인조 속눈썹 제품
② **브러쉬 온 마스카라**(Brush on mascara) : 레브론(Revlon)의 마스카라 제품

⑧ 1970년대

전 세계적으로 불황을 겪은 어려운 시기였으나 여성들의 사회적 영향력과 사회참여에 대한 의식이 날로 높아지면서 자기 직업을 중시하는 인식이 확산되었다. 1971년 메이블린(Maybeline)에서 현재의 마스카라 형태인 그레이트 래쉬(Great Lash) 마스카라를 출시했다.

페미니즘(Feminism)은 가부장적인 남성 권위가 지배하는 사회체제를 비판하였고 자기 일을 위해 열심히 활동하는 여성의 모습은 '현대적 여성'의 이미지로 새롭게 주목받았다. 미에 대한 관념이 바뀌기 시작하였고, 인조 속눈썹과 마스카라 등의 화장품 시장의 성장이 잠시 주춤하였다.

내추럴 메이크업(Natural make up)이 성행하였고, 글래머러스한 룩을 완성하기 위해 아이라인은 생략하였다. 촉촉하게 젖은 입술 표현을 위해 립글로스(Lip gloss)를 애용하였다. 여성들은 낮 동안에는 전문적인 여성을 표현하고자 메이크업을 거의 하지 않았다.

그림 1-27 펑크(Punk)

이상적인 아름다움에 대한 비평이 펑크(Punk) 운동에 의해 나타났다. 젤을 바른 뿔 모양의 헤어를 하거나 밝게 염색한 체로키 헤어커트(Cherokee Haircuts)를 하였다. 눈, 입술과 손톱 등을 검은색으로 진하게 표현하였고 사납게 보이기 위해 문신과 피어싱(Piercing)을 사용하여 파괴적 이미지를 보여주어 사람들로 하여금 소름 끼치게 하였다. 이러한 메이크업은 주로 펑크 로커들에 의해 행해졌다.

⑨ 1980년대

1980년대는 전 세계적으로 경제적인 고성장을 이루었으며, 경제적 부를 최고의 가치로 여기는 황금만능주의가 만연하였다. 다양한 개성을 표현하는 포스트모더니즘(Postmodernism) 경향이 생겨나고 이는 사회 전반에 큰 영향을 미쳤다. 여성의 사회 진출이 활발해지면서, 직업을 가진 여성들은 강인한 여성의 이미지를 부각시켰다. 브룩 쉴즈(Brook Shields)는 진한 눈썹과 뚜렷한 얼굴, 화장을 거의 안한 듯한 자연스러운 피부 표현을 하면서 얼굴 윤곽을 강조하는 메이크업을 유행시켰다.

펑크(Punk)에서 파생된 음악인 디스코(Disco)의 열풍으로 펄(Pearl)이 함유된 화려하고 다양한 컬러가 유행하였다. 화려한 디스코 댄스에 어울리는 화려한 메이크업을 하였다. 눈썹 아래의 모든 눈꺼풀에 진한 컬러로 베이스를 깔고, 쌍 겹에는 더 진한 컬러로 그라데이션(Gradation)을 하였다. 특히, 화려한 디스코 댄스에 어울리는 금색과 갈색 등 펄이 함유된 다양한 컬러의 아이섀도와 마스카라를 사용하였다.

마돈나(Madonna)처럼 육감적이고 파워풀한 여성이 선호되었다.

그림 1-28 마돈나(Madonna)

마돈나를 시작으로 한 세계적인 스타들의 영향으로 다시 화려한 스타일의 메이크업이 유행하였다. 시세이도(Shiseido)에서 셀룰로오즈(Cellulose)를 이용해 마스카라의 수명을 늘리고 속눈썹을 풍성하게 보일 수 있는 제품을 만들었다. 1980년대 후반에 들어오면서 건강한 피부에 대한 관심이 높아지자 초반의 화려한 색은 사라지고 여성스러움이 강조된 내추럴 메이크업(Natural make up)이 유행하기 시작하였다.

⑩ 1990년대

1980년대 컴퓨터가 보급된 이후 인터넷의 급속한 확산으로 산업 사회에서 정보화 사회로 변화되는 시기였다. 과거의 모든 스타일을 자유롭게 융합하고 재해석하여 표현하는 복고주의(Misoneism) 경향을 반영하는 신복고풍(Newtro style) 메이크업은 1920~1960년의 가는 아치형 눈썹, 과장된 아이라인과 인조 속눈썹을 각자 개성에 맞게 연출하였다.

그림 1-29 케이트 모스(Katherine Ann Moss)의 에콜로지(Ecology)풍 메이크업

케이트 모스(Katherine Ann Moss)는 자연으로 돌아가자는 에콜로지(Ecology)풍의 메이크업으로 투명함과 순수함을 표현하였다. 자연스러운 피부 톤에 피치, 연한 브라운 등의 누드 컬러를 사용하여 자연스러운 아이 메이크업을 하였다.

반대로 퇴폐적인 이미지의 스모키 메이크업(Smokey make up)이 유행하였는데, 이는 영화 속의 팜므파탈(Femme fatal)처럼 눈가에 짙은 안개가 피어오르듯 신비로운 눈매를 그윽하게 표현하는 관능적인 메이크업을 말한다. 21세기의 밀레니엄에 대한 막연한 동경과 두려움으로 그레이 또는 실버 등의 메탈릭(Metallic)한 색상과 펄과 반짝이를 사용하여 사이버 이미지를 표현하기 위해 아방가르드(Avant-garde)식의 메이크업이 등장했다.

(10) 현대(2000년대 이후)

2000년대로 접어들면서, 과장되고 진한 화장보다 깨끗한 피부 표현과 수분감이 느껴지는 자연스러움을 강조하는 내츄럴 메이크업이 선호되기 시작했다. 전형적이고 서구적인 미인의 조건을 갖춘 얼굴이 아닌 개성 있는 얼굴에 대한 선호가 높아졌다. 특히, 인조 속눈썹에 따라 속눈썹이 더 길고 풍성해질 뿐 아니라, 눈매가 더 또렷하고 커보이게 하여 이미지 연출에 큰 영향을 미친다는 것을 알고 속눈썹 연장(Eyelash extension)과 속눈썹 펌(Eyelash Perm) 등 속눈썹과 관련된 미용이 일본과 한국을 중심으로 전 세계적으로 전파되었다.

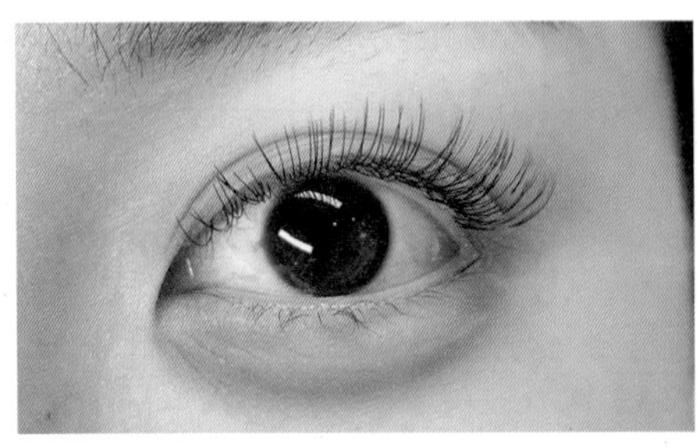

속눈썹 연장

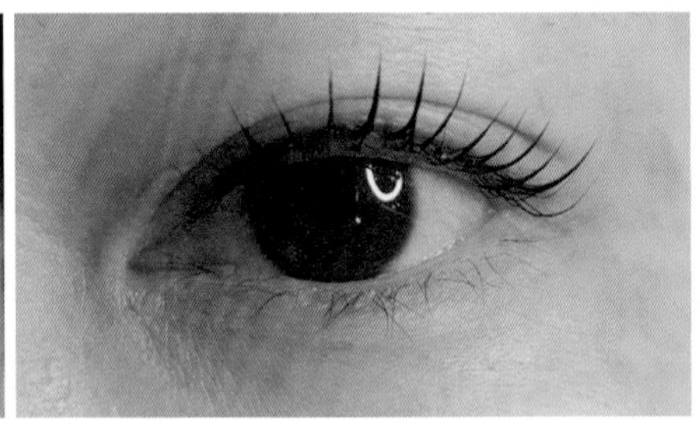

속눈썹 펌

그림 1-30 속눈썹 연장과 속눈썹 펌의 비교

현대의 인조 속눈썹은 의료용 접착제와 합성 실크, 밍크와 폴리에스테르 등의 다양한 소재로 제작된다. 인조 속눈썹은 가늘고 긴 띠에 인조 속눈썹이 부착된 스트립 래쉬(Strip Lash), 인조 속눈썹이 2~3가닥이 한 올을 이루는 형태인 인디비주얼 래쉬(Individual Lash)와 자연 속눈썹에 하나씩 부착하여 연장할 때 사용하는 속눈썹 연장술(Eyelash Extension)에 사용하는 연장용 래쉬(Extension Lash) 등이 있다.

스트립 래쉬와 인디비주얼 래쉬의 경우 일시적으로 사용하지만 글루의 종류에 따라 연장용 래쉬는 2~4주 지속할 수 있다.

고객의 요구에 따라 자연스럽고 선명한 눈매의 연출을 원하거나 속눈썹이 처져서 눈을 찌르는 경우 속눈썹 펌(Eyelash Perm)을 진행한다. 펌의 원리는 사람의 머리카락에 적용되는 원리와 비슷하며, 이를 통해 컬을 얻을 수 있다. 속눈썹 연장술과 펌의 경우 눈가에 직접적으로 사용하기 때문에 숙련된 기술자인 아이래쉬 테크니션(Eyelash Technician)에게 시술을 받는 것을 권장한다.

그림 1-31 스트립 래쉬와 인디비주얼 래쉬의 차이

① **스트립 래쉬**(Strip Lash) : 가느다란 띠에 속눈썹이 한 줄로 붙어 있는 것

② **인디비주얼 래쉬**(Individual Lash) : 한 올 한 낱개로 되어 있어 원하는 만큼 속눈썹의 양을 조절하여 붙일 수 있음.

3. 속눈썹의 이해

1. 속눈썹의 구조

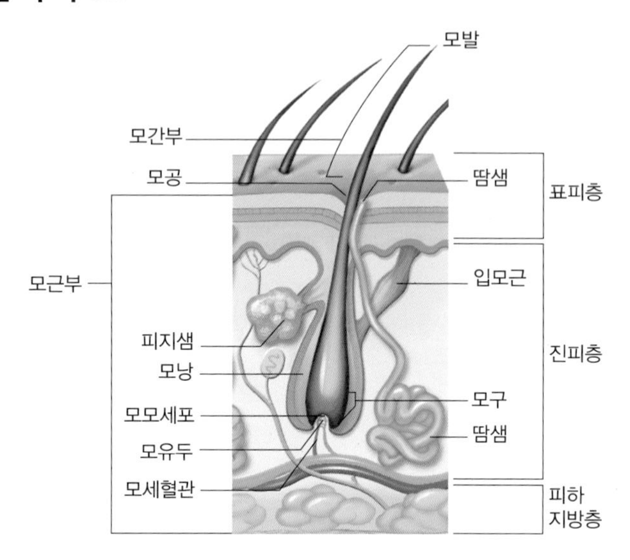

그림 1-32 속눈썹의 구조

(1) 모근부(Hair root)

눈꺼풀은 눈을 외부 잔해와 부상으로부터 보호해주며, 속눈썹은 작은 모낭들 속에 들어있다. 속눈썹의 모근부(Hair root)는 피부의 안쪽에 있는 부분이다. 모낭(Hair follicle)은 모발을 감싸고 있는 주머니의 형태를 띠며 내·외층의 얇은 피막이며 대략 10만 개 정도이다. 모낭의 가장 부풀어진 부분을 모구(Hair bulb)라고 한다.

모유두(Hair papilla)는 모구의 아랫 부분에 위치한다. 모유두에는 많은 혈관이 분포되어 있으며, 모의 성장을 위해 영양을 공급한다. 모모세포(Hair mother cell)는 모유두와 접하는 곳에 있으며, 모유두로부터 영양을 공급받아 새로운 모발을 생성한다.

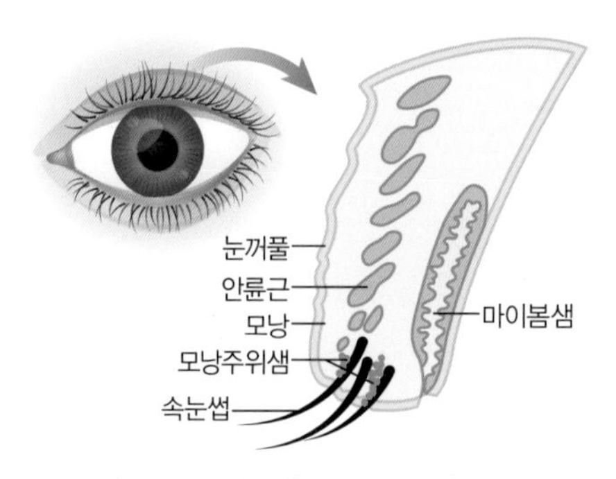

그림 1-33 눈꺼풀(Eyelid)의 구조

마이봄샘(Meibomian gland)은 눈꺼풀 안쪽에 위치하며, 눈에 지질(Lipid)을 분비해 지방층을 형성하여 눈물이 과도하게 증발하는 것을 막는다. 속눈썹의 피지샘인 모낭주위샘(Perifollicular Glands)은 눈꺼풀의 바깥쪽에 위치하며, 모공을 통하여 피부에 피지를 공급한다. 분비되는 피지의 양에 따라서 크게 정상 속눈썹, 지성 속눈썹과 건성 속눈썹 등으로 분류된다.

① 피지의 양에 따른 속눈썹 분류

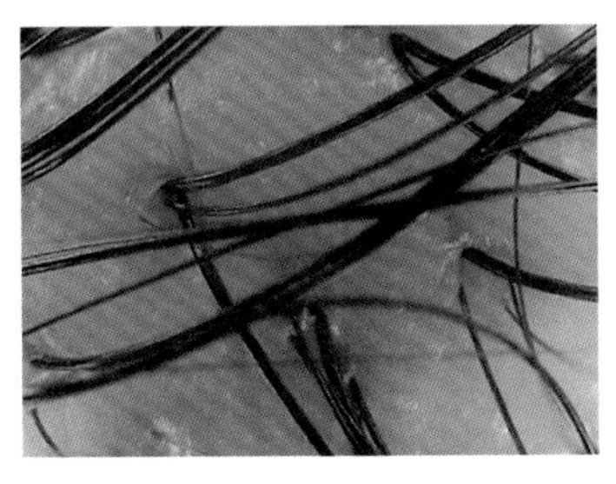

정상 속눈썹(Neutral eyelash)

정상적인 모의 형태라고 할 수 있으며 피지의 분비량이 모에 윤기를 줄 정도의 이상적인 분비라고 볼 수 있다. 정상적인 상태를 유지할 수 있도록 관리한다.

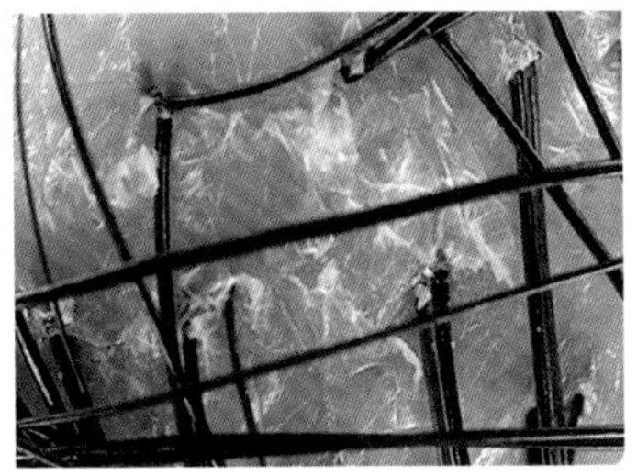

건성 속눈썹(Dry eyelash)

피지샘에서 피지의 분비가 적어 건조한 모를 말하는 것으로 건성 모의 경우는 푸석거리며, 윤기가 없으므로 정전기가 쉽게 발생할 수 있다.

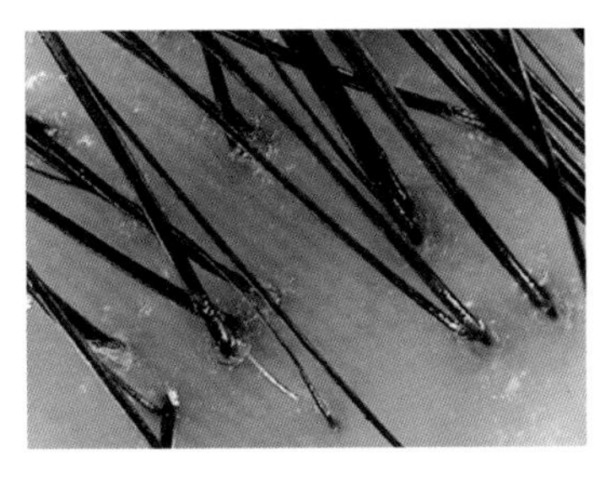

지성 속눈썹(Oily eyelash)

속눈썹의 강도가 강하며, 피지샘에서 분비되는 피지의 양이 정상 속눈썹보다 많다. 피지의 양이 과도하게 분비될 경우 염증이 발생할 수 있다.

(2) 모간부

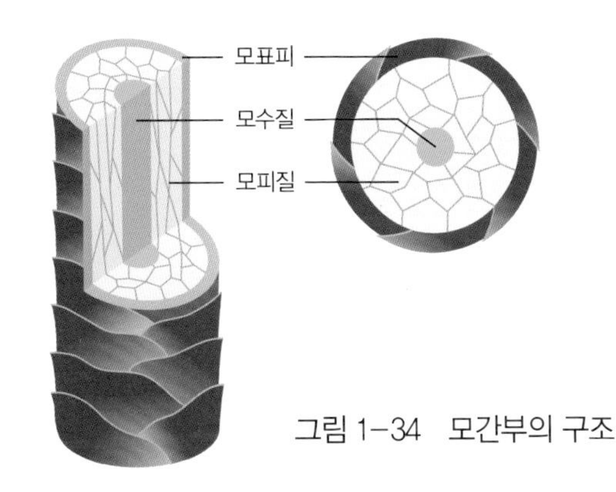

그림 1-34 모간부의 구조

속눈썹의 모간(Hair shaft)의 단면을 잘라보면 크게 3층으로 나누어지며 가장 바깥층에서부터 모표피(Cuticle), 모피질(Cortex), 모수질(Medulla)로 구성되어 있다.

① **모표피**(Cuticle)

속눈썹의 가장 바깥층에 위치하며, 속눈썹의 10~15%를 차지하고 있다. 죽은 세포가 5~15층의 비늘 모양으로 겹쳐져 있으며, 속눈썹의 내부를 보호한다. 반투명 막을 하고 있어 모피질(Cortex)이 함유한 멜라닌(Melanin) 색소를 통해 속눈썹의 색을 구분할 수 있다. 친유성으로 물과 약제의 침투와 작용에 대한 저항력을 가지며, 두께가 두꺼울수록 약액의 침투성은 늦어진다.

② **모피질**(Cortex)

모발의 85~90%를 차지한다. 단백질(Keratin)로 된 피질세포(Corical cell)가 모발의 길이 방향으로 비교적 규칙적으로 늘어져 있으며, 이 사이를 간층 물질이 채우고 있다. 물과 쉽게 친화하는 친수성 부분으로 약제의 작용을 쉽게 받기 때문에 과도한 클렌징(Cleansing)과 아이래쉬 펌(Eyelahs Perm) 등에 의해 쉽게 손상되기도 하며, 다공성 속눈썹(Porosit Eyelash)이 나타날 수 있다.

또한, 검은색과 갈색 계열의 유멜라닌(Eumelanin)과 붉은색 계열의 페오멜라닌(Pheomelanin) 등의 멜라닌(Melanin) 색소를 함유하고 있어 함량 차이에 따라 속눈썹 색상이 정해진다. 모피질은 속눈썹의 탄력과 강도, 질감 및 색상 등에 관여한다.

Point

다공성 속눈썹(Porosit Eyelash)은 모피질의 간충물질이 손실되어 건조 모발로서 손상받기 쉽다. 건강한 속눈썹은 모표피가 규칙적이지만 손상된 속눈썹은 모표피가 열려 있어 간충물질이 쉽게 소실될 수 있다.

③ **모수질**(Medulla)

속눈썹의 중심에는 구멍난 벌집 형태의 세포가 축 방향으로 줄지어 있는 형태로 존재하며 멜라닌(Melanin) 색소를 함유하고 있다.

일반적으로 아시아인의 속눈썹 굵기는 평균 0.07~0.10mm, 서양인의 속눈썹 굵기는 평균 0.12~0.15mm으로 모수질의 경우 0.09mm 이상 두꺼운 경우도 존재할 수 있으나, 0.07mm 이하로 얇은 경우는 존재하지 않는다.

2. 속눈썹(Eyelash)의 기능

(1) 먼지 유입 방지기능

땀이나 빗물, 먼지와 벌레 등을 막아주며 분비된 누액(눈물, Lacrimal)을 위·아래로 고르게 분산한다. 사물을 인식하는 감각이 발달하여 이물질이 속눈썹에 닿으면 눈에 들어오지 못하게 재빨리 눈을 감는다.

(2) 햇빛 차단기능

속눈썹이 앞으로 돌출되어 햇빛을 가려주는 차광막 역할을 한다. 눈이 거의 닫힌 상태에서 강한 빛(Dazzle reflex)을 산란시켜 눈으로 들어가는 빛을 줄이며, 눈을 깜박이는 반응의 방아쇠 장치(Blink-reflex Triggers)이다.

(3) 배출기능

모공을 통해 땀과 피지를 배출하며, 혈액순환에 의해 공급된 영양분을 통해 성장한다. 혈액 내에 있던 유해한 성분인 수은, 비소와 아연 등의 중금속을 체외로 배출시킨다.

(4) 장식기능

풍성한 속눈썹은 눈을 아름답게 보이게 할 뿐만 아니라 눈을 보호하는 중요한 역할을 한다. 눈을 아름답게 만들기 위해 속눈썹이 길고 짙어 보일 수 있도록 마스카라, 인조 속눈썹 등을 사용할 수 있다.

표 1-1 아이래쉬 메이크업 제품의 기능

방법	특징
마스카라	간편하게 사용할 수 있지만 일시적이다.
인조 속눈썹	저렴한 가격에 구매하지만 부담스러울 수 있다.
속눈썹 연장술	자연스럽고 즉각적인 효과를 얻을 수 있으나 속눈썹이 함께 빠질 수 있다.

3. 속눈썹(Eyelash)의 구성성분

(1) 케라틴(Keratin)

표 1-2 동양인 모발의 원소 함유 비율

순번	원소	백분율	원소기호	모발 연소 시
1	탄소	50.65%	C	검은 탄이 남음.
2	산소	20.85%	O	아소산가스(화학 냄새), 아황산가스(유황 타는 냄새)
3	질소	17.14%	N	아소산가스(화학 냄새)
4	수소	6.26%	H	유화수소가스(달걀 썩는 냄새)
5	유황	5%	S	유화수소가스(달걀 썩는 냄새)

케라틴은 속눈썹의 80~90%를 차지한다. 케라틴은 18종류의 아미노산으로 되어 있으며, 아미노산은 탄소, 산소, 질소, 수소, 유황 등의 원소로 되어있다. 보통의 단백질과 달리 부패하지 않고 다양한 화학약품에 대해 저항력이 있으며 물리적인 강도 또한 강하고 탄력이 높다.

주요 조성 아미노산(Amino acid) 중 시스틴(Cystine)이 14~18% 정도 포함되어 있다. 속눈썹과 같은 모발(Hair)을 태울 때 시스틴이 분해되어 생긴 유황화합물(Sulfur compound)의 냄새가 발생한다. 최근 판매되는 가모의 종류 중 천연모와 인조모는 연소시킬 때 나는 냄새를 통해 구분할 수 있다.

표 1-3 천연모와 인조모의 연소 시 차이점

번호	구분	인모	원사
1	냄새	달걀 썩은 냄새가 남.	냄새가 없음.
2	연소 차이	순식간에 녹음.	불꽃이 타들어 감.
3	연소 잔여물	약한 재가 남음.	동그란 섬유 찌꺼기가 남음.
4	연소 잔흔	재를 비볐을 때 잔여물이 없어짐.	비벼도 잘 없어지지 않고 딱딱함.

(2) 멜라닌(Melanin) 색소

속눈썹의 멜라닌 색소 함유량은 1~3%이다. 속눈썹의 색은 멜라닌 색소의 함량 차이에 따라 결정된다. 검은색과 갈색 계열의 어두운 색을 결정하는 유멜라닌(Eumelanin)과 황갈색 계열의 페오멜라닌(Pheomelanin) 등으로 나누어진다.

검은 머리가 많은 동양인에게 유멜라닌이 많으며, 금발이 많은 서양인은 페오멜라닌이 많이 함유되어 있어 속눈썹의 색상과 일치하는 경우가 많다.

(3) 지질 (Lipid)

속눈썹의 지질의 비율은 1~9%이다. 피지샘에서 분비되는 피지의 분비량은 내부 요인과 외부 요인에 따라서 영향을 받으며, 개인차가 크다.

(4) 미량원소 (Trace element)

속눈썹에 0.6~1% 정도 포함되어 있다. 생명을 유지하는데 필수적으로 요구되는 기타 원소이며, 체내에서 극히 미량으로 발견되기 때문에 미량원소라고 한다. 미량원소가 부족하게 되면 제대로 케라틴을 합성하여 건강한 모발을 만들 수 없게 된다.

(5) 수분

속눈썹은 10~15%의 수분을 함유하고 있다, 속눈썹의 수분 함유량은 습도가 높으면 많아지고 온도가 높으면 적어진다. 수분량이 10% 이하일 때 건성 속눈썹이라고 하며, 쉽게 손상될 수 있다.

4. 속눈썹의 성장주기와 영향요인

(1) 속눈썹의 성장주기

표 1-4 모발의 수명

수명	속눈썹	1 ~ 6개월
	머리카락	3 ~ 6년

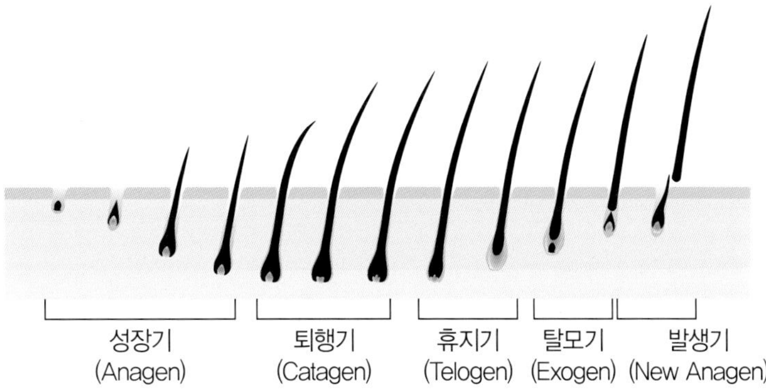

그림 1-35 속눈썹의 성장주기(Eyelash growth cycle)

① **성장기** (Anagen stage)

성장기는 전체 모발의 약 85%를 차지하고 3~5년의 주기를 가진다. 모낭이 진피의 유두층 또는 피하지방층까지 도달해 있다. 모유두 조직의 활동이 왕성하여 모모세포의 분열증식이 매우 왕성한 단계로 모발이 빠르게 성장하는 시기이다. 퇴화기가 될 때까지 성장을 계속한다.

표 1-5 모발의 성장속도

성장속도	속눈썹	0.07 ~ 0.15mm
	머리카락	0.35 ~ 0.5mm

② **퇴행기** (Catagen stage)

퇴행기의 기간은 3~4주이며, 전체 속눈썹의 약 1% 정도에 해당한다. 모모세포의 세포분열의 증식이 감소되어, 결국 모발의 성장이 멈추게 된다. 모낭의 하단 부분이 점점 위축되어 휴지기로 접어든다.

③ **휴지기** (Telogen stage)

전체 모발의 약 10~15%에 해당된다. 휴지기의 모발은 성장이 정지된다. 퇴화기를 지난 모발이 두피에 3~5개월 머무르다 탈모기에 자연 탈락하게 된다.

④ **탈모기** (Exogen stage)

휴지기를 보내고 있던 모발이 자연스럽게 탈락하게 된다. 탈모기가 지나고 모발이 다시 자라나지 않으면 탈모로 진행될 수 있다. 개인의 질병, 유전, 체질 등에 따라 차이가 있다.

⑤ **발생기** (New anagen stage)

발생기는 수축했던 모낭의 모구와 모유두가 결합하여 새로운 모발을 성장시키는 시기이다. 새로운 모발은 휴지기의 모발을 위로 밀어 올리면서 성장해 가며 휴지기 모발을 탈락시킨다. 한 모낭 안에 서로 다른 주기의 모발이 공존하는 시기이다.

(2) 속눈썹 성장의 영향요인

① **영양** (Nutrition) : 단백질(Protein), 미네랄(Mineral), 비타민(Vitamin), 요오드(Iodine)와 칼슘(Calcium) 등의 성분이 성장에 관여한다. 특히, 요오드 성분은 갑상선 호르몬의 분비를 촉진하여 속눈썹의 성장에 도움을 준다.

② **호르몬**(Hormone) : 호르몬의 양이 과다하거나 결핍되면 신체에 이상을 일으켜 모발 성장에 영향을 준다. 모발의 성장에 영향을 주는 호르몬에는 성호르몬, 부신피질 호르몬, 뇌하수체 호르몬과 갑상선 호르몬 등이 있다.

③ **연령대** : 10~20대에는 모의 성장이 활발하고 50대 이후에는 모의 성장 속도가 급격히 느려진다.

④ **물리적 요인** : 당기는 힘으로 인해 발생하는 견인성 탈모는 모근이 파괴되어 다시 모낭이 생기기까지 많은 시간이 걸리며 심한 경우 다시 자라지 않을 수도 있다.

⑤ **유전적 요인** : 속눈썹의 색이 연하고 진함의 정도와 곱슬함의 정도 및 헤어라인의 모양 등은 유전적 영향으로 결정된다.

5. 속눈썹의 분류

(1) 모발의 형태별 분류

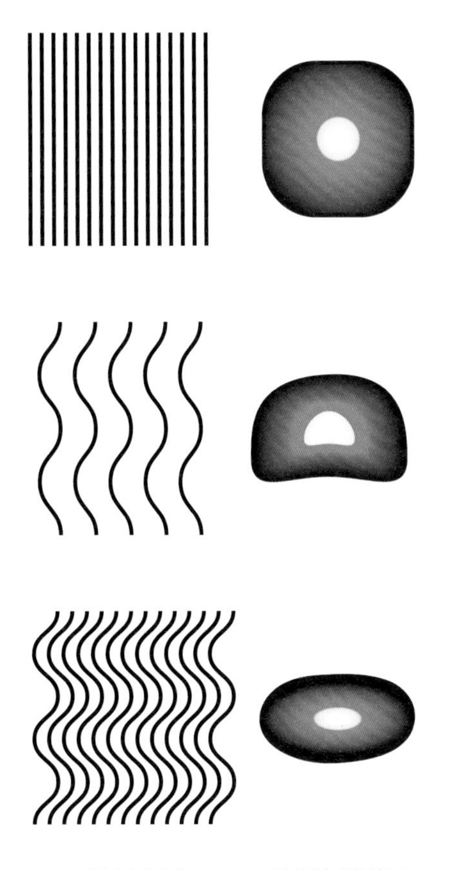

모발의 형태　　모발의 단면도

① **직모**(Straight Hair)

직모는 모낭이 세워져 있어 직선으로 자라며, 모경지수는 75~85로 모발의 단면은 원형에 가깝다. 황인종에게서 많이 볼 수 있으며, 동양인의 약 91~95%가 직모이다.

② **파상모**(Wavy Hair)

직모와 축모의 중간 형태이며, 모경지수가 62~72로 타원형 모발 단면을 띤다. 파상모는 흑색에서 금발에 이르기까지 색상이 다양하며 주로 백인종에게 많이 나타난다.

③ **축모**(Curly Hair)

축모는 곱슬의 정도가 강한 편으로, 모경지수가 50~60으로 모발의 단면은 납작한 형태를 띤다. 흑인종에게 많이 보이는 형태로 대부분 어두운 계열인 유멜라닌을 가지고 있다.

모경 지수란, 모발 단면의 최소 직경을 최대 직경으로 나눈 수치이다. 모경 지수가 100이면 완전한 원형이며, 100보다 작아질수록 편평해진다. 동양인의 경우 75~85로 원형에 가까우며, 흑인의 경우는 50~60으로 편평하다.

$$\text{모경지수} = \frac{\text{모발의 최소 직경}}{\text{모발의 최대 직경}} \times 100$$

(2) 모발의 굵기별 분류

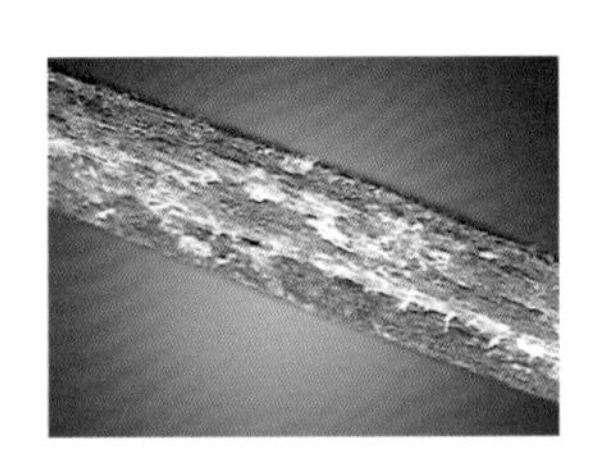

① **취모**(Lanugo Hair)

취모는 일명 배냇머리로 불리며, 굵기는 약 0.02mm로 모발의 종류 중 가장 가늘고 연하다. 모수질이 없으며, 멜라닌 색소가 없거나 적기 때문에 무색을 띤다. 태아가 8개월 때 자궁 안에서 탈락된 후 연모로 교체되어 태어난다.

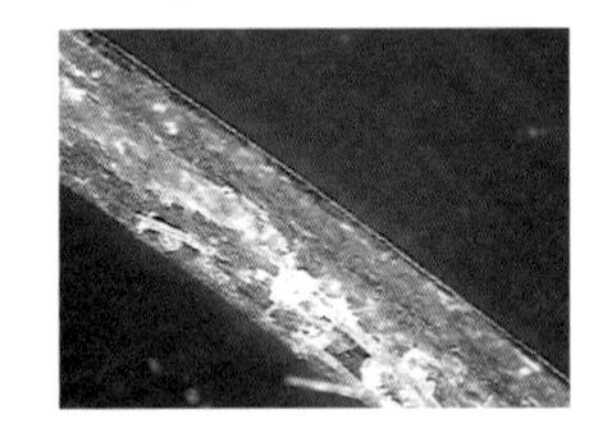

② **연모**(Vellus Hair)

연모는 0.07mm 이하의 굵기를 가지고 있으며, 취모보다 굵다. 부드러운 솜털과 같으며, 주로 얼굴의 털에서 볼 수 있다. 모수질이 없고 멜라닌 색소가 적어 연갈색을 띤다. 연모는 생후 5~6개월부터 성모(경모)로 교체된다.

③ **성모**(Terminal Hair)

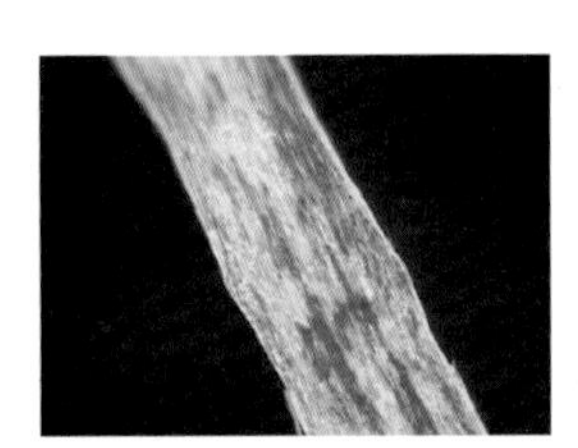

성모(경모)는 0.15~0.2mm의 굵기를 지니고 있으며, 단단한 단백질이 결합된 상태이다. 사춘기 이후 모든 모발은 연모에서 경모로 성장하며, 모발의 양이 가장 많은 시기이다. 경모로 성장한 모발은 모발의 성장주기(Hair cycle)를 따라 자라나며, 성장 시기, 부위는 성별 및 개인의 차이가 있다. 길이에 따라 머리카락 및 수염과 같이 1cm 이상의 모발을 장모라고 하며, 속눈썹, 눈썹, 코털 및 귀털과 같이 1cm 이하일 경우 단모로 구분한다.

6. 속눈썹의 성질

(1) 속눈썹 모의 물리적 성질

① 속눈썹의 흡습성(Hygroscopicity)

친수성의 속눈썹은 수분을 흡수하며, 공기가 건조할 경우 수분을 빼앗긴다. 정상 속눈썹의 수분 함량은 10~15%이며, 아이래쉬 펌(Eyelash Perm)의 약제를 흡수할 때 중요한 역할을 한다.

② 속눈썹의 대전성(Electrificating)

모발은 마찰 때문에 정전기가 쉽게 발생한다. 이는 실내 온·습도와 연관이 있어 모발의 영양을 공급하여 유지할 수 있도록 트리트먼트와 린스 등을 사용한다.

③ 속눈썹의 탄력성(Elasticity)

힘을 주었을 때 끊어지지 않고 견디는 힘을 강도(Intensity)라고 하며, 모를 잡았다 놓았을 때 원래 상태로 다시 돌아가려는 성질을 탄력성이라고 한다. 물에 젖어있을 경우 원래 길이의 1.7배 정도 늘어난다. 모발이 건강할수록 강도가 강하다.

(2) 모발의 화학적 특성

물이나 열 이외에도 화학 약품을 이용하여 모발에 웨이브를 넣거나 색을 입힐 수 있다. 이는 화학 약품에 의해 모발 구조가 변하는 화학적 특성 때문이다. 알칼리성 약제는 고정된 모발을 느슨하게 하여 다양한 형태로 만들 수 있게 하고, 산성 약제는 느슨한 모발의 구조를 단단하게 고정하는 역할을 한다. 화학적 시술 후 모발의 균형을 위해 pH 3~5 사이의 제품을 사용하는 것이 좋다.

Point

pH란, 수소이온농도(Hydrogen exponent)로서 산성(Acid)과 알칼리성(Alkali)을 측정하기 위해 pH 0~14까지의 수치로 나타낸 것이다.

0에 가까울수록 강한 산성이며, 14에 가까울수록 강한 알칼리성까지 나타낸다. pH가 7인 경우에는 중성이라고 이야기한다.

1) pH와 모발의 변화

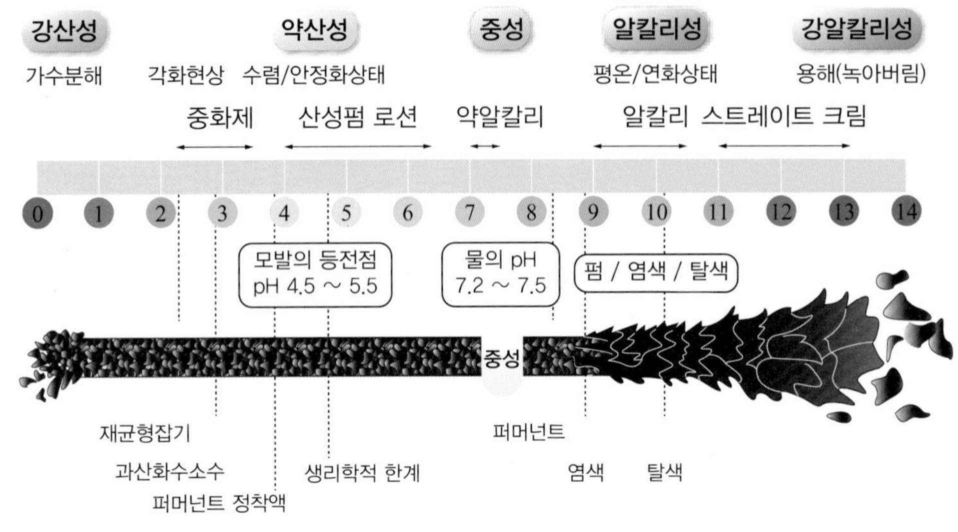

그림 1-36 산과 알칼리에 따른 모발의 변화

① 산과 모발

모발은 산에 강한 저항력과 수축성을 나타내 모표피가 닫힌다. 강산성(pH 1.5~2)에서는 모발의 손상을 초래한다.

② 알칼리와 모발

모발은 알칼리성에 대한 저항력이 매우 약해 모표피(Cuticle)가 열린다. 강알칼리성의 경우 모발이 부풀어져 모발 손상을 초래할 수 있다.

③ 모발의 등전점(Isoelectric Point)

모발의 단백질은 산에는 대체로 강하지만 알칼리에는 약한 성질을 가진다. 모발과 피부 그리고 두피의 평균 pH는 4.5~6.5이다. 이때 모발에 모든 결합이 가장 안정적인 구조를 유지하는 것을 모발의 등전대라고 하며, 가장 건강한 모발이라고 할 수 있다.

2) 모발의 결합

모발의 단백질들은 옷감을 짜 놓은 듯 단단한 결합구조이다. 모발의 물리적·화학적 작용은 가로 결합과 관련이 많으며 **펩티드 결합**(Peptide bond), **시스틴 결합**(황결합, Cystine bond), **이온 결합**(염결합, Ionic bond)과 **수소 결합**(Hydrogen bond) 등이 있다.

아미노산(Amino Acid)은 단백질의 기본 단위로 그 구조는 다음과 같다.

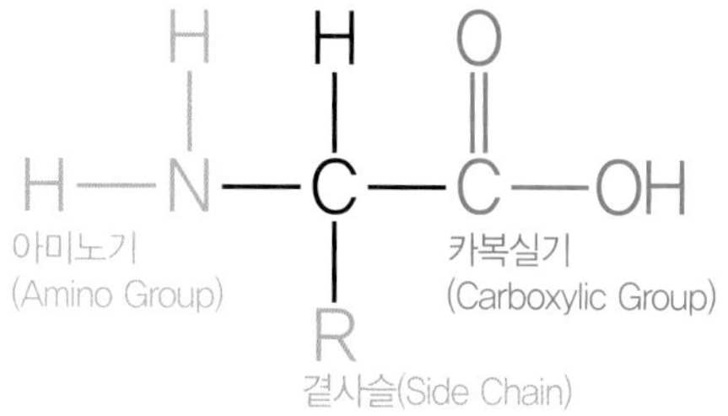

H H O

H—N—C—C—OH

아미노기 (Amino Group)

카복실기 (Carboxylic Group)

R

곁사슬(Side Chain)

그림 1-37 아미노산의 구조

① 주쇄 결합(결정영역, Main chain bond)

모발의 결합 중 가장 강한 **세로 방향의 결합**으로 지그재그 나선형 모양의 하나의 선으로 형성된 쇠사슬 구조를 이루고 있다.

- 펩티드 결합(Peptide bond) : 일반적으로 2개 이상의 아미노산이 사슬 모양의 펩티드 결합으로 길게 연결된 것을 폴리펩티드(Polypeptide)라고 하며, 폴리펩티드가 둘 또는 그 이상 모여서 하나의 집합체를 형성하고 있을 때 단백질이라고 한다.

② 측쇄 결합(비결정영역, Side chain bond) : 측쇄 결합은 **가로방향의 결합**이다. 주쇄 결합으로 하나의 선을 이루고 있는 폴리펩티드(Polypeptide)가 가로로 서로 연결되는 것을 측쇄 결합이라고 한다.

- 시스틴 결합(황결합, Cystine bond) : 유황(S)을 함유하고 있는 아미노산인 시스테인 두 분자가 결합한 상태인 S-S 결합을 말하며, 모발의 탄력과 강도를 결정한다. 견고한 시스틴 결합은 화학약품으로 처리해야만 끊어지며, 이를 통해 퍼머넌트 웨이브(Permanent wave)가 형성된다.
- 이온 결합(염결합, Ionic bond) : 산성 염색제의 음이온과 모발의 양이온이 결합하여 반영구적 염색이 된다.
- 수소 결합(Hydrogen bond) : 열 등의 외적 요인으로도 쉽게 분리될 수 있으며, 물에 의해 절단되고 건조 시 재결합하는 블로우 드라이(Blow Dry)에 많이 사용된다. 수소 결합에 의한 컬의 경우 모발에 다시 수분을 가하면 사라지기 때문에 일시적 세트라고 할 수 있다.

4. 아이래쉬 테크니션(Eyelash Technician)의 정의

아이래쉬 테크니션(Eyelash Technician)이란, 속눈썹과 관련된 미용을 제공하는 기술자를 지칭한다. 아이래쉬 테크니션은 고객 상담을 통해 고객의 요구사항과 고객의 눈매 등을 파악한 후 적합한 아이래쉬 익스텐션(Eyelash Extension) 및 아이래쉬 펌(Eyelash Perm)을 디자인한다. 아이래쉬 뷰티 서비스를 제공 후에는 사후 관리인 홈케어(Home care) 방법을 설명한다. 사용된 도구와 재료를 위생적으로 관리 및 보관할 수 있다.

5. 아이래쉬 테크니션(Eyelash Technician)의 자세

아이래쉬 테크니션(Eyelash Technician)은 아이래쉬 뷰티 서비스(Eyelash Beauty Service)를 제공하기 위해 항상 단정한 용모를 연출하고 청결히 유지할 수 있어야 한다.

1. 아이래쉬 테크니션(Eyelash Technician)의 준비

(1) 헤어 스타일(Hair Style)

헤어 망(Hair net) 또는 헤어 캡(Hair cap)을 사용하여 머리를 단정하게 정돈한다.

(2) 메이크업(Make up)

지나치게 화려한 메이크업보다 신뢰를 줄 수 있는 단정한 이미지를 연출하기 위해 내추럴 메이크업(Natural Make up)을 한다.

(3) 네일(Nail)

손톱을 짧고 깨끗하게 정돈 및 손질하여 청결한 상태를 유지한다. 네일 컬러의 사용은 지양하는 것이 좋으며, 사용 시에는 무난한 색을 사용한다.

(4) 복장(Costume)

위생복이나 앞치마를 착용한다. 화려한 옷은 피하고 단정한 복장을 착용한다.

(5) 신발(Shoes)

발에 무리가 가지 않는 다양한 형태의 편한 실내화를 착용하고, 핀셋과 같이 날카로운 도구에 발이 다치지 않도록 막힌 신발을 신는 것이 안전하다.

(6) 액세서리(Accessory)

과도한 액세서리를 사용할 경우 시술 시 불편함을 초래할 수 있으며, 고객의 반감을 살 수 있으므로 최대한 자제하는 것이 좋다.

(7) 건강관리(Health care)

감염성 질환을 앓고 있는 경우 작업을 금한다. 적당한 운동과 휴식 및 정기적인 건강검진 등을 통해 지속적인 건강관리와 건강한 정신을 유지할 수 있도록 노력한다.

2. 손 위생관리

(1) 손을 통한 개인 위생관리의 중요성

손은 가장 심각한 세균을 운반할 수 있기 때문에 아이래쉬 테크니션에게 손 위생을 관리하는 것은 선택의 문제가 아닌 필수요소이다. 손 위생관리를 통해 시술 시 발생할 수 있는 접촉성 피부염과 피부 손상의 위험 등을 감소시킬 수 있다. 특히, 눈가의 경우 점막 또는 손상이 있는 피부와 접촉이 가능하기 때문에 전용 장갑을 착용해야 하지만, 손 위생을 대신할 수 없기 때문에 손 위생관리가 필요하다. 전용 장갑은 매 고객마다 장갑을 교환하고 사용직후 폐기하여 재사용하지 않는다.

(2) 시술 전 · 후 손 씻기

시술 전, 물과 비누로 손을 먼저 씻어야 한다. 손 씻기 전에 착용한 반지, 팔찌와 손목시계 등을 제거한다. 손을 씻은 후 시술 시 착용하는 앞치마 또는 가운과 마스크 등을 착용한다.

① 물과 비누를 이용한 세정

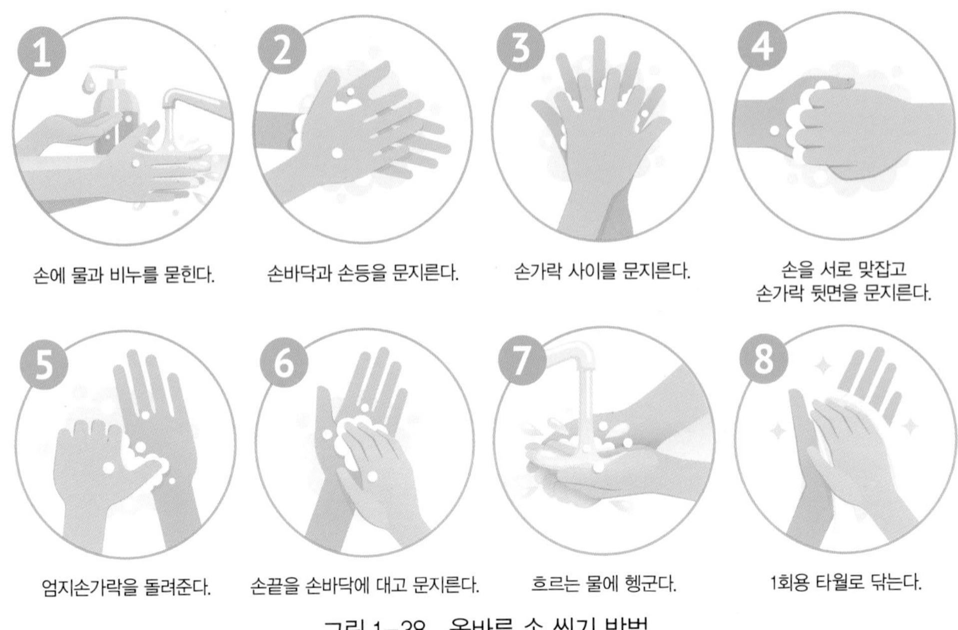

그림 1-38 올바른 손 씻기 방법

② 손 소독제를 이용한 소독

에탄올 70%가 함유된 손소독제(Hand Sanitizers)를 사용하고, 손을 깨끗하게 문지른다.

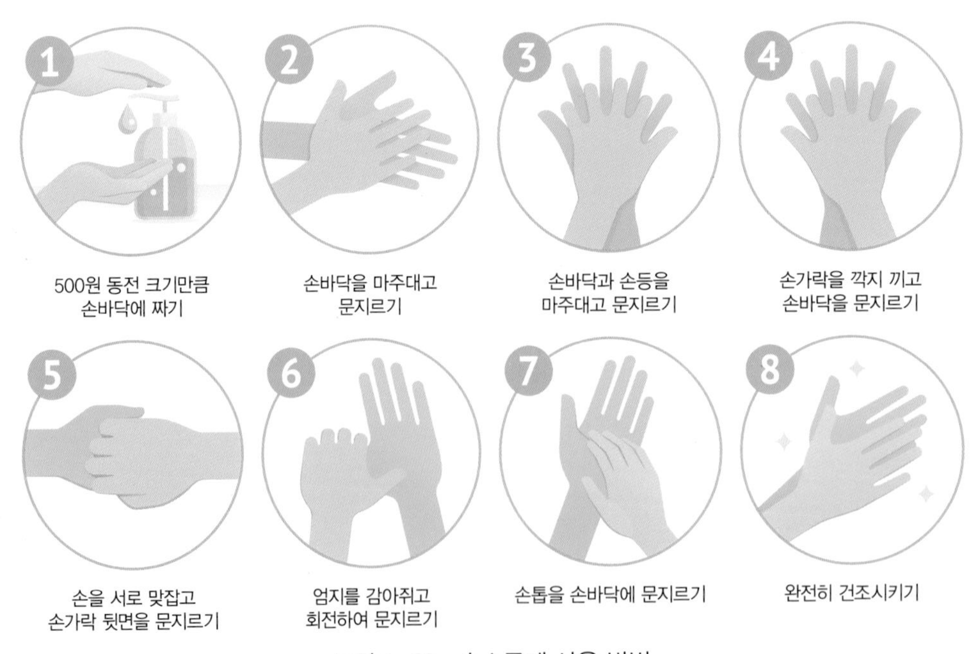

그림 1-39 손소독제 사용 방법

3. 구강 관리

(1) 양치질 또는 구강청결제를 이용하여 구강을 청결하게 관리한다.

(2) 마스크를 사용한다.

아이래쉬 뷰티 서비스 제공 시 비말과 체액 등에 포함될 수 있는 세균의 전염을 막기 위해 마스크를 착용한다. 마스크의 종류는 크게 덴탈 마스크와 보건용 마스크로 나누어진다. 덴탈 마스크는 일반적으로 비말과 체액을 차단하는 KF-AD 등이 있으며, 보건용 마스크는 KF-94와 KF-80 등으로 비말과 체액을 차단할 뿐만 아니라 공기로 전파되는 세균이나 바이러스까지 막을 수 있다.

 아이래쉬 숍(Eyelash Shop)의 환경

아이래쉬 뷰티 서비스(Eyelash Beauty Service)는 미용업에 속하며 미용업의 범위는 손님의 얼굴, 머리, 피부 및 손톱·발톱 등을 손질하여 손님의 외모를 아름답게 꾸미는 것을 말한다. 아이래쉬 숍(Eyelash Shop)의 작업환경을 조성하기 위해 공중위생관리법에 의거하여 관리할 필요가 있다.

1. 아이래쉬 숍의 환경 관리

표 1-6 미용업자가 준수하여야 하는 위생관리기준

(전략)
다. 미용기구 중 소독을 한 기구와 소독을 하지 아니한 기구는 각각 다른 용기에 넣어 보관하여야 한다.
라. 1회용 면도날은 손님 1인에 한하여 사용하여야 한다.
마. 영업장 안의 조명도는 75룩스(Lux) 이상이 되도록 유지하여야 한다.
바. 영업소 내부에 미용업 신고증 및 개설자의 면허증 원본을 게시하여야 한다.
사. 영업소 내부에 최종 지불 요금표를 게시 또는 부착하여야 한다.
(후략)

아이래쉬 뷰티 서비스(Eyelash Beauty Service)를 제공하기에 적합한 환경을 조성하는 것이 중요하다. 실질적으로 작업환경은 철저한 소독과 점검이 어려운 환경으로 다양한 감염경로가 존재하기 때문에 유해 요인을 제거하기 위한 위생관리 지식이 필요하다.

(1) 청결한 시설 관리

아이래쉬 숍의 바닥과 벽 등은 재질에 따라 청소 방법을 다르게 적용한다.

표 1-7 바닥 재료에 따른 청소 방법

바닥 재료	청소 방법
일반 타일	바닥용 전용 세제를 대걸레에 적신 후 닦고 물기를 제거한다.
나무	기름을 사용한 기름 걸레질 또는 왁스를 사용한 왁스 걸레질을 실시한다.
대리석	중성세제 또는 전용 세제를 사용하여 청소한다.

(2) 주기적인 환기 진행

실내 공기가 오염되면 불쾌하고 자극적으로 느끼므로 잦은 환기가 필요하다. 실내·외의 온도 차가 5℃ 정도가 되면 창문을 열어 공기를 순환시키고 하루에 2~3회 이상 진행한다. 또한, 설치된 환풍기와 공기청정기 등을 이용하여 밀폐된 공간의 실내 공기를 환기시킨다.

(3) 적절한 온도와 습도 유지

표 1-8 계절에 따른 실내 최적 온도와 습도

구분	봄, 가을	여름	겨울
적정 온도	19~20℃	26~28℃	18~20℃
적정 습도	40~60%	40~50%	50~60%

실내공기 뿐만 아니라 적절한 실내의 온도와 습도를 유지하는 것도 중요하다. 실내 온도와 습도에 따라 아이래쉬 익스텐션 글루(Eyelash Extension Glue)의 경화 속도에 영향을 주며, 지속력의 차이가 나타난다. 봄, 여름, 가을의 경우 에어컨과 제습기를 사용하고 겨울의 경우 난방기와 가습기를 이용하여 내부의 최적 온도와 습도를 유지할 수 있다.

표 1-9 온도와 습도에 따른 아이래쉬 익스텐션 글루의 변화

구분	적정수준	수치변화	아이래쉬 익스텐션 글루의 변화
온도	25~28°	낮음	글루의 점성이 높아짐.
		높음	글루의 점성이 낮아짐.
습도	45~60%	낮음	글루의 경화 속도가 느려짐.
		높음	글루의 경화 속도가 빨라짐.

(4) 아이래쉬 숍의 환경 위생 규칙

① 살균기 내의 화학 용액들을 자주 교환한다.

② 사용 전·후에는 자외선 살균기 속에 미용 도구들을 보관하도록 한다.

③ 고객에게 사용된 모든 도구는 살균 및 소독을 한다.

④ 모든 위생적인 영업들은 미용 위생 법규에 나온 규정들을 따라야 한다.

⑤ 모든 아이래쉬 숍(Eyelash Shop)은 밝고, 따뜻하고, 적절한 통풍으로 신선하며 깨끗하고, 위생적인 환경이 유지되어야 한다.

⑥ 아이래쉬 숍의 벽과 커튼, 그리고 바닥을 자주 청소하여 청결을 유지하고, 쓰레기통은 수시로 비운다.

⑦ 건물 내에 쥐와 파리 그리고 다른 해충들이 없어야 한다.

⑧ 화장실은 청결을 유지하고 비눗물, 종이 수건, 휴지, 밀폐된 쓰레기통은 물론 화장지를 준비해 두어야 한다.

⑨ 새로 세탁한 수건과 종이 수건들은 고객들을 위해서 준비되어야 한다.

⑩ 깨끗한 수건을 고객들의 받침대에 하나씩 두어야 한다. 화장 케이프(Cape)와 같은 플라스틱 제품을 사용할 때는 고객의 피부에 직접 닿지 않도록 해야 한다.

⑪ 자주 사용하는 분첩, 립스틱 용기, 얼굴에 사용하는 기구, 아이 메이크업 시에 사용하는 면봉, 속눈썹을 칠하는 솔, 아이 메이크업 도구, 이와 유사한 제품은 어떤 것이라도 반드시 소독해서 사용해야 한다.

⑫ 로션, 크림, 파우더, 그리고 이와 유사한 화장품들은 깨끗한 밀폐용기 안에 두어야 한다. 용기 안에 있는 제품을 사용할 때는 손가락이 아닌 스파츌라를 사용해야 하며, 살균한 거즈 또는 화장용 스펀지로 로션과 파우더를 바른다. 화장품 용기는 항상 뚜껑을 닫아 보관한다.

⑬ 아이래쉬 뷰티 서비스(Eyelash Beauty Service)를 제공할 때 사용된 모든 도구와 물건들은 세척하고 위생 처리하여 밀폐된 용기나 캐비닛 위생기 안에 보관한다.

⑭ 아이래쉬 테크니션(Eyelash Technician)은 작업을 하면서 자기 얼굴이나 머리카락이 고객의 얼굴에 닿지 않도록 해야 한다. 또한, 접촉이 필요해서 고객의 몸에 손을 대거나 미용 도구나 물건들에 접촉하기 전에는 손을 깨끗이 씻고 소독해야 한다.

2. 아이래쉬 숍의 재료 및 도구 위생관리

표 1-10 미용업의 종류별 시설 및 설비기준

가. 미용업(일반), 미용업(손톱·발톱) 및 미용업(화장·분장) (1) 미용기구는 소독한 기구와 소독을 하지 아니한 기구를 구분하여 보관할 수 있는 용기를 비치하여야 한다. (2) 소독기·자외선 살균기 등 미용기구를 소독하는 장비를 갖추어야 한다.

아이래쉬 테크니션은 아이래쉬 뷰티 서비스 제공 시 필요한 도구 및 기구를 위생적으로 관리할 수 있도록 70% 알코올을 이용하여 소독하고 사용 전·후에 반드시 자외선 소독기를 사용한다.

(1) 재료와 도구 위생관리

① 핀셋 등의 금속 제품

제품 표면의 이물질을 제거하기 위해 비누와 물을 사용하거나 초음파 세척기를 사용하여 세척을 진행한다. 물기를 제거한 후 70%의 알코올에 10분 정도 담근 후 꺼내어 완전히 건조시킨 후, 자외선 소독기에 겹치지 않게 넣고 소독하여 위생 처리한다.

② 아이래쉬 브러쉬(Eyelash Brush) 등 플라스틱 제품

열이나 약액에 쉽게 변형될 수 있어 70% 알코올을 분사하여 건조시킨 후 자외선 소독기에 겹치지 않게 넣고 소독하여 위생 처리한다.

③ 마이크로 면봉(Micro swab)과 일회용 위생 커버(Disposable covers) 등 일회용 제품

일회용 제품의 경우 사용 전 제품과 섞이지 않게 보관하며, 사용 후 바로 폐기한다.

④ 터번(Turban)과 수건(Towel)

매 고객에게 새것을 제공하여 사용할 수 있게 하고, 사용 후 깨끗이 세탁하여 일광에 건조한 뒤 정리하여 보관한다.

⑤ 침구류(Bedding)

고객이 사용한 침구류는 전용 살균제를 분사하여 소독하고 깨끗이 정돈한다. 일주일에 한 번 세탁하여 교체하는 것을 권장한다.

Chapter 2

미용개론

 피부의 구조와 기능

피부는 신체의 표면을 둘러싸고 있는 조직으로, 체내의 모든 기관 중 가장 큰 기관이다. 성인의 경우 몸무게의 약 15%를 차지하고 있으며, 인체에서 가장 무거운 기관이다. 피부를 활짝 펼치면 한국인 성인 남성의 전체 피부면적의 크기는 16,810.3cm^{2}이며, 성인 여성은 14,993.2cm^{2}이다.

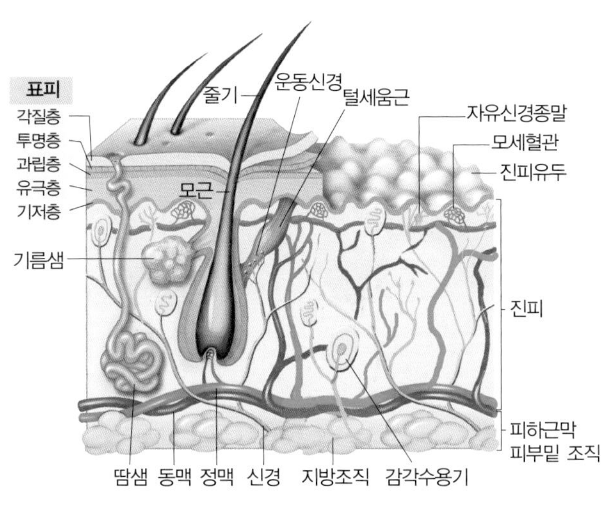

그림 2-1 피부의 구조

피부의 1평방 인치에는 65개의 모근, 100개의 기름샘, 650개의 땀샘, 1,500 종류의 신경수용체가 존재한다. 수분, 지방, 단백질 및 무기질 등으로 이루어져 있으며, 연령, 영양상태, 성별에 따라 차이가 있다. 가장 이상적인 피부 표면의 pH는 4.5~6.5 정도의 약산성이다. 피부는 표피, 진피, 피하조직의 3개의 층으로 나뉜다.

1. 피부의 구조 (Skin Structure)

(1) 표피 (Epidermis)

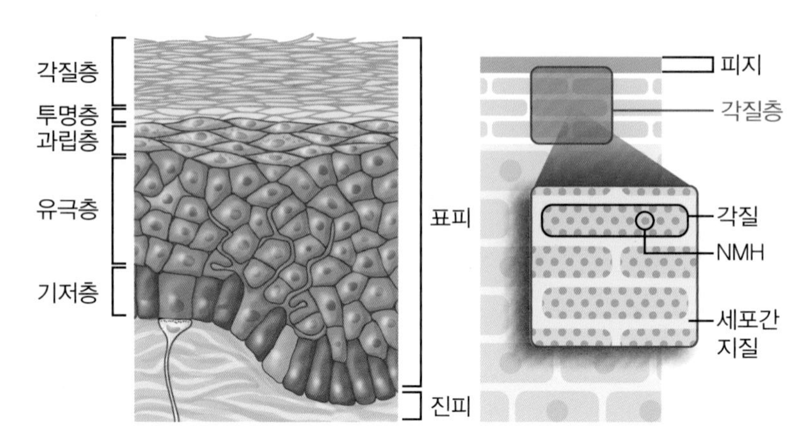

그림 2-2 표피의 구조와 라멜라 구조

표피(Epidermis)는 피부의 가장 바깥층을 이루는 조직으로 약 1.4mm의 두께를 가지고 있으며, 신체 내부를 보호하고 외부로부터의 자극, 세균 등과 같이 유해한 물질의 침입을 막아주어 인체의 보호막으로써 작용한다, 각질층, 투명층, 과립층, 유극층과 기저층 등 총 5개의 층으로 이루어져 있다.

① 각질층 (Stratum corneum)

각질층은 인체를 보호하는 1차 방어막으로 피부장벽의 역할을 한다.

각질형성세포(Keratinocyte) 58%, 지질(Lipid) 11%와 천연보습인자(NMF : Natural Moisturizing Factor) 38% 등으로 이루어져 있다.

각질형성세포(Keratinocyte)는 표피의 각질을 만들어내는 세포이다. 기저층에서 활동하는 각질형성세포는 케라틴을 다량 함유한 편평한 세포의 잔해가 쌓이기 시작하여 각질층까지 도달하는 기간이 약 14일 그리고 각질층에서 체외로 떨어져 나가는 기간은 약 14일이 소요되며, 약 28일 주기로 반복된다.

20~25개의 층으로 이루어진 각질이 한 겹씩 떨어져 나가는 현상을 표피의 박리현상 또는 **각화 현상** 또는 **턴 오버**(Turn over)라고 한다.

각질은 약 0.02~0.03㎛ 두께의 핵이 없는 무핵 세포의 납작한 비늘 모양을 띠며, 차곡차곡 쌓인 벽돌구조 형태인 **라멜라 구조**(Lamella Structure)로 이루어져 있다.

지질(Lipid)은 각질 세포 사이를 메우는 시멘트 역할을 하며, 세라마이드(Ceramide) 50%, 지방산(Fatty acid) 30%, 콜레스테롤(Cholesterol) 15%와 콜레스테릴 에스테르(Cholesteryl Ester) 5% 등으로 이루어져 있다.

세포간 지질 대부분을 이루고 있는 세라마이드는 피부가 건조한 환경에 노출될 때 수분이 빠져나가는 것을 막아준다. 세라마이드가 감소할 때 피부는 외부의 자극에 민감해지며, 피부 보호막으로써 기능이 저하되어 피부 염증, 노화 등의 반응이 나타난다.

표 2-1 지질의 구성 성분

번호	성분	백분율	구성비율
1	세라마이드	50%	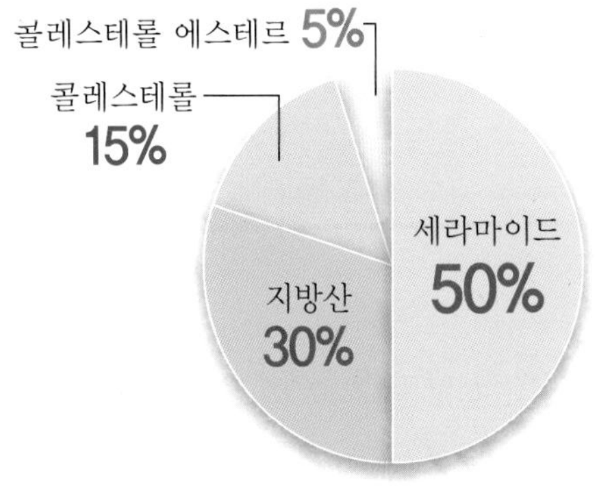
2	지방산	30%	
3	콜레스테롤	15%	
4	콜레스테릴 에스테르	5%	

천연보습인자(NMF : Natural Moisturerizing Factor)는 선천적으로 모태로부터 부여받는다. 피부의 각질층에 자연적으로 존재하는 보습 성분으로 평소엔 스펀지처럼 수분을 머금고 있다. 각질 세포에 있는 천연보습인자는 아미노산과 젖산 등의 성분으로 구성된다. 천연보습인자가 부족해지면 피부가 건조해지면서 가려움을 더 잘 느끼게 된다. 수분이 부족한 피부는 보습 작용이 떨어져 세포의 재생능력이 저하되어 탄력이 줄어들고 주름이 생기면서 피부노화가 시작된다.

② **투명층**(Stratum lucidum)

투명층은 각질층의 바로 아래에 존재하며, 2~3개 층의 상피세포로 이루어져 있다. 신체에서 가장 두꺼운 부위인 손바닥과 발바닥에 존재한다.

반유동성 물질(Elaidin)로 인해 수분 침투 및 배출을 방지하여 손과 발을 부드럽게 하며, 투명하게 보이게 한다. 빛을 굴절시켜 차단하는 역할도 한다.

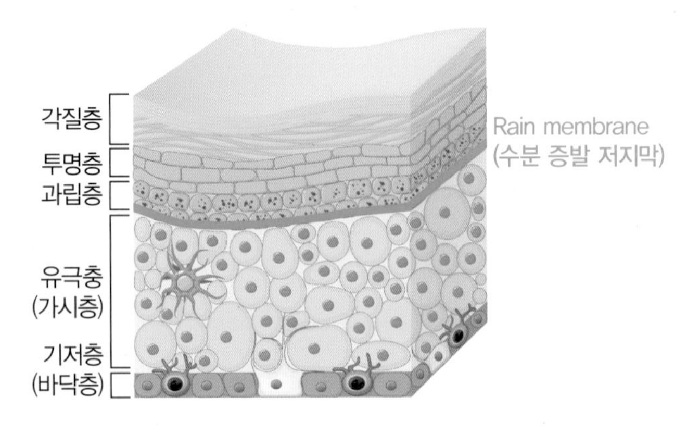

그림 2-3 레인 방어막(수분 증발 저지막, Rain membrane)

③ **과립층**(Stratum granulosum)

과립층은 2~5개 층을 가지고 있으며, 무핵 세포로 구성된다. 투명층과 레인 방어막과 함께 외부 이물질의 침입을 차단하고, 내부의 수분이 외부로 증발하는 것을 저지하는 역할을 한다.

④ **유극층**(가시층, Stratum spinosum)

유극층은 6~8개의 층으로 표피에서 가장 두꺼운 층이다. 세포재생이 가능한 유핵세포로 가시모양의 돌기가 서로 연결되어 있어 가시층이라고 부르기도 한다. 우리 몸의 면역기능을 담당하는 **랑게르한스세포**(Langerhans cell)가 존재한다.

⑤ **기저층**(배아층, Stratum basale)

기저층은 표피의 가장 아래층에 단층 구조의 물결 모양으로 이루어져 있으며, 유핵세포가 존재한다. 영양분을 전달하는 진피의 유두층과 맞닿아 있다. **각질형성세포**(Karatinocyte), **멜라닌형성세포**(Melanocyte), **머켈세포**(Markel cell)로 구성되어 있다.

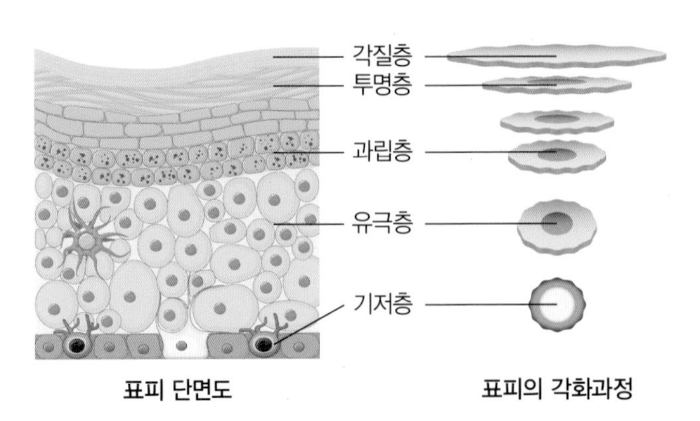

그림 2-4 표피의 각화 과정

기저층은 피부 표면 상태를 결정짓는 중요한 층으로 상처를 통해 기저층이 손상되면 표피가 재생되지 않아 흉터를 남길 수 있으며, 피부능선 및 고랑을 만들어 손가락 끝의 지문을 형성한다.

색소형성세포인 **멜라닌세포**(Melanocyte)는 피부색, 머리카락 색, 눈동자 색과 같은 우리 몸에 색을 가진 모든 것을 담당하며, 갈색과 검정색을 담당하는 유멜라닌(Eumelanin)과 붉은색을 담당하는 페오멜라닌(Pheomelanin)으로 분류할 수 있다.

촉각인지세포인 **머켈세포**(Markel cell)는 피부 표면에서 전달되는 질감 및 압력 등의 신경자극을 뇌에 전달하여 촉각 수용체에 감각을 인지할 수 있도록 한다.

(2) 진피(Dermis)

피부 전체의 90% 이상을 차지하는 두꺼운 층으로 유두층과 망상층으로 구성되어 있으며, 피부 부속기관인 혈관, 신경관, 림프관, 모발, 땀샘과 피지샘 등이 존재한다.

① 유두층(Papillary layer)

유두층은 진피의 상단 부분으로 기저층과 맞닿아 있으며, 모세혈관이 밀집되어 있는 유두 모양의 돌기를 통해 기저층에 산소와 영양분을 공급하는 역할을 한다.

유두층의 모세혈관에 가까이 위치한 면역 세포인 비만세포(Mast cell)는 염증 매개 물질을 생성, 분비하는 작용으로 알레르기의 주요인이 된다.

② 망상층(Reticular layer)

망상층은 콜라겐(교원섬유, Collagen), 엘라스틴(탄력섬유, Elastin)과 기질(Ground substance) 등으로 이루어져 있다. 콜라겐과 엘라스틴이 그물망과 같이 엉겨 붙은 것과 같은 형태의 결합조직으로 이루어져 있다. 노화가 진행될수록 결합조직도 늘어지게 되며, 주름과 이중 턱 등이 발생한다.

- **콜라겐**(교원섬유, Collagen)

아미노산으로 구성된 콜라겐은 진피의 85~90%를 차지하며, 피부 구조를 유지하기 위한 피부의 기둥 역할을 하는 피부 결합조직의 주요 성분이다. 피부 재생을 촉진하며, 피부 세포들을 서로 단단하게 연결하여 탄력 유지에 중요한 역할을 한다. 또한, 인체의 장기 등을 지탱하고 세포 성장이나 기관의 형성 등 생리적인 기능도 수행한다.

- **엘라스틴**(탄력섬유, Elastin)

엘라스틴은 진피의 2~3%를 차지한다. 콜라겐을 지지하는 스프링 역할을 하는 엘라스틴은 콜라겐보다 짧고 가는 단백질이다. 엘라스틴이 부족하면 피부 탄력성이 떨어져 피부가 처지며, 주름이 발생한다.

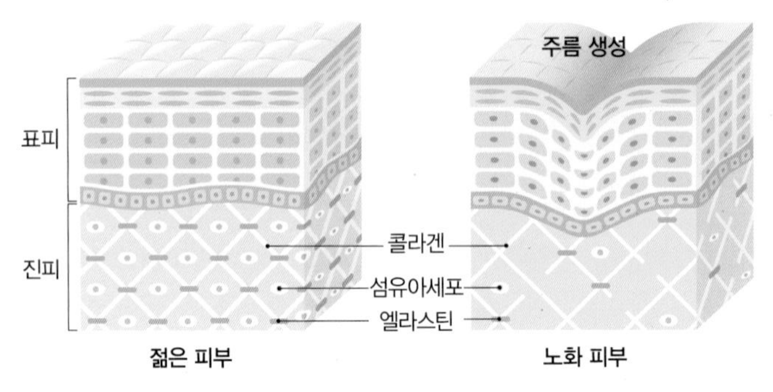

그림 2-5 망상층의 구조

- 기질(Ground substance)

진피의 결합 섬유 사이를 채우고 있는 물질을 기질이라고 하며, 뮤코다당체(Muco-polysaccharide)라고도 불린다. 친수성 다당체로 물에 녹아 끈적끈적한 점액질 상태로 존재하며, 진피 중량의 0.1~0.2% 정도를 차지하고 자기 몸무게의 1000배에 해당하는 다량의 수분을 함유할 수 있는 성질이 있다.

(3) 피하조직(Subcutaneous tissue)

피하지방층은 진피와 근육 또는 뼈 사이에 위치하며, 피부의 가장 아래층에 해당한다. 피하지방층은 에너지원인 지방을 저장하고 체온 유지에 중요한 역할을 한다.

또한, 외부로부터의 충격을 흡수하여 쿠션 역할로서 인체를 보호하며, 피부 탄력성을 유지하여 몸매를 결정하는 요인으로 작용한다. 대사 과정에서 노폐물과 독소 등이 배설되지 못하고 쌓이게 되어 발생하는 셀룰라이트(Cellulite)를 형성한다.

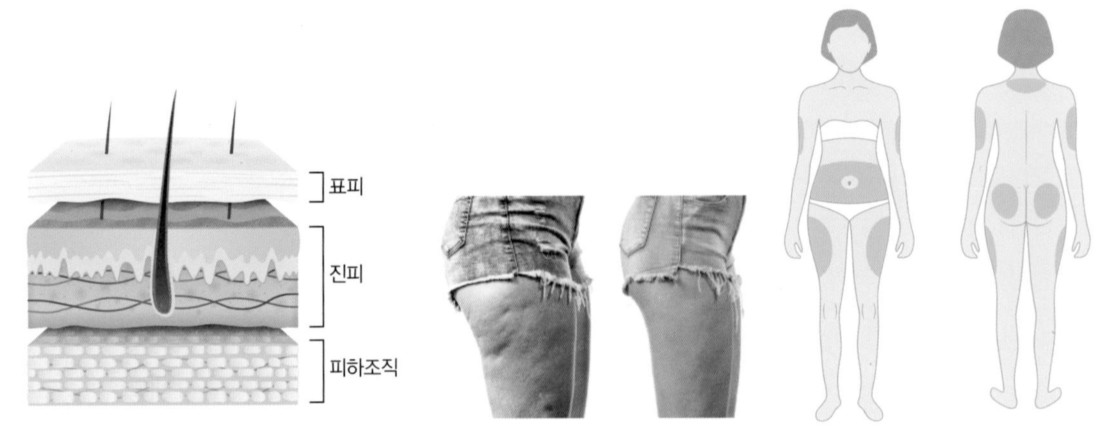

그림 2-6 피하조직(지방)의 구조와 셀룰라이트

2. 피부의 기능

피부는 인체의 외부 표면을 덮고 있어 여러 가지 자극에 대하여 인체를 보호하는 역할을 한다. 또한 자극을 받아들여 주위의 변화에 순응하도록 한다. 이와 같은 피부의 구성은 완전히 독립된 것은 아니며, 인체의 내부 작용과 연결되어 있다.

(1) 보호 작용

① 체온조절기능

피부는 혈관의 확장과 수축에 의한 혈류량 변화와 땀을 분비함으로써 체온을 조절한다. 피부의 수축을 통하여 열의 발산을 적게 하고 반대로 피부의 팽창을 통하여 열의 발산을 증대시킨다.

체온이 낮아지면 입모근(털세움근, Arrector pili muscle)이 수축하여 열의 확산을 감소시키고, 체온이 높아지면 입모근은 이완되고 모공을 열어 체내의 열을 외부로 발산시켜 항상성을 유지한다.

② 증발조절기능

피부에 피지막을 형성하여 피부가 건조해지는 것을 방지한다. 외부의 이물질과 과잉 수분의 침투를 막아주며, 내부의 수분이 체외로 소실되는 것을 방지해 준다.

③ 세균 침입에 대한 보호기능

피부 표면의 산성막인 피지막이 보호막을 형성하여 외부 세균과 이물질, 박테리아의 침입을 막아주고 피지의 산성 성분이 살균 효과도 유도한다.

겹겹이 형성되어 있는 각질층의 박리현상으로 외부의 이물질이 각질과 함께 자연스럽게 각화되어 떨어져 나간다.

④ 물리적인 자극에 대한 보호기능

외부로부터의 충격이나 압력 등에 대하여 피하조직이 완충작용을 하여 장기와 뼈를 보호한다.

⑤ 화학적인 자극에 대한 보호기능

피부 표면의 피지막은 pH 5.5 약산성의 성질을 가지는 보호막을 형성하여 외부의 알칼리 물질을 중화시키며, 외부자극으로부터 일시적으로 균형이 깨지더라도 원상태로 돌아오려는 복원능력이 있어 피부를 보호할 수 있다.

⑥ 자외선에 대한 보호기능

멜라닌 색소는 자외선을 차단하며, 색소를 합성한다. 자외선에 과다하게 노출되면, 썬탠(Suntan)이나 썬번(Sunburn)이 일어나고 기미와 잡티가 발생한다.

자외선에 지속적으로 노출되면 광노화(Photoaging)가 발생하며, 노화가 빠르게 진행되어 피부가 거칠어지고 굵고 깊은 주름이 나타난다.

(2) 저장 작용

피하 조직의 지방은 우리 신체 중 가장 큰 저장기관으로 1g당 9kcal 에너지를 발생한다. 사용 후 남은 영양물질은 피하지방에 저장하며 필요할 때 에너지원으로 사용한다.

(3) 영양분 교환작용

인체가 자외선인 UV-B에 노출되면 표피의 과립층에서 프로비타민 D(Provitamin D)를 비타민 D로 전환한다. 이를 통해 피부 재생과 내장 기능의 강화 및 뼈의 발육에 도움이 될 수 있다.

(4) 흡수작용

피부는 호흡 시 약 1% 산소를 흡수한다. 모공을 통해서 특정한 물질을 선택적으로 체내에 흡수시킨다. 각질층과 피부 표면의 피지막 때문에 수성 물질의 침투는 어렵지만 지방성 물질의 성분은 흡수가 용이하다.

(5) 감각작용

피부의 감각 수용기는 지각 신경으로 둘러싸여 있다. 외부 자극을 바로 뇌로 전달하여 온각, 냉각, 촉각, 통각, 압각 총 등 5가지를 느낄 수 있다. 1cm^2당 통각점이 200여 개, 촉각점이 25개, 냉각점이 12개, 온각점은 2개 등의 감각점이 존재한다.

(6) 분비 및 배설작용

피부의 부속기관인 피지샘과 땀샘이 관계한다. 피지샘의 경우 피지를 분비하여 피부 건조 방지 및 유해 물질 침투를 방지하며, 땀샘의 경우 소변으로 배출하고 남은 수분을 땀으로 배출시키는 신장의 보조기능을 수행하여 체내 수분 유지에 관여한다.

(7) 재생작용

피부는 상처가 나면 기저층의 세포분열을 통하여 외부상처를 회복시키며, 다시 재생되어 원래의 상태로 돌아오게 된다. 하지만 진피의 망상층에 존재하는 콜라겐과 엘라스틴은 피부재생에 관여하기 때문에 표피의 기저층 이하 진피층이 다치거나 손상되면 피부 재생이 불가능하여 주의가 필요하다.

피부 부속기관의 구조와 기능

1. 땀샘(한선, Sweat gland)

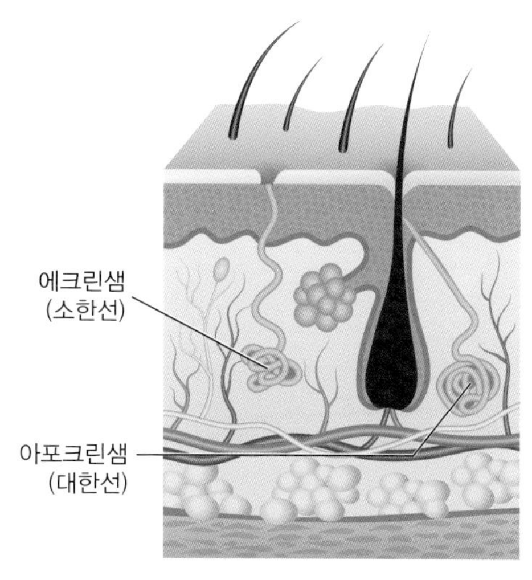

그림 2-7 땀샘

땀샘은 땀을 만들어내는 피부 부속기관으로 모낭을 통해 하루에 약 700~900cc 정도의 땀을 배출하며, 체온조절 및 노폐물과 같은 분비물을 몸 밖으로 내보내는 배설 기관이다. 이를 통해 피부의 습도를 유지하고 피지막과 정상적인 피부의 pH를 유지한다.

땀샘은 소한선인 에크린샘(Eccrine sweat gland)과 대한선인 아포크린샘(Apocrine sweat gland)으로 구분한다.

(1) 땀샘의 종류

① **에크린샘**(소한선, Eccrine sweat gland)

소한선이라고 하며, 독립된 땀구멍으로 체온의 조절과 함께 노폐물 배설의 기능을 한다.

입술, 외음부, 손톱을 제외한 전신에 분포되어 있으며, 땀의 산도는 3.8~5.6 pH로 세균의 증식을 억제하는 약산성이다.

② **아포크린샘**(대한선, Apocrine sweat gland)

아포크린샘은 호르몬 샘으로 특유의 냄새가 나는 단백질이 함유된 액체를 모공을 통해 분비한다. 겨드랑이, 배꼽 주위, 외음부, 젖꼭지, 귀두 등에 분포되어 있으며 성호르몬의 영향으로 사춘기 이후에 주로 발달한다.

아포크린샘은 흑인 〉 백인 〉 동양인 순으로 발달하여 있으며, 액취증이나 심한 악취를 유발한다. 여성의 월경 전후에 활성화되며, 임신 중에는 감소된다.

(2) 땀샘(한선)의 역할

① 더우면 모공을 열어 땀을 배출하여 체온을 조절한다.

② 추우면 모공을 닫아 체온 소실을 방지하여 체온을 조절한다.

③ 모공으로 땀을 배출하여 피지막과 산성막을 형성한다.

④ 신장의 보조역할로 수분을 배출한다.

(3) 땀샘(한선)의 이상 증상

① **다한증** : 국한적 다한증, 전신적 다한증, 미각 다한증, 후각 다한증 등이 있다.

② **소한증** : 땀이 적게 난다.

③ **무한증** : 피부질환 등으로 인해 땀이 나지 않는 증상이다.

④ **취한증**(액취증) : 암내라고 하며, 땀샘의 내용물이 세균으로 인해 부패되면서 악취를 유발한다.

⑤ **한진**(땀띠) : 땀샘이나 모공에 땀과 이물질이 막혀 폐쇄되어 발생한다.

2. 피지샘(Sebaceous gland)

피지샘은 3~5개의 주머니가 모낭과 연결되어 모낭벽에 붙어있는 기름샘으로 모공을 통해 하루 약 1~2g의 피지를 분비한다. 피지샘은 피부, 모발과도 연관되어 피부와 모발을 윤기 있고 유연하게 만든다.

피지샘은 남성 호르몬인 안드로겐(Androgen) 중 테스토스테론(Testosterone)의 영향을 받는다.

(1) 피지샘의 성분

피지는 땀샘에서 분비된 땀과 섞여 피부 표면에 장막을 형성한다. 이를 피지막이라고 하며, 수분이 증발하는 것을 방지하고 세균이나 곰팡이의 성장을 억제하며 피부를 외부의 자극으로부터 보호하는 기능을 한다.

(2) 피지샘의 종류

① **독립 피지샘** : 구강, 입술 점막, 입술의 경계 부위, 유두와 눈꺼풀 등에 분포되어 있고 모발과 관계없이 피부 표면으로 직접 피지를 분비함
② **큰 피지샘** : 얼굴의 T존 부위, 두피, 목과 가슴 등의 중앙 부분에 분포
③ **작은 피지샘** : 손바닥과 발바닥을 제외한 전신에 분포
④ **무 피지샘** : 피지샘이 없는 손과 발은 건조함을 쉽게 느낌

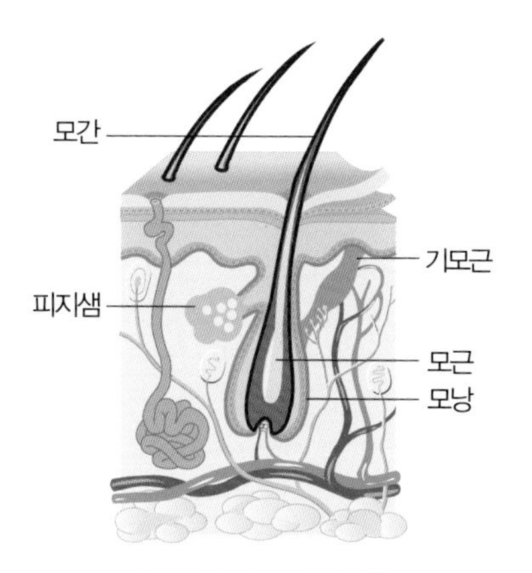

그림 2-8 피지샘

(3) 피지샘의 이상 증상

피지샘에 의해 생성된 피지는 모낭을 통해 피부 표면으로 배출된다. 피지 분비 및 각질 세포가 과도하게 증식하면 모공을 막아 정상적인 피지 분비가 이루어지지 않으며, 모공 내에 존재하는 여드름균(Propionibacterium acnes)이 번식하여 여드름(Acne vulgaris)이 발생할 수 있다.

3. 모발(Hair)

모발은 손바닥, 발바닥과 점막의 경계부 등을 제외한 몸 전체에 분포하고 있으며, 하루에 약 0.2~0.5㎜ 성장하며, 수명은 남성의 경우 약 3~5년, 여성의 경우 약 4~6년이다. 건강모의 수분은 약 12% 정도이다.

(1) 모발의 구조(Hair structure)

모발은 피부 외부에 나와 있는 모간부(Hair shaft)와 내부에 모근부(Hair root)로 나뉘어진다.

1) 모근부(Hair root)의 구조

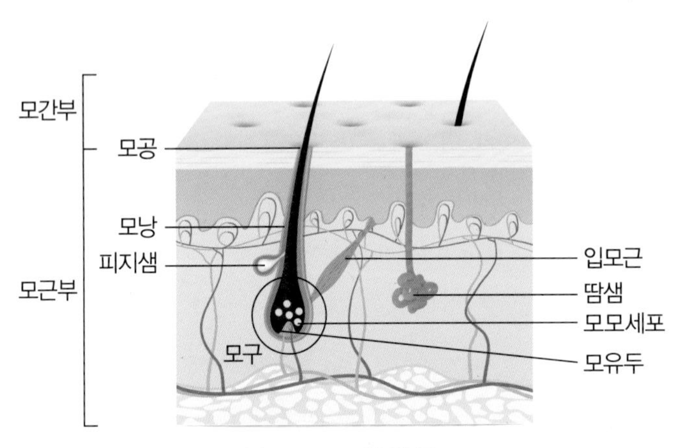

그림 2-9 모발의 구조

모근부는 모낭(Hair follicle), 모구(Hair bulb), 모유두(Hair papilla) 등으로 이루어져 있다. 모낭은 주머니 모양으로 모발을 둘러싸서 모근을 보호하는 역할을 한다.

모구는 모낭의 아랫부분에 위치하여, 모발이 성장하는 곳이다.

모유두는 모구 밑의 작은 돌기조직으로 영양분과 산소를 모모세포로 전달하여 모발의 생성을 돕는다.

모모세포(모기질, Hair mother cell)는 모유두로부터 영양을 공급받아 성장하며, 새로운 모발을 만들어낸다.

입모근(기모근, 털세움근 Piloerector muscle)은 모근에 비스듬히 붙어 있는 근육으로, 피부가 추위, 공포 또는 외부자극 등을 감지하면 수축하여 털을 세우고, 체온을 조절한다.

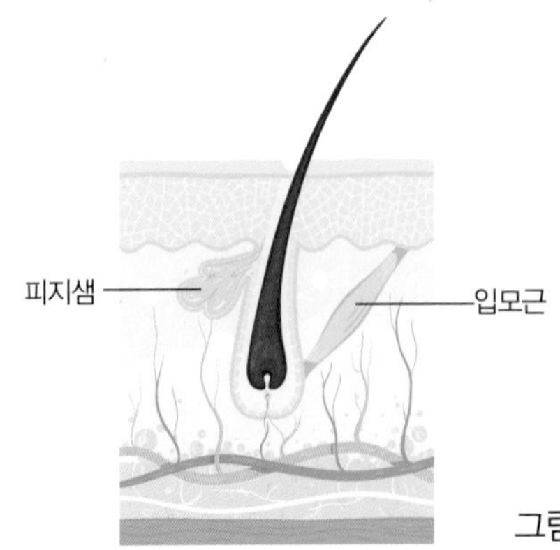

그림 2-10 입모근(기모근, 털세움근 Piloerector muscle)

2) 모간부(Hair shaft)의 구조

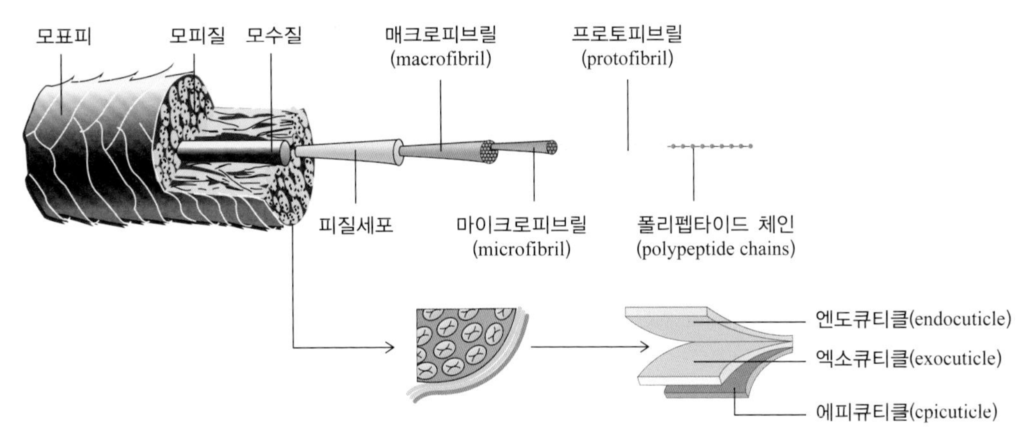

그림 2-11 모간부의 세부 구조

모간부는 바깥층으로부터 모발의 가장 바깥 부분인 모표피(Cuticle), 모표피의 안쪽 부분으로 멜라닌 과립(Melanin granule)을 함유하고 있어 모발의 색상을 결정하는 모피질(Cortex)과 모발의 중심부인 모수질(Medulla)로 이루어져 있다.

모표피는 가장 바깥부터 에피큐티클(체외표피, Epicuticle), 엑소큐티클(외표피, Exocuticle), 엔도큐티클(내표피, Endocuticle)의 3겹 구조를 갖고 있으며, 외부의 영향으로부터 모피질을 보호하고 있다.

- **에피큐티클** : 모표피의 가장 바깥층이며 피지샘에서 분비된 피지와 가장 먼저 맞닿는 부위이다. 두께 100 Å(옹스트롬, Angstrom) 정도의 얇은 막으로 수증기는 통하지만, 물은 통과하지 못하는 저항성을 가진다. 딱딱하고 부서지기 쉽기 때문에 물리적인 자극에 약하다. 또한, 이 층은 아미노산 중 시스틴의 함유량이 많아 물, 산소와 화학 약품에 대한 저항이 강하고 친유성을 띤다.
- **엑소큐티클** : 에피큐티클과 엔도큐티클 사이에 존재하며, 연한 케라틴층으로 시스틴이 많이 포함되어 있다. 펌과 같이 시스틴 결합을 절단하는 약품의 작용을 쉽게 받는 층이다.
- **엔도큐티클** : 가장 안쪽에 있는 층으로 시스틴 함유량이 적다. 친수성의 성질을 띠며 알칼리성 제품에 대한 저항성이 약하다. 인접한 세포를 밀착시키는 양면 접착테이프 같은 세포막복합체인 CMC(Cell membrane complex)는 피지를 전달하여 모발에 윤기를 부여한다. 이 부분이 손상될 경우 모발이 거칠어질 수 있다.

(2) 모발의 구성 성분

경케라틴 단백질로 구성되어 있으며, 10~15%의 수분을 함유하고 있다. 또한 소량의 멜라닌 색소가 있어 그 함량에 따라 다양한 색을 나타낸다.

표 2-2　모발의 구성 성분

번호	성분	백분율	구성 비율
①	케라틴 단백질	80~90%	
②	수분	10~15%	
③	멜라닌 색소	1~3%	
④	지질	1~9%	
⑤	미량원소	0.6~1.0%	

(3) 모발의 성장주기 (Hair cycle)

모발의 성장은 성장기, 퇴행기, 휴지기, 탈모기와 발생기를 거치면서 계속 반복되는데 모발의 성장주기 또는 모주기라고 한다. (자세한 내용은 48p 참조)

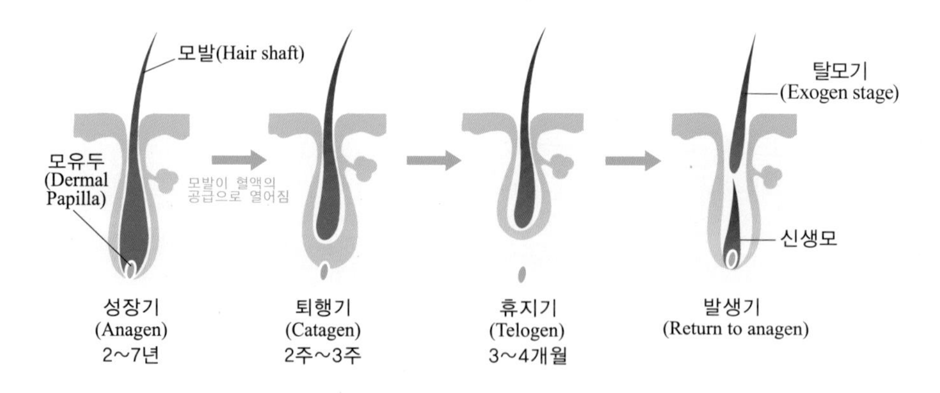

그림 2-12　모발의 성장주기

(4) 모발의 기능

모발의 기능에는 외부의 물리적·화학적·기계적 자극으로부터 피부를 보호(보호기능)하며 머리카락 입모근의 지각신경이 작은 자극에도 반응하며 촉각이나 통각을 전달하는 작용을 한다(감각기능).

모공을 통해 땀과 피지를 배출(배출기능)하고, 모발을 이용해 아름다움과 개성을 표현(장식기능)하는 중요한 역할을 한다.

(5) 모발의 형태별 분류

모발의 형태는 유전적 작용으로 인한 단백질 합성속도에 따라 차이가 있으며, 크게 인종에 따라 나뉜다. (자세한 내용은 49p 참조)

표 2-3 모발의 굵기와 형태

형태	인종	형태
직모	황인종	
파상모	백인종	
축모	흑인종	

(6) 모발에 따른 분류

① **취모**(Lanugo hair) : 배냇머리라고도 하며 태어날 때 가지고 태어나는 털

② **연모**(Vellus hair) : 부드럽고 가는 온몸에 분포된 솜털

③ **성모**(Terminal hair) : 일반적인 성인의 털로 모낭이 만들어 내는 모발 중 마지막 형태이기 때문에 종모 또는 경모라고 부른다.

④ **장모**(긴 털, Long hair) : 두발, 수염, 음모, 액와모 등의 조금 곱슬곱슬하고 굵기가 37.1마이크로미터(㎛) 이상인 길이가 긴 털을 말한다.

⑤ **단모**(짧은 털, Short hair) : 눈썹, 속눈썹, 코털, 귀털 등 길이가 짧은 털을 말한다.

(7) 모발 색상에 따른 분류

멜라닌 색소의 합성에 따라 흑색, 갈색, 금발 등 모발의 색이 결정된다. 멜라닌 색소가 전혀 형성되지 못하면 백발이 된다. 유전적 요인에 따라 흑색과 갈색을 띠는 유멜라닌은 동양인에게 많이 발견되며, 황색과 적색을 띠는 페오멜라닌은 서양인에게 많이 발견된다.

표 2-4 모발 색상에 따른 멜라닌 색소 비율

구분	멜라닌
흑발	흑색 유멜라닌(Eumelanin) 95%↑, 갈색 유멜라닌(Eumelanin) 생성 중단
백발	소량의 흑색 유멜라닌(Eumelanin), 다른 색소 생성 중단
갈색머리	갈색 유멜라닌(Eumelanin) 95%↑, 낮은 수준의 페오멜라닌(Pheomelanin)
금발	소량의 갈색 유멜라닌(Eumelanin), 흑색 유멜라닌(Eumelanin) 생성 안됨. 높은 농도의 페오멜라닌
적발	소량의 갈색 유멜라닌(Eumelanin), 전체 멜라닌의 1/3을 차지하는 붉은 색 페오멜라닌(Pheomelanin)

(8) 모발의 특성

모발은 물리적, 화학적 특성을 가진다. 물리적 특성은 모발의 본래 성질구조는 변하지 않고 상태만 변하는 것이다. 화학적 특성은 화학 약품을 사용하여 모발의 본래 성질과 함께 구조까지 모두 변하는 것이다. (자세한 내용은 51~53p 참조)

(9) 모발의 이상 증상

1) 탈모증(Alopecia)

머리카락이나 신체의 털이 유전과 질병 또는 호르몬의 변화 등 여러 가지 원인으로 인하여 빠지는 것을 말한다.

① 탈모의 유형

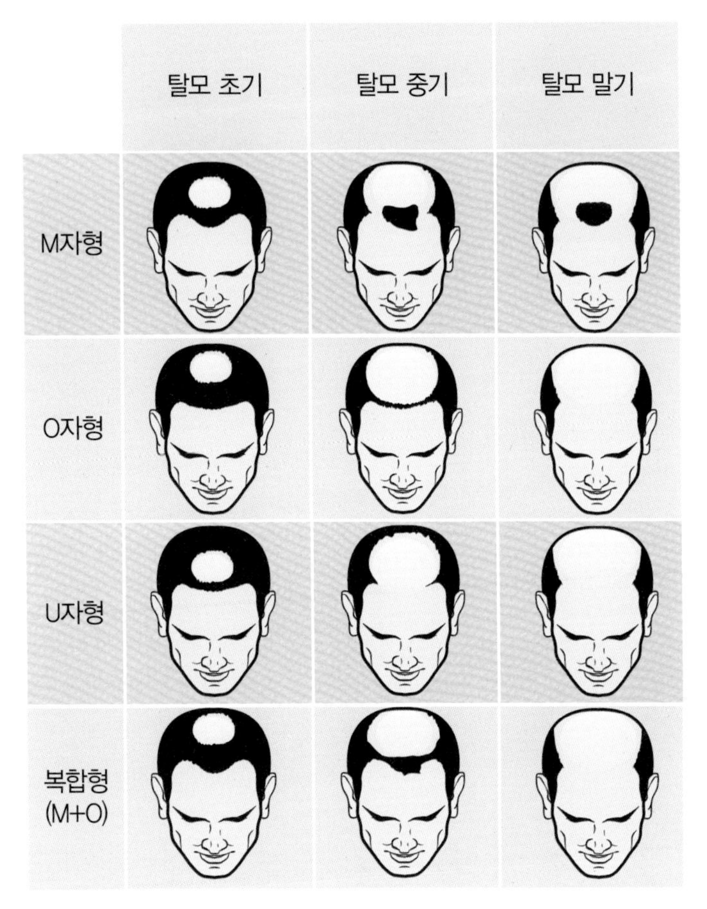

그림 2-13 탈모의 유형

② 탈모의 종류

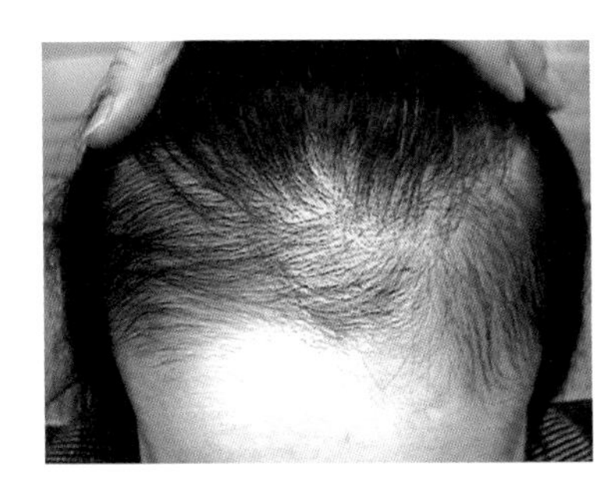

• 생리적 탈모(Physiological hair loss)

산모에게서 내분비의 변화로 다량의 두피모발이 탈모된다. 임신 말기에 휴지기 모발이 감소되는 형태를 보이다가 출산 후 휴지기의 탈모가 증가되기 때문이다. 산후 2~5개월에 나타나기 시작하며, 주로 머리의 앞쪽 1/3 부분에서 탈모가 발생하거나 머리 전체에서 나타나기도 한다. 약 2~6개월 지속된 후에 정상적인 상태로 회복된다.

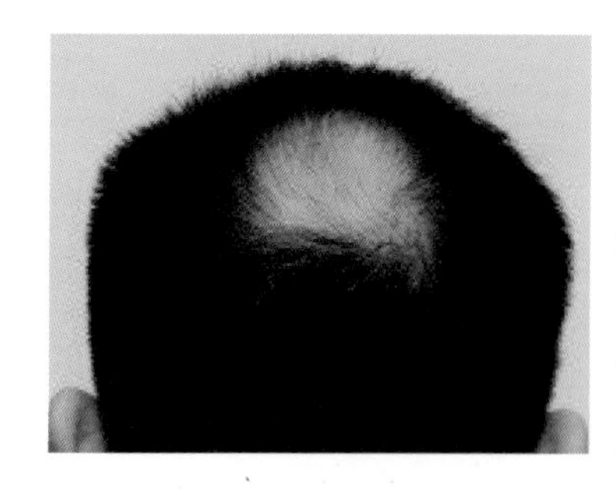

• **원형 탈모**(Alopecia areata)

자각증상 없이 원형 혹은 타원형의 형태로 작게 혹은 크게 중앙으로부터 면적이 확산되며 빠진다. 모발 전체가 빠지는 것을 전두 탈모증, 전신의 털이 빠지는 것을 전신 탈모증이라 한다. 자가면역 저하 및 정신적 피로 등으로 발생할 수 있다. 일반적으로 재발이 잘되는 편이기 때문에 완전 치료는 불가능할 수 있다.

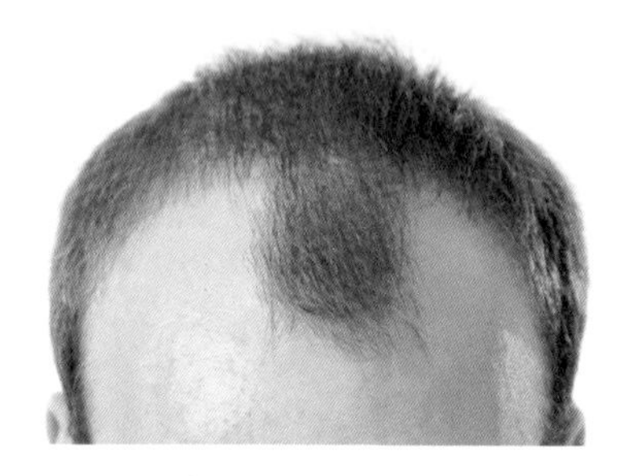

• **남성 탈모**(Male pattern alopecia)

중장년의 남성에게서 잘 나타나며 유전적 성향이 매우 강하다. 또한, 남성 호르몬의 과다한 분비가 원인이 되어 전두부에서부터 빠지기 시작하여 부위가 확대된다. 초기 증상은 이마가 넓어지기 시작하여 이마 옆 부위가 위쪽으로 올라가 M자 모양으로 진행된다. 더 진행될 경우 대머리가 될 수 있다. 초기 대머리의 경우 약물을 사용하여 호전될 수 있다. 미용상의 문제의 경우 모발 이식으로 해결할 수 있다.

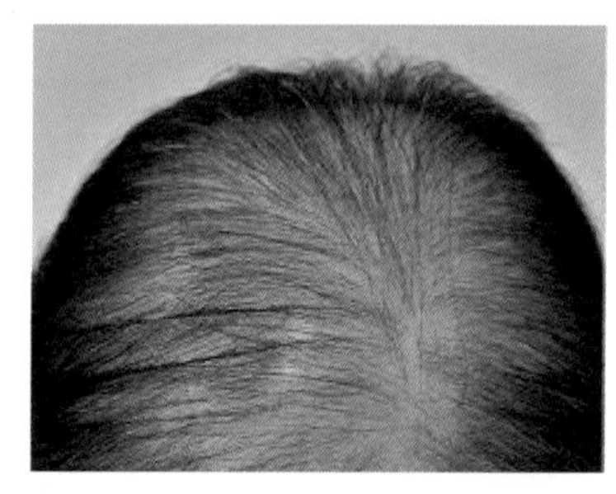

• **여성 탈모**(Female pattern alopecia)

헤어라인은 보존되며 주로 머리의 중간 부위에서 탈모가 시작되며, 남성보다 덜하다. 유전적 경향이 강하며, 남성 호르몬과 관련이 있다. 흔히 25~30세부터 나타나기 시작하는데 모발이 가늘고 짧아지면서 가르마 부위가 엷어진다. 남성과는 달리 일정한 형태가 없고 머리에 전반적으로 탈모가 일어난다.

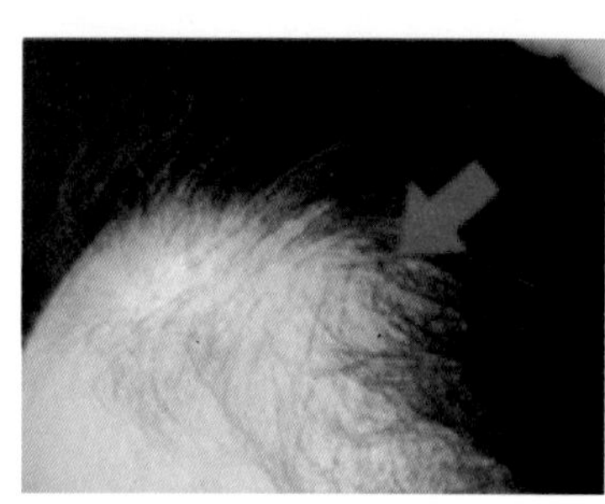

• **견인성 탈모**(Traction alopecia)

머리를 땋거나 올리는 형태를 오랜 기간 반복했을 때 발생한다. 머리의 길이가 매우 길어 머리카락 무게로 인하여 두피가 많이 들뜬 상태에서 발생할 수 있다. 전두부와 중앙부에서부터 빠진다.

• **발모벽**(Trichotillomania)

주로 정신적인 문제의 결과로 습관에 기인한다. 소아기의 어린아이가 손톱을 물어뜯는 버릇처럼 모발을 잡아 뽑는 행위로 모발, 눈썹과 속눈썹 등 손에 잡히는 것을 뽑는다. 성인의 경우 조현병의 초기 증상일 수 있으므로 주의를 요한다.

2) 조모증(Hirsutism)

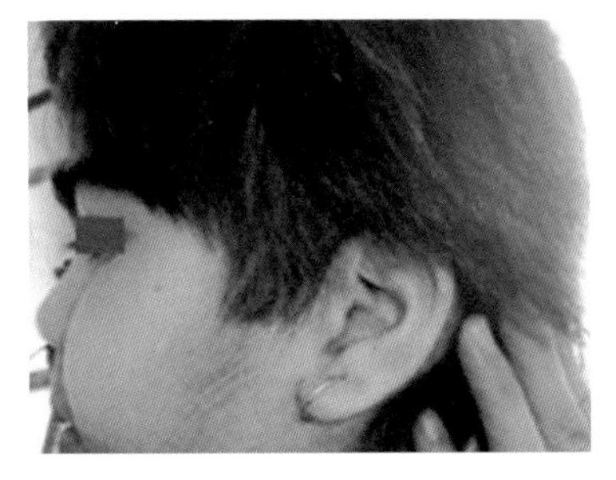

여성이나 어린이에게 남성과 같은 털의 성장과 분포가 나타나는 증상이다. 원인은 유전으로 인한 남성호르몬 과다, 부신 및 난소와 뇌하수체 질환으로 인한 호르몬 이상으로 추측된다. 즉, 아버지의 유전인자가 딸에게 유전되어 모발의 성장이 과도하게 증가되는 것이다.

3) 다모증(Hypertrichosis)

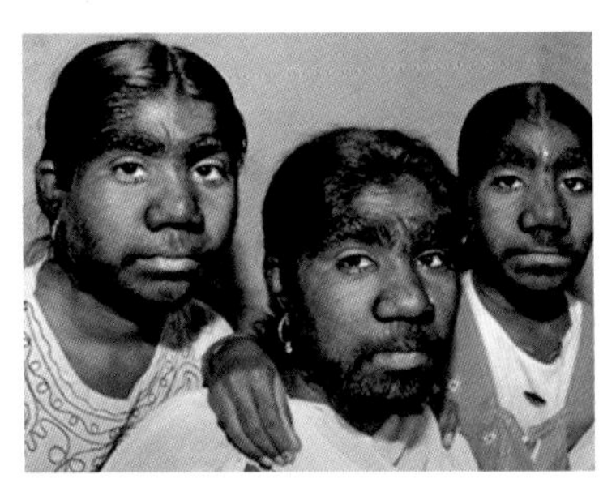

전신에 털이 증가하는 증상으로 남성보다 여성에게 많이 나타난다. 주원인은 유전적 요인과 신경질환이며 이외에 부신 및 난소질환으로 인한 호르몬 이상으로 추측된다. 다모증의 여성들은 대부분 남성 호르몬의 과다현상이 나타나지 않으며, 정상적인 월경 주기와 출산능력을 지니고 있다. 폐경기(Menopause)를 맞게 되는 40대 후반부터는 증상이 현저히 줄어든다.

4) 백모증(흰머리, Poliosis)

노화에 의한 멜라닌 형성 능력의 부족 현상이다. 대부분 유전적인 경향으로 다른 신체에는 이상이 없다. 머리의 앞부분부터 중간 그리고 뒷부분 순서로 탈색이 되며 점차 수염, 액모 다음 음모 순으로 변색이 진행된다. 급성 열성질환과 영양실조에 의해서도 야기되다 상태가 호전되면 다시 흰머리 수가 감소하기도 한다. 또한, 성장 호르몬 투여 시 흰머리 수가 급격히 감소할 수 있다.

5) 무모증(Atrichia)

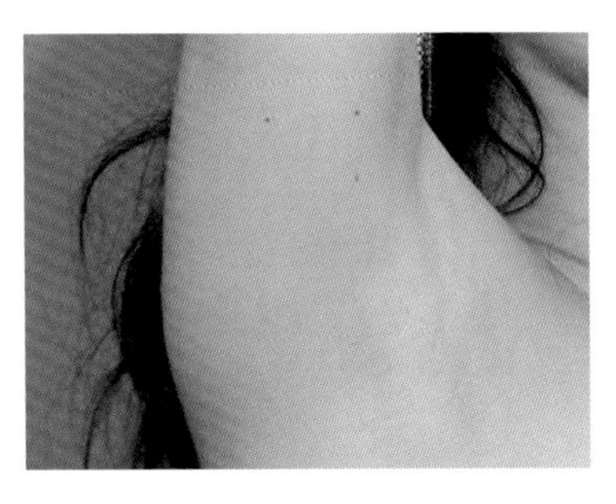

유전과 내분비샘(Endocrine gland)의 장애로 인해 선천적으로 털이 자라지 않는 것이다. 무모증은 남성보다 여성에게 많다. 이것은 성호르몬의 이상에 기인하는 것으로 주로 남성 호르몬(Androgen)의 결핍이다. 여성에 있어서도 남성 호르몬은 부신피질에서 분비된다. 따라서, 무모증의 치료에는 남성 호르몬의 투여가 필요하다.

(10) 모발의 질병

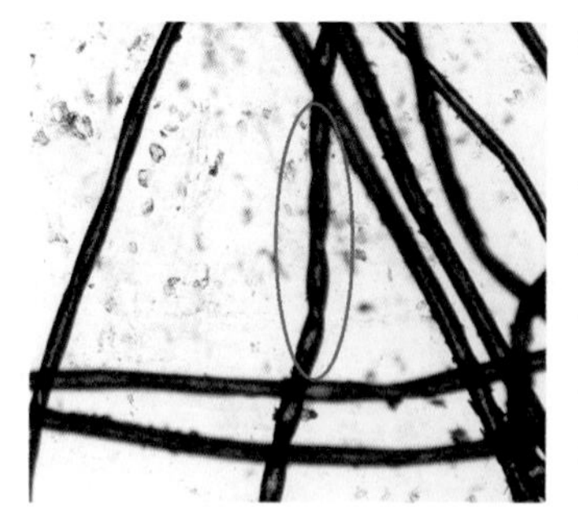

① **염전모**(Pili torti)

염전모는 모발이 장축에 따라 꼬인 상태가 특징이며 모간이 편평해지고 잘 부러지므로 부분적인 탈모를 보인다. 선천성인 경우에는 유전적인 요인의 영향을 받으며, 후천성인 경우에는 다른 피부 및 전신 이상을 동반한 여러 증후군과 연관되어 발생할 수 있다. 모발의 엉킴을 방지하기 위해 짧게 커팅하여 관리한다.

② **연주모**(Monilethrix)

연주모는 유전되는 선천성 질환으로 두피 모발에 다발성 결절들이 형성되고 결절들 사이가 위축되어 염주 모양의 모발이 형성된다. 결절 부위에서 모발이 쉽게 부서질 수 있으며, 유아 및 소아기에 뚜렷하게 나타나며, 사춘기에 자연적으로 호전될 수 있으나 평생 지속되는 경우도 있다.

③ **결절성 열모증**(Trichorrhexis Nodosa)

결절성 열모증은 남녀노소를 불문하고 열 기구를 이용한 잘못된 시술 등을 통해 발생할 수 있다. 모간에 불규칙한 간격으로 배열된 작은 백색결절들이 발생되며, 결절들은 모피질이 부러져 많은 가닥으로 갈라져 마치 2개의 빗자루를 양끝으로 붙여 놓은 것 같다. 정기적인 트리트먼트를 통해 모발이 부스러지는 것을 막을 수 있도록 관리가 필요하다.

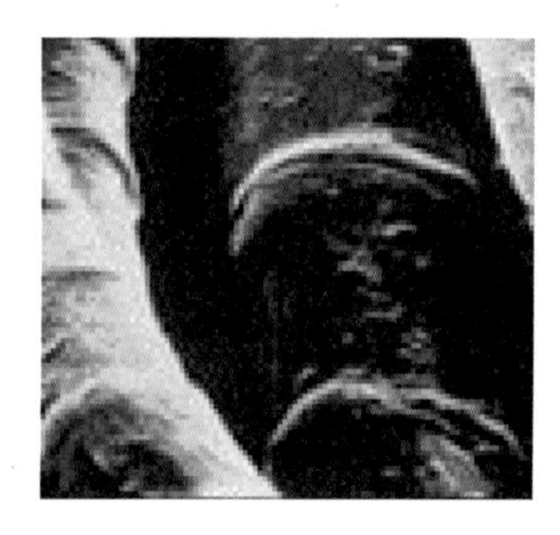

④ **백륜모**(Pill annulati)

백륜모는 모간 피질의 각질 형성에 이상이 있어 모간의 직경은 일정하나 장축에 따라 불규칙하게 기포가 형성되어 빛의 반사 차이에 의해 흑백의 얼룩덜룩한 색이 교대로 나타난다. 유전이 될 수 있으며, 옅은 색깔의 모발을 지닌 사람에게 많이 발생한다.

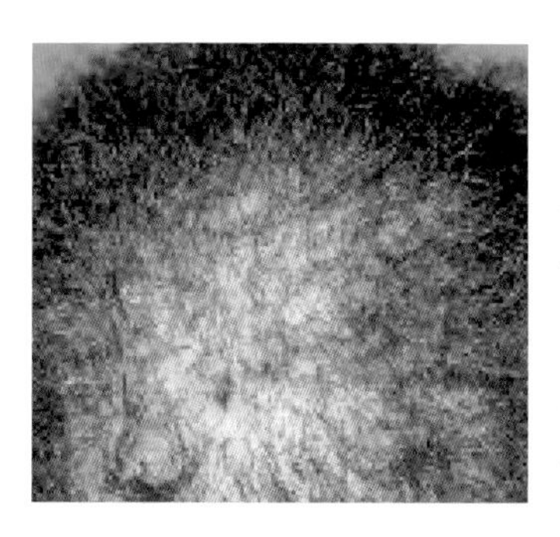

⑤ **양털 모양 모발**(Wooly hair)

양털 모양 모발은 두피에 부분적 또는 전체적으로 가늘고 꼬불꼬불한 모발이 나타나는 것을 말한다. 가늘고 밀집된 곱슬머리가 출생 시부터 나타나는 증상으로 아동기에 가장 심하다. 모발이 12cm 이상 자라지 않지만, 어른이 되면 어느 정도 호전된다. 한 타래로 뭉쳐져 있어 빗질이 힘들다. 결절성 열모증(Trichorrhexis Nodosa)을 동반하기도 한다.

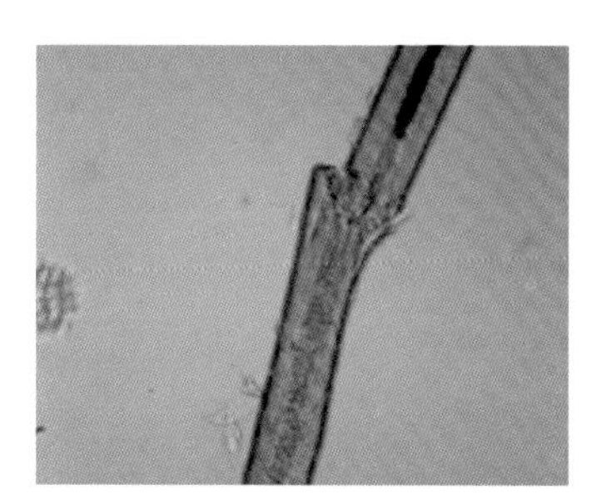

⑥ **골절모**(Trichoschisis)

골절모는 모간을 가로질러 평행하게 갈라지거나 균열을 일으켜 골절과 같은 모양을 만든다. 모발의 상피세포가 부분적으로 결핍되어 약해진 부분이 갈라지면서 발생한다.

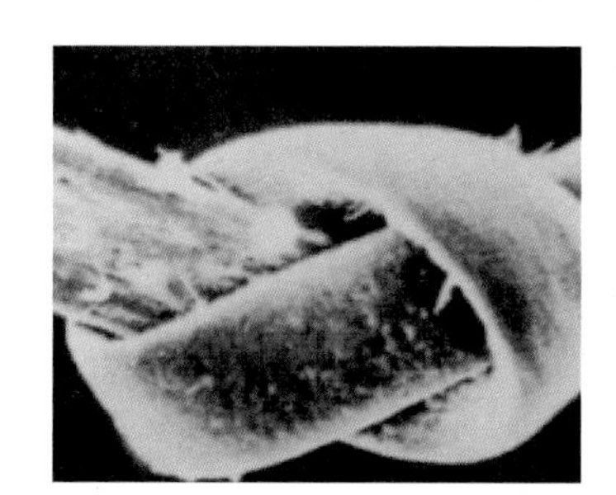

⑦ **매듭모**(Trichonodosis)

모간에 매듭이 형성되는 질환이다. 쉽게 부러지는 비정상적인 모발에서 발생하거나 정상적인 모발이지만 빗질과 마찰 등으로 발생할 수 있다. 주로 흑인에게 발견된다.

⑧ **모원주**(Hair cast)

모원주는 두피의 모간을 둘러싸는 단단한 회백색의 각질성 부착물로 모발을 둘러싸고 있어 모발을 따라 자유로이 움직일 수 있다. 머리를 묶는 습관을 가진 여아의 습관과 관련이 있으며, 남아보다 긴 머리를 묶는 여아에게 많이 발생하는 것을 알 수 있다. 건성피부인 사람에게 많이 발견된다.

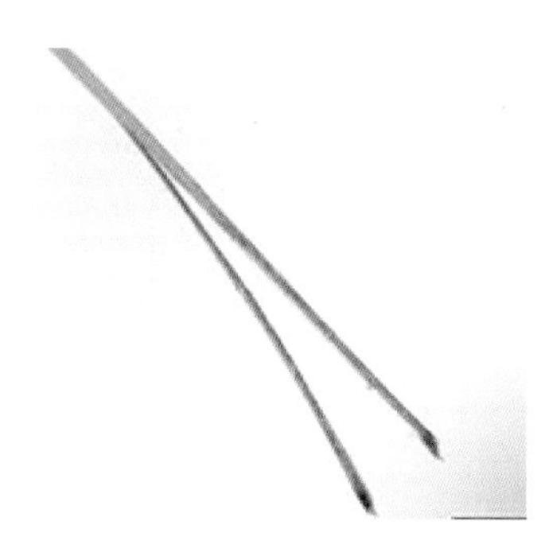

⑨ **모발종렬증**(Trichoptilosis)

모발종렬증은 모선의 끝부분이 두 갈래로 갈라지는 현상으로 대부분 빛이 바래있다. 화학적인 원인으로는 세척력이 강한 샴푸 및 퍼머넌트, 염색 등의 적절하지 못한 시술로 인해 발생한다. 물리적 원인의 경우 지나치게 뜨거운 드라이어 또는 아이론 등의 온도로 인해 발생한다. 갈라진 모발 끝을 자른 후 모발 관리가 필요하다. 더욱 악화될 경우 열모증(Trchoclasia)이 발생한다.

4. 조갑(손 · 발톱, Nail)

손·발톱은 조갑, 네일(Nail) 및 오닉스(Onyx)라고 불리며, 단단한 단백질인 케라틴(Keratin)의 경단백질로 구성되어 있다. 손·발의 끝부분을 보호하며 물건을 잡을 때 받침대 역할과 장식의 역할 등을 한다. 손·발톱의 경도는 함유된 수분의 함량이나 각질 조성에 따라 달라진다. 손톱은 하루에 약 0.1mm로 1개월에 3mm 정도 자라며, 정상적인 손·발톱의 교체 시기는 약 6개월 소요된다. 활동성이 높은 손의 손톱이 빨리 자라며, 중지 손톱의 성장이 가장 빠르고 엄지와 약지 손톱의 성장이 느리다. 또한 발톱보다 약 2배 빠르게 자란다.

건강한 손·발톱은 7~10% 정도의 수분을 보유하며, 세균에 감염되지 않아야 한다. 매끄러운 광택이 흐르며, 연한 핑크색을 띤다. 조상(네일베드, Nail bed)에 강하게 부착되어 단단하고 탄력이 있으며, 둥근 아치를 형성한다.

조갑은 임신 8~9주경 형성되어, 12~14주에 완성된다. 임신 17~20주에는 완전히 성장한 손톱과 발톱을 볼 수 있다.

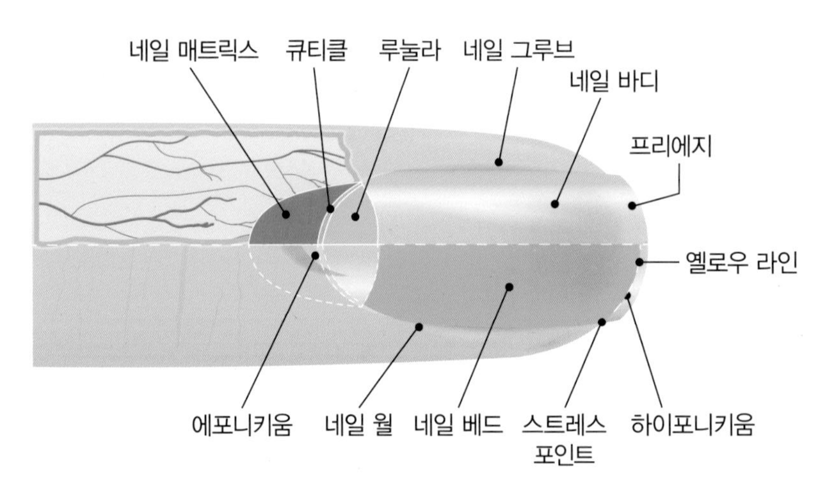

그림 2-14 손톱의 구조

소독과 위생

1. 소독학

건강관리와 보호를 위해서 철저한 개인위생(Hygiene) 및 공중위생(Sanitation), 청결(Cleanliness), 소독(Disinfection)과 멸균(Sterilization) 등에 대한 충분한 지식을 갖추고 감염병의 예방과 관리에 최선을 다해야 한다. 많은 사람들이 청결과 소독을 같은 개념으로 이해하고 있으나, 청결과 소독은 같은 개념이 아니며 명백히 구분되어야 한다. 청결은 한 표면으로부터 물질이나 물건을 제거하는 것이며, 소독은 병의 원인이 되는 세균의 수를 안전한 수준으로 감소시키는 것이다.

1. 소독(Disinfection)의 개념

소독은 미생물의 생존과 번식에 영향을 주는 온도, 습도, pH와 산소 등을 변화시켜 미생물의 감염력을 없애는 것을 말한다. 강도에 따라 살아있는 모든 균을 제거하여 무균상태로 만드는 멸균부터 살균, 소독과 방부의 순서로 분류할 수 있다.

표 3-1　소독, 멸균, 살균과 방부의 차이

구분	특징	강도
멸균(Sterilization)	주로 열을 이용하며, 완전히 병원균을 사멸시킴.	높음
살균(Germicidal)	생활력을 가지고 있는 미생물을 여러 가지 물리· 화학적 작용을 통해 급속하게 죽임.	
소독(Disinfection)	병원균(Pathogenic bacteria)의 감염력을 제거하며, 비교적 약한 살균력으로 병원성미생물(Pathogenic microorganism)의 성장을 저지하거나 파괴함.	
방부(Antisepsis)	병원성미생물(Pathogenic microorganism)의 발육과 그 작용을 제거 또는 정지하여 음식물의 부패나 발효를 방지함. 피부의 화학적 살균을 일컬으며 피부 표면의 미생물들의 수를 빠르게 감소시킴.	낮음

2. 소독방법 결정 시 고려 사항

(1) 감염경로(Routes of transmission)

병원소로부터 탈출한 병원체는 다른 숙주로 침입하기까지 생존해야만 하는 전파과정을 거치는데 감염성 질환의 감염경로는 크게 직접전파(Direct transmission)와 간접전파(Indirect transmission)로 구분된다.

표 3-2　감염경로(Routes of transmission)에 따른 분류

분류	중분류	소분류	감염병
직접전파 (Direct transmission)	직접접촉 (Direct contact)	피부접촉(Skin to skin)	피부탄저, 단순포진
		점막접촉(Mucous to mucous)	임질, 매독
		수직감염(Vertical transmission)	선천성 매독, 선천성 HIV감염
		교상(Biting)	공수병
	간접접촉 (Indirect contact)	비말(Droplet)	인플루엔자

분류	중분류	소분류	감염병
간접전파 (Indirect transmission)	무생물매개전파 (Vehicle-borne)	식품매개 (Food-borne)	홍역
		수인성 (Water-borne)	콜레라, 장티푸스, A형간염
		공기매개 (Air-borne)	수두, 결핵
		개달물 (Fomites)	세균성이질
	생물매개전파 (Vector-borne)	기계적 전파 (Mechanical Transmission)	세균성이질, 살모넬라증
		생물학적 전파 (Biological Transmission)	말라리아, 황열

(2) 소독 대상물에 따른 효과적인 소독방법

표 3-3 소독 대상물에 따른 효과적인 소독방법 분류

소독 대상물	소독방법
금속제품	• 깨끗이 비눗물로 닦기 • 70% 알코올, 크레졸 수 또는 역성비누액으로 닦기 • 자외선 소독기에 넣어 소독 후 보관
플라스틱 및 고무 제품	• 역성비누액을 묻혀 닦기 • 자외선이 닿지 않는 곳이 없도록 위치를 돌려가며 소독 후 보관
천 제품	세탁 후 삶기
손 소독	석탄산수, 크레졸수 1~2%나 역성비누용액 사용
나무제품	• 비누 세척 • 자비소독 또는 자외선 소독기로 소독 후 보관
일반 실내소독	3% 크레졸용액, 역성비누로 바닥과 베드, 의자 등 닦기

2. 소독과 위생

병원성 미생물의 수를 줄여 질병의 발생률을 감소시키는 데 목적을 두고 있으며, 위생관리를 위한 다양한 소독법이 시행되고 있다.

1. 물리적 소독법 (Physical disinfection)

(1) 습열소독법 (Sterilization by moist heat)

건열멸균법에 비하여 열의 전도가 빠를 뿐만 아니라 모든 부분에 골고루 열이 전달된다. 수분의 존재로 인하여 미생물 단백질의 응고가 촉진되어 멸균 효과가 커지게 된다.

① 저온 소독법 (Low heat sterilization)

프랑스 세균학자 루이 파스퇴르에 의해 고안되었다. 기구보다는 주로 음식물에 효과적이며, 영양성분 파괴 방지나 맛의 변질을 막고 세균의 감염 방지 목적으로 이용한다. 일반적으로 62~63℃에서 30분 또는 75℃에서 15분 동안 가열하여 아포를 형성하지 않는 결핵균, 살모넬라균과 브루셀라균과 같은 세균을 제거할 수 있다.

② 고압증기 멸균법 (Steam sterilization under pressure)

의류, 거즈, 고무제품 등에 이용하며, 100~135℃의 고온의 수증기가 미생물 및 아포 등에 접촉하여 가열처리하는 방법이다. 아포를 포함한 모든 미생물을 거의 완전하게 멸균시킨다. 증기멸균기(Autoclave)를 사용할 경우 121℃에서 15~20분간 가열처리한다.

③ 자비소독법 (Boiling water sterilization)

식기류, 주사기, 의류, 도자기류 등을 10~15분간 끓는 물에 소독하는 방법이다. 끓는 물은 최고온도가 100℃이기 때문에 완전한 멸균은 기대할 수 없다. 그러나 세균의 생장형 세포(Vegetative cell)는 수분 이내 사멸한다.

끓는 물에 1~2%의 탄산나트륨을 넣으면 금속성 기자재가 녹스는 것을 방지할 수 있다. 또한, 소독 대상물이 충분히 물속에 담가지도록 유의하여야 한다.

④ 유통증기멸균법 (간헐멸균법, Free flowing steam sterilization)

고압증기멸균법으로 인해 파괴될 위험이 있는 물품을 멸균할 때 이용하며, 아포를 형성하는 균을 멸균하기 위해 사용된다. 1일 1회에 15~30분씩 3회 실시하며, 1회 실시 후 20℃의 상온에 방치한다. 유리, 도자기와 식기 등의 멸균에 적당하다.

⑤ 초고온순간멸균법 (Ultra high temperature Short time sterilization)

식품의 영양분을 파괴하지 않고 선택적으로 세균만 살균하는 방법으로 130~135℃에서 약 2초 가열한다. 우유의 경우 135℃에서 2~3초간 초고온에서 순간적으로 멸균한다. 세균을 완전히 사멸시켜 보존성이 높은 제품을 얻는 것을 목적으로 이용되고 있다.

(2) 건열소독법 (Dry heat sterilization)

① 건열멸균법 (Dry heat sterilization)

소독 대상물의 이물질을 충분히 제거한 후 건열멸균기 (Dry oven) 에서 160~170℃의 온도에서 1~2시간 건열에 노출하여 미생물을 산화 또는 탄화하여 멸균하는 방법이다. 내열성이 있는 제품만 이용 가능하며, 유리 제품과 주사침의 멸균 등에 사용된다.

② 화염멸균법 (Flame sterilization)

알코올램프 또는 천연가스 등을 이용하여 소독 대상물을 불꽃에 20초 이상 직접 접속하는 방법이다. 표면에 붙어있는 미생물을 태워서 멸균시키거나 물질을 태워버린다. 이 방법은 유리 봉, 도자기 등 내열성이 있는 제품에 사용한다.

③ 소각소독법 (Incineration)

일종의 화염멸균법으로 환경 미생물에 의해 오염된 가운, 수건 등을 담았던 용기나 재생 가치가 없는 것을 불에 태워 멸균시키는 가장 쉽고 안전한 방법이다. 하지만, 대량으로 소각할 경우 배기가스로 인한 대기오염과 같은 환경적인 문제가 유발된다.

(3) 자외선 조사법 (Sterilization by ultraviolet radiation)

자외선 중 살균력이 가장 강한 UV-C 260~280nm의 파장을 통해 세균의 DNA에 조사되어 분자구조가 파괴되면, 디프테리아와 결핵균 등은 2~3시간이면 살균된다. 세균에 내성을 주지 않고 사용하기 간편하며 수술실, 무균실과 제약 공장 등에서 이용된다. 하지만 물체 깊숙이 침투하지 못하는 단점이 있어 햇빛이 직접 닿지 않는 부분은 살균되지 않으며, 소독 대상물에 분비물 약제, 수분 등이 들어가는 경우 태양광선에 의한 살균시간은 지연되며 살균 효과도 떨어진다.

① 자외선 살균기 (Ultraviolet sterilizer)

자외선 살균기는 살균된 기구들을 위생적으로 유지하는 데 효과적이다. 이러한 물건들은 멸균기 안에 넣기 전에 깨끗하게 씻어두어야 한다. 파장이 짧은 자외선 조사는 대부분의 세균을 파괴하지만 직접 눈에 자외선이 조사되면 실명할 수 있으므로 주의하여야 한다. 비누와 물로 도구들을 깨끗이 세척하고 이들을 알코올 용액 속에 담근 후 건조하여 자외선 살균기에 보관하여 사용한다.

② 초음파 세척기(Ultrasonic Cleaner)

초음파는 기체를 중심으로 미세한 공기 방울을 발생시킨다. 공기 방울이 터지며 일시적으로 오염물질을 분리하는 역할을 하는 국소적인 진공 공간을 만드는데 이 과정을 공동현상(Cavitation)이라고 한다. 이 과정에서 표면의 미세한 이물질이 분리된다. 그래서 초음파 세척기는 깨끗한 물로 자주 교체를 해야 하며 물과 세제를 교환한 후에는 큰 물방울이 발생하여 효과가 저하되므로 한 번 작동 시킨 후 사용한다. 기구는 금속망에 담아 용액에 담그며, 플라스틱의 경우 초음파를 흡수하므로 사용하지 않는다.

2. 화학적 소독법(Chemical disinfection)

미생물에 대해 살균력을 가지고 있는 약제를 사용하는 방법이다. 물리적 살균법으로 적절한 효과를 얻을 수 없는 대상물에 실시할 수 있는 소독방법이다.

(1) 소독제의 조건

소독 목적으로 사용하는 화학물질인 소독제는 일상생활에서 널리 이용되고 있으나, 모든 병원성 미생물을 멸균하지 못한다. 목적에 따라 적합한 소독제를 선택하여 사용 농도와 소독에 걸리는 시간 등을 확인 후 사용한다. 기도가 손상될 수 있어 숨을 쉴 때 호흡기를 통해 들어가지 않도록 하고, 피부가 자극될 수 있으므로 닿지 않도록 주의하여 사용한다.

① 강한 살균 작용력

② 높은 석탄산 계수(Phenol coefficient)

③ 높은 안정성(Stability)과 용해성(Solubility)

④ 고등동물 조직에 대한 낮은 독성(Toxicity)

⑤ 부식성(Corrosion)과 표백성(Bleaching)이 없을 것

⑥ 강한 침투력과 방취력(Deodorization)

⑦ 경제적이고 사용이 용이할 것

(2) 소독제의 효과에 영향을 주는 요인

① 물(Water)

소독제는 물에 젖어있는 균체와 접촉하여 용해된 후 단백질을 변성시키기 때문에 물에 용해되는 성질과 균체에 침입하는 성질을 모두 갖추어야 한다.

② 작용 온도(Temperature)

일반적으로 소독제는 온도가 상승할수록 반응속도가 빨라지며 균체 내에 확산되어 침입하는 속도도 함께 빨라져 살균력이 증가된다. 소독제는 통상 20℃ 이상의 온도에서 사용하는 것이 바람직하다.

③ 작용 시간(Time)

물리적 소독법과 화학적 소독법 모두 일정시간 이상의 작용시간이 필요하다. 되도록 소독법은 권장하는 시간보다 가능한 긴 시간을 작용시키는 것이 좋으나 지나치게 시간을 오래 작용시키면 소독 대상물이 손상될 우려가 있으며 비경제적이다.

④ 소독제의 농도(Concentration)

화학적 소독법에서는 약물의 작용농도가 중요한 역할을 한다. 농도가 높을수록 소독 작용이 강해지지만 지나칠 경우 금속, 직물, 플라스틱 및 피부 등이 부식될 수 있다. 농도가 낮을 경우 충분히 살균효과를 얻지 못할 뿐만 아니라 도리어 미생물의 발육을 촉진하는 경우도 있다. 소독하고자 하는 대상물에 따라 약품의 농도가 정해져 있는데 작용 온도, 작용 시간에 따라 적당히 조절하여야 한다.

(3) 화학소독제의 종류

① 알코올(Alcohol)

주로 에탄올(Ethanol)과 이소프로필 알코올(IPA. Isopropyl alcohol)이 사용된다. 기구소독 시 70%, 손과 피부소독 시 60%의 용액이 주로 사용된다. 미생물의 단백질을 변성시키거나, 대사기전을 저해시키기 때문에 완전히 멸균할 수 없다. 쉽게 증발되어 잔여물을 남기지 않는다. 주로 손 소독과 피부 소독에 사용된다.

- 에탄올(Ethanol) : 무색의 가연성 화합물로 알코올의 한 종류이며, 물 또는 에테르와 섞일 수 있다. 소독용으로는 통상 70%를 사용하며 손이나 피부, 기구 소독에 가장 적합하다.
- 메탄올(Methanol) : 인체 내에 흡수 시, 간에서 포름알데히드라는 물질로 변환되어 인체에 치명적이다. 독성이 강하여 식용이나 일반 소독제 약품으로 사용이 적합하지 않고 에탄올보다 향이 강하다.

② 포름알데히드 (Formaldehyde)

세균포자에 대해 살균력을 가지고 있는 유일한 소독제로 이용된다. 포름알데히드는 35~38%의 포름알데히드 수용액인 포르말린(Formalin)이다. 포름알데히드는 그람음성, 양성, 결핵균, 세균포자, 바이러스 및 사상균 등에 이르기까지 광범위한 미생물에 대해 강한 살균작용을 가지고 있다. 주로 금속제품, 고무제품, 플라스틱, 의류, 물품 등의 소독 시 1~2% 용액이 사용되나 자극과 독성이 강하므로 사용 시 주의해야 한다.

③ 계면활성제 (Surface active agents)

계면 장력을 저하시키는 화합물이다. 계면활성제는 유화, 침투, 세척, 분산 및 기포 등의 특성을 가지고 있으며, 미생물에 대해 발육저지 또는 살균작용을 나타내기도 한다. 살균작용을 나타내는 계면활성제는 양이온, 음이온, 비이온 및 양쪽성 계면활성제가 이에 속하고 이 중 양이온 계면활성제의 살균력이 가장 우수하다. 양이온 계면활성제는 손소독에 사용하며 실내소독 목적으로는 100~200배 희석용액으로 닦아준다. 역성비누액은 무취이고 자극이 적어 손, 기구, 식품소독에 적당하며 미용방면에서도 널리 사용되고 있다.

④ 승홍수 (염화제이수은, Mercury dichloride)

승홍수는 용액 온도가 높을수록 살균력이 강하다. 물에 1,000~5,000배 정도로 희석한 살균제로 독성이 매우 강하다. 0.1~0.5% 용액으로도 세균과 아포를 사멸시키지만 금속을 부식시킬 수 있기 때문에 금속기구 소독에는 부적합하다.

⑤ 염소 (Chloride)

염소는 의료분야에 이용되어 물의 살균, 공중위생 및 식품분야 등에서 널리 이용되는 살균제이다. 바이러스, 세균, 항상성균 및 사상균 등과 같은 미생물을 살균시킨다. 독성이 약하고 값이 저렴한 장점이 있으나, 금속 부식성 및 피부 자극성을 가지고 있다.

⑥ 요오드 (Iodine)

세포의 단백질을 분리하여 파괴하는 작용을 한다. 물에 녹지 않아 주로 에탄올에 요오드 2%를 녹인 용액을 상처 소독에 사용한다. 살균력이 강하지만 피부자극을 유발하고, 금속을 부식시키므로 주의해야 한다.

⑦ **페놀** (석탄산, Phenol)

의류, 실험대, 오물 및 용기 등의 소독법으로 3~5% 수용액을 사용한다. 살균력이 안정되고 유기물에도 약화되지 않지만, 피부점막의 자극이 강하기 때문에 사람에게 사용하지 않는다. 석탄산은 고온일수록 소독효과가 높다.

⑧ **크레졸** (Cresol)

페놀보다 살균력은 강하나 물에 녹지 않으므로 보통 비누액에 50%를 혼합한 크레졸 비누액(Lysol)을 사용한다. 석탄산보다 효과가 좋으며, 손과 오물 소독에 사용된다. 하지만 손상된 피부 소독에는 사용을 금한다.

⑨ **과산화수소수** (Hydrogen peroxide)

산화제(Oxidizing agent)의 한 종류로 무색투명하고 발포작용에 의해 상처표면을 소독한다. 2.5~3.5%의 수용액을 사용하며, 자극성이 적어 상처가 있는 부위나 입안에도 사용된다. 3~10배 희석하여 기구세척 등에 이용할 수 있으며 식품의 살균이나 보존, 표백제 및 모발의 탈색제로 이용된다.

(4) 소독제 사용 시 주의사항

① 소독약품의 변질을 막기 위한 보관방법에 따른다.
② 보존용기에는 약품명, 농도, 조제날짜 등을 정확히 표시하여야 한다.
③ 소독약품 혼합 시 용법을 준수한다.
④ 통풍이 되는 곳에서 사용한다.
⑤ 소독약품의 냄새를 직접 맡지 않도록 한다.
⑥ 소독약품을 섞을 때 흘리지 않도록 주의한다.

3. 자연소독법

(1) 희석

희석 자체에 의한 살균은 효과가 없으나 세균의 수가 적을 때는 많은 효소를 분비할 수 없게 됨에 따라 주위 환경으로부터 영양물질의 흡수가 지연된다. 따라서 어떤 감염원을 희석시켜주는 행위 자체만으로도 균수를 감소시킬 수 있게 된다.

(2) 한냉

저온 상태를 이용하는데 저온은 세균의 신진대사 기능에 필요한 효소의 촉매 속도를 지연시키게 되므로 세균발육이 저지되기는 하나 사멸되지는 않는다.

4. 이용기구 및 미용기구의 소독

표 3-4 이용기구 및 미용기구의 소독기준 및 방법

번호	소독기준	방법
(1)	자외선 소독	1cm^2당 85㎼ 이상의 자외선을 20분 이상 쬐어준다.
(2)	건열멸균 소독	섭씨 100℃ 이상의 건조한 열에 20분 이상 쐬어준다.
(3)	증기 소독	섭씨 100℃ 이상의 습한 열에 20분 이상 쐬어준다.
(4)	열탕 소독	섭씨 100℃ 이상의 물속에 10분 이상 끓여준다.
(5)	석탄산수 소독	석탄산 3%와 물 97%의 석탄산수에 10분 이상 담가둔다.
(6)	크레졸 소독	크레졸 3%, 물 97%의 크레졸수에 10분 이상 담가둔다.
(7)	에탄올 소독	70% 에탄올 수용액에 10분 이상 담가두거나 에탄올 수용액을 머금은 면 또는 거즈로 기구의 표면을 닦아준다.

표 3-5 면역의 종류

구분	종류	역할
선천면역 (비특이적면역)	대식세포(Macrophage)	식균 작용을 담당함.
	다형핵백혈구 (Polymorphonuclear leukocyte)	
	킬러세포(Killer cell)	감염 세포를 죽임.
후천면역 (특이적면역)	능동면역(Active immunity) : 항원	자연능동면역 : 질병(Natural active immunity)
		인공능동면역 : 백신(Artificial active immunity)
	수동면역(Passive immunity) : 항체	자연수동면역 : 부모(Natural passive immunity)
		인공수동면역 : 항체(Artificial passive immunity)

Chapter 4

고객 응대

1. 고객 응대 및 대응 방법

1. 고객(Customer)이란?

"고객은 우리의 상품과 서비스를 구매하거나 이용하는 사람"으로 넓은 의미로는 상품을 생산하고 이용하며 서비스를 제공하는 일련의 과정에 관계된 모든 사람을 말한다. 미용인에게 고객이란 고객이 우리에게 서비스를 할 기회를 제공해줌으로써 호의를 베풀어준 것으로 고객을 이해해야 한다.

2. 고객 접점(MOT, Moment of truth)

표 4-1 MOT의 요소

요소	내용
Humanware	표정, 대화, 용모, 전화응대와 태도 등
Software	아이래쉬 뷰티 서비스 운영 시스템과 업무처리 절차 등
Hardware	건물, 실내 환경과 홈페이지 등 환경적인 요소

고객 접점이란 진실의 순간이라고 불리며, 15초라는 짧은 시간 동안 이루어진다. 이를 통해 고객 만족 서비스(Customer satisfaction service)를 제공할 수 있으며, 재방문으로 이어지게 된다. 고객 접점은 고객이 아이래쉬 샵에 방문하여 아이래쉬 뷰티 서비스를 제공받은 후 마무리되기까지 여러 가지 상황과 마주하는 모든 순간에 발생한다.

고객 접점은 전화, 문자, 블로그와 SNS 등의 비대면 접점과 고객과 직접 얼굴을 마주보고 서비스를 제공하는 대면 접점이 있다.

(1) 비대면 접점

최근에는 온라인, 모바일과 SNS(Social Network Service) 등을 통해 첫 고객 접점이 이루어지고 있다. 원하는 정보를 파악한 후 전화 문의로 이어지며 적절한 전화 응대는 방문 전 아이래쉬 샵(Eyelash Shop)에 대한 좋은 인상을 제공할 수 있다. 이는 실제 대면 접점 시 긍정적인 효과로 작용하게 된다.

① 전화응대

전화응대의 경우 친절·정확·신속하게 처리하는 것이 중요하다. 전화벨이 3번 이상 울리기 전에 받을 수 있도록 하며, 통화는 2분 이내에 마무리한 후 2초 뒤에 끊는 것이 기본 매너이다. 이 때 좋은 표정과 바른 자세, 예의바른 말투와 밝은 목소리를 유지하여 상대방이 직접 나를 보고 있는 것처럼 느낄 수 있도록 배려하는 것이 필요하다.

표 4-2 전화 응대 시 5W3H 메모 방법

구분	요소
5W	Who(누가), When(언제), Where(어디서), Why(왜), What(무엇을)
3H	How(어떻게), How much(얼마나), How many(얼마만큼)

② 온라인(Online), 모바일(Mobile)과 SNS(Social network service)등을 통한 응대

최근 온라인, 모바일과 SNS 등을 활용하여 다양한 고객 접점이 이루어지고 있다. 문의사항이 있을 경우 바로 채팅을 통해 질의응답이 가능하다. 또한, 필요에 따라 간편하게 원하는 시간에 예약이 가능하여 전화 예약보다 예약률이 높아지고 있다.

(2) 대면 접점

① 고객 맞이하기

순서	항목	응대 화법
1	첫인사	"반갑습니다. ○○○ 방문을 환영합니다. 이쪽에서 안내 도와드리겠습니다." → 안내 데스크로 안내한다.
2	사전 예약 확인	"사전 예약을 하셨나요?" "예약, 확인해 보겠습니다. 성함이 어떻게 되십니까?"
3	예약 내용 확인	"고객님, ○○○ 서비스를 준비할 동안 잠시만 기다려 주십시오." "대기할 수 있는 공간으로 안내해 드리겠습니다."
4	물품 보관	"물품 보관을 도와드리겠습니다."
5	고객 가운 제공	"가운 착용을 도와드리겠습니다." → 고객의 뒤쪽에서 가운 착용을 돕고 앞쪽에서 가운을 여밀 수 있도록 안내한다.
6	대기 안내	"대기하실 수 있는 공간으로 안내해 드리겠습니다." "잠시만 앉아서 기다리시면 최대한 빨리 준비 도와 드리겠습니다."

② 고객 상담하기

고객 상담 시 전문적 지식을 토대로 상담이 진행되어야 하며, 고객이 하는 말에 공감대를 형성하여 고객의 입장이 되어 고객의 마음을 읽는 기술이 필요하다. 친절한 응대를 통해 고객의 요구사항을 파악하여 고객이 원하는 서비스를 제공할 수 있어야 한다.

③ 고객카드 작성하기

고객 관리 카드는 고객과의 신뢰가 바탕이 된 충분한 대화에서 비롯되어야 하며 방문 동기와 목적 등을 파악하여 작성하는 것이 좋다. 상담 결과에 따른 고객의 신상, 건강 상태와 생활환경 등을 빠짐없이 기록하여야 한다. 고객의 정보를 미리 정리해 놓음으로써 서비스를 제공한 후 문제가 발생했을 때 원인을 파악하여 대처할 수 있는 자료가 된다.

(3) 개인정보 처리하기

표 4-3 개인정보 수집·이용·제공 동의서 예시

개인정보 수집·이용·제공 동의서
개인정보 보호법 제1장제1조에 따르면 개인정보의 처리 및 보호에 관한 사항을 정함으로써 개인의 자유와 권리를 보호하고 나아가 개인의 존엄과 가치를 구현함을 목적으로 한다고 명시되어 있다. 이에 따라 개인정보 처리 원칙 등을 규정하고 사생활 비밀을 보호하며, 개인정보에 대한 권리와 이익이 보장하기 위한 개인정보 수집·이용·제공 동의서를 작성한다. 〈개인정보 수집 안내〉 **✓ 개인정보 수집 항목** 성명, 생년월일, 이메일 주소, 전화번호(휴대폰, 전화번호), 주소 등 **✓ 개인정보 수집의 목적** 고지 사항 전달과 불만 처리 등을 위한 원활한 의사소통 경로 확보 등의 안내 등 고객 맞춤 서비스 적용에 이용하기 위함. **✓ 개인정보 보유 기간** 개인정보 보호법에 의거 법률로 정한 목적 이외의 다른 어떠한 목적으로 사용되지 않으며, 내부 규정에 의해 작성일로부터 1년 뒤 파기함. **✓ 동의하지 않을 경우의 처리** 이용자는 개인정보 수집 동의에 거부할 수 있으며, 이 경우 고객 맞춤 서비스 안내 및 제공을 받을 수 없음.
□ 개인정보 수집 및 이용에 동의함. □ 개인정보 수집 및 이용에 동의하지 않음. ※ 본인은 개인정보 수집·이용·제공 동의서 내용을 읽고 명확히 이해하였으며, 이에 동의합니다.
20 년 월 일 성명 : (인 또는 성명) ○○○ 원장 귀하

(4) 고객 관리 카드

표 4-4 고객 관리 카드 예시

고객 관리 카드			
고객명	(남/여)	생년월일	(나이: 세)
연락처		E-mail	
직업		방문일자	
주소			
피부 성격	□ 보통 □ 예민 □ 매우 예민		
피부 타입	□ 정상 □ 지성 □ 건성 □ 복합성(T존: /U존:)		
과거 관리 경험	□ 유 □ 무	글루 알러지	□ 유 □ 무
안경 착용	□ 유 □ 무	시력 교정술	□ 유 □ 무
안과 질환 치료	□ 유 □ 무	안구 건조증	□ 유 □ 무
접촉성 피부염	□ 유 □ 무	아토피 질환	□ 유 □ 무
필러 시술	□ 유 □ 무	보톡스 시술	□ 유 □ 무
스타일	I.P T.P O.P		□ 베이직 □ 라운드 □ 라운드 포인트 □ 포인트 □ 믹스
컬	□ J컬 □ JC컬 □ C컬 □ CC컬 □ D컬 □ 기타:		
길이	□ 7mm □ 8mm □ 9mm □ 10mm □ 11mm □ 기타:		
고객 동의서	본인은 아이래쉬 테크니션이 설명한 아이래쉬 뷰티 서비스를 제공 받고 효율적인 고객 맞춤 서비스를 위해 고객의 정보를 수집하는 것에 동의한다. 20 년 월 일 고객 __________(서명)		
아이래쉬 테크니션 서명	상담을 통해 수집한 고객의 정보를 보호하고 안전을 위하여 고객의 기밀을 유지한다. 20 년 월 일 아이래쉬 테크니션 __________(서명)		

(5) 마무리하기

순서	항목	응대 화법
1	서비스 종료 안내	"고객님, 서비스가 종료되었습니다. 수고하셨습니다."
2	소지품 전달	• 안내 데스크로 안내한다. "보관하신 고객님의 소지품입니다. 빠진 물건이 없는지 확인해 주십시오."
3	서비스 내역 안내 및 결제	"고객님, 계산 도와드리겠습니다." "서비스 상세 내역과 금액 확인하시고 결제 부탁드립니다."
4	재방문 예약	"지금 예약을 도와드릴까요?" "오시기 2~3일 전에 예약해 주시면 좋습니다."
5	고객 배웅	"감사합니다. 안녕히 가십시오."

2. Q&A 클레임 대처

1. 고객 클레임

고객이 제공된 서비스에 불만을 가질 때 효과적으로 대응하여 클레임이 처음 발생했을 때 고객이 더 불만을 느끼지 않도록 정중한 자세로 성심성의껏 대응해야 한다.

(1) 고객 클레임 대응방법

고객 클레임에 적절하게 대응할 경우 고객 만족도를 높일 수 있다. 고객 클레임의 발생 원인을 파악하고 알맞은 대응 방법을 통해 고객 만족도를 향상시킴으로써 서비스의 질이 향상될 수 있다.

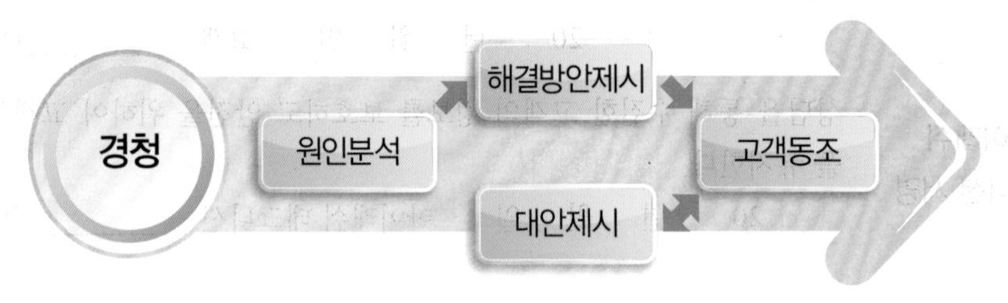

그림 4-1 고객 클레임 응대 방법

① 고객의 불만에 대해 사과한다.

② 고객의 이야기를 경청한다.

③ 사실관계를 확인하여 원인을 분석한다.

④ 대응책을 제시한다.

⑤ 사과와 감사를 전달한다.

(2) 고객 클레임 대응 시 주의사항

① 고객 클레임 발생 즉시 사과를 하지 않거나 무조건 반복하지 않는다.

② 고객에게 성의 없는 표정과 목소리로 응대하지 않는다.

③ 고객의 이야기를 끝까지 듣지 않고 반론한다.

④ 고객을 기다리게 한다.

⑤ 고객에게 동일한 내용을 반복하여 질문한다.

⑥ 고객의 과도한 요구에 응하지 않는다.

(3) 고객 클레임 Q&A

Q 자연 속눈썹이 얇을 때 속눈썹 연장술이 가능한가요?

A 네, 가능합니다. 자연 속눈썹이 얇을 때 가모를 지탱하는 힘이 약할 수 있으므로 가벼운 무게를 가진 가모를 부착하면 자연 속눈썹에 다소 무리 없이 받을 수 있습니다.

Q 속눈썹 연장술로 짝눈을 교정할 수 있나요?

A 네, 가능합니다. 쌍꺼풀의 존재 여부와 눈의 크기 등에 따른 짝눈의 형태를 고려하여 알맞은 가모의 길이와 컬의 종류 등을 선택 후 속눈썹 연장술을 진행하여 교정할 수 있습니다.

Q 자연 속눈썹의 숱이 부족한 경우 속눈썹 연장술이 가능한가요?

A 네, 가능합니다. 숱이 없는 고객에게는 풍성하게 보일 수 있는 속눈썹 증모술을 권해드립니다. 고객의 속눈썹 상태를 고려하여 원하는 속눈썹 숱에 따라 조절할 수 있습니다.

Q 속눈썹 연장을 하면 자연 속눈썹이 잘 빠지나요?

A 속눈썹도 성장주기를 가지고 있습니다. 속눈썹 연장술을 받은 후 휴지기의 자연 속눈썹은 가모와 함께 탈락할 수 있습니다. 탈락한 자연 속눈썹은 성장기에 다시 자라나오게 됩니다.

Q 속눈썹 연장술을 받은 후 유지 기간은 어떻게 되나요?

A 개인의 생활습관과 환경적인 요소 등에 따라 속눈썹 연장술을 받은 후 2~4주 유지됩니다. 이후 자연 속눈썹과 가모의 탈락 정도에 따라 부분적 또는 전체적으로 속눈썹 연장술을 진행할지 결정하게 됩니다.

Q 속눈썹 연장술에 사용하는 속눈썹 연장용 글루는 눈에 해롭지 않나요?

A 법으로 정한 특정 제품을 유통·판매하고자 한다면 반드시 제품에 표시돼야 하는 마크를 KC마크(Korea Certification mark)라고 합니다. 속눈썹 연장술을 진행할 때 안전·보건·환경·품질 등 법정 강제 인증을 받은 KC 마크가 있는 속눈썹 연장용 글루를 사용하기 때문에 눈에 안전합니다.

Q 속눈썹 펌을 받은 후 연장 가능한가요?

A 속눈썹 펌을 받은 후에는 자연 속눈썹이 손상된 상태로 가모 부착 시 손상이 악화할 수 있습니다. 또한, 자연 속눈썹의 뿌리 부분부터 만들어진 컬로 인해 속눈썹 연장술의 진행 시 가모 부착 면적이 작아지게 되어 유지 기간이 짧아질 수 있습니다. 속눈썹 펌을 받은 후 약 4주 후에 속눈썹 연장술을 받을 것을 권장합니다.

Q 속눈썹 연장술 후 리터치는 왜 하는 건가요?

A 속눈썹 리터치는 속눈썹 연장술 후 부착된 가모의 상태에 따라 진행됩니다. 자연 속눈썹이 자라면서 가모가 밀려 나온 경우와 가모가 서로 엉켰을 때 등 불필요한 부분을 제거하여 자연 속눈썹을 보호하고 처음과 같은 아름다운 형태를 유지하기 위해 선택적으로 리터치를 진행할 수 있습니다.

Q 눈 아래 속눈썹에 속눈썹 연장술을 할 수 있나요?

A 네, 가능합니다. 눈 아래 속눈썹에 전용 가모를 사용하여 속눈썹 연장술을 진행할 수 있습니다. 하지만 안전하고 올바른 서비스를 위해 숙련된 아이래쉬 테크니션에게 받는 것을 권장합니다.

PART Ⅱ 아이래쉬 익스텐션 Eyelash Extension

Chapter 5

아이래쉬 익스텐션 도구 및 재료

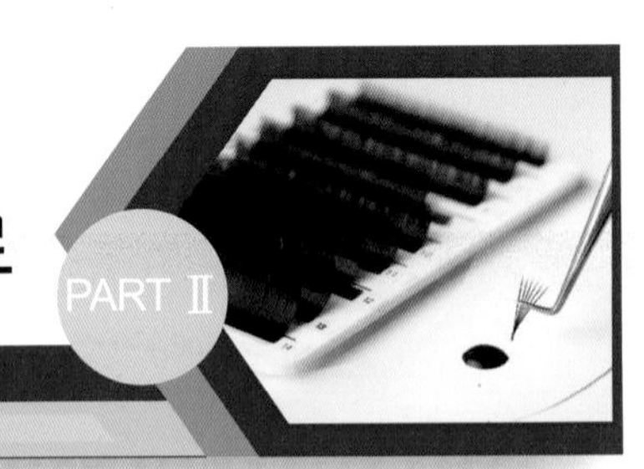

1. 미용 기기

1. 도구 세척 및 소독 장비

① 초음파 세척기(Ultrasonic Cleaner)

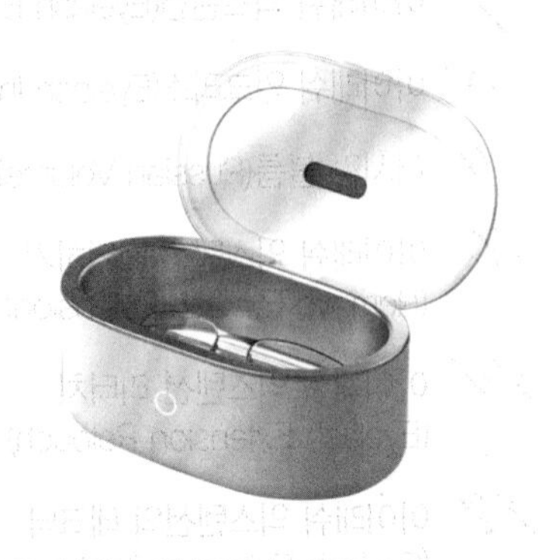

초음파를 물속에서 발생시키면 진동에 의한 공동현상(캐비테이션, Cavitation)인 미세 기포를 통해 비교적 떨어지기 쉬운 이물질을 제거할 수 있다. 식기 세척제보다 계면활성제의 농도가 낮은 초음파 활성제(Ultrasonic activator)를 사용하면 표면의 유막을 분리하여 기름기를 제거하므로 물과 비누로 씻어내는 세척 작업에 탁월하다. 잔류 세제가 남지 않고 스테인리스 재질의 경우 얼룩 제거와 광택을 유지할 수 있다. 50~60℃의 온수 1L당 1g을 사용한다.

② 자외선 소독기(Ultraviolet sterilizer)

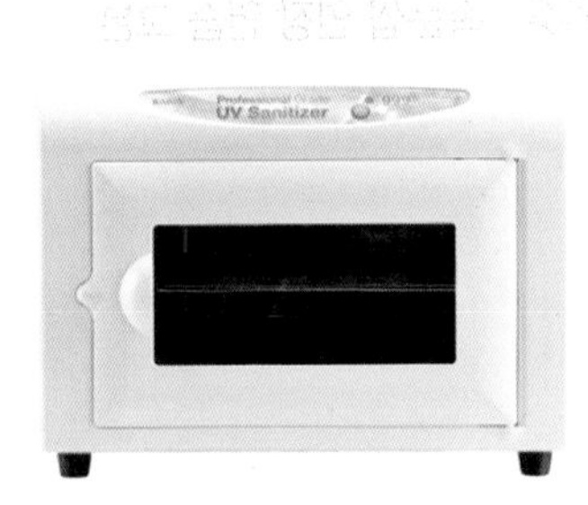

미용도구를 살균 및 소독하는 장비이다. 자외선이 박테리아와 바이러스 등의 성장 및 번식을 억제하여 살균·소독이 가능하다.

> Tip
>
> 미용도구 소독 시 물과 비누를 이용하여 세척하고 70% 에탄올에 담근 후 약 10분 뒤 꺼내어 건조시킨 다음 자외선 소독기에 넣어 보관한다.

2. 제품 보관 장치

① 온장고(Heating cabinet)

타월 찜기(Towel Steamer)라고 불리며, 피부 관리실 등에서 스팀 타월(Steam towel)을 따뜻하게 보관할 때 사용한다. 내부 온도가 65~80℃로 유지된다. 온장 시간이 길어질 경우 변성이 일어나거나 침전이 생길 수 있으므로 최대 4시간 이상 보관하지 않는다.

② 화장품 냉장고(Cosmetic cooler)

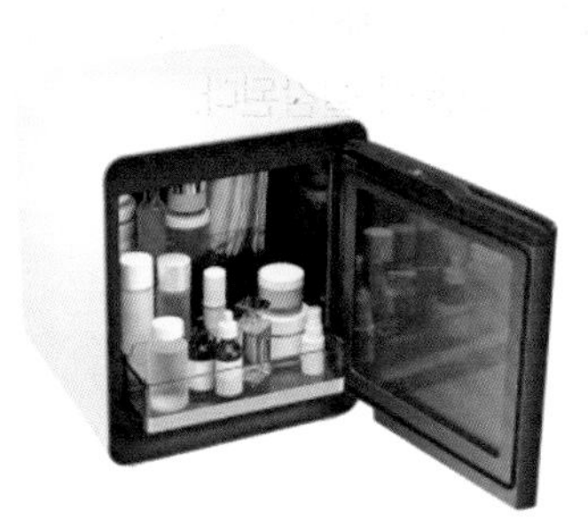

화장품을 보관하는 전용 냉장고이다. 내부 온도는 12~15℃로 유지되며, 화장품을 신선하게 유지 및 보관할 수 있어 오래 사용할 수 있다. 식염수, 안약과 연고 등 필요한 약품을 넣어두는 용도로도 사용할 수 있다.

> Tip
>
> 일반 냉장실 온도는 약 4℃로 제품을 얼게 하거나 오일류의 제품은 침전 현상이 발생할 수 있다.

3. LED 조명(Light Emitting Diode Lighting)

① 링 라이트 조명(Circline lighting)

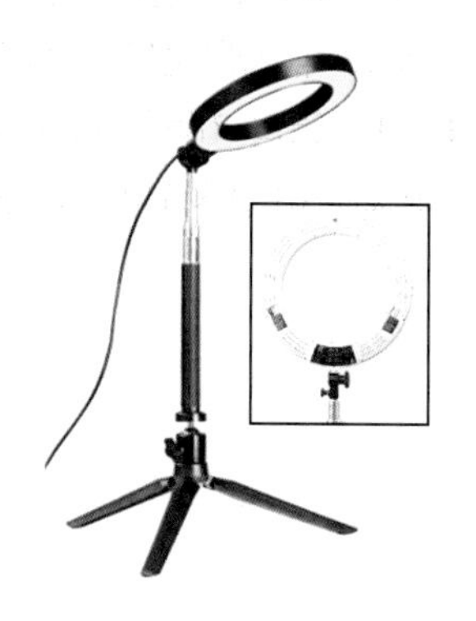

링 라이트(Ring light)라고 불리며, 보통 천장에 매달아 전체적인 조명으로 사용하였으나, 현재 필요한 곳만을 강하게 밝혀주는 국부 조명(Local lighting)에도 이용된다. 빛이 어떤 공간에서 갖는 분포 상태인 배광(Light distribution)이 균일하여 아이래쉬 뷰티 서비스 제공 시 눈의 피로감을 덜 수 있다.

② 라이트 탭 조명(Light tap lighting)

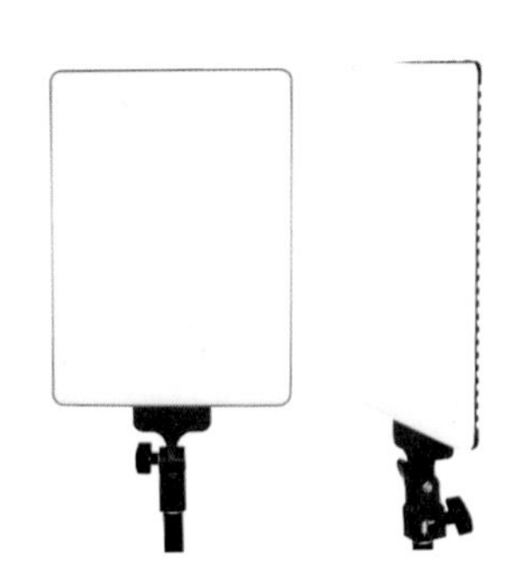

조명이 지속적으로 깜박이는 플리커(Flicker) 현상이 나타나지 않으며, 빛이 골고루 밝게 퍼진다는 장점이 있다. 빛이 강한 편으로 아이래쉬 뷰티 서비스를 제공 시 눈의 피로를 쉽게 느낄 수 있다.

③ 더블 라인 조명(Double line lighting)

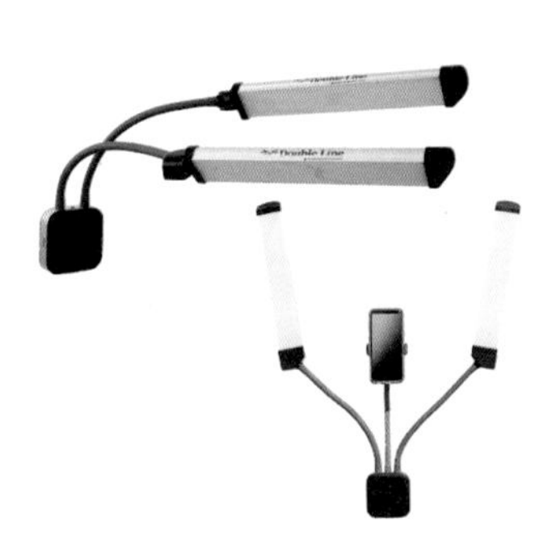

각도, 높낮이와 밝기 조절이 간편하다. 플리커(Flicker) 현상이 나타나지 않으므로, 장시간 아이래쉬 뷰티 서비스를 제공할 때 두통, 눈의 피로와 시력 저하를 예방할 수 있다. 또한, 한 번에 두 군데를 비출 수 있어 비용이 절감된다.

4. 확대경(Magnifier)

① 스탠드 확대경(Stand Magnifier)

확대경(Magnifier)은 3~8배 확대해서 볼 수 있는 렌즈를 사용하여 정밀 작업에 용이하다. 스탠드 확대경의 종류에는 탁상 고정형, 이동형 또는 고정형이 있으며, 사용 환경에 따라 선택하여 사용할 수 있다. 최근 LED 조명의 기능을 함께 사용할 수 있는 조명 확대경(Magnifier lamp)이 출시되어 공간을 차지하지 않는다.

② 정밀 확대경(Magnifying glass)

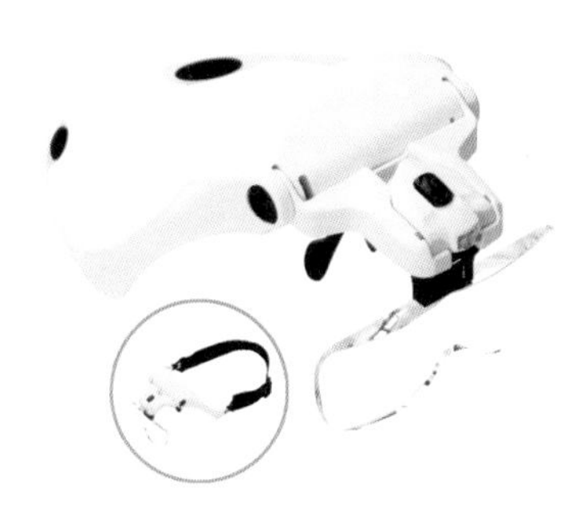

안경처럼 착용하기 때문에 눈에 근접하여 사용하므로 1.5~ 3.5배 확대할 수 있다. LED 조명을 함께 사용할 수 있으나, 방전 시 건전지 교체를 해야 하는 번거로움이 있다. 스탠드 확대경에 비해 가격이 저렴하다.

2. 미용 기구(Beauty Apparatus)

1. 속눈썹 미용 베드(Beauty care bed)

① 곡선형 베드(Curved bed)

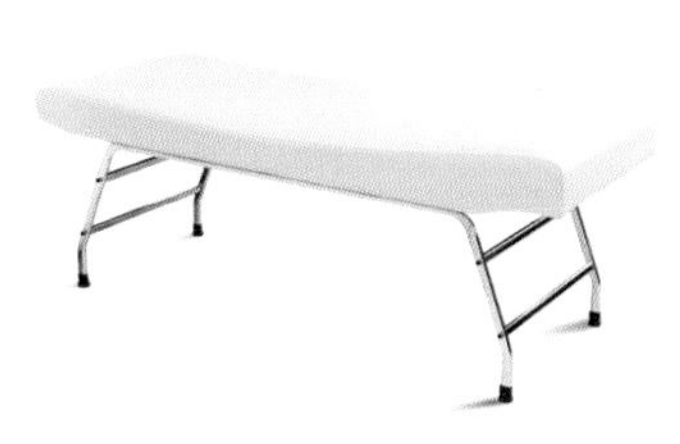

중간 부분이 내려간 굴곡이 있는 상판으로 이루어져 있다. 얼굴 구멍의 유·무를 선택할 수 없으며, 상판이 높은 곳에 머리를 뉘일 수 있도록 한다. 의자에 앉았을 때 상체의 키가 큰 아이래쉬 테크니션(Eyelash Technician)에게 적합하다.

② 접이식 베드(Folding bed)

베드를 사용하지 않을 경우 반으로 접어서 보관할 수 있으며, 필요 시 베드를 펼쳐서 사용할 수 있어 보관이 편리하다.

부착된 손잡이 또는 전용 가방을 사용할 수 있어 이동 시 편리하다.

③ 미용 전동 베드(Electric bed)

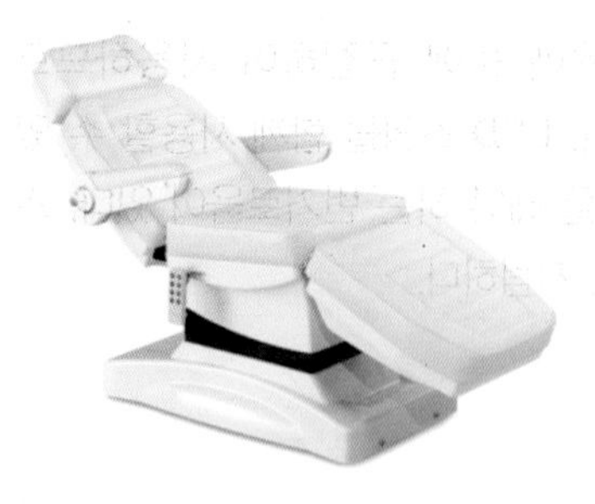

전기에서 동력을 얻어 작동하게 만들어 아이래쉬 테크니션의 신체 조건에 맞게 베드의 높이와 각도를 쉽게 조절할 수 있다. 일반 베드에 비해 크고 무거우며 가격이 비싼 편이다.

2. 웨건(Wagon)

아이래쉬 뷰티 서비스 제공 시 사용하는 도구와 기기 등을 정리하여 올려둔다. 바퀴가 있어 필요에 따라 가까이 당겨서 편리하게 사용할 수 있다.

3. 미용 베개(Beauty Pillow)

① 솜 충전재 베개(Cotton filling pillow)

미용 베개의 충전재는 일반적으로 솜과 스펀지 등을 사용한다. 솜 충전재의 경우 물세탁이 가능하다. 장기간 사용 시 숨이 죽을 수 있어 수시로 교체가 필요하다. 양이 충분하지 않을 때는 목과 어깨를 받쳐주지 못하며, 열을 방출시키지 않기 때문에 더운 여름철 사용을 지양한다.

② U자형 베개(U Shaped Pillow)

머리를 두는 곳이 U자형으로 패여 있어, 서비스 중 고객의 머리가 좌우로 움직이는 것을 예방할 수 있다. 베개의 옆면에는 간단한 도구와 재료를 보관할 수 있는 공간이 마련되어 있다.

③ 아이래쉬 콘솔 베개(Eyelash Consol)

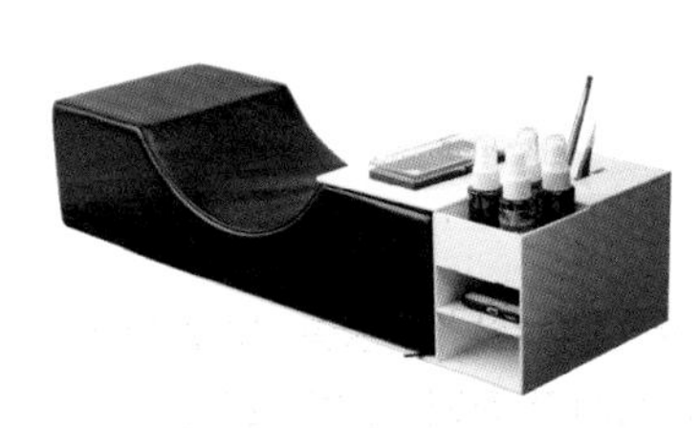

U자 모양 베개의 양쪽의 평평한 부분을 작업대로 사용할 수 있으나, 단단하지 않아 전용 콘솔(Consol)을 접합시켜 사용할 수 있다. 아이래쉬 뷰티 서비스 제공 시 사용하는 도구와 재료 관리 시 용이하다.

④ 일회용 베개 커버(Disposable Pillow Cover)

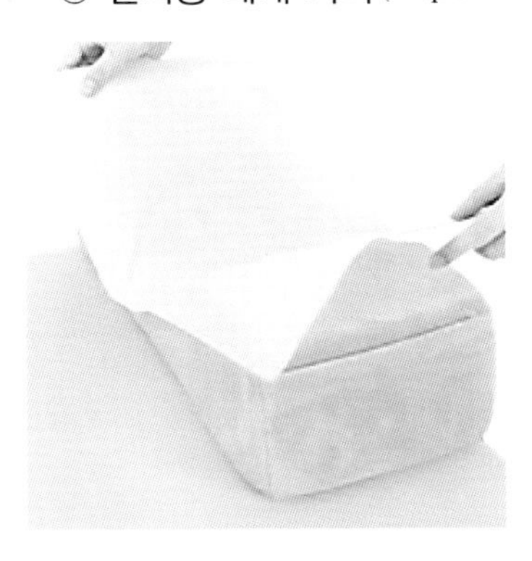

미용 베개는 순면(Pure cotton), 면 혼방 소재와 인조 가죽(Artificial leather) 등으로 만들어진 다회용 베개 커버로 이루어져 있다. 세탁이 어려운 인조 가죽 베개 커버를 위생적으로 관리할 수 있다. 사용 즉시 폐기하고 고객마다 새로 교체하여 사용한다.

Tip

아이래쉬 뷰티 서비스를 제공할 때 보통 서비스 시간이 장시간 소요되므로 아이래쉬 테크니션은 바른 자세를 유지하는 것이 중요하다. 미용 베드의 끝부분에 맞추어 미용 베개를 올려두고 위치에 맞게 누울 수 있게 안내한다. 고객의 머리가 아이래쉬 테크니션의 가슴 부근에 위치하도록 미용 의자의 높이를 조절하고 복부가 미용 베드와 주먹 두 개 정도의 거리를 두도록 한다.

4. 미용 의자(Beauty Chair)

① 원형 관리 의자(Round Chair)

아이래쉬 숍과 피부 관리실, 네일 숍 등에서 일반적으로 사용하는 의자로서, 움직임이 자유로워 관리용 의자나 매뉴얼 테크닉(Manual Techniques)과 같이 동작이 큰 서비스를 제공할 때 활용도가 높다. 쉽게 높낮이 조절이 가능하다.

② 등받이 관리 의자(Backrest Chair)

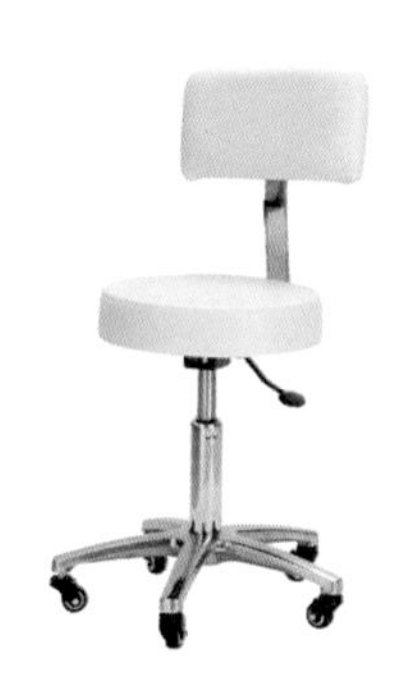

아이래쉬 뷰티 서비스 제공 시 버팀목에 등을 기대어 올바른 자세로 관리할 수 있으며, 장시간 작업 시 편리하다.

5. 수건(타올, Towels)

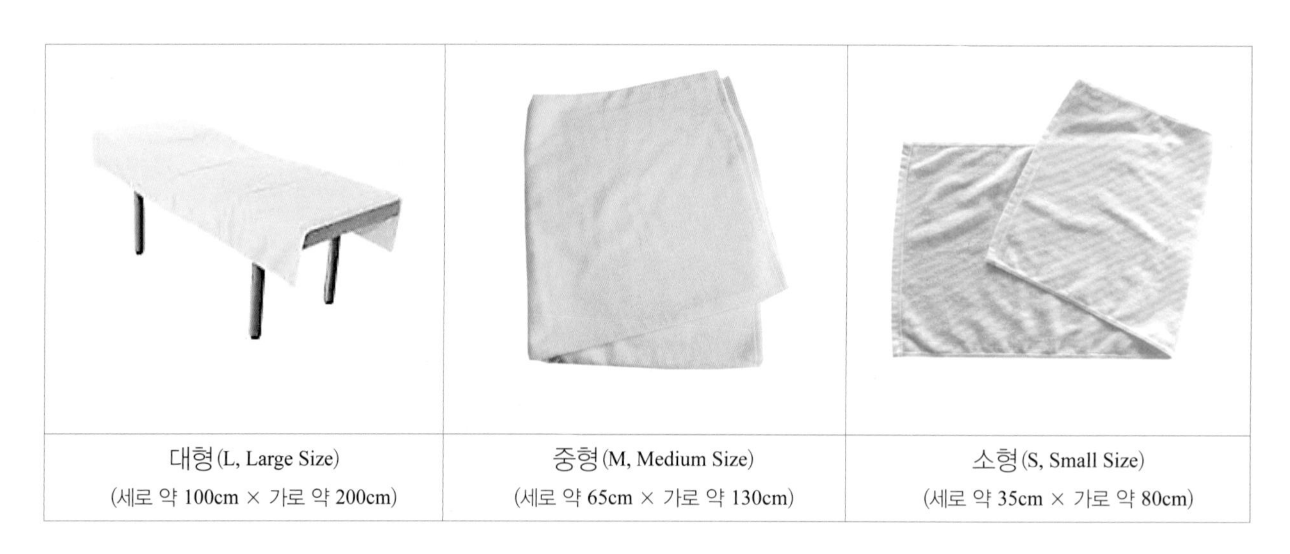

대형(L, Large Size) (세로 약 100cm × 가로 약 200cm)	중형(M, Medium Size) (세로 약 65cm × 가로 약 130cm)	소형(S, Small Size) (세로 약 35cm × 가로 약 80cm)

대형수건은 미용 베드의 커버나 이불, 중형 수건과 소형 수건은 필요에 따라 선택하여 사용한다.

복장(Disinfected overgarment)

1. 아이래쉬 테크니션의 복장

① 흰 가운(White coat)

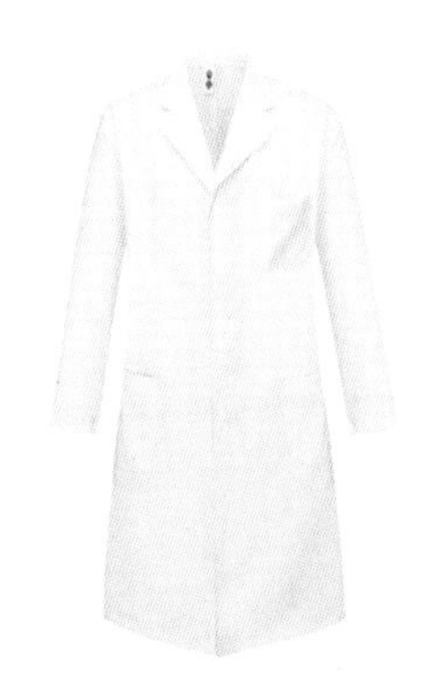

미용사 위생복으로서 화학물질과 같은 외부로부터의 오염을 방지하기 위해 착용한다. 착용 시에는 모든 단추를 잠근다. 미용사 국가자격증 실기의 필수 지참 재료 목록으로 미용사의 위생관리 상태에 대한 중요성을 확인할 수 있다.

② 앞치마(Apron)

옷에 아이래쉬 전용 글루와 같은 화학물질로부터 의복을 보호하기 위해 앞에 둘러준다. 위생적인 뷰티 서비스를 제공하기 위해 깔끔한 복장으로 앞치마를 착용한다.

③ 실내화(White Shoes)

발이 편한 신발을 신는 것을 권장한다. 핀셋(Tweezers)과 같이 끝이 날카로운 도구가 떨어질 때 발이 다치지 않게 보호할 수 있도록 앞이 막혀있는 신발을 신는다.

④ 헤어 캡(Hair cap)

짧은 머리의 경우 머리를 묶기 어려울 수 있으므로 헤어 캡을 사용하여 정리한다. 쉽게 잔머리를 정리할 수 있으며, 아이래쉬 뷰티 서비스 제공 시 시야를 확보할 수 있다.

머리카락이 빠지지 않도록 하여 위생을 관리한다.

⑤ 보안경(Protective goggle)

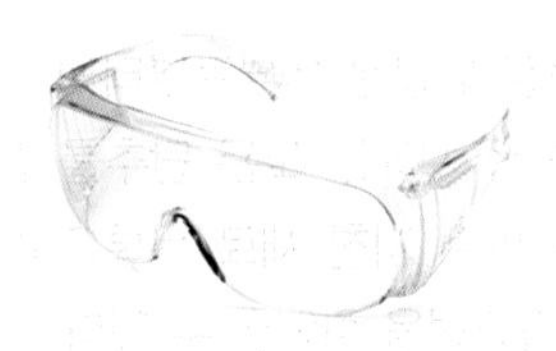

아이래쉬 뷰티 서비스 제공 시 사용하는 아이래쉬 익스텐션 글루와 아이래쉬 펌에 사용하는 제품의 화학물질이 눈에 튀지 않도록 눈을 보호하기 위해 착용한다.

⑥ 마스크(Mask)

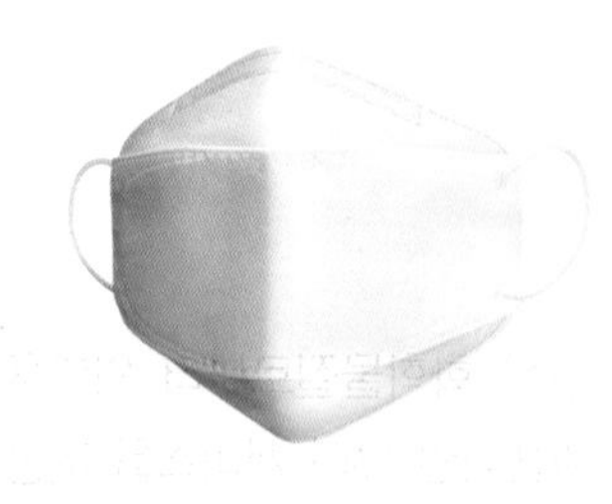

병균이나 먼지 따위를 막기 위하여 입과 코를 가리는 용도로 사용한다. 비말과 체액 등에 포함될 수 있는 세균으로부터 아이래쉬 테크니션과 고객 간의 감염을 예방할 수 있다.

휘발성 제품으로 인한 호흡기계의 손상을 방지한다.

⑦ 라텍스 장갑(Latex Gloves)

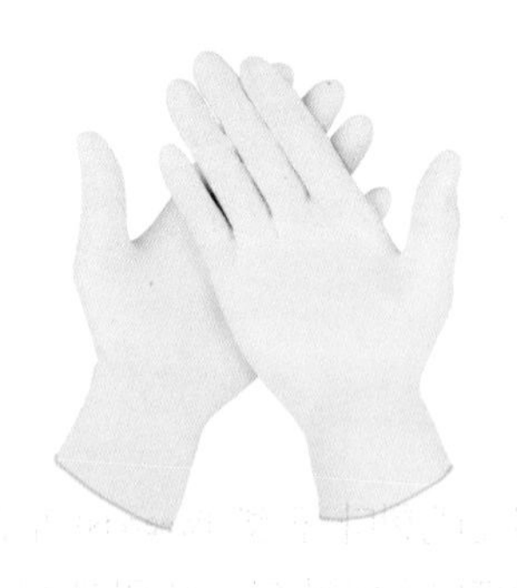

천연고무 소재로 생산되며, 얇고 밀착성이 뛰어나다. 쉽게 찢어질 수 있으므로 주의하여 착용한다. 파우더 처리가 된 라텍스의 경우 라텍스 알레르기를 유발할 수 있어 파우더 처리가 되지 않은 것을 선택하여 사용한다.

⑧ 니트릴 장갑(Nitrile Gloves)

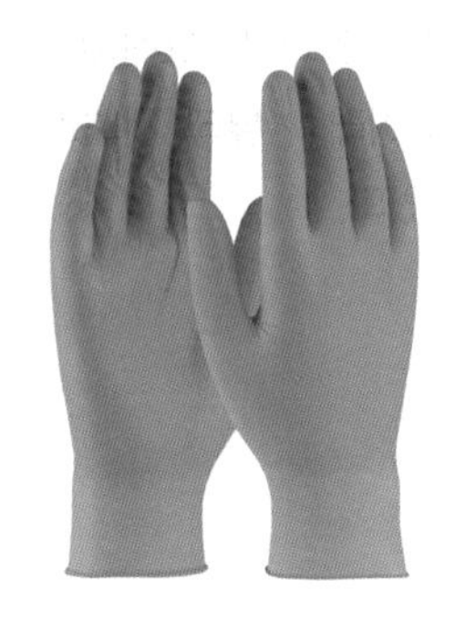

쉽게 찢어질 수 있는 라텍스 장갑의 단점을 보완하기 위해 개발되어 내구성이 좋다. 라텍스 장갑보다 비싸며, 폐기 시 비닐류보다 분해되는 시간이 오래 걸린다.

2. 고객 복장

① 고객 가운(Customer Gown)

겉 가운　　속 가운

고객에게 제공되는 가운은 겉 가운과 속 가운 등이 있다. 고객의 편안한 관리를 위해 제공되므로, 고객의 복장이 불편하다고 판단될 경우 갈아입을 수 있도록 안내한다.

② 고객용 슬리퍼(Customer slippers)

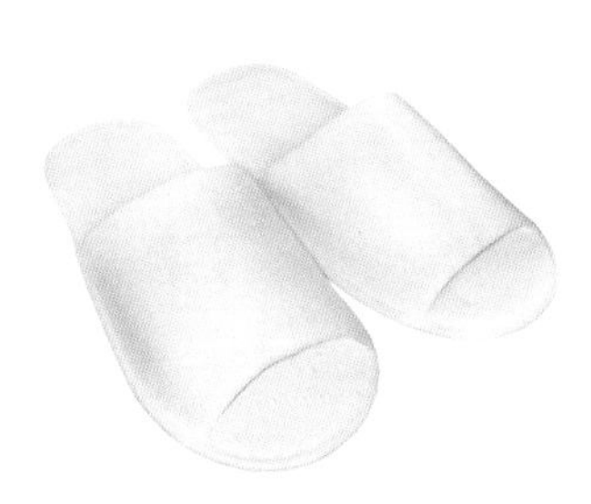

아이래쉬 숍을 방문한 고객에게 실내화를 제공한다. 옷을 갈아입거나 미용 베드에 누울 때 신고 벗기 편한 슬리퍼 형태가 적합하다.

③ 헤어 터번(Hair turban)

피부 관리실에서 피부 관리를 시작하기 전 고객의 모발을 뒤로 넘겨 정리할 때 사용한다. 아이래쉬 뷰티 서비스 제공 시 속눈썹 연장 범위를 확보할 수 있다.

④ 헤어 시트(Hair sheet)

떼고 붙이기 쉬운 벨크로(Velcro)로 만들어졌으며, 일반적으로 단추와 끈의 역할을 한다. 헤어 터번 사용 시 모발이 눌리는 현상을 예방할 수 있다. 모발에 부착 후 좌우로 비벼주면 고정력이 높아진다.

⑤ 앞머리용 집게 핀(Hair Bangs Clip)

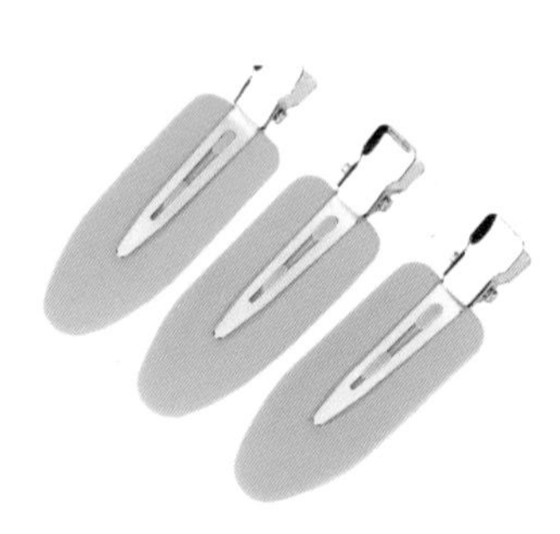

앞머리를 부분적으로 고정할 때 머리 눌림 현상을 방지하고자 기존의 핀컬 핀(Pin Curl Hair Clip)과 모발 사이에 솜 또는 티슈를 끼운 것과 같은 역할을 한다.

아이래쉬 익스텐션 도구

1. 가르기 핀셋 (Isolation lash Tweezers)

(1) 가르기 핀셋

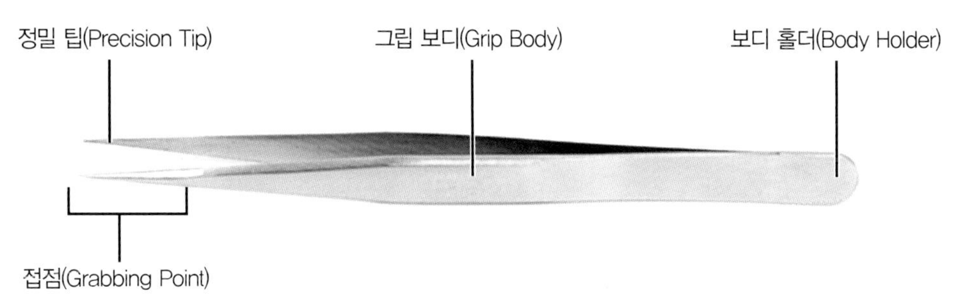

그림 5-1 가르기 핀셋의 부위별 명칭

가르기 핀셋은 자연모를 가를 때 사용하며, 끝이 뾰족하므로 고객의 눈을 찌르지 않도록 주의하여 사용한다.

① 일자 핀셋 (Straight Tweezer)

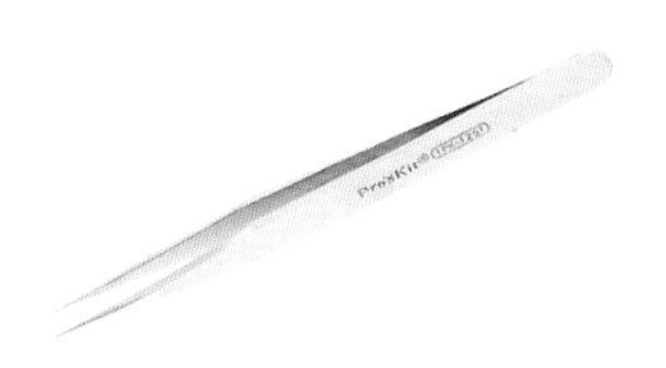

미용사(메이크업) 국가자격증의 제 4과제의 속눈썹 익스텐션에 사용하는 기본형 일자 핀셋이다.

② 니들 노즈 핀셋 (Needle Nose Tweezer)

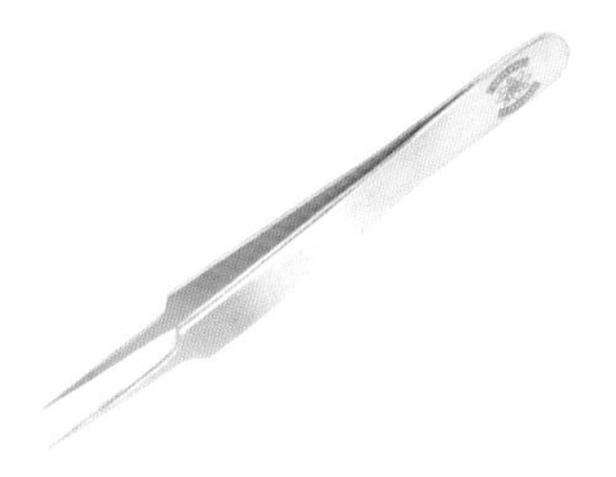

핀셋의 끝으로 갈수록 바늘과 같이 가느다랗고 뾰족하다. 점점 가늘어지므로 테이퍼드형 핀셋(Tapered Type Tweezer)이라고도 한다. 속눈썹의 숱이 많거나 얼기설기 자라난 자연모를 가를 때 적합하다.

③ F형 핀셋 (F Shaped Tweezer)

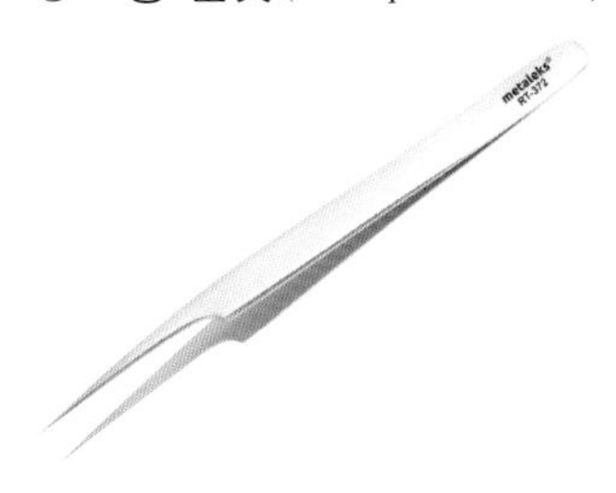

한쪽으로 치우쳐진 형태를 가지고 있어 편향 핀셋(Slant Straight Tweezer)이라고 불리며, 알파벳 'F'와 닮아 F형 핀셋이라고 불린다. 속눈썹의 길이가 짧을 때 사용하며, 돌출된 눈에 연장시 자연모를 가를 때 적합하다.

④ 굽은 형 핀셋(Curvy Babe Tweezer)

편향 핀셋의 형태와 비슷하지만, 핀셋의 끝으로 갈수록 등이 길게 굽어있다. 눈꺼풀과 눈썹뼈가 돌출된 눈의 자연모를 가를 때 사용한다.

⑤ X형 핀셋(X Shaped Tweezer)

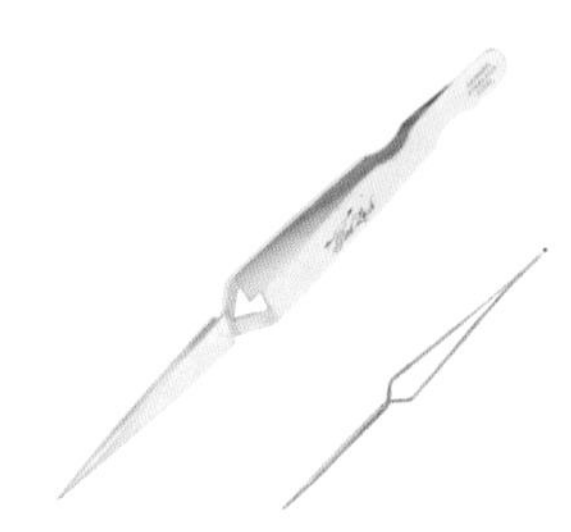

그립 홀더가 교차되는 지점을 고정한 모습이 알파벳 'X'를 닮았으며, 이 부분의 탄력을 이용하여 적은 힘으로 자연모를 가르거나 가모(False Eyelash)를 집을 때 사용한다.

⑥ 둥근형 핀셋(Round Shape Tweezer)

가장자리가 원형으로 되어있어 부착된 아이 패치(Eye Patch)와 테이프(Tape)를 위생적이고 안전하게 제거할 때 사용한다.

(2) 곡선형 핀셋(Curved Type Tweezers)

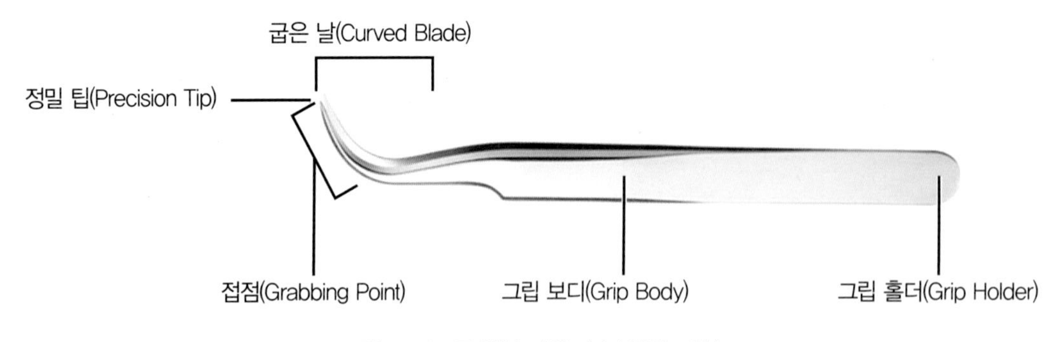

그림 5-2 곡선형 핀셋의 부위별 명칭

곡선형 핀셋은 가모를 집어 올리거나 자연모에 부착할 때 사용한다.

① 곡선 핀셋(Strong Curved Tweezer)

미용사(메이크업) 국가자격증의 제 4과제의 속눈썹 익스텐션에 사용하며, 핀셋의 끝이 90° 정도 구부러진 형태를 가진 곡선형 핀셋이다. 초보자의 핀셋 숙련도를 높이고자 할 때 사용한다.

② 반 곡선 핀셋(Semi Curved Tweezer)

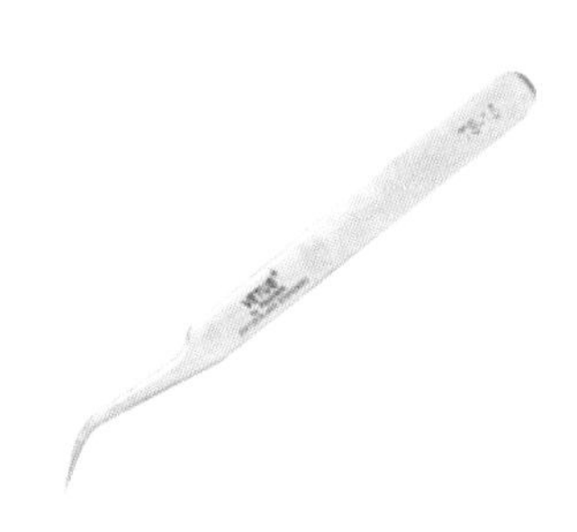

기본형 핀셋보다 45°의 완만한 곡선으로 구부러진 핀셋이다. 가장자리에 힘의 전달력이 높아 기모가 손상될 수 있다. 기본형 곡선 핀셋 사용 시 가모를 손상 없이 집을 때 사용하는 것을 권장한다.

③ 키위 새 핀셋(Kiwi Tip Tweezer)

핀셋의 가장자리가 키위 새(Kiwi Bird)의 부리와 닮았다. 반 곡선 핀셋보다 힘의 전달력이 좋으며, 가장자리가 길고 뾰족하여 더욱 정확하게 가모를 집고 부착할 수 있다.

(3) 볼륨 래쉬 핀셋(Volume Lash Tweezers)

미리 제작된 프리메이드 팬(Premade Fan)과 전용 핀셋을 사용하여 직접 래쉬 팬(Lash Fan)을 만들어 사용하는 것을 핸드 메이드 팬(Handmade Fan)이라고 하며, 이때 사용하는 핀셋을 볼륨 래쉬 핀셋(Volume Lash Tweezers)이라고 한다.

① 볼륨 래쉬 핀셋 : 기본 L형(L Shape)

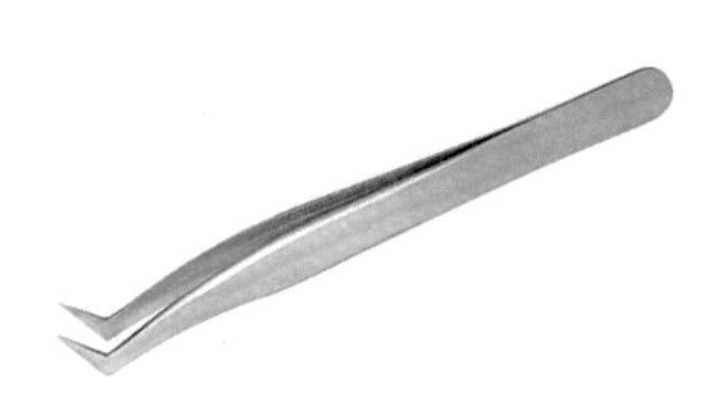

기본 L형(L Shape)의 볼륨 래쉬 핀셋은 가모(False Eyelash)를 골라 집기 쉽다. 구부러진 각도가 75°일 경우 간격이 좁은 형태의 내로우 팬(Narrow Fan)을 만들 수 있으며, 90°일 경우 넓은 형태의 와이드 팬(Wide Fan)을 만들 때 사용한다.

② 볼륨 래쉬 핀셋 : 펭귄 팁(Penguin Tip)

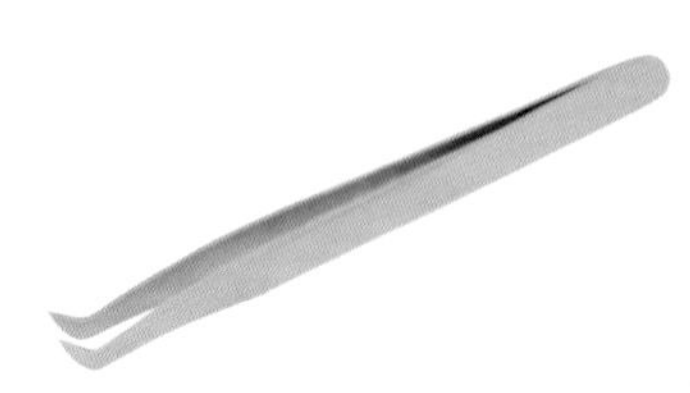

핀셋의 가장자리의 모양이 펭귄의 부리 또는 둥근 부츠(Rounded Boots)를 닮았으며, 핀셋의 팁이 큰 편이다. 핸드메이드 팬(Handmade Fan)을 만들거나 다양한 기술을 구사할 때 사용하며, 쉽게 프리메이드 팬(Premade Fan)을 집을 수 있다.

③ 볼륨 래쉬 핀셋 : 얇은 15° L형(Slim 15 Degree L Type)

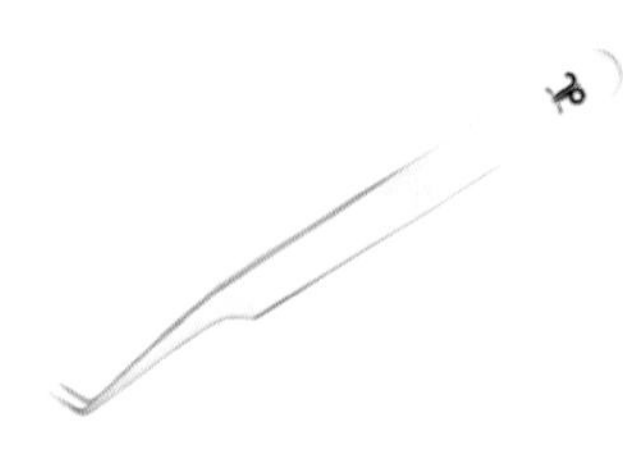

얇은 L형(Slim L Type)의 핀셋은 접점 부위가 15~90°로 구부러져 있다. 얇은 15° L형(Slim L Type)의 핀셋은 기본 L형의 볼륨 래쉬 핀셋보다 가장자리가 얇게 제작되어 있어 눈의 I.P(Inner Point)에 부착할 때 도움이 된다.

④ 볼륨 래쉬 핀셋 : 얇은 45° L형(Slim 45 Degree L Type)

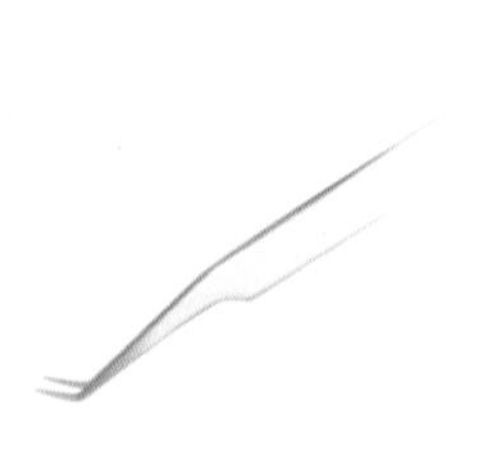

2D 또는 3D까지의 볼륨 팬(Volume Fan)을 만들 때 가모 사이의 간격을 정확하게 배치할 수 있도록 가시성(Visibility)을 확보할 수 있다.

⑤ 볼륨 래쉬 핀셋 : 얇은 90° L형(Slim 90 Degree L Type)

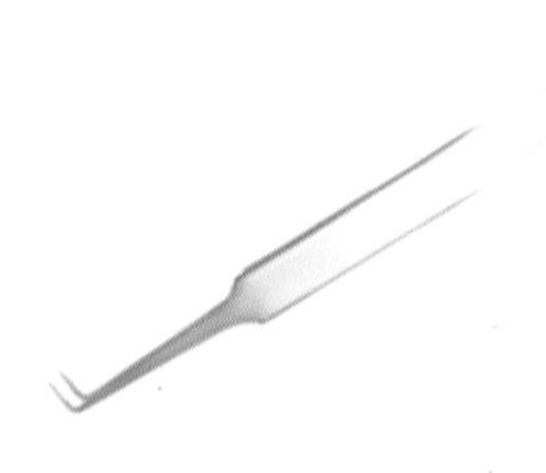

90°로 구부러진 뾰족한 가장자리가 잘 맞물리므로 메가 볼륨 팬(Mega Volume Fan)을 만드는 핀칭 기법(Pinching Method)에 사용한다.

Tip

아이래쉬 펌(Eyelash Perm)의 롯드에 자연모를 고정할 때 사용할 수 있다.

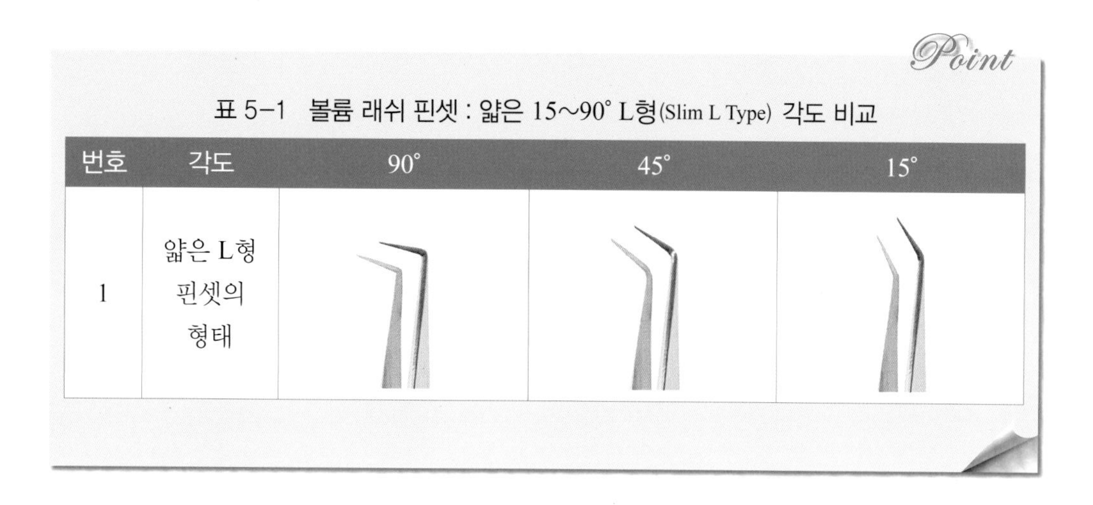

Point

표 5-1　볼륨 래쉬 핀셋 : 얇은 15~90° L형(Slim L Type) 각도 비교

번호	각도	90°	45°	15°
1	얇은 L형 핀셋의 형태			

⑥ 볼륨 래쉬 핀셋 : J형(J shape)

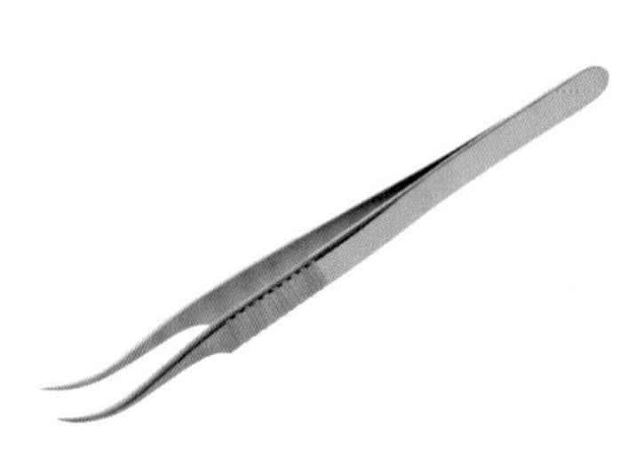

기본형 곡선 핀셋과 흡사하지만, 알파벳 'J'에 가까운 형태를 나타낸다. 자연모를 가를 때 사용하며, 눈의 측면에 있는 자연모에 볼륨 래쉬를 부착할 때 사용한다.

⑦ 볼륨 래쉬 핀셋 : Z형(Z Type)

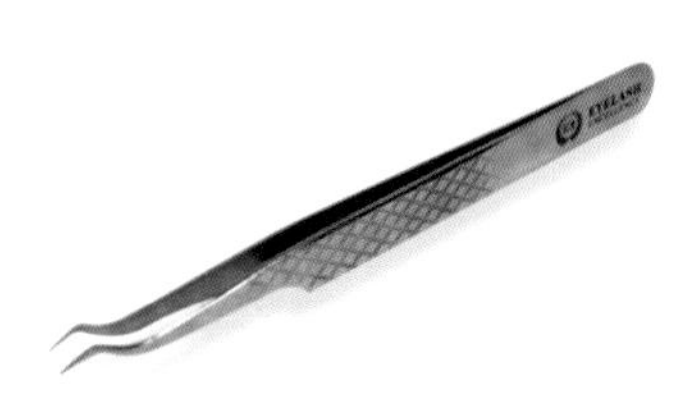

알파벳 'Z' 형태의 핀셋이다. 아메리카 흰 두루미(Whooping Crane)의 목을 칭하는 크레인 넥(Crane Neck)의 구부러진 모양을 닮아 크레인 넥 핀셋이라고도 불린다. 독특한 각도와 곡선을 사용하여 가모를 집어 올릴 때와 얼굴 윤곽에 따라 부착이 어려운 부위에 효과적으로 사용할 수 있다.

(4) 핀셋 부자재(Tweezer Subsidiary materials)

핀셋을 떨어뜨리거나 다른 곳에 부딪혀 가장자리의 접점 부위가 손상되지 않도록 보호·보관한다.

① 핀셋 캡 (Tweezer Cap)

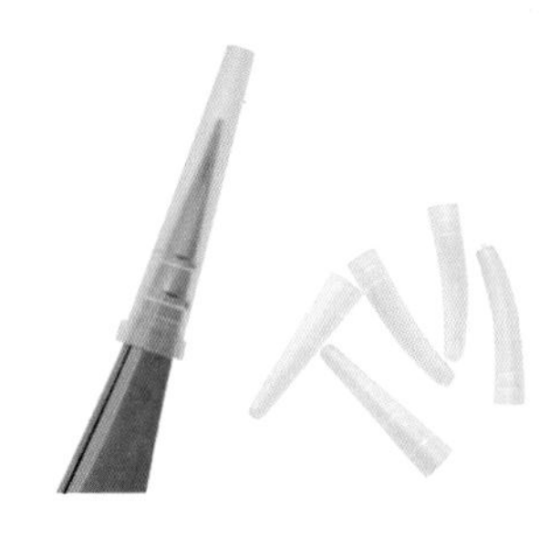

뾰족한 핀셋의 끝부분을 보호해주는 캡으로 고무와 플라스틱 등으로 제작되며, 안쪽에 공간이 있어 바닥에 떨어뜨려도 핀셋 끝이 휘어지지 않으므로 안전하고 위생적으로 보관할 수 있다.

② 핀셋 꽂이 (Tweezers Holder)

아크릴 케이스 내부에 있는 나일론 섬유 가닥이 핀셋과 같이 끝이 뾰족한 부분이 바닥에 닿지 않게 보호하여 손상 없이 보관할 수 있다.

③ 핀셋 거치대 (Tweezers Display Stand)

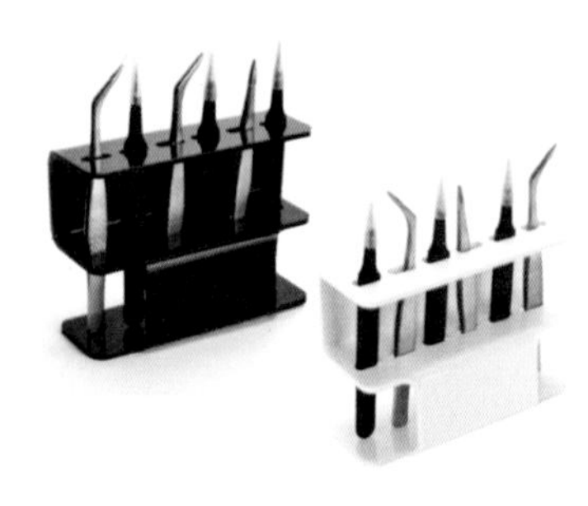

핀셋의 가장자리에 핀셋 캡을 씌운 후 바깥에 나오도록 보관하여 필요할 때 쉽게 구분하여 사용할 수 있다. 아이래쉬 샵에 진열하기 위한 목적으로 사용 시에는 핀셋 캡을 씌울 필요는 없으나, 사람의 손이 닿지 않게 비치하도록 주의한다.

④ 핀셋 진열함 (Storage Holder)

아이래쉬 샵에 진열하기 위한 목적으로 사용 시에는 핀셋 캡을 씌울 필요는 없으나, 사람의 손이 닿지 않게 비치하도록 주의가 필요하므로 진열함을 사용한다.

※ 외부 이물질과 세균의 감염으로부터 보호한다.

⑤ 핀셋 케이스(Tweezers Case)

이동 시 핀셋이 움직이며 손상되는 것을 방지할 수 있도록 고정하여 안전하게 보관할 수 있다.

2. 아이래쉬 송풍기(Eyelash Air Blower)

아이래쉬 익스텐션 글루(Eyelash Extension Gule)의 빠른 건조를 위해 사용한다.

① 수동 송풍기(Air Blower Pump)

풍선과 같이 부풀려진 부분을 눌러 바람을 일으킨다. 좁은 면적의 먼지와 같은 이물질을 제거할 때 유용하다.

② 전동 송풍기(Air Conditioning Blower)

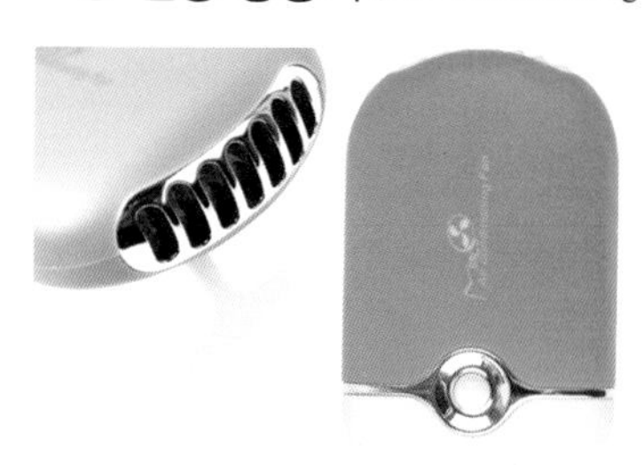

USB를 사용하여 간편하게 충전할 수 있는 제품을 선호하며, 눈가에만 부분적으로 바람을 쐴 수 있다. 한 손에 잡을 수 있는 크기로 만들어져 고객이 직접 필요한 부위에 사용할 수 있다.

③ 미니 선풍기(Mini Fan Blower)

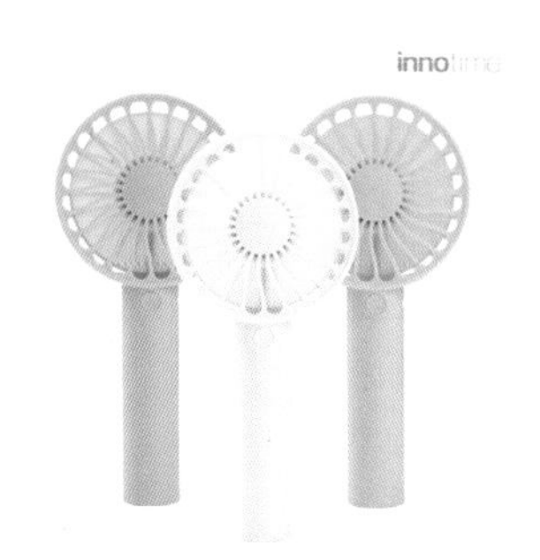

일반 선풍기처럼 모터에 달린 날개로 바람을 만들어 낸다. USB 충전 또는 건전지 교체를 통해 지속해서 사용할 수 있다. 바람의 강약을 조절할 수 있어 전동 송풍기보다 사용한 글루가 빨리 건조되는 장점이 있지만, 얼굴 전체에 바람을 쐬므로 피부가 건조해질 수 있다.

3. 위생 용기 (Disinfection Container)

스테인리스 스틸(Stainless Steel)로 만들어 녹이 슬지 않으며, 세척이 용이하다. 뚜껑이 있을 경우 외부로부터의 접촉을 차단하여 아이래쉬 익스텐션 시 이용하는 도구와 재료들을 위생적으로 관리할 수 있다.

① 반달형 트레이 (Semi Circle Tray)

아이래쉬 익스텐션 중 필요한 도구와 면봉, 솜과 브러쉬 등 필요한 재료들을 미리 준비해두고 사용할 수 있다. 서비스 중에도 사용하던 도구들을 올려두는 쟁반처럼 사용할 수 있다.

② 원형 바트 (Disinfection Tank Container)

솜과 거즈 등을 위생적으로 보관할 때 사용하거나 70% 알코올을 적신 솜을 바닥에 두어 아이래쉬 익스텐션 전 사용할 도구를 넣어두고 청결히 보관할 수 있다.

4. 기타 도구

① 메이크업 가위 (Make-up Scissors)

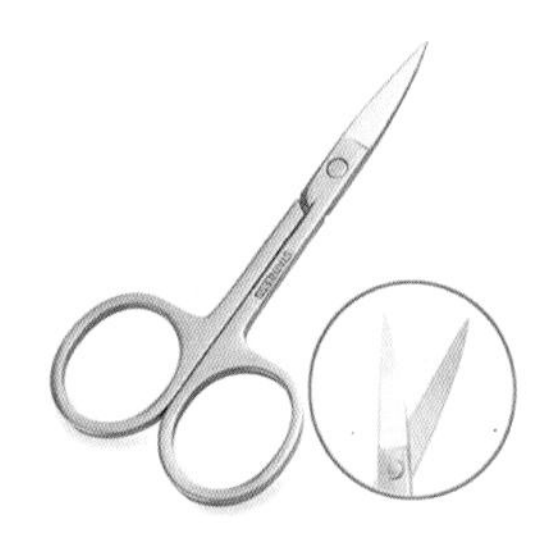

메이크업 전 눈썹과 코털을 정리할 때 사용한다. 가속눈썹을 마네킹 눈의 길이에 맞게 자르거나 아이패치를 눈매에 맞게 홈을 내는 것과 같이 작은 부위를 쉽게 잘라낼 수 있다.

② 속눈썹 거울(Eyelash Mirror)

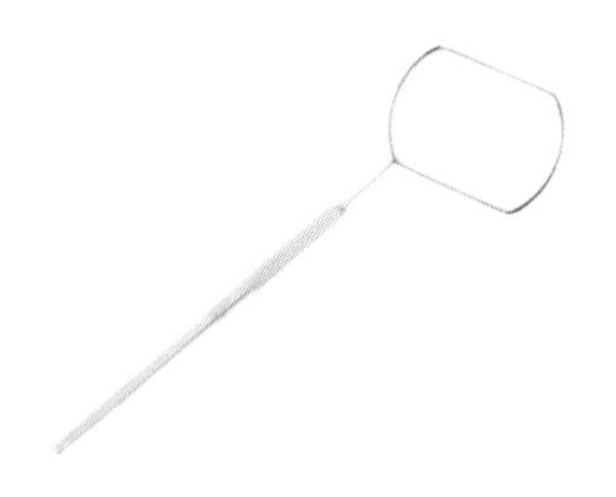

치경(치과 거울, Dental Mirror)의 모습과 유사한 형태를 이루고 있으며, 아이래쉬 익스텐션 후 속눈썹의 상태를 점검하기 위해 사용한다.

③ 미용 정리함(Beauty Organized)

솜과 면봉 등과 같이 관리가 어려운 소도구와 핀셋, 브러쉬 등 기타 재료 정리를 위해 사용된다.

④ 미용 바구니(Beauty Basket)

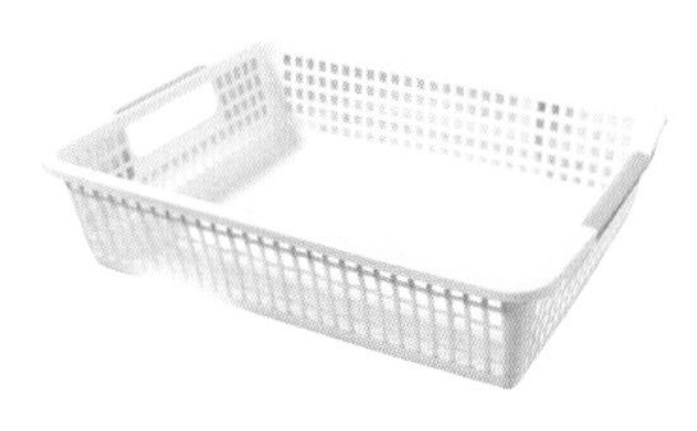

미용사 국가자격증 시험에 필요한 재료와 제품을 사용하기 편하도록 정리하는 바구니이다.

⑤ 래쉬 박스(Lash Organizer)

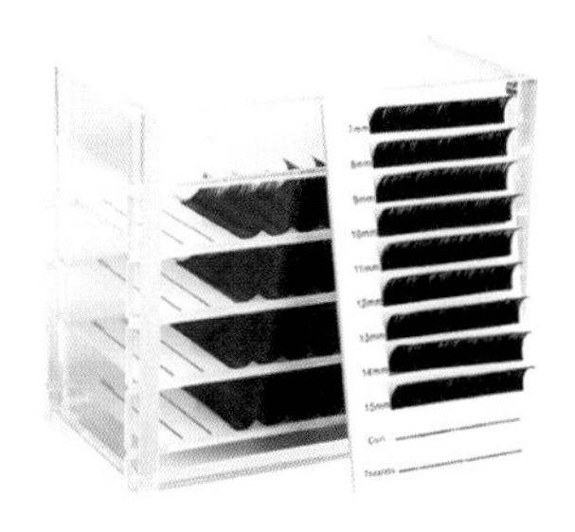

다양한 종류의 가모들을 컬(Curl), 길이(Length)와 굵기(Thickness)에 맞게 정리하여 관리할 수 있어서, 필요할 때 쉽게 찾을 수 있다.

5. 속눈썹 연장 재료(Eyelash Extension Ingredient)

(1) 아이 패치(Eye Patch)

아이 패치(Eye Patch)는 아래 속눈썹(Under Eylash)을 구분하여 정확한 아이래쉬 익스텐션을 하고자 사용한다. 끝이 날카로운 핀셋과 글루 등으로부터 연약한 눈가 피부를 보호할 수 있다. 아이 패치 사용 전에는 피부를 소독 후 부착한다.

① 아이 패치 : 부직포(Nonwoven)

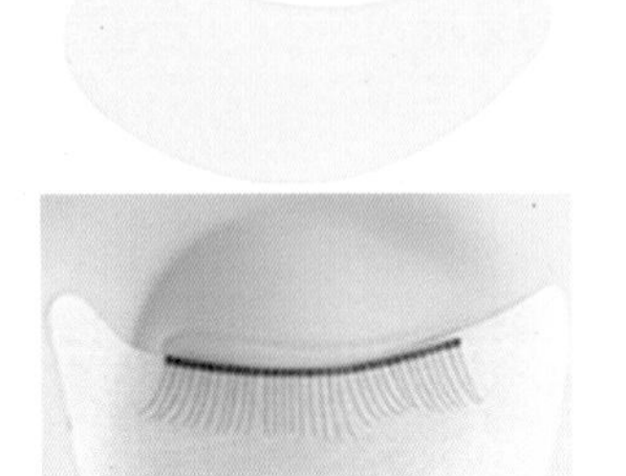

눈의 굴곡에 맞는 디자인으로 눈 아래에 부착하여 아이래쉬 익스텐션 범위를 구분할 수 있다. 점성이 있는 하이드로 겔(Hydro Gel)로 인해 피부에 쉽게 접착할 수 있으며, 쉽게 마르지 않도록 부직포(Nonwoven) 원단과 함께 겹겹이 쌓여 있다.

② 아이 패치 : 실리콘(Silicon)

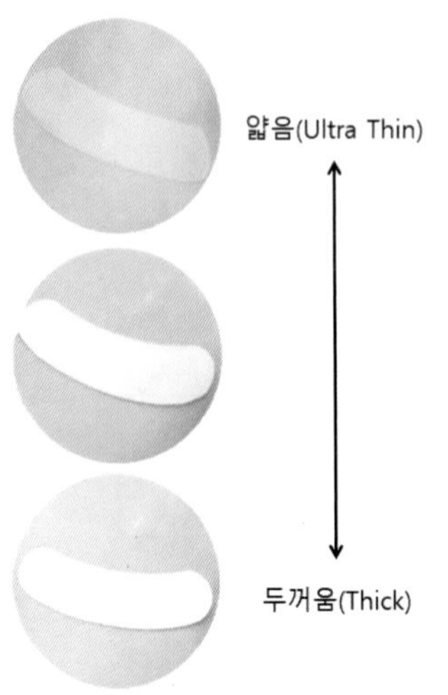

기본형 아이 패치보다 얇지만, 실리콘(Silicon) 소재로 만들어져 하이드로 겔이 건조되는 것을 방지할 수 있다. 아이 패치가 눈동자에 닿아 눈물이 나거나 충혈이 되는 돌출된 눈에 사용하기 적합하다.

③ 아이 패치 : 마이크로 폼(Micro Foam)

보푸라기가 일어나지 않아 핀셋의 끝에 걸리지 않는다. 강한 접착력에도 불구하고 피부에 대한 자극이 적으며, 제거 후 잔여물이 남지 않는다. 눈물에 젖었을 때 부풀어 오르지 않으며, 방수기능이 있어 미끄러지지 않는다.

Tip

접착력이 강하여 손등에 2~3회 붙였다 떼어낸 후 사용한다.

④ 아이 패치 : 종이(Paper)

땅콩, 반달 또는 네모 등 다양한 모양의 종이 재질로 이루어져 있으며, 스티커처럼 사용할 수 있다. 가격이 저렴하여 연습 시에 많이 사용한다. 얇은 아이 패치 사용 시 살이 비쳐 속눈썹의 구분이 어렵거나, 보풀로 인해 핀셋이 걸리는 현상이 나타날 때 이중으로 부착하여 사용할 수 있다.

⑤ 아이 패치 : 리프팅(Lifting)

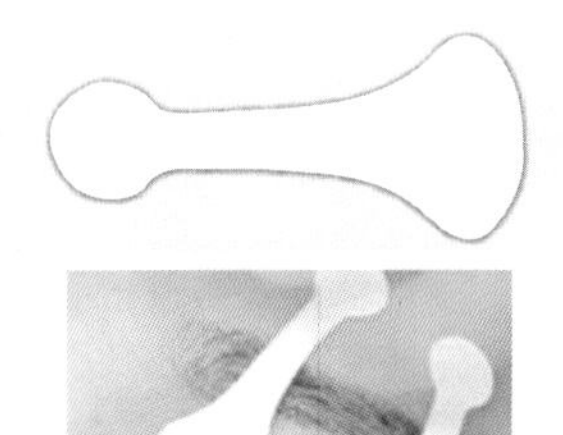

스킨 테이프(Skin Tape)를 대신해서 사용할 수 있는 리프팅 아이 패치(Lifting Eye Patch)이다.

Tip

속눈썹 펌(Eyelash Perm)의 전용 롯드(Lod)를 고정할 때 사용할 수 있다.

⑥ 아이 패치 : 다회용(Reuse)

실리콘으로 제작되었으며, 광택이 있는 표면이 피부를 향하도록 부착한 후 부드럽게 눌러 고정한다. 스킨 테이프(Skin Tape)를 함께 사용하면 고정력이 높아진다. 사용 후 비누와 물로 씻은 후 자연 건조시킨다.

⑦ 아이 패치 : 디자인(Design)

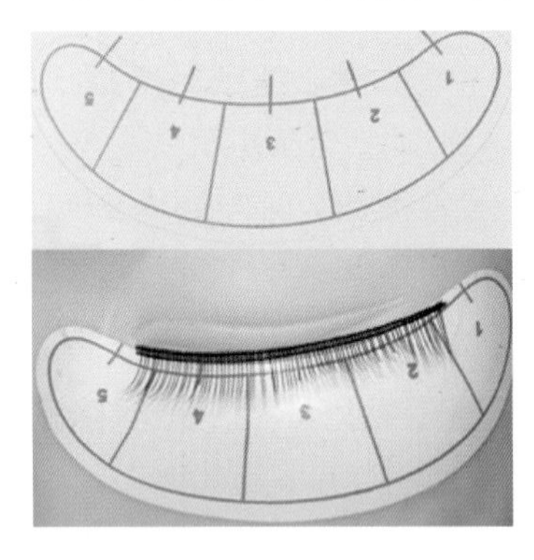

• **래쉬 매핑**(Lash Mapping)

아이래쉬 익스텐션 디자인의 위치를 잡을 때 사용하는 종이 재질로 된 스티커 제품이다. 필기도구를 사용하여 간단히 표시할 수 있다.

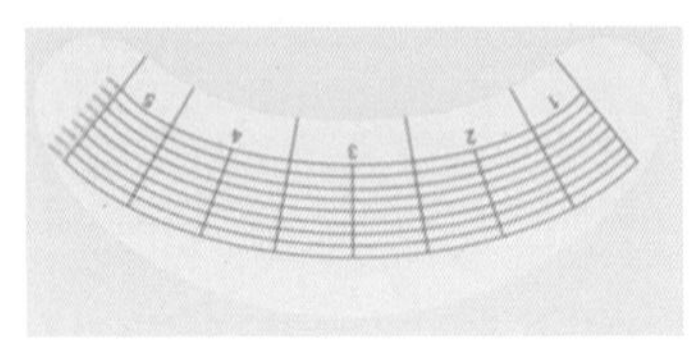

• **래쉬 포지셔닝**(Lash Positioning)

자연모의 길이를 측정하여 아이래쉬 익스텐션 디자인의 위치를 기억하고 적합한 가모의 길이를 선택하여 부착하는 데 도움이 된다.

⑧ 아이 패치 : 글루 리무버 패드(Glue Remover Pad)

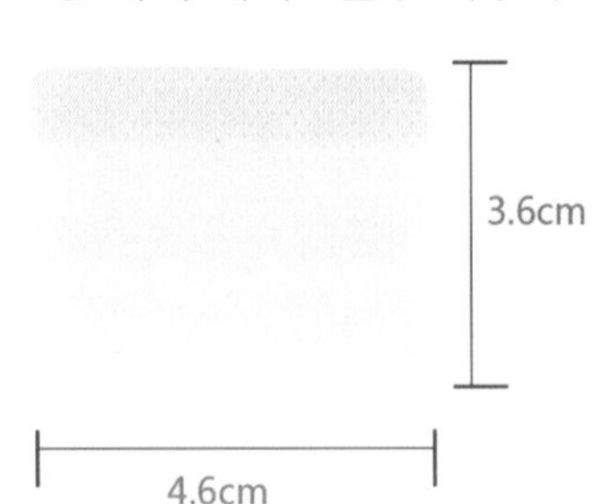

• **사각형 패드**(Square Type Pad)

아이래쉬 익스텐션의 가모 부착 시 사용된 글루를 제거할 때 사용하며, 여분의 글루를 흡수하여 눈가의 자극으로 인해 붉어지는 것을 예방한다. 의료용 부직포 원단을 사용하여 아주 얇게 제작되어 사용 시 주의한다. 노란색 부분을 잡고 뒷면의 종이를 제거한다.

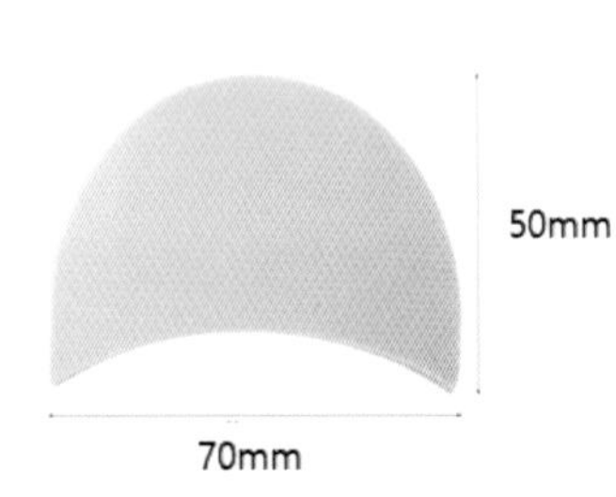

• **반달형 패드**(Half moon Type Pad)

크기가 큰 눈과 같이 아이래쉬 익스텐션의 범위가 넓은 눈에 사용하기 적합하다.

• **땅콩형 패드**(Peanut Type Pad)

여러 개의 약한 점도의 글루로 점을 찍은 글루 닷츠(Glue Dots)를 사용하여 부착하므로 피부에 크게 자극을 주지 않는다. 아이래쉬 익스텐션의 리터치(Retouch) 작업 시 적합하다.

(2) 스킨 테이프(Skin Tape)

아이래쉬 익스텐션을 시작하기 전 아이 패치를 부착한 후 빠져나온 아래 속눈썹(Under Eyelash)을 가려주고 눈꺼풀이 처진 경우 들어올려 리프팅(Lifting) 작업 시 사용한다. 또한, 얼기설기 자란 속눈썹을 1단씩 분리하여 가모 부착 부위를 정확하게 확인할 수 있다. 연약한 눈가에 사용하기 때문에 자극이 적은 의료용 테이프(Medical Tape)를 사용한다.

① 스킨 테이프 : 부직포(Nonwoven)

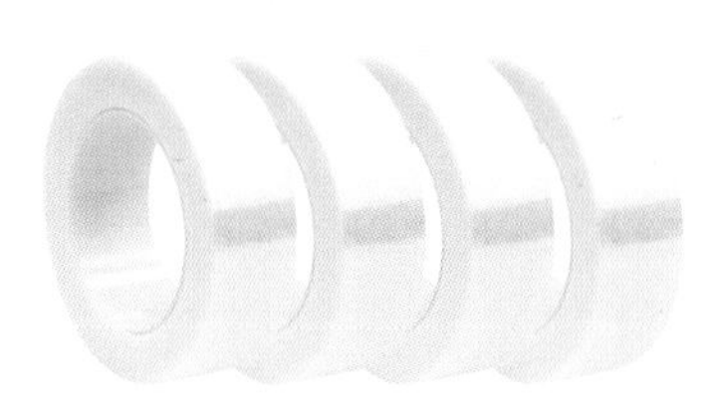

얇고 부드러운 부직포 원단의 재질로 만들어져 있어 통기성이 좋으며, 피부에 자극이 적다. 유분이 많은 피부의 경우 쉽게 접착력이 떨어질 수 있으며, 손을 사용하여 깔끔하게 찢기 어렵다.

② 스킨 테이프 : 메쉬(Mesh)

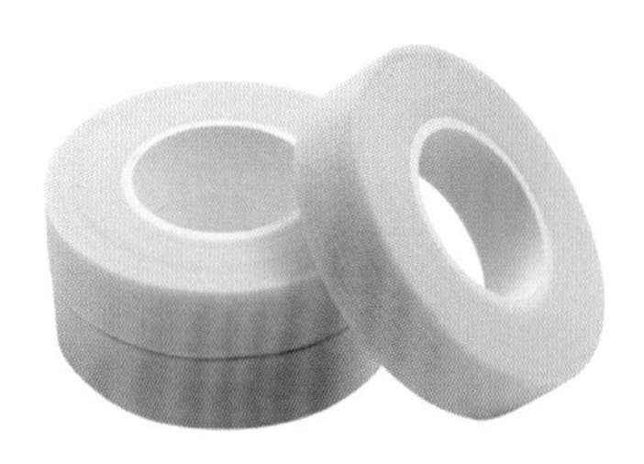

부직포 원단에 만들어진 그물망(메시, Mesh)을 연상시키는 작은 구멍들을 통해 피부가 숨을 쉴 수 있어 피부가 답답하지 않고 장시간 사용 땀이 나지 않으며, 손으로 쉽게 찢어서 사용할 수 있다. 다양한 색상으로 기호에 따라 선택할 수 있다.

③ 스킨 테이프 : PE(Polyethylene)

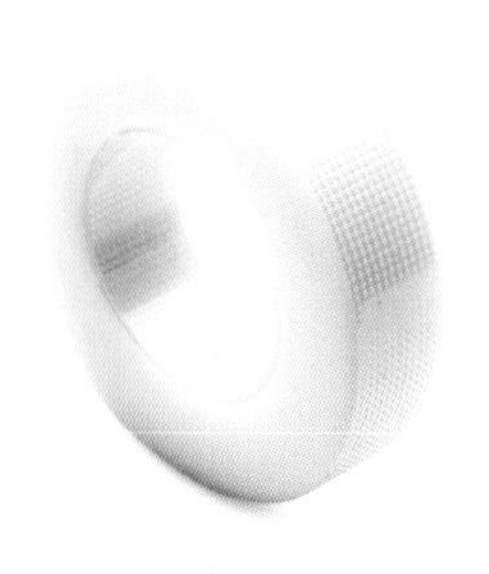

폴리에틸렌(PE, Polyethylene)이라는 플라스틱 소재로 만들어진 의료용 테이프이다. 뚫려 있는 구멍을 통해 피부의 호흡을 원활히 할 수 있다. 강한 접착력으로 인해 갑작스럽게 움직이는 눈으로부터 발생할 수 있는 안전사고를 예방할 수 있으나, 제거 시 통증을 유발할 수 있다.

④ 스킨 테이프 : 스키너게이트(Skinergate)

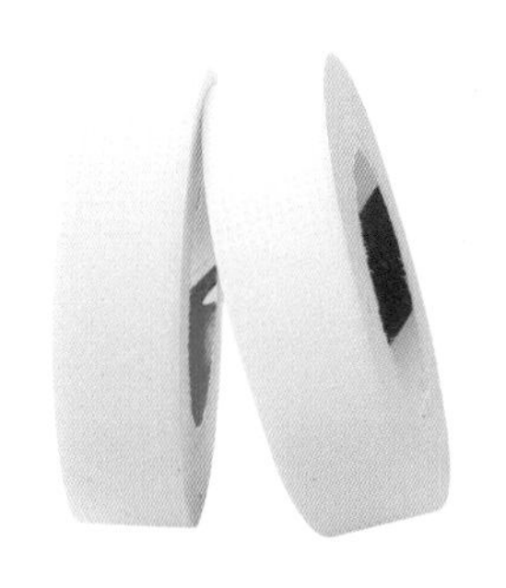

니치반(NICHIBAN) 테이프로 불리며, 폴리올레핀(Polyolefin)이라는 플라스틱 소재를 사용한다. 피부의 움직임에 따라 유연하게 늘어난다. 작은 구멍을 통해 장시간 부착 시에도 피부를 손상하지 않으며, 제거 시 통증을 유발하지 않는다. 땀이 나더라도 접착력을 유지할 수 있고 알러지를 유발하지 않는다.

⑤ 스킨 테이프 : 폼(Foam)

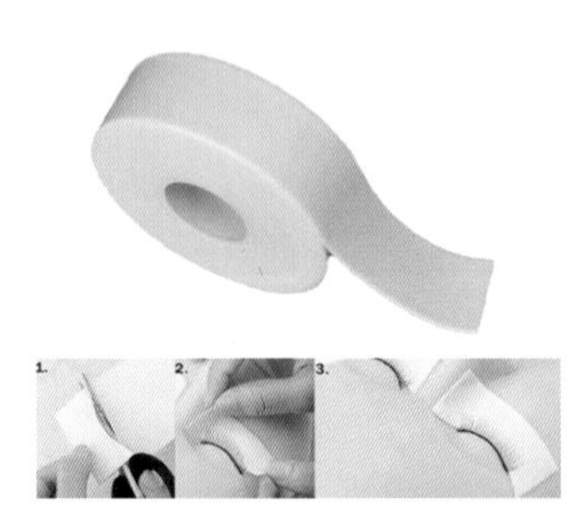

매끄러운 표면으로 보풀이 발생하지 않으며, 두께가 약 1mm로 여러 번 겹쳐서 사용할 수 없다. 눈의 라인에 맞추어 가위로 재단하여 사용할 수 있다.

Tip

접착력이 강하기 때문에 손등이나 팔의 안쪽에 한 번 붙였다가 떼어 낸 후 사용한다.

⑥ 아이래쉬 테이프 디스펜서(Eyelash Tape Dispenser)

• 기본형(Basic Type)

절취선이 없거나 손으로 쉽게 찢어지지 않는 스킨 테이프(Skin Tape)를 원하는 길이에 맞추어 자를 때 사용한다. 접착제가 묻은 단면에 먼지와 같은 이물질이 쉽게 부착될 수 있으므로 주로 아이래쉬 숍(Eyelash Shop)에 비치하여 사용한다.

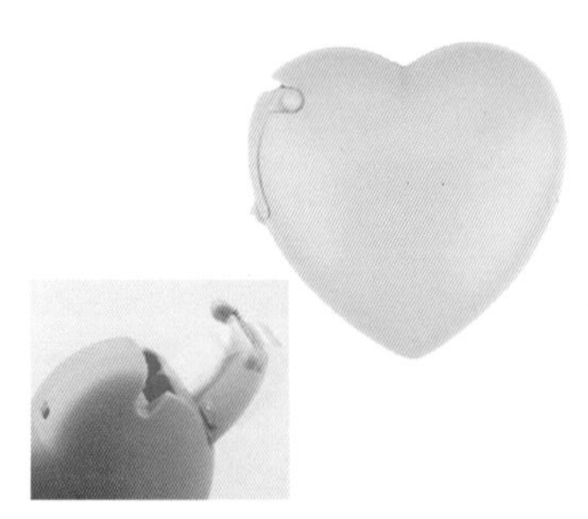

• 휴대용(Portable Type)

스킨 테이프의 경우 이동 시 접착제로 인해 먼지와 같은 이물질이 달라붙어 쉽게 오염될 수 있다. 이를 예방하고 위생적으로 보관할 때 휴대용 테이프 디스펜서를 사용하며, 자르는 선이 없거나 손으로 쉽게 찢기 어려울 때 도움이 된다.

(3) 소독제 (Disinfectant)

① 알코올 (Alcohol)

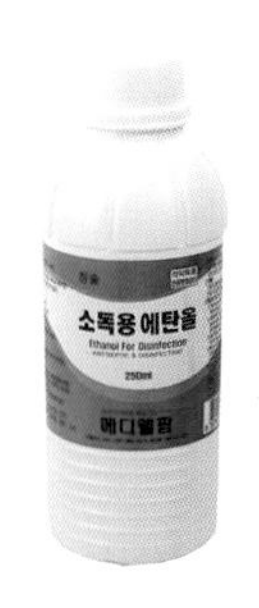

작업 테이블과 기구, 도구와 피부 등을 소독할 때 사용하며, 70%로 희석하여 사용한다.

② 손 소독제 (Hand Sanitizer)

• **핸드 클린 겔** (Hand Clean Gel)

물과 비누를 대신하여 사용한다. 겔 타입으로 손등, 손바닥과 손톱 아래를 꼼꼼히 문지른 후 10초 정도 건조시킨다.

• **안티셉틱** (Anticeptic)

약한 소독력으로 도구나 기구 소독시에는 적합하지 않으며, 관리자와 고객의 손과 발 등의 피부를 소독할 때 사용한다.

(4) 전처리제 (Eyelash Pre-treatment)

래쉬 클랜저 (Lash Cleanser) 또는 프로틴 리무버 (Protine Remover) 라고 불리며, 아이래쉬 익스텐션을 시작하기 전 자연모의 단백질 (Protine), 유·수분 및 기타 이물질 등을 제거하기 위해 사용한다. 소량의 알코올이 함유되어 있어 속눈썹을 소독할 수 있다. 정전기를 방지하여 글루와의 접착 밀도를 높여 지속력을 강화해준다. 사용 후에는 1~2분 자연 건조 시킨 후 아이래쉬 익스텐션을 시작한다.

① 전처리제 : 액상형(Liquid Type)

	• **튜브형**(Tube Type) 눈에 직접 바르지 않고 한 방울씩 면봉류에 직접 묻히거나 오목한 용기에 덜어서 사용한다.
	• **펌프형**(Pump Type) 젖은 솜에 내용물을 묻혀 속눈썹을 닦아낼 때 사용하며, 펌프 용기를 재사용할 수 있으므로 내용물 소진 시 다시 채워 사용할 수 있다.
	• **스프레이형**(Spray Type) 눈에 직접 사용하지 않으며, 분사 범위가 넓어 면봉류와 젖은 솜 등을 분사구에 가까이 댄 후 분사하거나 용기에 덜어서 사용할 수 있다.
	• **마스카라형**(Mascara Type) 메이크업 마스카라(Mascara)의 형태로서 속눈썹의 모근에서 위로 쓸어올리듯 사용한다. 솔로 된 어플리케이터(Applicator)를 꺼낼 때 내용물이 옆으로 튈 수 있어 사용 시 주의한다.
	• **브러쉬형**(Brush Type) 아이 메이크업(Eye Make-up) 시 사용하는 브러쉬 아이라이너(Brush Eyeliner)의 형태로 내장된 어플리케이터(Applicator)를 사용하여 속눈썹의 모근에서 바깥을 향해 발라준다.

② 전처리제 : 겔형(Gel Type)

점성이 있는 겔(Gel)은 비교적 양 조절이 쉬워 초보자가 사용하기에 적합하다. 적당량을 면봉이나 솜에 직접 묻히거나 용기 등에 덜어서 사용한다.

③ 전처리제 : 코튼 패드(Cotton Pad)

핀셋을 이용하여 한 장씩 꺼내어 위생적으로 사용할 수 있다. 눈을 감은 채로 눈 위에 올려둔 후 지긋이 눌러준 뒤 여러 차례 쓸어내리듯 닦아준다.

④ 전처리제 : 래쉬 샴푸(Lash Shampoo)

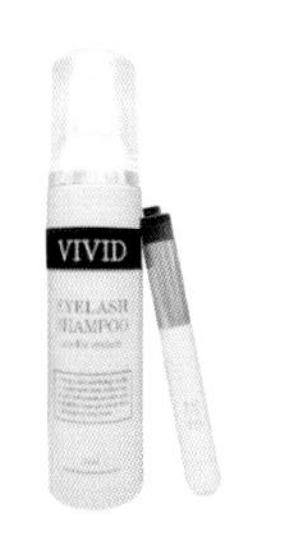

래쉬 바스(Lash Bath)로도 불리며, 버블 클렌징 폼(Bubble Cleansing Foam)과 같이 미세한 거품 타입으로 피부에 자극이 없다. 전용 브러쉬를 사용하여 속눈썹 구석구석에 쌓인 노폐물을 제거한다.

⑤ 린스 보틀(Rinse Bottle)

래쉬 샴푸를 제거할 때 젖은 솜 또는 물티슈 등을 사용하지만, 물을 담은 린스 보틀(Rinse Bottle)을 사용하여 눈가를 씻어 낼 수 있다. 린스 보틀을 사용할 눈의 방향으로 얼굴을 기울이고 눈 옆에 수건을 받쳐 물을 뿌려준다.

⑥ 글루 프라이머(Glue Primer)

관리 전 면봉을 사용하여 가모의 뿌리부터 1/2지점까지 발라주면 모노머(Monomer) 성분만 남아 글루의 접착력을 강화해 주어 지속력을 높여주며, 백화현상을 예방한다. 휘발성이 강하여 따로 건조하지 않아도 된다. 자연모에 바를 때 모근(Hair Root)으로부터 0.2cm 띄우고 발라 전처리제처럼 사용할 수 있다.

⑦ 후처리제(Post-treatment)

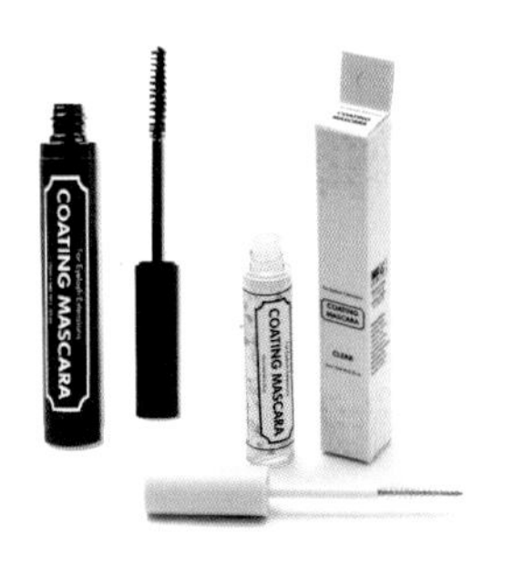

코팅 마스카라(Coating Mascara)라고 불리며, 글루의 결합이 강화된다. 땀, 눈물, 먼지 및 오염으로부터 보호하여 지속력이 높아진다. 따로 제거하지 않아도 되며, 필요에 따라 오일(Oil) 성분이 함유된 세안제(Cleanser)를 사용한다. 가모 부착 후 10분 뒤 사용하며, 2~3콧(Coat)을 사용한다. 한 번 사용 후 3분 정도 건조한다. 더 많은 콧을 적용하면 속눈썹의 두께가 증가하여 무거워질 수 있다.

(5) 아이래쉬 익스텐션 글루(Eyelash Extension Glue)

아이래쉬 익스텐션 글루(Glue)는 시력저하와 여러 가지 안질환을 유발할 수 있으므로 반드시 인증된 글루만 사용해야 한다.

의료용 강력 순간접착제로도 사용되는 식약청 허가 화장품 성분인 시아노아크릴레이트(Cyanoacrylate) 90~95%와 안정제, 증점제, 경화 촉진제 및 착색제 등의 복합화합물 5~10%와 색소로 이루어져 있다.

품질인증 마크는 국가기술표준원에서 발행한 KC마크(Korea Certification mark)와 한국소비자원에서 발행한 안전 기준 확인 마크 및 신고·승인번호가 있으며, 이를 인증 글루라고 한다. 비인증 글루의 경우 공업용 본드 성분인 포름알데히드(Formaldehyde)의 기준치인 0.003%(30ppm, 30mg/L)보다 높게 함유되어 눈이 시리고 붓고 가려우며 눈이 충혈되는 현상이 2~3일 지속될 수 있으며, 이외에도 접촉성 피부염, 각막염, 결막염과 안구 건조증을 유발할 수 있다.

표 5-2 안전 검사 표시

<table>
<tr><th>순번</th><th>분류</th><th>발행기관</th><th>표기</th><th>특징</th></tr>
<tr><td>1</td><td>KC
마크</td><td>국가기술표준원
(Korean Agency
for Technology and
Standards)</td><td></td><td>안전·보건·환경·품질 등의 법정강제인증제도를 단일화한 마크로서, 국민의 생명과 재산을 지키기 위해 법으로 정한 특정 제품을 유통·판매하고자 하면 반드시 제품에 표시되어야 함.</td></tr>
<tr><td>2</td><td>안전 기준
확인 마크</td><td rowspan="2">한국소비자원
(Korea Consumer
Agency)</td><td>안전기준
확인</td><td rowspan="2">유해물질에 관한 시험·검사·연구 등의 업무를 수행하여 체계적으로 위해정보를 수집 평가하고 안전성에 대한 검사를 통해 소비자의 안전과 제도 발전을 도모하기 위해 발급되며, 제품에 표시되어야 함.</td></tr>
<tr><td>3</td><td>신고·승인
번호</td><td>(신고번호 예시)
AA00-00-0000
(승인번호 예시)
1234-5678</td></tr>
</table>

1) 글루(Glue)의 종류

글루는 사용 시 자극이 적고 냄새가 나지 않아야 한다. 제조일로부터 개봉 전 3~6개월 보관이 가능하고, 개봉 후 1개월 사용할 수 있다. 글루는 경화 속도와 아이래쉬 테크니션의 동선, 관리 환경 및 관리 종류 등에 따라 선택할 수 있다. 일반적으로 블랙 컬러로 이루어져 있으며, 컬러 래쉬(Color Lash)와 같이 색상이 있는 가모(False Eyelash)를 부착할 때 투명한 무색의 클리어형 글루(Transparent Type Glue)를 사용한다.

① 글루 : 마일드형(Mild Type)

4~5초 동안 천천히 경화되어 잘못 부착 시 바로 수정할 수 있으므로 연습용으로 사용할 수 있다. 글루의 자극과 냄새에 민감한 고객에게 적합하며, 아이래쉬 익스텐션(Eyelash Extension) 후 유지 기간은 개인에 따라 평균 3주간 지속된다.

② 글루 : 스피드형(Speed Type)

경화속도가 0.3~2초로 빠른 편이다. 접착력 또한 강한 편이므로 가모 부착 후 수정이 어려우므로 숙련된 아이래쉬 테크니션에게 적합하다. 아이래쉬 익스텐션 후 유지 기간은 개인에 따라 평균 6주간 지속된다.

③ 글루 : 클리어형(Transparent Type)

글루를 한 방울 떨어뜨릴 때 처음부터 투명하거나 흰색 또는 분홍색에서 건조 후 투명하게 변하는 형태가 있으며, 가모의 종류 중 컬러 래쉬(Colourful Lash)를 사용할 때 적합하다.

④ 볼륨 래쉬 글루(Volume Lash Glue)

- **핸드메이드 팬 전용 글루**(Handmade Fan Glue)

래쉬 팬(Lash Fan)을 모으고 만들어진 팬을 자연모에 래핑(Wrapping)할 때 사용하는 글루는 점도가 높고 접착력이 강하며, 약 4~5초의 경화 속도를 통해 아이래쉬 테크니션의 기술과 호환되어야 한다.

- **프리메이드 팬 전용 글루**(Premade Fan Glue)

프리메이드 팬의 경우 글루를 묻히는 면적이 넓으므로 글루가 많이 묻기 때문에 옆의 가모나 속눈썹이 달라붙을 수가 있다. 점도가 낮은 글루를 사용하며, 가모 부착 시 3~4초 이내에 경화할 수 있도록 한다.

2) 글루 관리 제품

글루를 보관 시 적합한 온도는 22~26℃이며, 습도는 50~70%로 직사광선을 피하는 것이 좋다. 사용 후에는 글루 노즐을 전용 와이퍼로 깨끗이 닦은 후 뚜껑을 닫아 세워서 보관하며, 개봉 후에는 경화되기 시작하므로 공기와의 접촉을 차단한다.

① 글루 와이퍼(Glue Wiper)

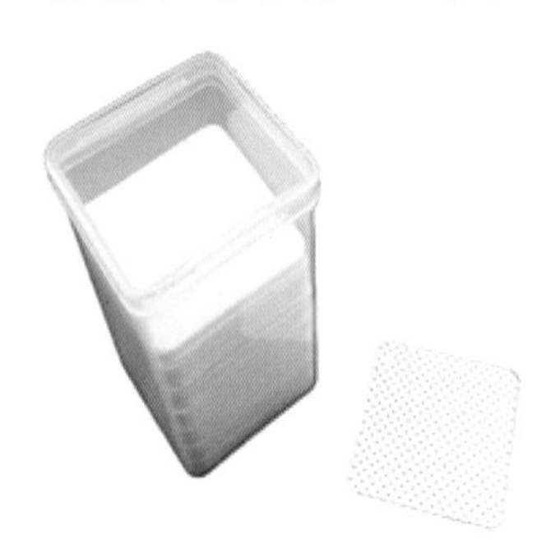

일반 솜과 휴지 등으로 닦을 때 보풀 또는 먼지로 인해 입구가 막힐 수 있으므로 전용 와이퍼를 사용하여 위생적으로 관리한다.

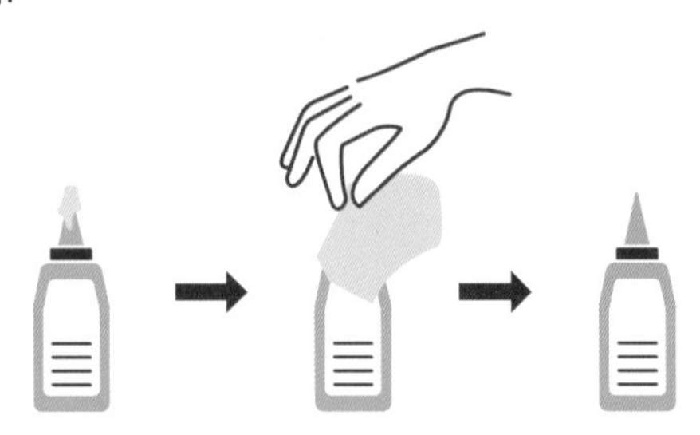

② 글루 노즐(Glue Nozzle)

글루가 흘러 나오는 분출구를 말한다. 한 방울씩 떨어뜨려 양을 조절할 수 있다. 사용 후에는 글루 와이퍼로 닦아 위생적으로 보관하지만 막혔을 경우 교체하도록 한다.

③ 글루 노즐 스토퍼(Glue Nozzle Stopper)

글루 노즐 교체 시 병따개(Bottle Opener)와 같이 사용하여 교환할 수 있다. 다양한 크기의 구멍에 끼운 뒤 지렛대의 원리를 사용하여 글루 노즐을 뽑아낼 수 있다. 또한, 전처리제와 글루 리무버(Glue Remover) 등의 내용물이 쏟아지지 않도록 고정하는 역할을 한다.

④ 글루 핀 (Glue Pin)

글루 사용 후 기포를 빼내지 않았거나 눕혀서 보관하였을 경우 글루 노즐에 맺혀 막혔을 때 뚫기 위해 사용한다.

⑤ 글루 보관함 (Glue Storage Box)

외부 공기를 차단하여 글루의 변질을 막아주고 굳어지는 것을 예방하여 사용 기간을 늘릴 수 있다. 일반적으로 최대 3개까지 보관할 수 있다.

⑥ 글루 셰이커 (Glue Shaker)

글루는 각 성분의 밀도 차에 의해 분리 현상이 생긴다. 글루의 균일한 색상, 성능과 연장 유지력을 위해 사용 시 30회 이상, 2~3분 좌우로 흔들어 사용해야 한다. 글루 셰이커 사용 시 약 10초로 시간을 단축할 수 있다.

⑦ 글루 겔 프레쉬너 (Glue Gel Freshener)

아이래쉬 익스텐션 글루에서 발생하는 포름알데히드 등과 같은 유해물질을 흡착하는 글루 겔 프레쉬너(Glue Gel Freshener)를 사용하여 냄새를 제거하고 눈 시림 증상을 완화할 수 있다.

(6) 글루 리무버(Glue Remover)

글루 리무버(Glue Remover)는 가모(False Eyelash)와 자연모(Natural Eyelash)의 부착 부위의 글루(Glue)를 제거할 때 사용한다. 눈을 감은 후 글루 리무버 제품을 도포하여 약제가 스며들 수 있도록 약 1~3분 정도 방치한 다음 면봉류와 솜 등을 이용하여 깨끗하게 닦아준다. 호일(Hoyle) 또는 랩(Wrap)으로 공기를 차단하면 시간을 단축할 수 있다.

① 글루 리무버 : 액상형(Liquid Type)

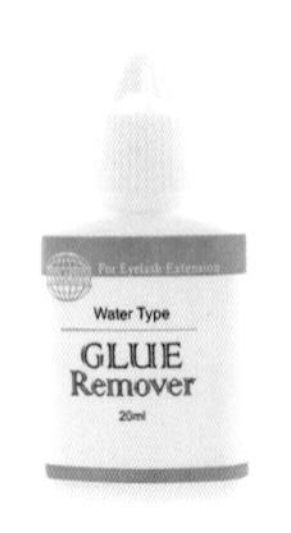

액상 타입의 제거제로 용기에 덜어 면봉에 묻힌 후 가모 부착 부위에 물감을 칠하듯 사용한다. 양이 많거나 잘못 사용하여 흘러내릴 경우 눈으로 들어갈 수 있으므로 주의하여 사용한다.

② 글루 리무버 : 겔형(Gel Type)

튜브형(Tube Type) 또는 펌프형(Pump Type) 용기에 담겨 출시되어 양조절이 용이하며, 위생적으로 사용할 수 있다. 무색 무취의 형태로 쉽게 흘러내리지 않아 눈에 들어갈 염려가 적으며, 초보자가 연습 시 사용하기 적합하다.

③ 글루 리무버 : 크림형(Cream Type)

밀가루 반죽 제형으로 도포 시 글루 제거 부위를 고정할 수 있어 가장 빨리 제거가 가능하다. 튜브형 또는 병형(Jar Type)의 용기에 담겨져 출시되며, 스파츌라 또는 면봉 등으로 덜어서 사용한다.

④ 핀셋 리무버(Tweezers Remover)

핀셋에 글루가 묻었을 때 핀셋을 넣어두면 글루가 녹아 깨끗하게 핀셋 관리를 할 수 있다. 액체에 담긴 스펀지(Sponge)에 핀셋을 꽂은 후 일정 시간 이후 꺼낸 다음 글루 와이퍼로 닦아낸다. 제대로 제거가 되지 않을 경우 리무빙(Removing) 시간을 늘린다.

(7) 글루 파레트(Glue Pallet)

1) 다회용 파레트(Reuse Pallet)

기본형 글루 파레트의 경우 차가운 성질의 옥돌(Gem Stone)과 크리스탈(Crystal)로 만들어진 것을 사용하며, 글루의 온도를 낮추어 경화 속도를 늦출 수 있으므로 초보자에게 적합하다.

① 다회용 파레트 : 옥돌(Gem Stone)

납작한 옥돌 모양으로 옥돌의 무늬와 색상은 사용되는 돌에 따라 다를 수 있다. 옥돌을 냉장 보관 후 사용하면 글루가 응고되는 것을 지연시키는 효과가 높아진다.

> **Tip**
> 사용 후 굳은 글루는 글루 리무버를 묻힌 뒤 5분 후 닦아낸다.

② 다회용 파레트 : 크리스탈(Crystal)

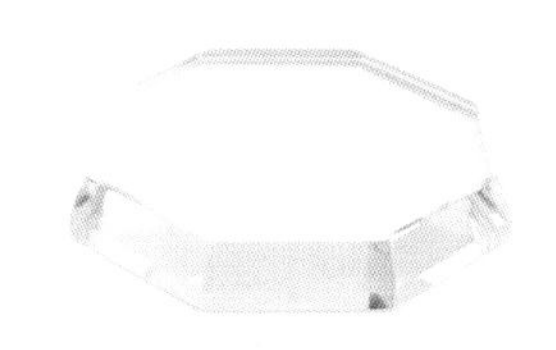

팔각 또는 다각으로 세공된 크리스탈(Crystal)로 만들어졌다. 색이 투명하여 올려놓은 물체의 색상을 쉽고 빠르게 파악할 수 있으며, 무게감이 있어 고정력이 높다.

> **Tip**
> 워터 베이스 컬러(Water Base Color) 또는 오일 베이스 컬러(Oil Base Color) 등에도 사용할 수 있다.

③ 글루 링(Glue Ring)

- 다회용(Reuse)

글루 컵의 부분이 아크릴(Acrylic) 또는 크리스털(Crystal)로 제작되어 있으며, 여러 번 재사용할 수 있다. 다양한 형태에 맞게 조정 가능한 호일(Foil Sheet)을 이용하여 사용 후 폐기하거나, 글루가 묻었을 경우 글루 리무버(Glue Remover)를 사용하여 닦아낸다.

- 일회용(Disposable)

한 칸 또는 두 칸으로 분리되어 있거나, 볼륨 래쉬(Volume Lash) 전용으로 사용하는 블루밍형 등의 글루 링이 있다. 일회용으로 사용 후 즉시 폐기한다. 반지의 링 부분이 열려있어 손가락의 굵기에 상관없이 사용할 수 있다.

2) 글루 컨테이너(Glue Container)

① 글루 컵(Glue Cup)

필요에 따라 글루 파레트(Glue Pallet), 아이래쉬 파레트(Eyelash Pallet) 또는 원하는 곳에 부착하여 사용할 수 있다. 글루 파레트와 글루 시트(Glue Sheet)와 달리 글루가 공기와 접촉하는 면이 적어 마르는 시간을 지연시킬 수 있어 글루 딜레이 컵(Glue Delay Cup)이라고 부른다.

	• **일반형**(Regular) 컵의 형태를 띠고 있으며, 바닥에 양면테이프를 사용하여 원하는 위치에 고정할 수 있다. 소량의 글루를 사용하더라도 빨리 마르지 않는다.
	• **블루밍형**(Blooming) 볼륨 래쉬(Volume Lash)를 위해 팬(Fan)을 제작할 때 사용한다. 가운데 글루를 한 방울 떨어뜨린 후 사용하며, 가모의 뿌리를 V형 홈에 끼워서 볼륨 팬(Volume Fan)을 제작할 수 있다.
	• **듀얼형**(Dual) 양면으로 사용할 수 있어 앞면 4번, 뒷면 2번 총 6번 재사용할 수 있다. 글루 파레트(Glue Pallet) 또는 글루 시트(Glue Sheet)와 달리 글루가 마르는 속도를 지연시켜 절약할 수 있다.
	• **플라워형**(Flower Shaped) 한 칸의 크기가 글루 한 방울의 양에 알맞게 들어가 공기와 닿는 면적이 작아 글루가 마르는 시간을 지연시킬 수 있다. 7회 재사용할 수 있으며, 뒷면에 양면테이프를 부착하여 원하는 곳에 고정시킨 후 사용한다.
	• **물방울형**(Polka Dots) 옥돌 또는 크리스탈 파레트 위에 글루 시트(Glue Sheet)를 대체하여 사용할 수 있다. 가모에 글루를 묻힐 때 물방울 모양의 홈을 통해 매끄럽게 슬라이딩(Sliding)할 수 있어, 작업의 속도를 높일 수 있다.

3) 글루 시트(Glue Sheet)

뒷면의 접착제를 이용하여 글루 파레트 위에 붙일 수 있다. 글루 시트의 코팅된 표면에 떨어뜨린 글루가 맺히게 되어 빨리 마르지 않으며, 사용 후 쉽게 제거 가능하여 글루 파레트를 위생적으로 사용할 수 있다.

① 종이(Paper) 시트

앞면에 코팅 처리가 된 특수 종이 재질로 만들어졌으며, 글루의 경화 속도를 늦출 수 있다. 뒷면의 접착면을 통해 스티커처럼 간편하게 사용할 수 있다. 글루가 묽으면 코팅을 뚫고 종이에 흡수될 수 있으며, 습도가 높을 경우 시트가 말리는 현상이 나타날 수 있다.

② 호일(Foil) 시트

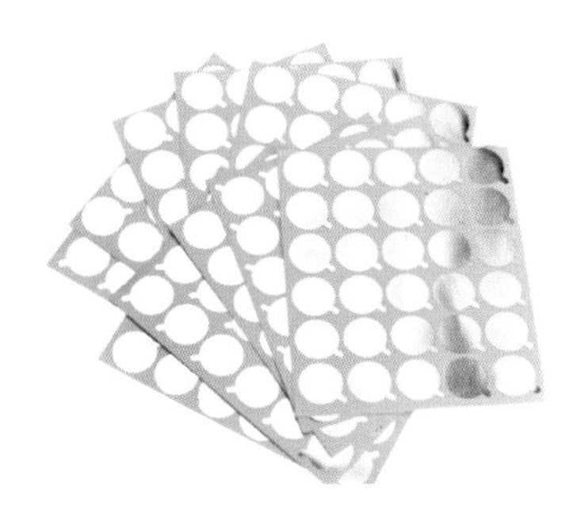

호일 시트 뒷면에는 붙였다 뗄 수 있는 접착 부위가 있으며, 앞면에 미세한 스크래치가 있어 글루가 퍼져서 빨리 건조되는 것을 방지한다. 또한, 사용 후에는 호일 시트의 꼬리 부분을 잡고 제거할 수 있다. 글루 파레트, 글루 컵 또는 글루링 등의 형태에 상관없이 호환 가능하다.

③ 플라스틱(Plastic) 시트

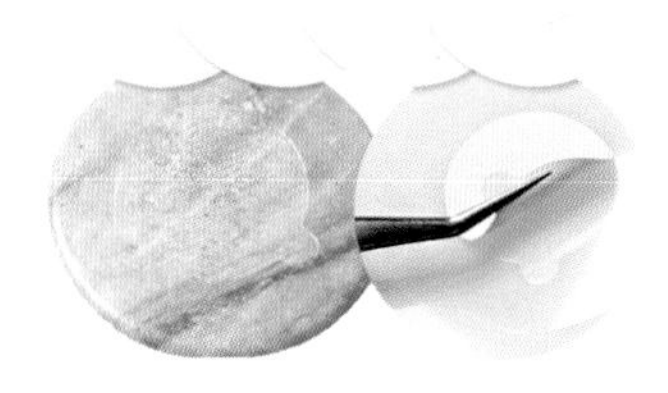

투명 또는 흰색의 플라스틱 시트로 되어 있으며, 형태가 쉽게 변할 수 있는 종이나 호일 시트와 달리 쉽게 찢어지지 않아 옥돌과 크리스탈 파레트를 대체하여 사용할 수 있다. 노란 부분을 떼어 낸 후 작업대 또는 파레트에 부착한다. 글루뿐만 아니라 색소와 젤 등 다양한 제품을 올려서 사용할 수 있다.

(8) 아이래쉬 익스텐션 파레트(Eyelash Extension Pallet)

테이프 시트(Tape Sheet Type)에 가지런히 정리되어 부착된 가모는 전용 케이스에 담겨 있어 사용이 불편하다. 스티커처럼 떼어내어 크리스탈(Crystal), 아크릴(Acryl) 및 실리콘(Silicon)으로 만들어진 아이래쉬 익스텐션 파레트(Eyelash Extension Pallet)에 부착하여 가모를 정확하게 집어낼 수 있다. 벌크형(Bulk Type)의 경우 가모의 가닥이 뭉쳐진 상태로 실리콘형 파레트를 사용하면 가모를 정확하게 집어낼 수 있다.

① 크리스탈 파레트(Crystal Pallet)

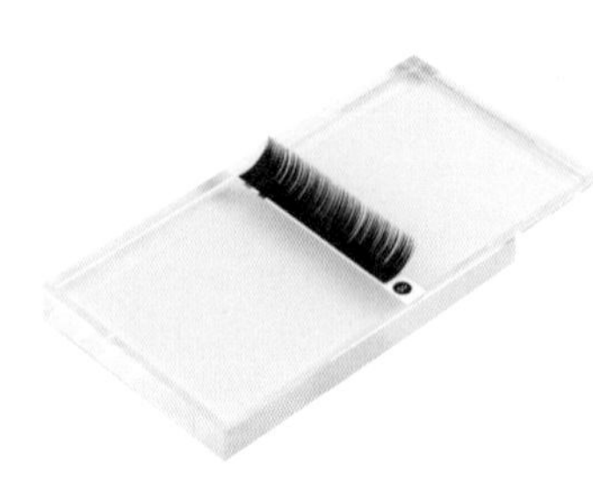

- **스퀘어형(Square Type)**

  테이프 시트형(Tape Sheet Type)의 가모를 부착하여 사용한다. 투명한 소재로 되어 있어 올려둔 가모를 정확하게 구분하여 집어낼 수 있다. 일반적으로 미용사 메이크업 국가자격증 필수 지참 재료로 많이 사용한다.

> **Tip**
>
> 숫자가 표시되어 있는 파레트의 경우 알맞은 길이의 가모를 부착하여 사용하면 헷갈릴 염려 없이 정확한 관리가 가능하다.

- **아치형(Arch Type)**

  가모 부착 시 가모가 펼쳐지며 원하는 가모의 양만큼 떼어내기 쉽다. 특히 위빙 래쉬(Weaving Lash)와 볼륨 래쉬(Volume Lash)를 부착하여 사용한다. 러시안 볼륨 팬을 만드는 경우 모를 뗄 때 편리하다.

② 듀얼형 파레트(Dual Pallet)

가모와 옥돌 또는 글루 컵 등을 동시에 올려두고 사용할 수 있다. 활동 범위를 좁혀주어 관리 시간을 단축할 수 있다.

③ 팔찌형 파레트 (Bracelet Pallet)

가벼운 플라스틱 또는 아크릴로 제작되어 무게가 가벼운 편이다. 팔에 끼우는 부분은 고무와 같이 잘 늘어나는 재질로 되어 있어 누구나 편리하게 사용할 수 있다. 길이가 표시되어 있어 알맞은 길이의 가모를 부착 후 사용할 수 있다.

④ 반지형 파레트 (Ring Pallet)

손가락에 끼우는 부분은 양옆으로 쉽게 벌릴 수 있어 누구나 편리하게 사용할 수 있다. 아이래쉬 익스텐션 시 필요한 가모를 선별하여 부착할 수 있을 뿐만 아니라, 동시에 글루를 떨어뜨려 사용할 수 있다.

⑤ 실리콘 파레트 (Silicon Pallet)

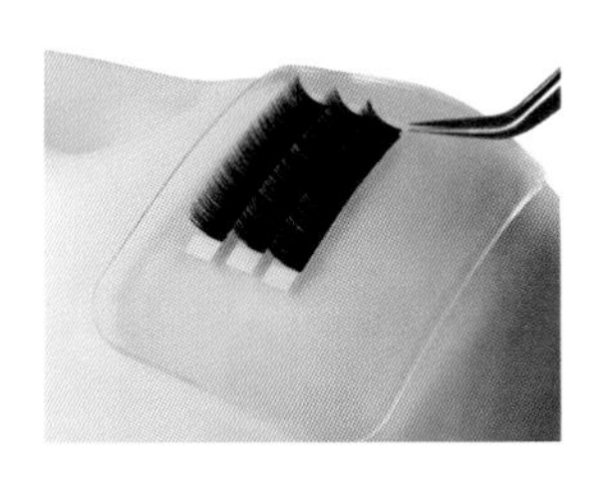

• **기본형** (Basic Type)

직사각형과 원형 모양의 실리콘 소재로 만들어져 있다. 가모를 정확하게 집어낼 수 있도록 실리콘 파레트의 표면에 가모를 올려둔다. 양쪽의 보호 커버를 제거하면 고객의 이마와 어깨에 두고 사용할 수 있다. 물과 비누로 씻으면 재사용할 수 있다.

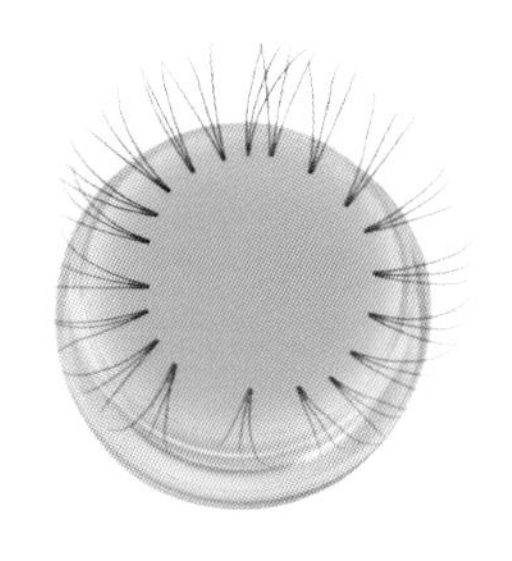

• **스탠드형** (Stand Type)

가모를 잡아내기 위한 용도로 사용하기 위해 플라스틱 용기에 담겨 있는 실리콘 보드를 아이래쉬 홀더 보드(Eyelash Holder Board)라고 부른다. 특히, 벌크형 가모를 손상 없이 집어낼 때 사용하며 더 쉽게 집을 수 있도록 도와준다.

⑥ 이마 패드 (Eyelash mat scarf)

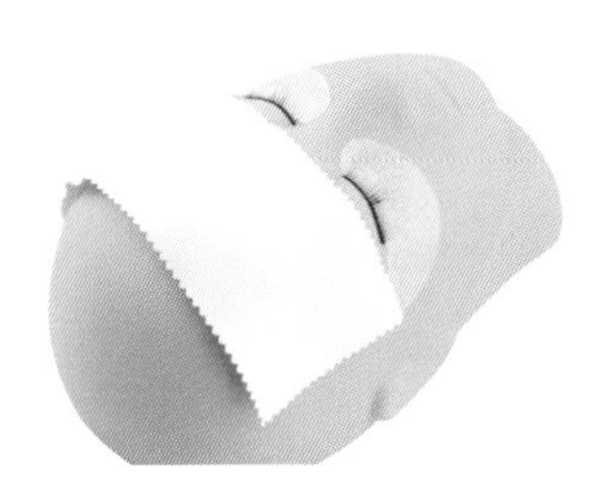

고급 부직포 소재로 이루어졌으며, 아이래시 테크니션의 손, 실리콘 파레트 및 글루 시트 등을 고객의 이마 위에 두고 사용할 때 느낄 수 있는 불편함을 최소화할 수 있다.

(9) 위생 용품(Hygiene Products)

① 면봉 : 일반형(General Type)

종이 또는 나무로 된 막대의 양 끝에 솜을 말아 붙인 것으로 아이래쉬 익스텐션 전 메이크업 잔여물과 이물질을 제거할 때 사용한다.

② 면봉 : 이쑤시개형(Toothpick Type)

나무로 된 막대의 한쪽 끝에 솜을 얇게 말아 붙인 것으로 보풀이 일어나지 않으며, 일반적으로 가모를 제거할 때 사용한다.

③ 면봉 : 마이크로 브러쉬(Micro Brush)

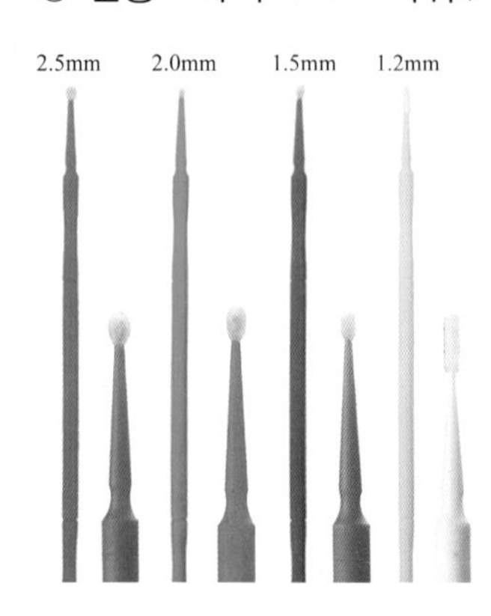

플라스틱으로 된 막대의 한쪽 끝에 붙은 미세한 섬유(Fiber)가 일반 면봉보다 크기가 작아 섬세한 작업이 가능하며, 끝을 구부릴 수 있어 필요에 따라 각도를 조절할 수 있다. 아이래쉬 익스텐션 시 전처리제와 리무버 도포 시 고객의 눈 또는 눈썹뼈가 돌출되어 정확한 작업이 어려울 경우 사용한다.

④ 면봉 : 립 팁 브러쉬(Lip Tip Brush)

일반 마이크로 브러쉬에 비해 붙어있는 섬유의 굵기가 두꺼운 편이다. 립 메이크업(Lip Makeup) 시 사용하며, 제품 흡수 후 토출량이 높은 편으로 아이래쉬 익스텐션 전처리제와 리무버를 도포할 때 사용한다.

⑤ 화장솜(Cotton Pad)

미용 관리를 위해 다양하게 사용되며, 물에 적신 후 짜내어 젖은 솜으로 사용하면 제품을 절약할 수 있다. 먼지와 같은 이물질을 간단하게 제거할 때 사용한다.

⑥ 거즈(Petroleum Gauze)

멸균 후 포장하여 소독 없이 바로 사용할 수 있다. 상처 치료 시 환부를 감싸는 것 뿐만 아니라 화장을 지우거나 이물질 등을 닦아낼 때 사용할 수 있다. 또한, 피부 관리실에서 마스크(Mask)나 팩(Pack)을 사용하여 피부 관리를 할 때, 네일 관리 시 손톱에 남아있는 유·수분을 제거할 때와 같이 미용 관리 시 광범위하게 사용할 수 있다.

⑦ 물티슈(Wet Tissue)

손이나 얼굴을 간편히 닦아낼 수 있으며, 필요에 따라 다양하게 활용할 수 있다.

(10) 아이래쉬 익스텐션 브러쉬(Eyelash Extension Brush)

① 메이크업 스크류 브러쉬(Make-up Screw Brush)

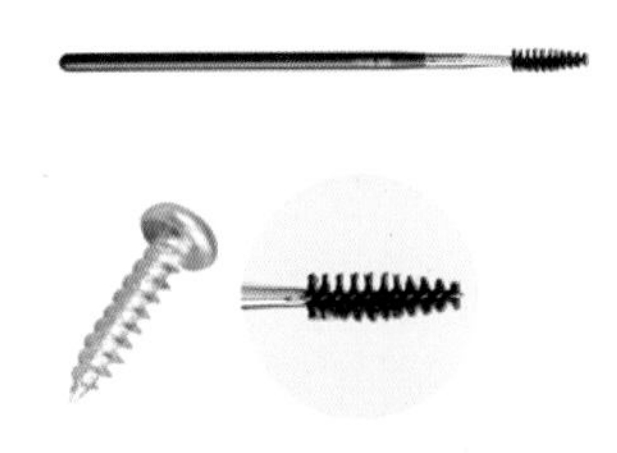

나사(Screw)의 스파이럴(Spiral) 형태를 한 메이크업 브러쉬의 한 종류로서, 아이브로우 메이크업(Eyebrow Make up) 시 아이브로우의 결을 정리하기 위해 사용한다. 아이래쉬 익스텐션 시 서로 엉킨 모발을 풀어주어 결을 정돈하기 위해 사용하며, 깨끗하게 세척 후 소독하여 재사용할 수 있다. 연습 시 사용하기 적합하다.

② 일회용 스크류 브러쉬(Disposable Screw Brush)

플라스틱(Plastic) 또는 실리콘(Silicon)의 소재로 만들어졌으며, 최근 다양한 형태로 출시되고 있다. 아이래쉬 익스텐션 후 엉킨 모발을 풀어주고 결을 정리하여 완성도를 높이기 위해 사용하고 사용 후 폐기한다. 감염을 예방하기 위해 고객마다 새것을 사용한다. 홈케어 시 사용할 수 있도록 고객에게 제공한다.

③ 스크류 브러쉬 튜브(Screw Brush Tube)

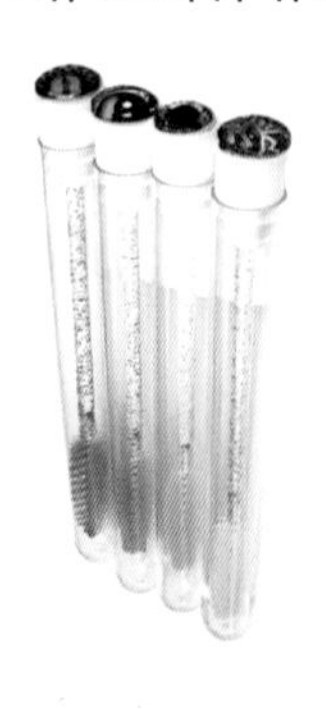

일회용 스크류 브러쉬를 위생적으로 보관할 수 있으며, 뚜껑에 연결된 일회용 스크류 브러쉬를 교체하면 재사용할 수 있다.

> **Tip**
>
> 고객에게 일회용 스크류 브러쉬를 튜브에 넣어서 제공하면 홈케어 시 사용 후 위생적으로 보관할 수 있다.

④ 브로우 콤 브러쉬(Brow Comb Brush)

빗과 솔을 함께 사용할 수 있는 브러쉬이며, 아이브로우 메이크업(Eyebrow Make-up) 시 눈썹을 가지런히 정리하여 다듬을 때 사용하며, 아이래쉬 익스텐션 전·후에도 적용할 수 있다.

(11) 홈케어 (Home Care)

① 속눈썹 영양제 (Eyelash Extension Tonic)

아이래쉬 익스텐션을 주기적으로 받는 고객의 경우 속눈썹의 탈락으로 인해 다시 자라나는 모발이 발생하므로 영양을 공급하여 성장을 돕는다.

② 아이래쉬 에센스 (Eyelash Esense)

에센스(Esense), 세럼(Serum)과 앰플(Ampoule)의 다양한 형태로 출시되고 있으며, 기능성 성분이 고농축되어 있어 모근과 모발을 강화시켜 준다. 속눈썹에 편리하게 사용하도록 브러쉬 및 원형 솜이 내장되어 있다.

(12) 가모 (False Eyelash)

1) 가모의 보관 방법

① 벌크형 (Bulk Lash)

벌크(Bulk)란 선박에서 다발 짓지 않고 흩어진 채로 막 쌓은 화물을 뜻한다. 즉, 가모(False Eyelash)의 가닥이 정리되지 않고 뭉쳐진 상태를 벌크 래쉬(Bulk Lash) 또는 루스 래쉬(Loose Lash)라고 한다. 비닐(Vinyl), 병(Jar) 또는 플라스틱 케이스(Plastic Case)에 담아 판매되었다. 과거에 성행하였으며, 가격이 상대적으로 저렴하다. 최근에는 볼륨 래시(Vloume Lash)도 함께 출시되고 있다.

> Tip
>
> 실리콘 패드에 올려놓고 사용하면 핀셋으로 잡았을 때 한 올씩 편리하게 집을 수 있다.

② 테이프 시트형 (Tape Sheet Lash)

스티커처럼 떼어낼 수 있어 스티커 스트립(Sticker Strip)이라고도 한다. 스트립 뒷면의 접착제를 통해 트레이(Tray)에 고정되어 있으며, 잔여물 없이 쉽게 분리할 수 있다. 앞면의 접착제의 경우 가모를 떼어 낼 때 서로 달라붙지 않도록 묻어나지 않아야 한다.

2) 가모 원사의 종류

① 합성 섬유 (Synthetic Fiber)

가모(False Eyelash)는 합성 섬유인 PVC(폴리염화비닐, Polyvinyl chloride), PET(폴리에틸렌 테레프탈레이트, Polyethylene terephthalate)와 PBT(폴리부틸렌 테레프탈레이트, Polybutylene terephthalate) 등을 사용하여 만들어진다. 특히 PBT의 경우 탄력이 좋고 부드러운 소재로 고급스러운 느낌을 줄 수 있다. 가모가 변형되지 않도록 직사광선을 피해 서늘한 곳에 보관한다.

표 5-3 합성 섬유로 만든 가모의 종류

번호	종류	특징
1	인조모 (Artificial Lash)	가공 시 열처리를 많이 하여 부자연스러우며, 무겁고 컬이 일정하지 못하여 연습용으로 많이 사용한다.
2	실크모 (Silk Lash)	실크 원사(누에)가 아닌 열처리 가공으로 광택이 있으며, 합성 섬유로 만들어진 가모 중 컬의 유지력이 좋다. 일반 래쉬에 비해 자연스럽고 탄력이 높다. 자외선에 의한 변색이 발생할 수 있으며 벨벳모와 천연모보다는 뻣뻣하다.
3	벨벳모 (Velvet Lash)	기존의 실크모보다 가볍고 이물감이 적어 눈의 피로감과 껄끄러움이 적다. 추가공정을 통해 가모의 끝부분이 날카롭게 가늘어져 자연모와 비슷하게 연출할 수 있다.
4	인조 밍크모 (Faux mink Lash)	동물의 털과 같은 질감으로 밍크모(Mink Lash)라고 부른다. 일부 업계에서 천연 밍크모(Real Mink Lash)와 혼동을 막기 위해 인조 밍크모(Faux mink Lash) 또는 내츄럴(Natural), 고급(Premium) 인조 밍크모라고 부르며, 자연스러운 이미지를 원하는 고객에게 적합하다.
5	소프트모 (Soft Lash)	무겁고 둔한 일반 래쉬의 단점을 보완하여 인모처럼 무게가 가벼우며 자연모와 밀착되어 눈에 이질감을 주지 않는다.

번호	종류	특징
6	플랫모 (Flat Lash)	둥근 모양의 일반 원사와 달리 과거 가모의 단면이 직사각형과 같이 납작하기만 했던 형태에서 최근 자연모와의 접착 면적을 넓히기 위해 땅콩 형태를 이루고 있어 땅콩모(Peanut Lash)라고도 한다. 끝부분이 2가닥으로 갈라져 더욱 풍성하게 연출 가능하다.

② 천연모(Natural lash)

합성 섬유를 원료로 한 가모보다 가벼우며, 자연스러운 연출이 가능하다. 자연모의 큐티클(Cuticle)과 비슷하게 구성된 천연모의 큐티클(Cuticle)이 접착제의 유지력을 증가시켜 지속력이 높아진다. 인조모와 비교했을 때 가모의 길이, 굵기와 컬이 일정하지 않아 자연스러운 눈매 연출이 가능하며, 특성상 JC와 C컬의 구분이 명확하지 않다.

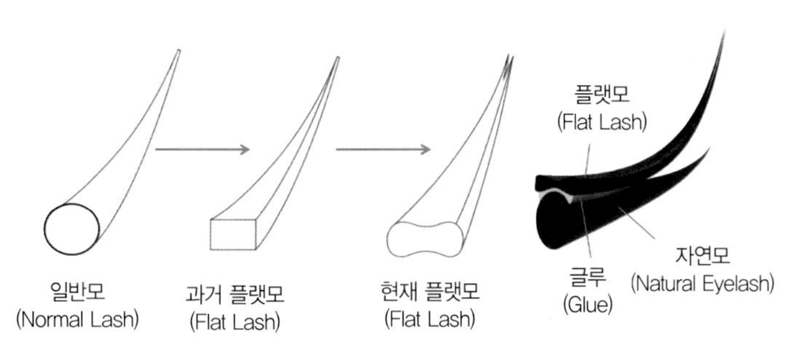

그림 5-3 원사 모양의 변화

표 5-4 천연모의 종류

번호	분류	특징
1	천연 밍크모 (Real Mink Lash)	천연의 동물인 밍크, 돼지와 토끼 등의 털을 이용하며 속눈썹의 각질층인 큐티클 구조가 존재하여 밀착력이 뛰어나 유지력이 좋다. 자연스럽고 부드러운 촉감에 중점을 두어 유사하다. 열처리가 적게 이루어져 뜨거운 곳에 가면 컬이 적어진다. 실크모와 비교했을 때 컬이 완벽하지 않으며, 굵기가 다양하다.
2	케라틴모 (Keratin Lash)	사람의 머리카락을 가공하여 만들어져 속눈썹과 같은 큐티클 구조로 되어있으며, 광택이 없다. 유지력이 길고 자연스럽다. 가볍고 부드러워 속눈썹이 얇거나 손상되어 있을 때 추천한다. 컬이 완벽하지 못하고 굵기가 다양하다.

3) 가모의 형태별 분류

① 굵기(Thickness)에 따른 분류

가모의 굵기는 자연모에 가까울수록 자연스러운 이미지를 연출할 수 있지만, 굵을수록 속눈썹이 전반적으로 두꺼워지게 되어 무게가 무거워지고 이물감을 느끼게 된다. 그러므로 적당한 굵기의 가모를 사용하여 연장한다.

표 5-5 가모의 굵기 비교

0.03	0.05	0.06	0.07	0.10	0.12	0.15	0.18	0.20	0.25	0.30

② 컬(Curl)과 길이(Length)에 따른 분류

컬(Curl)을 분류하는 영문의 표기는 가모가 가지는 곡선의 모양과 유사하므로 속눈썹의 컬링 정도를 쉽게 이해할 수 있다. 자연모가 직모일 경우 자연스러운 연출을 위해 J컬을 선호하며 또렷한 눈매를 원할 경우 C컬을 사용하여 세련된 이미지를 연출한다. 그 이상의 컬의 경우 더욱 화려하고 글래머러스한 룩을 연출할 수 있다.

길이(Length)의 경우 일반적으로 3~7mm는 아래 속눈썹에 연장하여 그윽한 눈매를 표현할 수 있다. 8~10mm 속눈썹은 앞쪽과 뒤쪽에 짧게 연장할 때 사용하며, 11~13mm 속눈썹 중간 부분에 부착하여 부채꼴 모양의 속눈썹을 연출할 때 사용한다.

미용사 메이크업 국가자격증 실기 제4과제의 세부과제인 속눈썹 익스텐션을 수행할 수 있다. 14~16mm을 사용하여 눈을 더욱 강조할 수 있으며, 그 이상의 길이는 무대공연 시 화려한 연출을 위해 사용할 수 있다.

Thickness 0.25mn

	5mm	6mm	7mm	8mm	9mm	10mm	11mm	12mm	13mm	14mm	15mm	16mm	17mm	18mm
J														
B														
C														
D														
L														
L+														
U														

그림 5-4 컬(Curl)과 길이(Length)에 따른 분류

4) 용도에 따른 분류

① 컬러 래쉬(Color Lashes)

• 원 컬러 래쉬(One Color Lash)

단 하나의 색상으로만 이루어져 있으며, 다채로운 색상의 아이섀도와 아이라이너에 어우러질 수 있도록 적합한 색상을 선택하여 연출할 수 있다. 마치 컬러 마스카라(Color Mascara)를 사용한 것처럼 보인다.

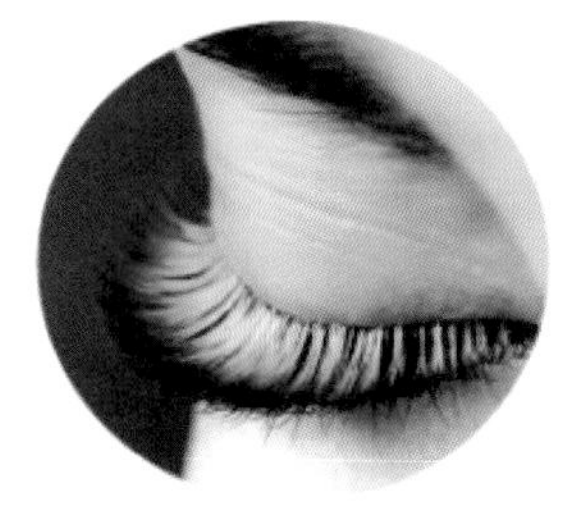

• 그라데이션 컬러 래쉬(Gradation Color Lash)

그라데이션(Gradation)이란 같은 색상 또는 다른 두 가지의 색상이 가모의 뿌리부터 끝부분까지 점점 어두워지거나 밝아지는 것을 말하며, 색상의 단계적 차이에 따른 변화를 접목시킨 래쉬이다.

• 옴버 컬러 래쉬(Ombre Color Lash)

옴버(Ombre)란 프랑스어로 그늘과 그림자를 뜻한다. 네이프 포인트(N.P, Nape Point)로 갈수록 색상이 밝아지는 것을 옴버 헤어(Ombre Hair)라고 하며, 옴버 래쉬란 가모의 뿌리보다 끝부분의 색상이 점점 밝아지는 것을 말한다. 모두 검은 바탕으로 이루어져 검정 색상의 글루를 사용한다.

	• 뉴트럴 래쉬(Neutral Lash) 자연스러워 보이는 방식으로 눈을 강조하기 위해 갈색 속눈썹을 선택한다. 라이트 브라운(Light Brown), 다크 브라운(Dark Brown), 블랙 브라운(Black Brown)과 골든 브라운(Golden Brown) 등이 있다. 밝은 피부에 잘 어울리며, 세련된 이미지를 연출할 수 있다.
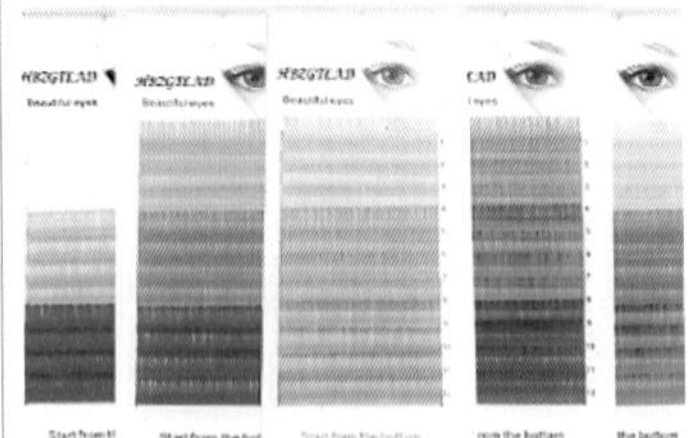	• 멀티 컬러 래쉬(Multi Color Lash) 원 컬러 및 뉴트럴, 옴버와 그라데이션 컬러 래쉬 등의 일부 래쉬가 몇 개의 레이어(Layer)로 이루어져 다양한 이미지를 연출할 수 있다.
	• 믹스 컬러 래쉬(Mixed Color Lash) 다양한 색상을 규칙적 또는 불규칙한 순서로 하나씩 번갈아 가며 하나의 레이어를 이루고 있다.

② 스파클링 래쉬(Sparkling Lashes)

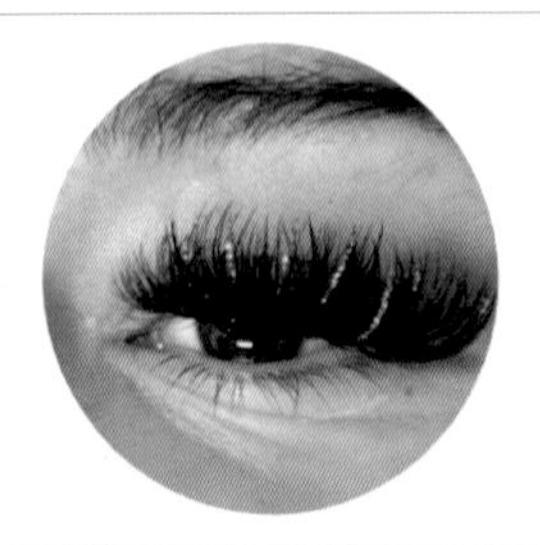	• 글리터 래쉬(Glitter Lash) 가모에 묻어 있는 반짝이는 글리터(Glitter)가 톡톡 튀는 스파클링(Sparkling) 효과를 주어 아이래쉬 익스텐션 디자인 시 포인트가 된다. 하이라이트 컬러(Highlight Color)로 사용할 수 있다.
	• 쥬얼 래쉬(Jewel Lash) 큐빅 래쉬(Cubic Lash) 또는 다이아몬드 래쉬(Diamond Lash)라고 불린다. 가모 한 가닥에 큐빅이 하나씩 붙어있다.

③ 위빙 래쉬(Weaving Lash)

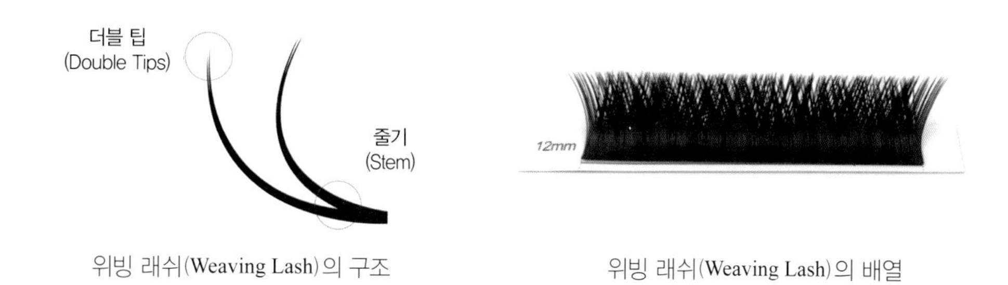

위빙 래쉬(Weaving Lash)의 구조 　　 위빙 래쉬(Weaving Lash)의 배열

그림 5-5　위빙 래쉬(Weaving Lash)

2개 이상의 플랫모(Flast Lash)의 뿌리 부분을 직물을 짜듯이 엮어낸 것을 위빙 래쉬(Weaving Lash)라고 하며, V-래쉬(V Shaped Lash), Y-래쉬(Y Shaped Lash)와 W-래쉬(W Shaped Lash) 등이 있다. 아이래쉬 익스텐션 시 볼륨감 있는 눈매로 연출할 수 있다.

표 5-6　위빙 래쉬(Weaving Lash)의 종류

번호	분류	형태	직조 길이	가모의 갯수
1	V 래쉬 (V Shaped Lash)		2mm	2개
2	Y 래쉬 (Y Shaped Lash)		2mm 이상	2개
3	W 래쉬 (W Shaped Lash)		2mm 이상	3개

④ 볼륨 래쉬(Volume Lash)

볼륨 래쉬(Volume Lash)는 러시안 볼륨(Russian Vloume), 3D볼륨과 6D볼륨 등이 있다. 0.03~0.10mm의 두께의 가모를 사용하여 2~16가닥으로 래쉬 팬(Lash Fan)을 만들어 자연모에 부착한다. 가늘고 숱이 적은 자연모를 가진 사람에게 적합하다.

표 5-7 볼륨 래쉬(Volume Lash)와 메가 볼륨(Mega Volume Lash) 비교

번호	구분	볼륨 래쉬(Volume Lash)	메가 볼륨 래쉬(Mega Volume Lash)
1	형태		
2	두께	0.07~0.10mm	0.03mm~0.05mm
3	갯수	2~5개	6~16개

• 프리메이드 팬(Premade Fan)

프리메이드 팬(Premade Fan)은 글루(Glue)를 사용하여 볼륨 팬(Volume Fans)을 만들 때 글루로 인해 작은 덩어리를 만들 수 있으며, 매끄럽게 부착하기 어렵고 무게가 무거워진다. 최근 열을 사용하여 접착한 볼륨 팬의 경우 열을 사용하여 뿌리 부분이 고정되어 가볍고 접착제의 양 조절이 가능하다. 핸드메이드 팬(Handmade Fan)보다 쉽게 떨어질 수 있다. 아이래쉬 익스텐션 시간을 단축시킬 수 있다.

표 5-8 줄기(Stem)에 따른 테이프 시트(Tape Sheet) 부착 부위 비교

번호	테이프 시트(Tape Sheet)	줄기(Stem)	볼륨 팬(Volume Fans)의 부착 위치
1	볼륨 팬의 줄기 부분에 부착	있음	
2	볼륨 팬의 중앙 또는 하단에 부착	없음	

• 핸드메이드 팬(Handmade Fan)

표 5-9 핸드메이드 팬(Handmade Fans) 만드는 방법

번호	명칭	방법	설명
1	기본 (Basic Skill)		핀셋을 사용하여 일정량의 가모를 뜯어내어 스트립에 옮겨 부착한 후 굴려서 만듦. 이 제작 방법을 해외에서는 'Lonely Fan'이라고 부름.
2	핀칭 (Pinching)		일정량의 가모를 뜯어내어 손가락으로 가모의 뿌리 부분을 꼬집어 만듦.
3	굴리기 (Rolling)		스트립에 부착된 가모를 떼어 내지 않고 핀셋으로 원하는 만큼 굴려 만듦.

핸드메이드 팬을 만들 때 사용하는 이지 패닝 래쉬(Easy Fanning Lash)는 원하는 양의 가모를 핀셋을 사용하여 쉽게 볼륨 팬을 생성할 수 있다. 핀셋의 끝에 최소한의 힘을 가하여 가모를 부채꼴 형태로 펼칠 때 가모가 뭉치거나 빠지지 않는다. 특수한 접착물질로 인해 테이프 시트에서 떼어낼 때 서로 분리되지 않는다.

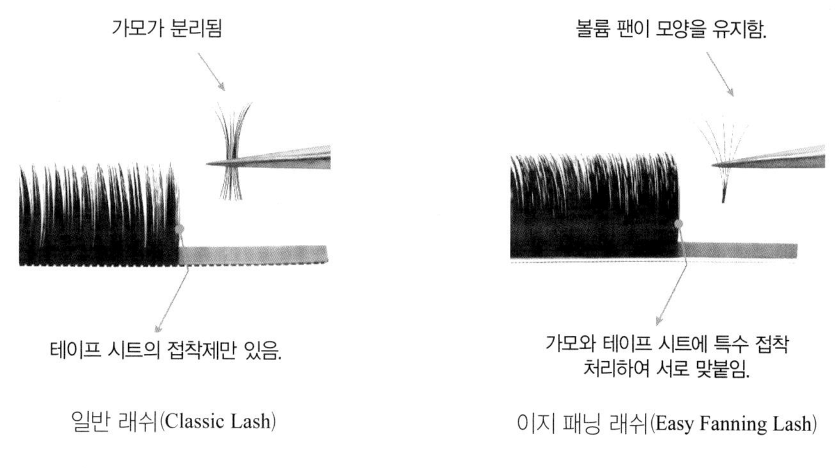

그림 5-6 일반 래쉬(Classic Lash)와 이지 패닝 래쉬(Easy Fanning Lash) 비교

5) 연습용 가속눈썹 (Practice Strip Eyelash)

① 유누꼬 UN14W (UNUCO UN14W)

유누꼬 UN14W는 길이가 6mm 이하로 미용사 메이크업 국가자격증 실기의 필수지참 재료로 많이 사용한다. 모의 두께가 다른 연습용 가속눈썹보다 두꺼운 편으로 초보자의 연습을 위해 사용하기 적합하다.

② 유누꼬 UN14 (UNUCO UN14)

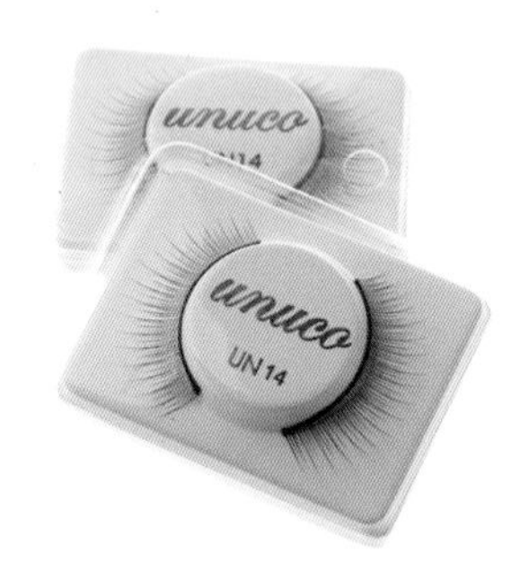

유누꼬 UN14는 길이가 6~14mm로 다양하게 구성되어 있다. 미용사 메이크업 국가자격증 실기의 연습용 속눈썹으로 사용 시 길이를 6mm로 맞춘 후 잘라서 사용한다.

③ 유누꼬 UN14W 5쌍

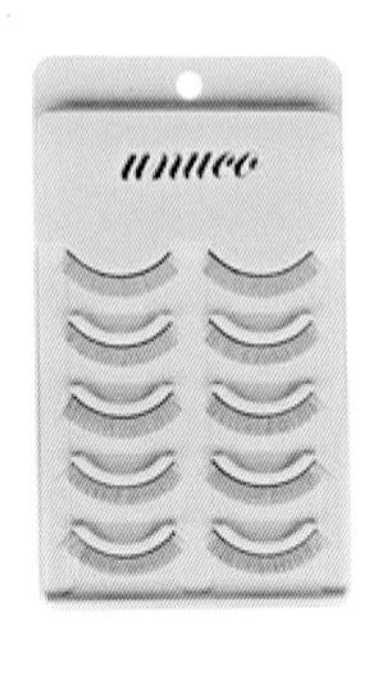

유누꼬 UN14W가 10개 총 5쌍으로 낱개로 판매되는 것보다 저렴하다. 미용사 메이크업 국가자격증 실기 연습 시 많이 사용한다.

④ 일자형 가속눈썹 (Straight Strip Eyelash)

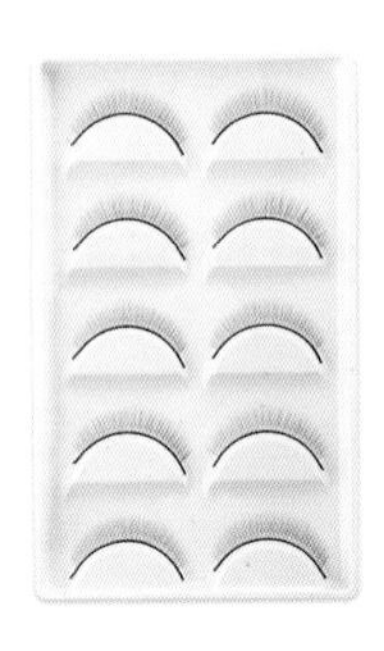

사람의 속눈썹에 가까운 일자형 속눈썹으로 제작되어 자연모에 부착하듯 실전처럼 연습할 수 있다. 별도의 접착제가 묻어 있어 탈부착이 쉽다.

(13) 마네킹 헤드(Mannequin Head)

정확한 아이래쉬 익스텐션 서비스(Eyelash Extension Service)를 제공하기 위해 마네킹의 눈매에 따라 연습용 가속눈썹(Practice Strip Eyelash)을 부착한 후 가모(False Eyelash)를 붙여 연습할 수 있다.

① 일반형(Basic Type)

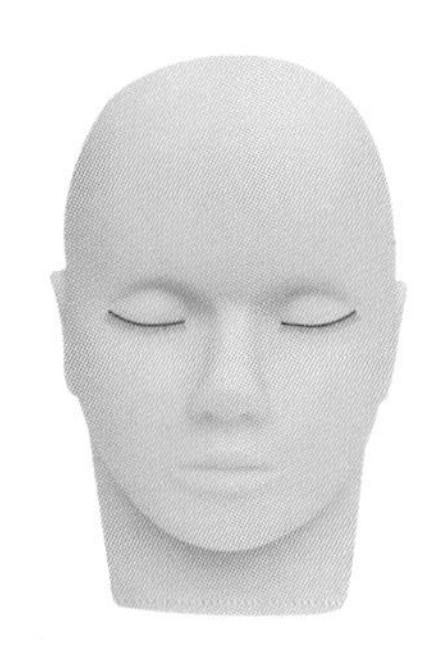

메이크업(Make-up) 연습 시 사용하며, 미용 마네킹(Beauty Mannequin)으로 불린다. 일반적으로 미용사(메이크업) 국가자격증 제 4과제 속눈썹 익스텐션 시 사용한다. 마네킹의 눈매에 따라 연습용 가속눈썹(Practice Strip Eyelash)을 붙인 후 가모 부착 연습을 할 수 있다.

② 눈꺼풀 교체용(Replacing Eyelids Type)

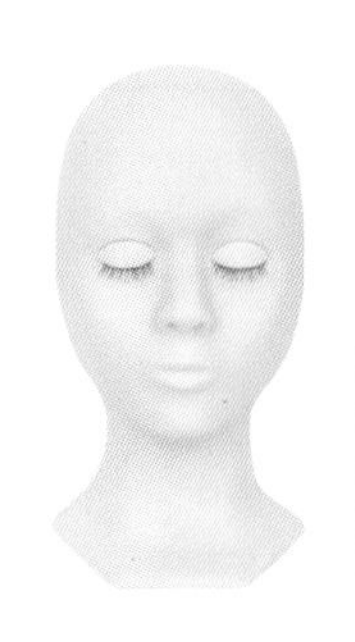

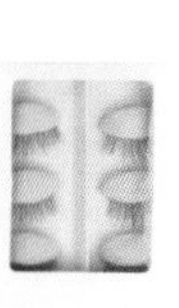

사람의 눈꺼풀과 흡사한 형태로 만들어졌으며, 자연모에 부착하는 것과 같이 연습할 수 있다. 실리콘(Sillicon)으로 만들어진 인조 눈꺼풀의 끝에 연습용 가속눈썹이 연결되어 있으며, 가모 부착이 끝난 후 교체하여 사용할 수 있다.

Chapter 6

아이래쉬 익스텐션 기초 준비

1. 눈매의 기준점

1. 도식화

① 도식의 정의 : 사물의 구조, 관계 및 변화 상태 따위를 일정한 양식으로 나타낸 그림 또는 양식을 말한다.

② 속눈썹 도식화 : 속눈썹의 가이드라인을 구분하여 붙일 수 있도록 그림으로 형상화한 것이며, 속눈썹 관리 시 가장 먼저 중앙(Top), 앞(In), 뒤(Out)의 기준을 잡는다. 이때 중심은 90° 직각이 되도록 붙인다.

2. 속눈썹 디자인 프로포션(Eyelash Design Proportion)

(1) 눈과 눈매 균형도

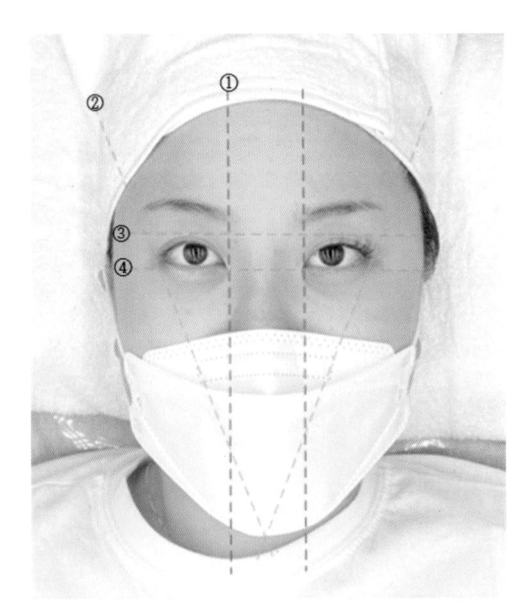

그림 6-1 눈과 눈매 균형도

(2) 눈 크기와 눈매 파악하기

① 입꼬리와 눈의 끝점, 눈썹의 꼬리 부분을 일직선으로 연결한다.

② 눈꼬리와 눈썹의 꼬리, 코와 입술 끝을 따라 일직선으로 연결한다.

③ 양쪽 눈꺼풀 라인을 따라 일직선으로 연결한다.

④ 양쪽 눈의 언더라인을 따라 일직선으로 연결한다.

> **Point**
>
> 눈매 교정 시 양쪽 눈의 밸런스 조정이 필요한 경우 반드시 눈매와 눈 크기를 파악해야 한다.

(3) 눈매의 기준점 (Point of eyes)

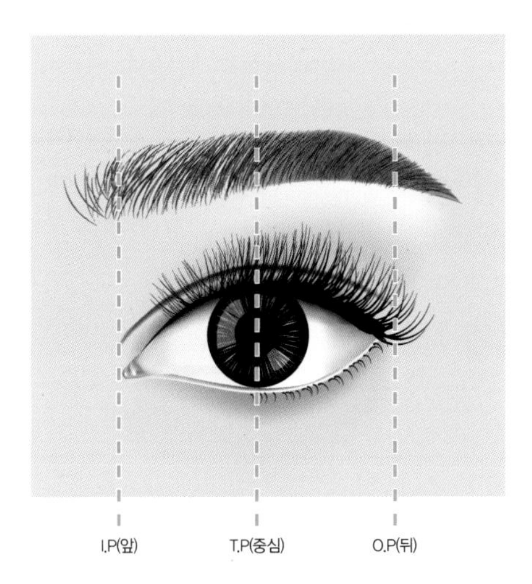

① 눈매의 기준점(Point of Eyes)

- I.P (In line Point) : 눈 앞머리 시작점
- T.P (Top line Point) : 눈의 중간 점
- O.P (Out line Point) : 눈의 끝점(눈꼬리 부분)

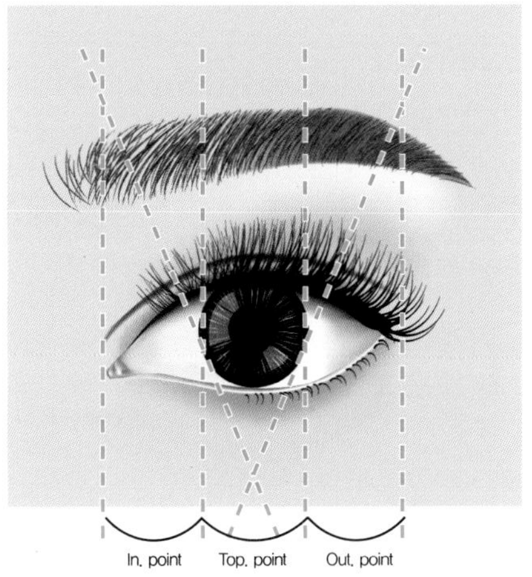

② 눈매의 3등분

속눈썹 연장의 시작 단계에서 눈매의 기준점을 잡을 때 눈매를 3등분으로 나눈 상태로 기준점을 잡는다. 속눈썹 디자인을 선택할 때 눈매를 3등분으로 나누고 눈매에 맞게 디자인을 연출한다.

(4) 눈매의 기준점 잡기

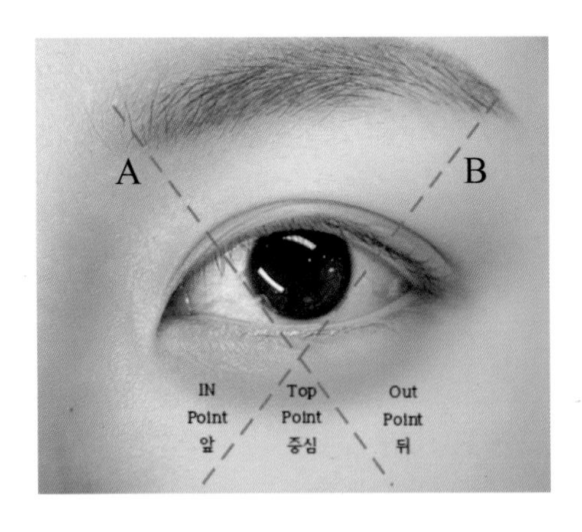

① 눈동자로 중심점 잡기

눈동자를 중심으로 나누어 눈매의 기준점을 잡기 위한 디자인의 중심점을 잡는다.

- 눈동자를 중심으로 눈썹 앞머리 부분과 눈꼬리 부분을 사선으로 나눠 준다.
- 눈동자를 중심으로 눈썹의 꼬리 부분과 눈 앞머리 부분을 사선으로 나눠 준다.

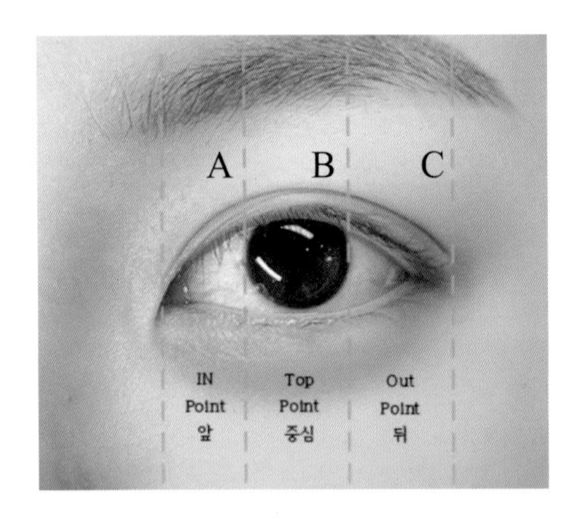

② 눈매의 3등분-1

눈동자를 중심으로 눈 앞머리 부분과 눈의 중간과 눈꼬리를 3등분한다.

- I.P (In line Point) : 눈 앞머리 시작점
- T.P (Top line Point) : 눈의 중간 점
- O.P (Out line Point) : 눈의 끝점(눈꼬리 부분)

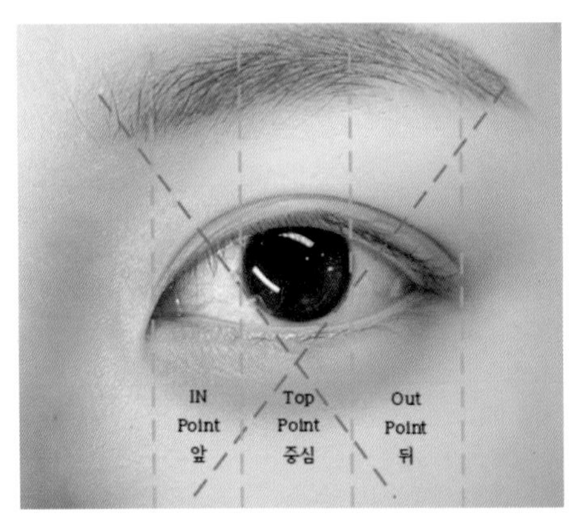

③ 눈매의 3등분-2

속눈썹 디자인 선택 시 눈매를 3등분으로 나눈 뒤 눈매에 맞게 디자인을 연출한다.

- 눈동자를 중심으로 X자 형태의 교차 지점을 나눈다.
- 눈동자를 중심으로 눈매를 3등분한다.
- 눈매를 3등분으로 나눈 상태로 기준점을 잡는다.

(5) 눈썹 산의 위치 파악하기

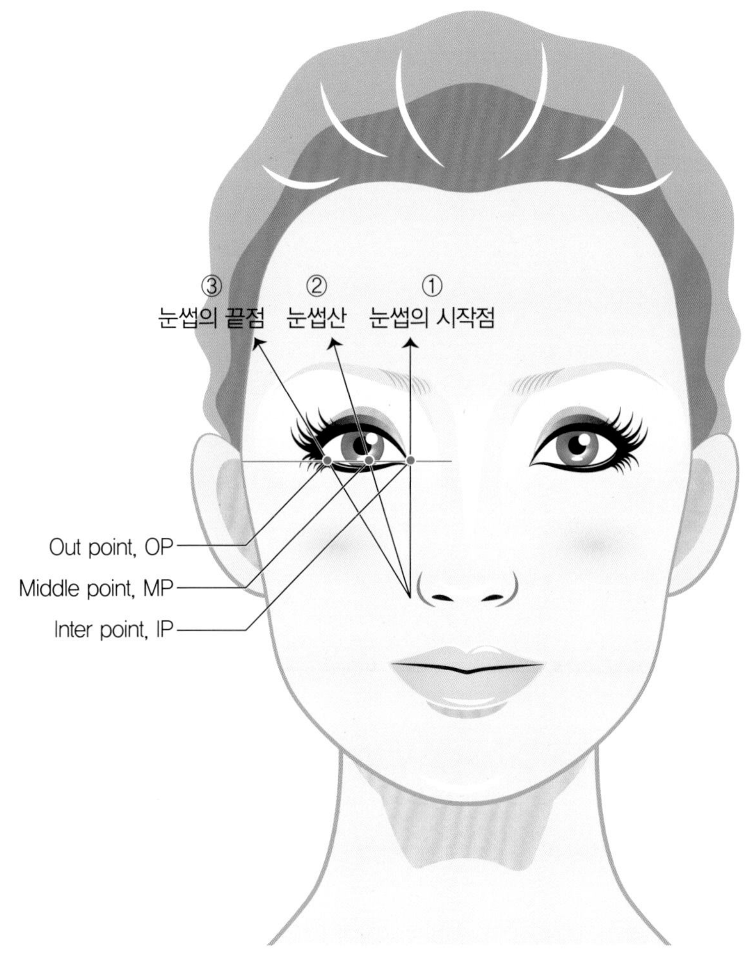

그림 6-2 눈썹 가이드라인(Eyebrow Guideline)

① **눈썹 앞머리** : 콧볼과 눈의 앞머리를 연결하여 연장한 선에 위치한다.

② **눈썹 산** : 코의 옆라인에서 눈썹의 3/2 지점 눈썹 산까지 직선으로 연결한다.

③ **눈썹 꼬리** : 콧방울에서 눈의 꼬리를 일직선으로 연결하여 연장한 선에 위치한다.

(6) 속눈썹 위치 계산법

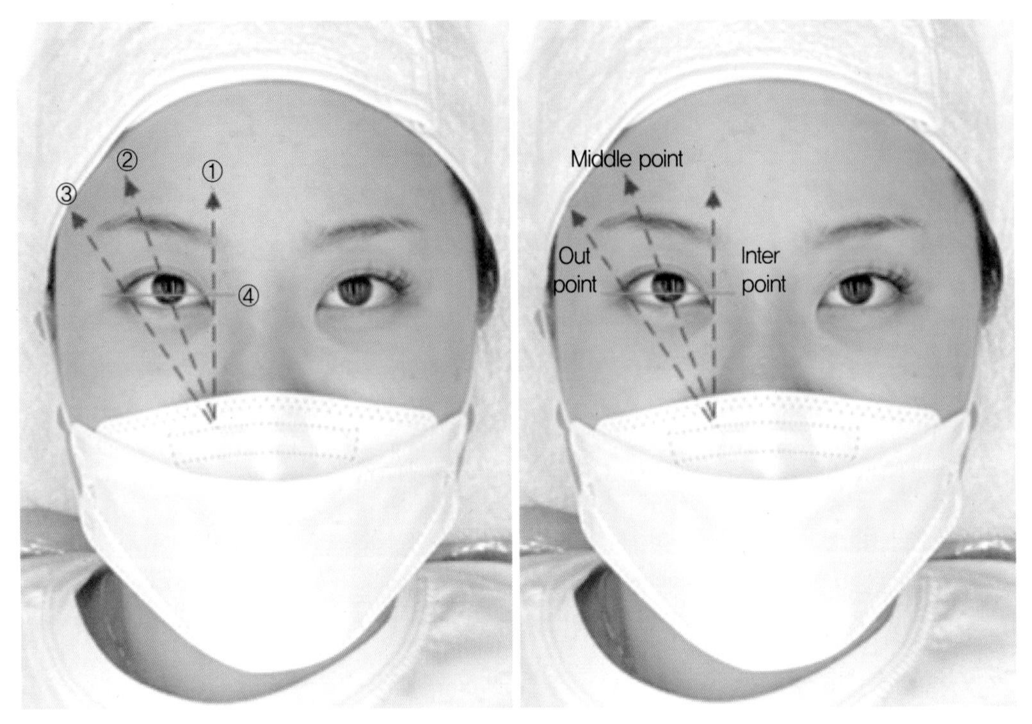

그림 6-3 속눈썹의 위치(Eyelash Guideline)

① 눈썹 앞머리는 콧볼과 눈의 앞머리를 연결하여 연장한 선에 위치한다.

② 눈썹 산은 측정된 눈썹 앞머리와 눈썹 꼬리의 길이에서 눈썹 앞머리부터 3/2 지점에 위치한다.

③ 눈썹 꼬리는 콧볼에서 눈의 꼬리를 일직선으로 연결하여 연장한 선에 위치한다.

④ 동공의 중심을 기준으로 한 수평선에 따라 ①~③의 각 교차지점을 Inter Point(앞), Middle Point(중심), Out Point(뒤)라고 부른다.

(7) 눈매의 기준점 잡기

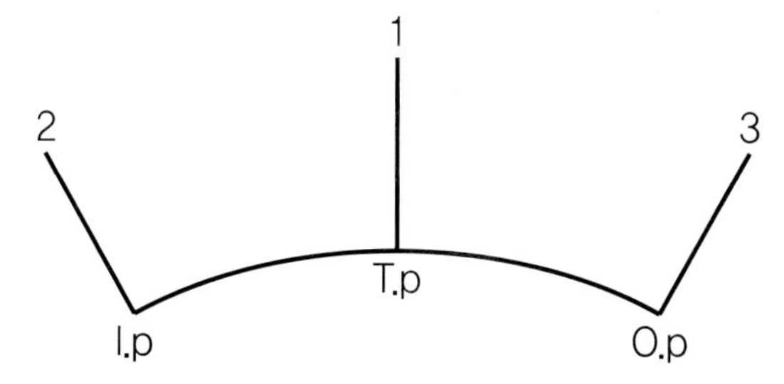

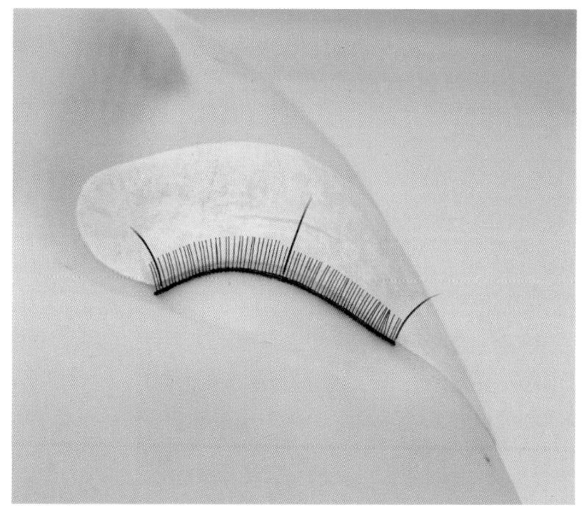

① 눈매의 기준점 잡는 방법

- 눈 중앙 포인트(T.P)가 1번, 눈 앞머리 포인트(I.P)가 2번, 눈꼬리 포인트(O.P)가 3번 순서로 가모를 부착한다.
- 1번 중심(Top Point)은 90° 각도가 되도록 붙여준다.
- 2번 앞쪽(In Point)은 15° 각도가 되도록 붙여준다.
- 3번 뒤쪽(Out Point)은 45° 각도가 되도록 붙여준다.
- 부채꼴 디자인이 되도록 각도를 맞추어 전체를 가이드라인(GuideLine)을 기준으로 채우면서 붙여준다.

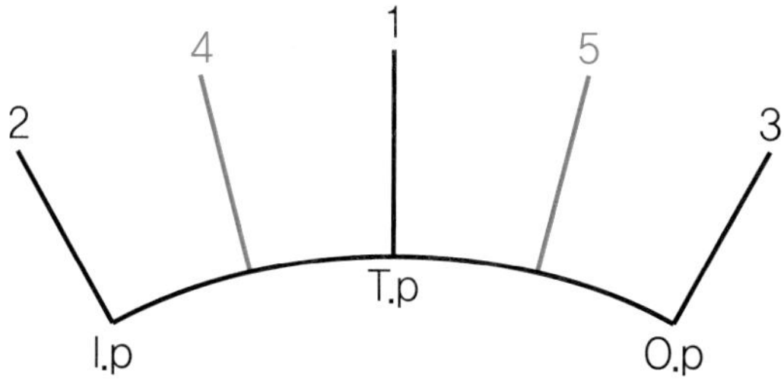

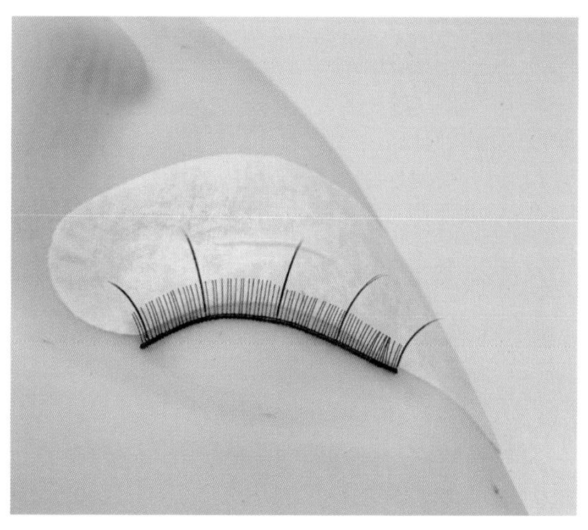

② 눈매의 기준점 5점 잡기

- 3등분으로 나눈 기준점 사이에 가모를 하나씩 부착한다.
- 1번과 2번 사이에 4번 순서로 가모를 부착한다.
- 1번과 3번 사이에 5번 순서로 가모를 부착한다.

③ 기준점 사이 채우기

- 눈매의 기준점 5점을 잡은 곳의 사이를 채우듯이 가모를 부착한다.
- 1번과 4번 사이와 1번과 5번 사이에 가모를 부착한다.
- 2번과 4번 사이와 5번과 3번 사이에 가모를 부착하여 디자인 기준점을 완성한다.

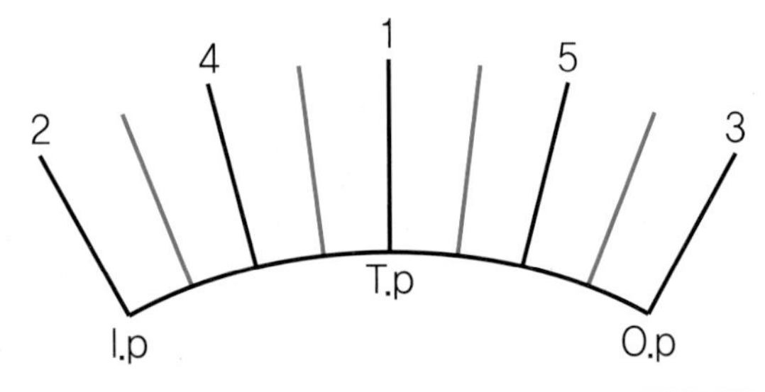

④ 완성하기

기준점 사이와 기준점 사이 만들어진 간격을 같은 방법으로 채워가며 속눈썹 연장을 마무리한다.

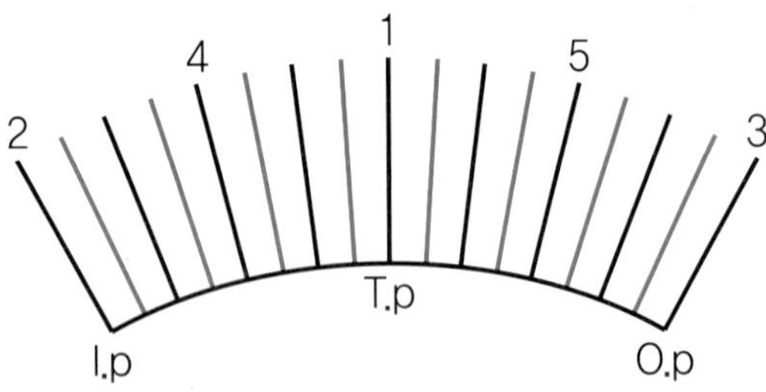

(8) 부채꼴 도식화

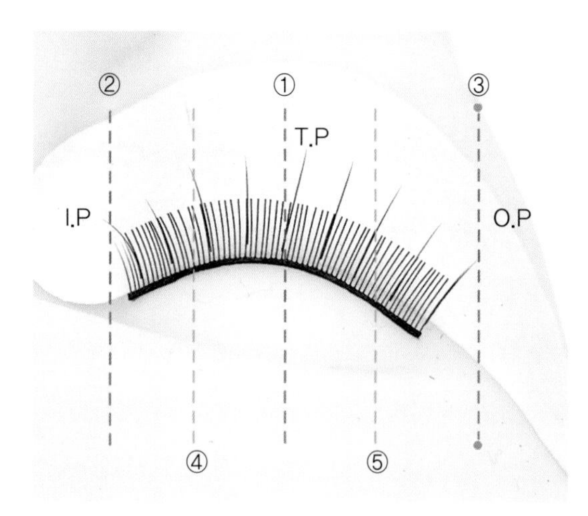

① 부채꼴 연장 시 눈매를 3등분한다.

- 눈 중심에 12mm 연장한다. : ①
- 눈 앞머리에 8mm 연장한다. : ②
- 눈 뒷머리에 9mm 연장한다. : ③
- 눈 앞머리와 중심점 사이에 10mm 연장한다. : ④
- 눈 뒷머리와 중심점 사이에 11mm 연장한다. : ⑤

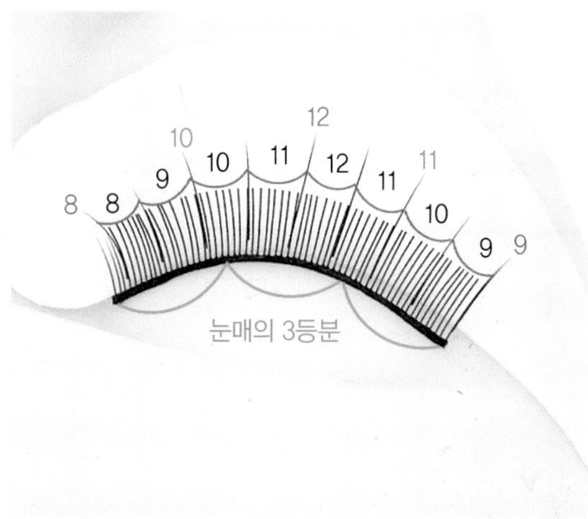

② 부채꼴 디자인하기

눈매 가이드라인을 잡은 후 사이사이 간격에 앞머리에서부터 8mm → 9mm → 10mm → 11mm → 12mm → 11mm → 10mm → 9mm 순서로 가모를 부착한다.

③ 부채꼴 디자인 완성된 모습

아이래쉬 익스텐션 전 준비사항

1. 아이래쉬 익스텐션 전 고객 확인 사항

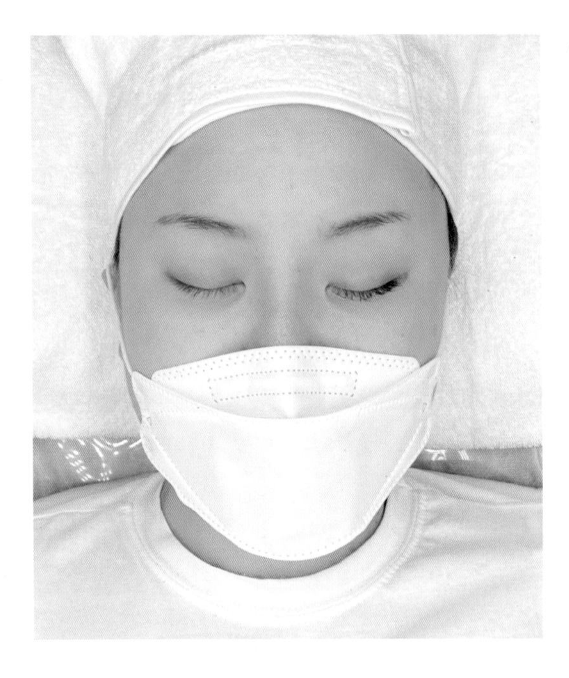

① 미용 베드에 고객이 누울 때 위치를 조정하여 미용 베개로 머리를 받쳐준다.
② 체온 조절을 위해 이불을 덮어준다.
③ 불편한 곳이 없는지 점검한다.
④ 관리 전 머리카락을 헤어 터번으로 감싸준다.

2. 아이래쉬 익스텐션 환경 준비사항

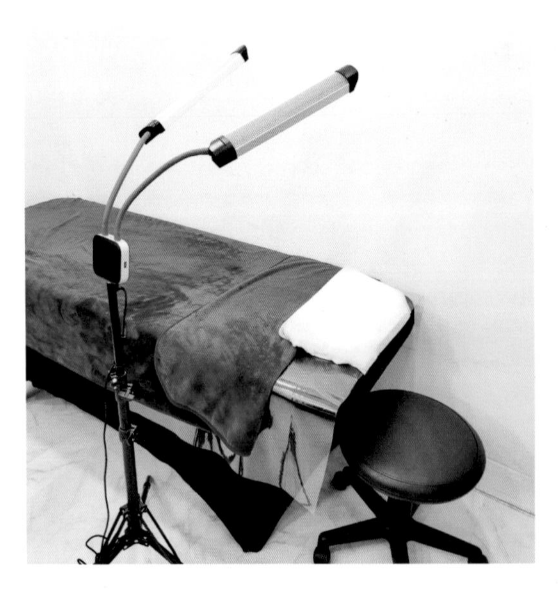

① 미용 베드에 놓인 미용 베개, 베드 커버와 이불 등이 오염된 곳이 없는지 확인한다.
② 관리 전 적합한 실내 온도와 습도로 맞추어 쾌적한 환경을 조성한다.
③ 실내조명이 너무 밝거나 어둡지 않도록 조절한다.
④ 고객을 맞이하는 모든 공간이 청결한 상태인지 점검한다.

3. 아이래쉬 테크니션의 기본자세

관리자 복장

① 위생복을 착용한다.
② 마스크를 착용한다.
③ 손 소독 후 위생 장갑을 착용한다.
④ 머리카락이 떨어지지 않도록 헤어 캡을 착용한다.
⑤ 눈의 보호를 위해 보안경을 착용한다.
⑥ 액세서리는 착용하지 않는다.

4. 아이래쉬 익스텐션 전 준비상태

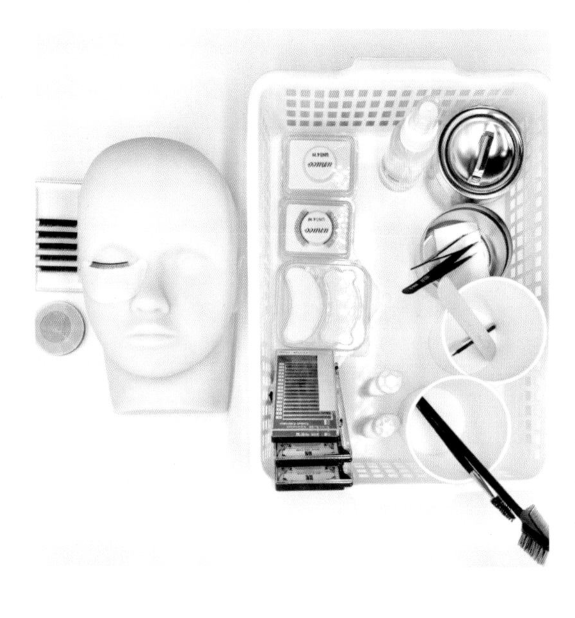

관리 시 준비물

① 아이패치와 테이프
② 전처리제
③ 글루 파레트와 글루 시트
④ 글루
⑤ 가모
⑥ 핀셋
⑦ 아이래쉬 드라이어
⑧ 속눈썹 브러쉬
⑨ 리무버
⑩ 위생 장갑
⑪ 헤어 터번

바구니 정리상태

미용사(메이크업) 국가자격증 실기시험의 제 4과제 속눈썹 익스텐션 시 필요한 도구를 위생적으로 관리할 수 있도록 바구니에 정리한다.

3. 아이래쉬 익스텐션의 기초

1. 손 소독하기

① 안티셉틱(Antiseptic)

안티셉틱 또는 70%의 알코올을 분사한 솜을 사용하여 손바닥에서부터 손가락 방향으로 쓸어내리듯이 닦아준다. 손가락과 손끝까지 꼼꼼하게 소독한다.

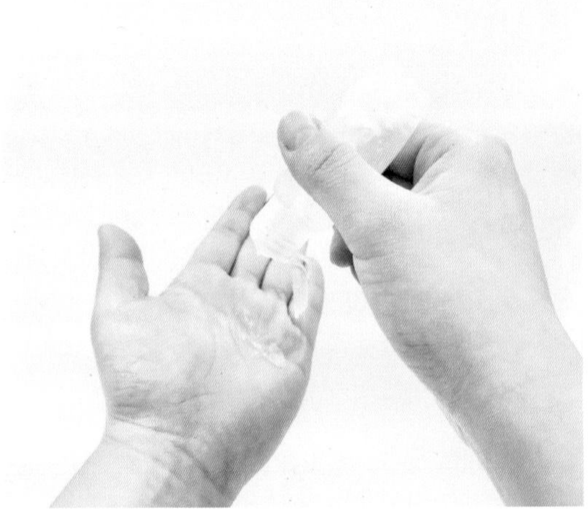

② 세니타이저(Sanitizer)

겔(Gel) 형태의 세니타이저를 손바닥에 덜어낸 다음 양손을 비벼주며 손 전체에 도포한다.

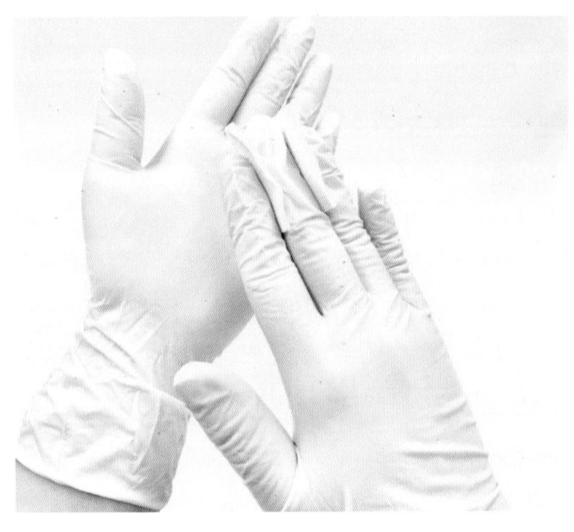

③ 장갑 착용

위생 장갑을 착용한 후 위와 같은 방법으로 다시 한 번 더 소독을 진행한다.

2. 아이패치(Eye Patch) 및 테이프(Tape) 사용법

(1) 아이패치(Eye Patch) 부착하기

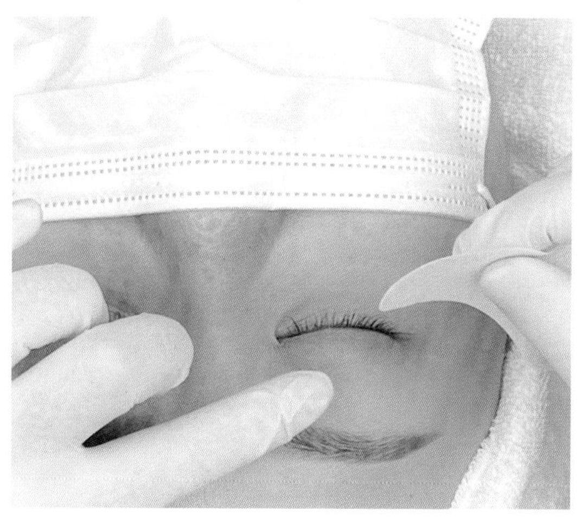

① 아이패치를 부착할 때 왼손으로는 눈꺼풀을 살짝 당겨준다.
② 눈이 너무 들리지 않도록 주의한다.
③ 눈동자에 강한 힘을 주지 않도록 한다.

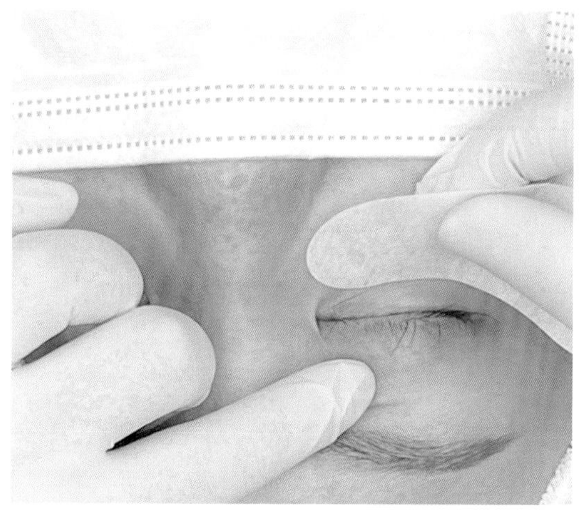

④ 아래 속눈썹은 중지 또는 약지를 이용하여 눈의 아래 방향으로 가볍게 당겨준다.
⑤ 엄지와 검지로 아이패치를 잡고 부착한다.

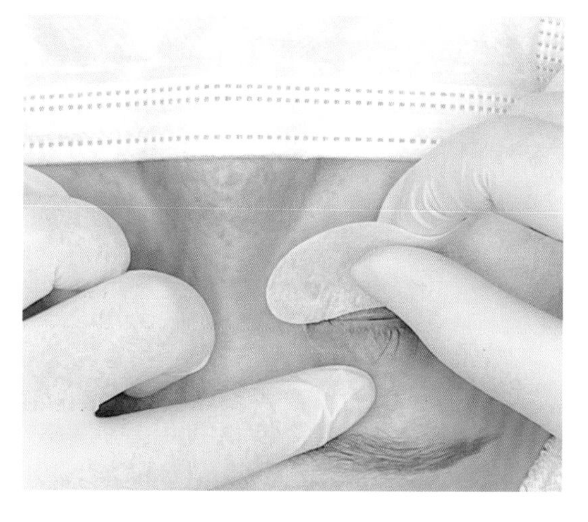

⑥ 눈 점막 라인 가까이에 부착하면 겔이 녹아내려 눈에 들어가게 되며, 이물감을 느낄 수 있다.
⑦ 눈동자를 찌르지 않도록 눈 점막으로부터 0.1cm 띄운 곳에 부착한다.

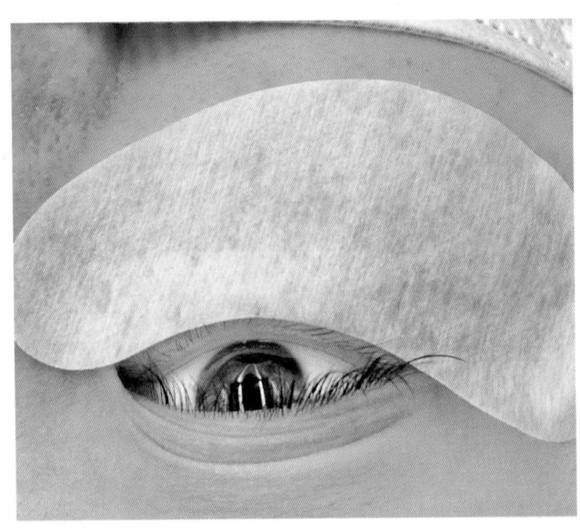

⑧ 빠져나온 속눈썹이 없는지 꼼꼼히 확인한다.

⑨ 점막 가까이에 부착되지 않았는지 확인한다.

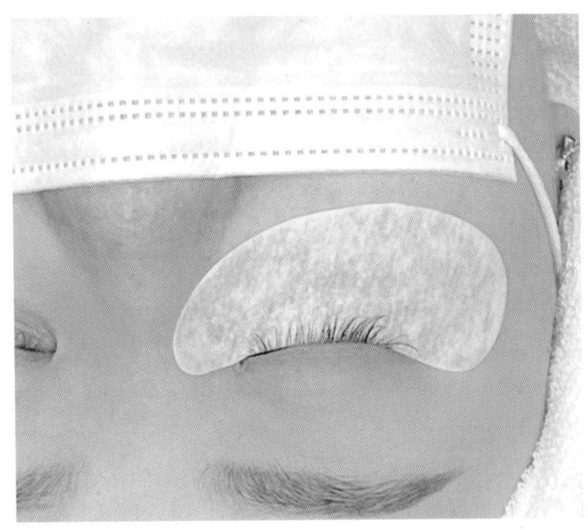

⑩ 아이패치가 부착된 모습

(2) 아이패치(Eye Patch) 응용하기

쌍꺼풀이 없는 눈, 눈 앞머리가 몽고주름 등으로 막혀있거나 움푹 들어간 눈에 사용한다.

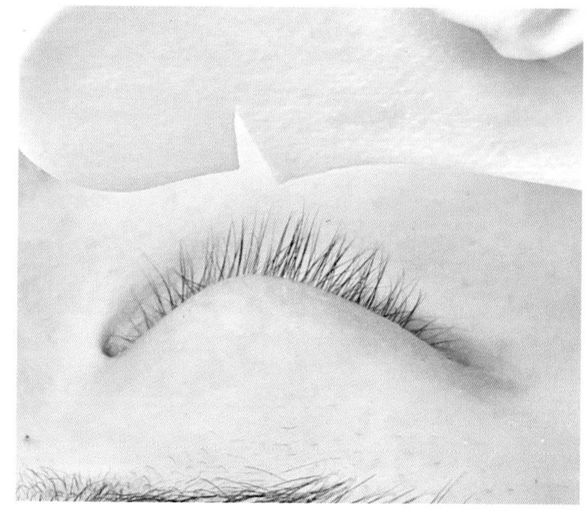

① 아이패치의 눈 앞머리 부분에 들뜸 현상이 생기지 않도록 가위를 사용하여 V자 모양으로 잘라준다.

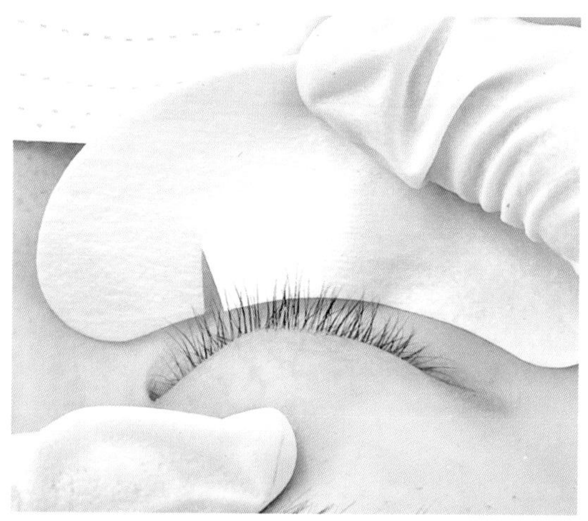

② 아이패치의 V 모양을 눈 앞머리 시작점에 맞추어 부착한다.
③ 아이패치를 아래 속눈썹에 부착할 때 왼손으로는 눈꺼풀을 살짝 당겨준다.
④ 아래 속눈썹은 중지를 사용하여 눈 아랫부분을 중지로 내려주면서 엄지와 검지로 패치를 잡고 부착한다.

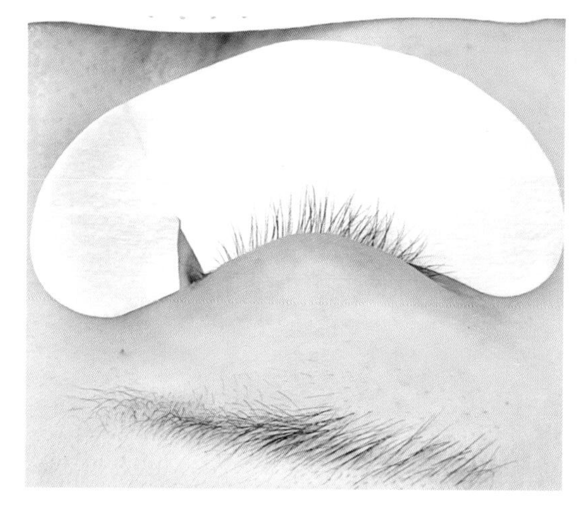

⑤ 아이패치를 응용하여 부착한 모습
⑥ 빠져나온 속눈썹이 없는지, 눈의 점막 가까이에 부착되지는 않았는지 확인한다.

(3) 언더 테이핑(Under taping) 부착하기

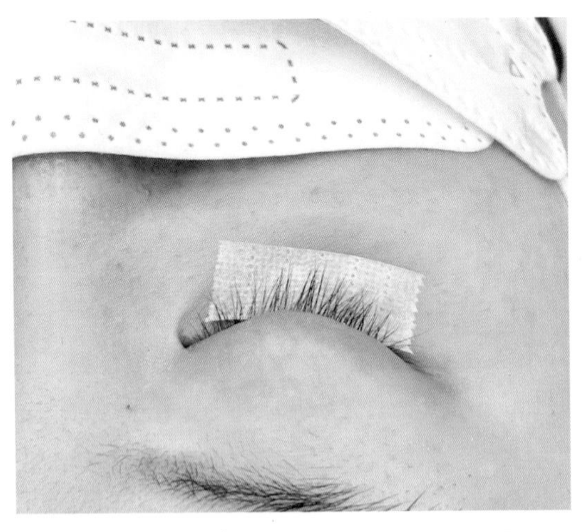

① 언더 테이핑 시 약 2~3cm 길이의 테이프를 사용하며, 먼저 눈의 언더라인 중심에 부착한다.

② 부착 시 한 손은 눈꺼풀을 들고 다른 한 손은 테이프를 부착한다.

> **Tip**
> 눈의 점막 가까이 부착할 때 이물감을 느낄 수 있으므로 0.1cm 띄운 곳에 속눈썹이 빠져나오지 않도록 부착한다.

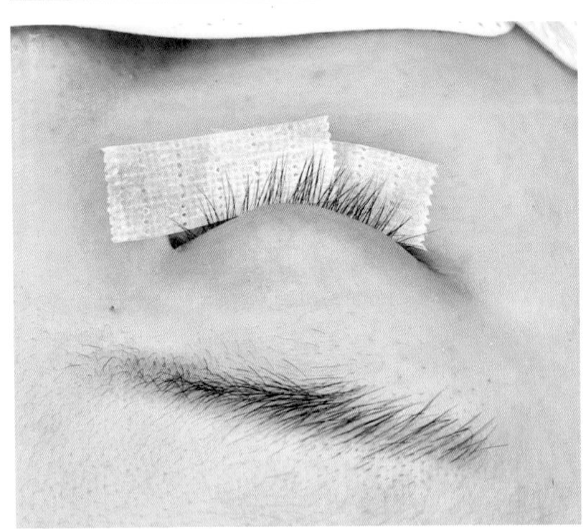

③ 테이프를 눈 앞머리와 눈의 꼬리 순서로 부착한다.

④ 엄지와 검지로 테이프를 잡고 약지로 눈의 아랫부분을 아래로 당기며 테이프를 붙여준다.

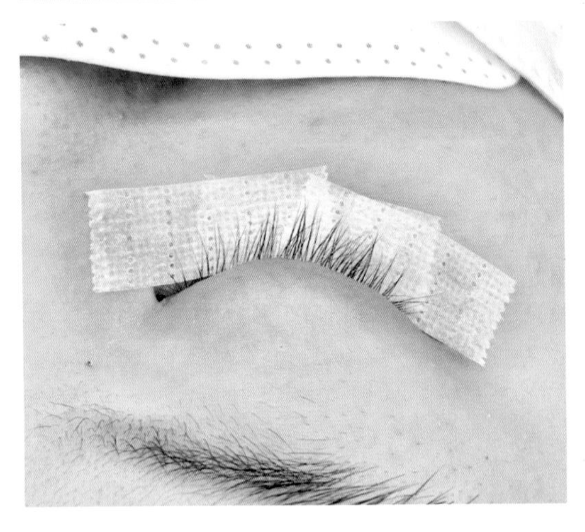

⑤ 언더 테이핑이 완성된 모습

⑥ 아래 속눈썹이 빠져나온 것 없이 눈 점막 가까이 부착되지 않았는지 확인한다.

> **Tip**
> 최대한 밀착해서 부착하되, 눈동자를 찌르지 않도록 주의한다.

(4) 땅콩 테이프(Peanut tape) 부착하기

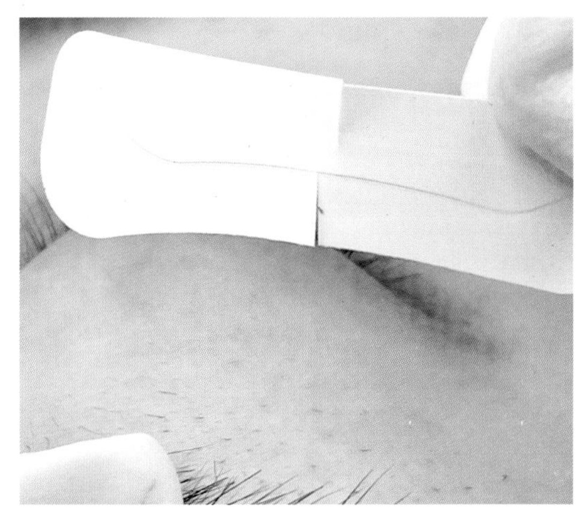

① 테이프 부착 시 눈의 굴곡에 맞게 부착하기 위해 땅콩 테이프를 재단한다. (중앙을 가위로 약 0.5cm 자른다.)

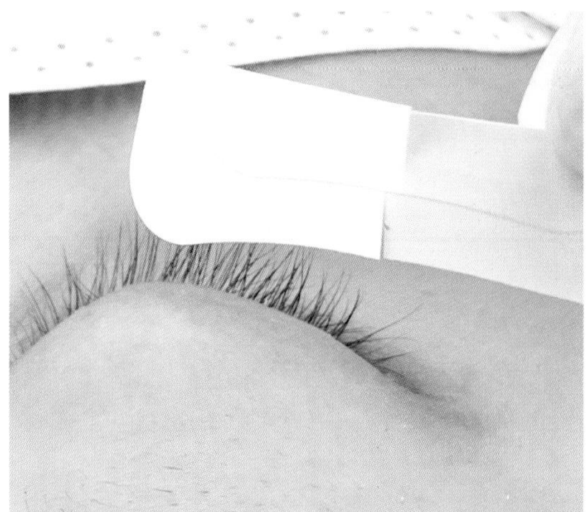

② 왼손 검지로 눈꺼풀을 살짝 당겨준다.

③ 오른손 중지 또는 약지를 이용하여 눈의 아랫부분을 당겨준 후 점막에서 0.1cm 띄운 부분에 테이프를 부착한다.

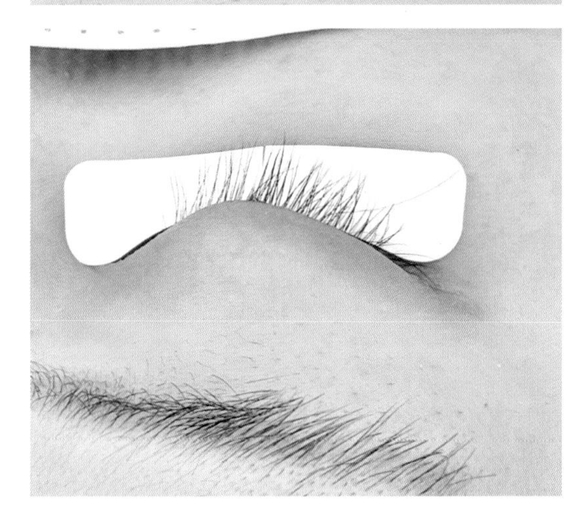

④ 땅콩 테이프 부착된 모습

⑤ 빠져나온 속눈썹이 없는지, 눈의 점막 가까이에 부착되지는 않았는지 확인한다.

Tip

최대한 밀착해서 부착하되, 눈동자를 찌르지 않도록 주의한다.

(5) 리프팅 테이프(Rifting Tape) 부착하기

속눈썹 연장 시 속눈썹의 모근 부분과 자라난 방향 및 위치를 정확하게 파악하기 위해 리프팅 테이프를 실시한다. 눈두덩에 살이 많거나, 노화로 인해 눈꺼풀이 처진 경우 또는 쌍꺼풀로 인해 모근이 잘 보이지 않을 때 사용할 수 있다.

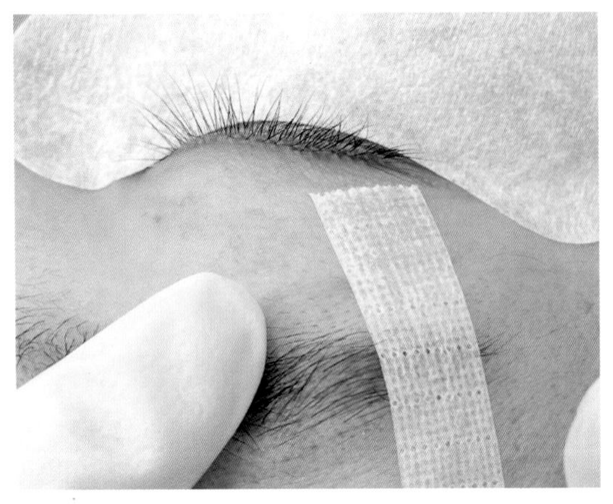

① 윗 눈꺼풀의 눈꼬리 부분에 부착한다.
② 부착 시에는 눈꺼풀을 살짝 위로 당겨서 사선으로 부착한다.

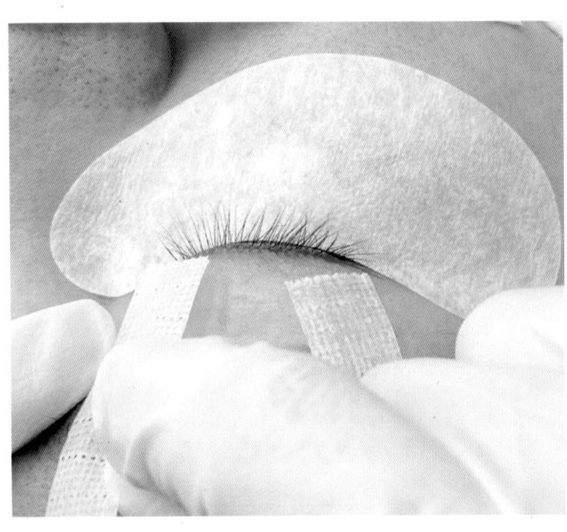

③ 윗 눈꺼풀의 눈 앞머리 부분에 눈꺼풀을 살짝 당겨 사선으로 부착한다.
④ 속눈썹의 모근이 잘 보이는지 확인한다.

Tip
과도한 리프팅 테이프로 인해 눈 시림 현상이 나타나지 않도록 눈동자가 보이지 않을 정도로 눈꺼풀을 당겨준다.

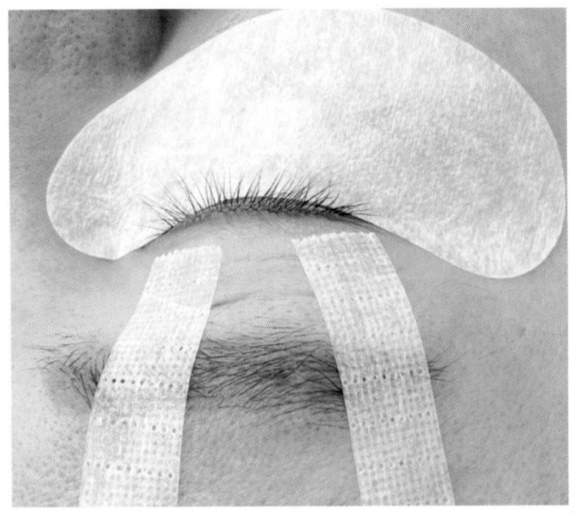

⑤ 리프팅 테이프(Rifting Tape)의 완성된 모습

3. 핀셋(Tweezer) 사용하기

(1) 핀셋 소독하기

① 물과 비누를 사용하여 세척한 후 물기를 제거한다.

② 70%의 알코올이 2/3 채워진 위생 바트(Sanitary bart) 또는 유리 볼에 핀셋의 끝이 손상되지 않도록 주의하며 넣는다.

③ 남아있는 물기를 건조한 뒤 자외선 소독기에 넣어 살균 후 보관한다.

Tip

핀셋은 반드시 사용 전·후에 소독한 후 사용한다. 알코올 스프레이 또는 알코올을 적신 솜을 사용할 수 있다.

(2) 핀셋 사용하기

1) 러시안 볼륨 핀셋(Russian Volume Tweezer) 사용하기

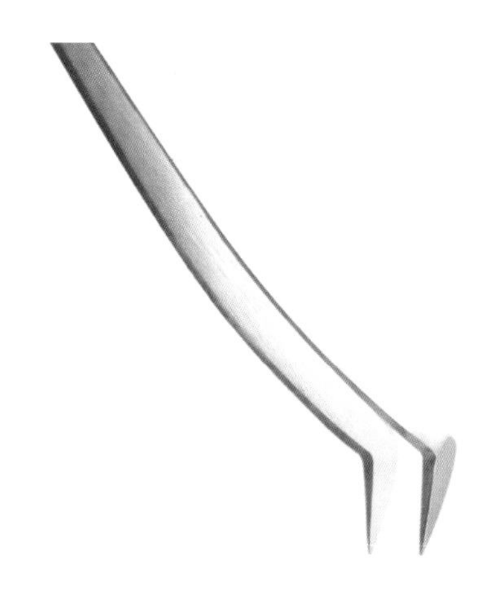

곡선형 핀셋의 한 종류인 러시안 볼륨 전용 핀셋의 경우 두께가 두꺼운 편으로 다량의 가모를 떼어내거나 가모의 모근 부분을 굴려 볼륨 팬(Volume Fan)을 만들거나 부착할 때 사용한다.

2) 일자형 핀셋(Straight Type Tweezer) 사용하기

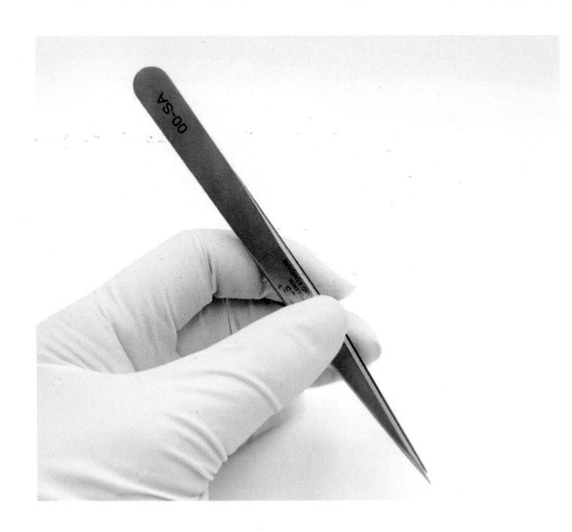

① 주사용 손의 반대 손에 사용한다.
(꼭, 규정되어 있는 것은 아니므로 편한대로 선택하여 사용이 가능하다.)

② 핀셋의 중앙 부분을 엄지와 중지가 서로 마주 보게 잡는다.

③ 검지를 엄지보다 위에 위치하도록 둔다.

④ 중지를 이용해 핀셋을 움직인다.

⑤ **자연모를 가를 때** 핀셋을 약 60° 세워 잡는다.

> **Tip**
> 자연모를 가르는 핀셋은 뾰족하여 세워 잡으면 고객의 피부를 찌를 수 있으며, 눕혀 잡을 때 자연모를 정확하게 가를 수 없다.

3) 곡선형 핀셋(Curve Type Tweezer) 사용하기

① 가모를 떼고 부착하는 섬세한 작업에 사용하며, 주사용 손을 사용한다. (꼭, 규정되어 있는 것은 아니므로 편한데로 선택하여 사용이 가능하다.)

② 핀셋의 중앙 부분에 엄지와 검지가 마주 보도록 잡는다.

③ 중지로 핀셋을 받쳐준다.

> **Tip**
> 양손에 일자 또는 곡선형 핀셋만 사용할 수 있다.

① 눈 앞머리 부분 : 60°

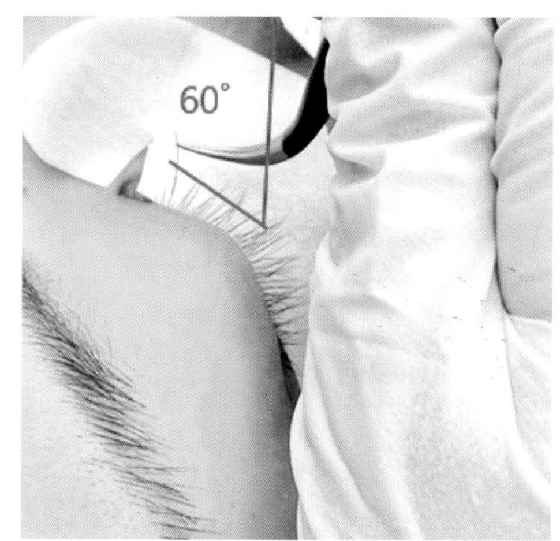

② 눈 중간 부분 : 90°

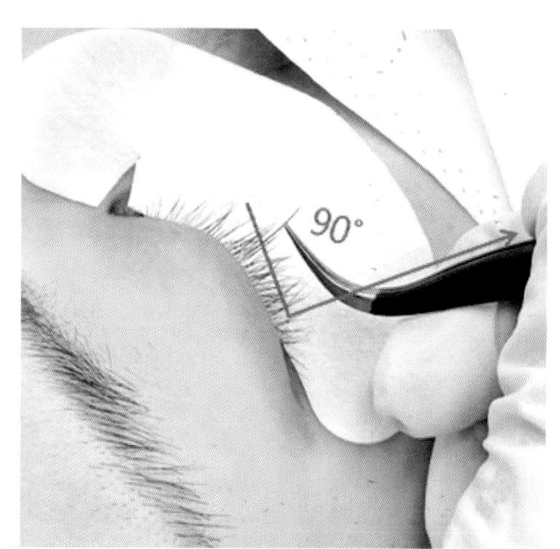

③ 눈꼬리 연장 : 120°

4. 가모(False Eyelash) 사용하기

(1) 가모 떼어내기

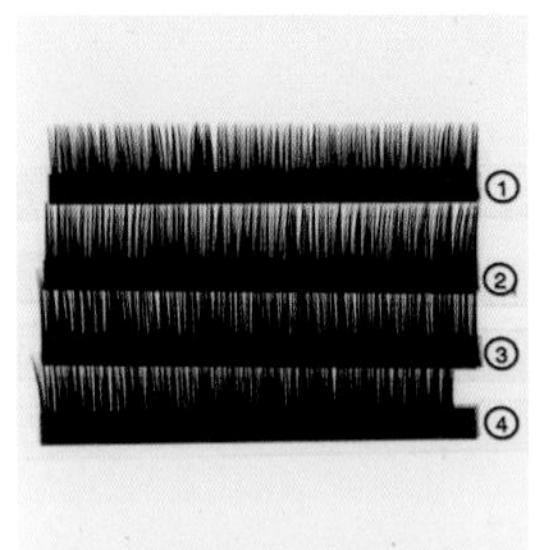

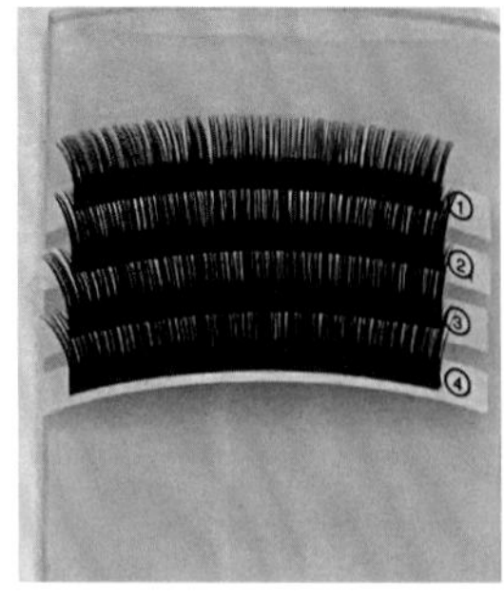

① 속눈썹 파레트(Eyelash Palette)에 속눈썹 연장 시 사용할 가모를 길이별로 부착한다.

> **Tip**
> 속눈썹 파레트는 일자형과 곡선형 등이 있으며, 기술에 따라 적합한 것을 선택하여 사용한다.

② 곡선형 핀셋 등을 이용하여 속눈썹 가모를 한 가닥 잡는다.

> **Tip**
> 여러 가닥의 가모를 잡지 않도록 주의하며, 강한 힘으로 가모가 꺾이지 않도록 주의한다.

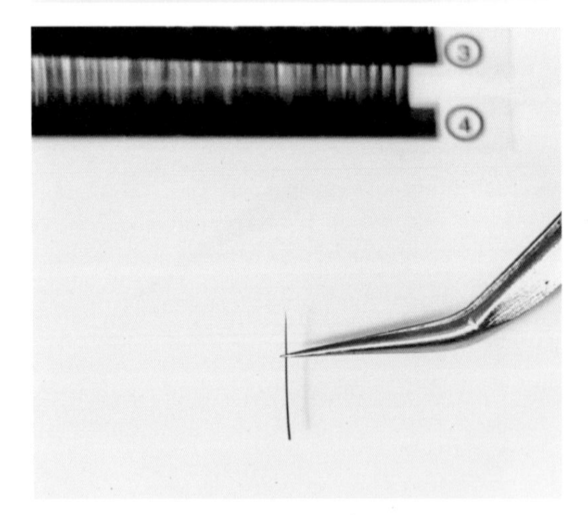

③ 가모의 뿌리로부터 2/3지점을 잡는다.

④ 아이래쉬 테크니션의 가슴 방향으로 당기듯 떼어낸다.

> **Tip**
> 떼어낸 가모가 틀어지거나 돌아가지 않도록 일직선이 되게 잡는다.

(2) 가모(False Eyelash)를 잘못 떼어낸 경우

① 가모를 세게 잡고 떼어내면 가모가 꺾이게 되므로 힘 조절이 필요하다.

② 핀셋으로 가모를 잘못 잡거나 힘이 약할 경우 가모가 돌아가거나 휘게 된다.

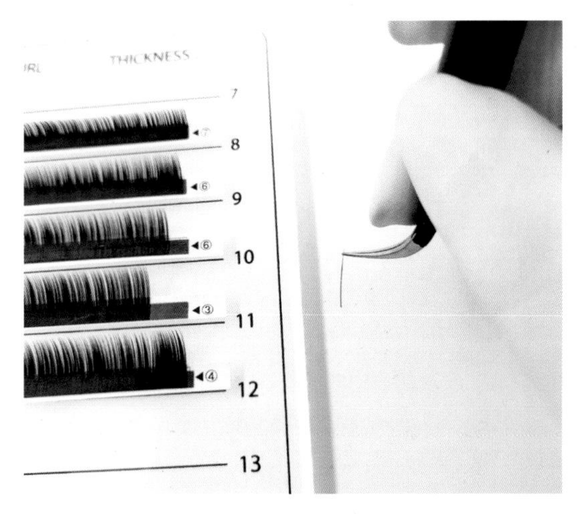

③ 가모의 뿌리로부터 2/3 지점을 잡지 않았을 경우 힘의 전달이 약해지므로 자연모에 제대로 부착할 수 없다.

5. 속눈썹 연장 글루(Eyelash Extension Glue) 사용하기

(1) 속눈썹 연장 글루 사용하기

① 속눈썹 연장 글루 사용 전 글루 쉐이킹(Glue Shaking)을 한다.

> Tip
>
> 글루 쉐이킹(Glue Shaking)이란?
>
> 글루는 여러 복합 화학 물질이 함유되어 있으며, 각 성분의 밀도 차에 의해 층 분리 현상이 발생한다. 제품의 색상과 성능 등을 위해 좌·우로 20~30회 흔들어 준다.

②-1 글루 파레트(Glue Pallet)에 글루 시트를 부착하거나 속눈썹 연장 테이프로 감아준다.

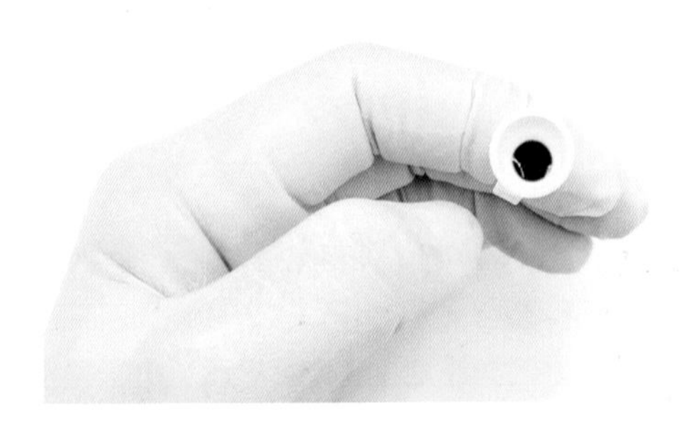

②-2 글루 링(Glue Ring)에 글루를 소량 담아서 반지처럼 손가락에 끼워 사용한다.

> Tip
>
> 글루 파레트는 아이래쉬 테크니션의 기술에 따라 달라질 수 있으나, 사용법은 아래와 같이 같다.

③ 속눈썹 연장 글루의 뚜껑은 안전캡(Safty cap)으로 되어 있어 아래로 눌린 후 돌려서 열어준다.

④ 속눈썹 연장 글루 병을 거꾸로 뒤집은 뒤 수직 방향으로 세워 글루를 한 방울(One drop) 떨어뜨린다. 이때 투입구에 글루가 묻지 않도록 주의한다.

> Tip
>
> 속눈썹 연장 글루는 굳을 수 있으므로 20~30분 뒤 교체한다.

(2) 속눈썹 연장 글루 보관하기

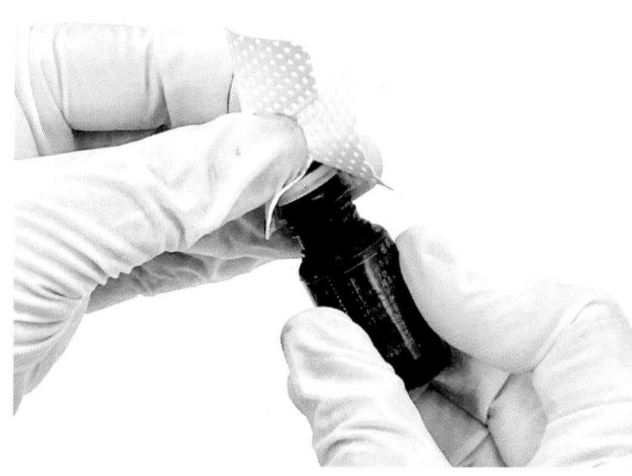

① 속눈썹 연장 글루 사용 후 제품 내부의 공기를 제거하기 위해 용기의 가장 두꺼운 부위를 꾹 눌러준다.

Tip

공기를 제거하지 않으면 노즐에 남아있는 글루를 막게 되어 사용할 수 없다. 용기 안의 내용물이 토출되지 않도록 주의한다.

② 글루 와이퍼(Glue Wiper)를 사용하여 속눈썹 연장 글루 노즐(Nozzle)을 닦아낸다.

Tip

특수 가공 처리된 속눈썹 연장 글루 전용 와이퍼(Glue Wiper)는 일반 솜처럼 먼지가 묻어나지 않아 제품을 위생적으로 관리할 수 있다.

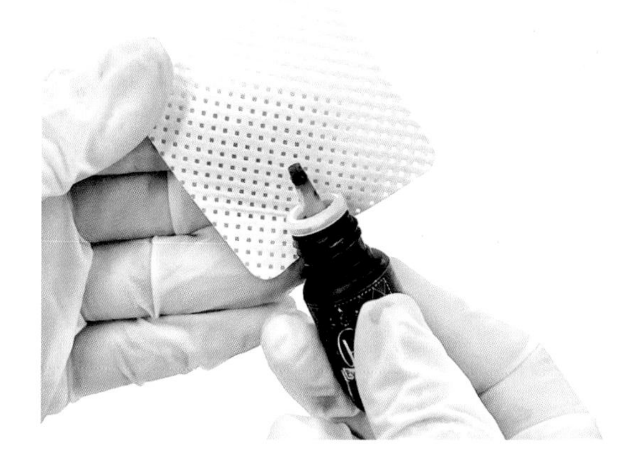

③ 토출구에 묻은 글루가 깨끗하게 닦였는지 확인 후 뚜껑을 닫는다.

Tip

토출구를 닦아내지 않고 뚜껑을 닫게 되면 글루가 굳어 열리지 않으므로 사용에 주의한다.

(3) 속눈썹 연장 글루 양 조절하기

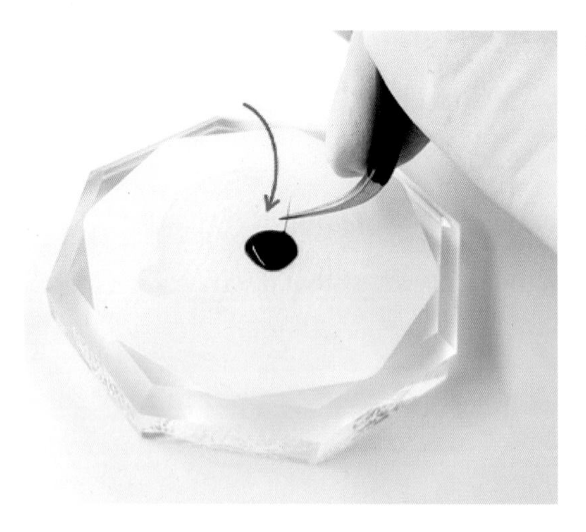

① 떼어낸 가모의 뿌리로부터 1/3까지 글루를 묻혀준다.

② 약 45° 각도로 위에서 아래 방향으로 미끄러지듯 넣는다.

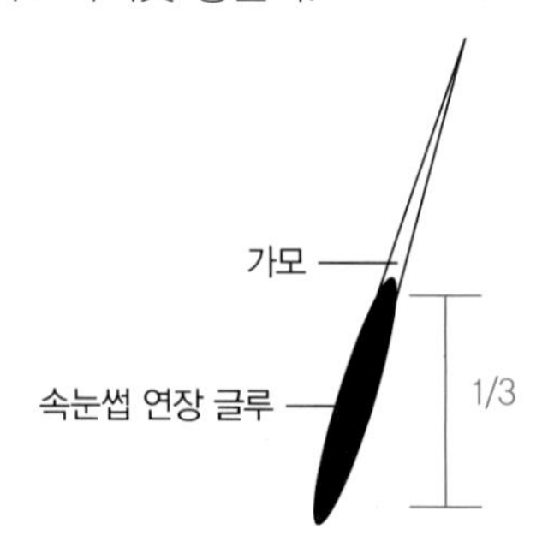

③ 글루가 묻은 곳에 멍울이 발생하지 않도록 넣은 방향대로 가모를 미끄러지듯 빼낸다.

> **Tip**
>
> 가모에 글루가 멍울졌다면 글루 시트의 여백에 묻혀 글루의 양을 조절한다.

④ 가모의 끝에 글루가 한 방울 맺힌 것을 확인한다.

(4) 아래 속눈썹 연장(Under Eyelash Extension) 시 속눈썹 연장 글루 묻히기

① 핀셋으로 가모를 한 가닥 잡은 후 역방향으로 뜯어낸다.

② 가모의 뿌리부터 1/3 지점까지 속눈썹 연장 글루에 미끄러지듯이 넣었다가 뺀다.

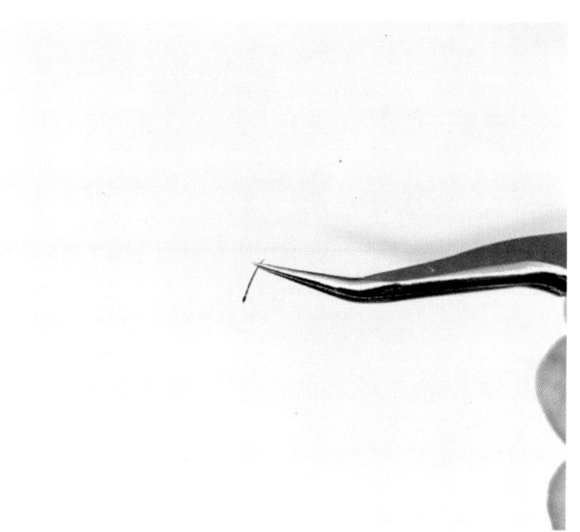

③ 아래 속눈썹 연장 시 가모에 묻은 속눈썹 연장 글루가 적당량 묻었는지 확인한다.

Chapter 7
아이래쉬 익스텐션 Eyelash Extension

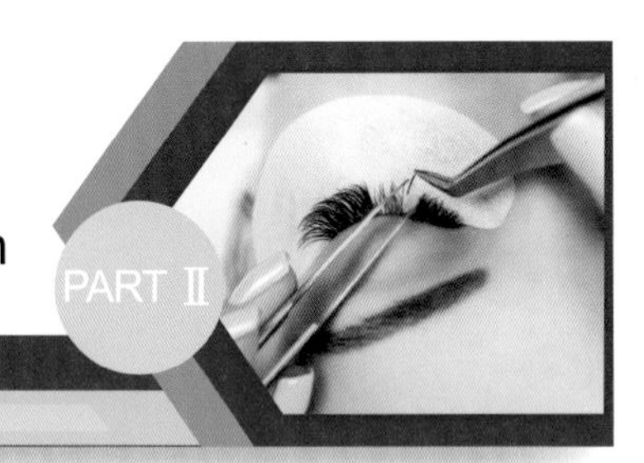

1. 1:1(원투원) 속눈썹 연장(Classic Eyelash Extension)

1. 1:1(원투원) 속눈썹 연장이란?

자연모 한 가닥에 가모 한 가닥을 부착하여 속눈썹의 길이를 연장하는 것을 1:1(원투원) 속눈썹 연장(One To One Eyelash Extension) 또는 클래식 속눈썹 연장(Classic Eyelash Extension)이라고 한다.

2. 1:1(원투원) 속눈썹 연장 준비 자세

(1) 아이래쉬 테크니션(Eyelash Technician)

청결한 실내 환경을 유지할 수 있도록 한다. 외모를 단정히 하고 위생적인 복장을 착용한 후 아이래쉬 익스텐션 서비스를 제공한다. 고객과 충분한 상담을 통해 자연모의 상태를 미리 점검하고 눈매에 적합한 속눈썹 디자인을 연출할 수 있어야 한다.

(2) 고객(Customer)

고객이 미용 베드에 누울 때 편안한 자세를 취할 수 있도록 하며, 적절한 체온을 유지할 수 있도록 실내 온도를 조절한다. 속눈썹 연장을 진행할 때 아이패치 및 아이래쉬 테이프가 눈을 찌른다거나 전처리제가 눈에 들어가는 불편함을 초래하지 않도록 주의하며 서비스를 진행한다.

3. 1:1 (원투원) 속눈썹 연장 준비재료

마네킹, 손소독제, 70% 알코올, 사각·원형 바트, 수건, 위생복, 헤어 캡, 보안경, 마스크, 헤어 터번, 속눈썹 연장 전처리제, 아이패치, 속눈썹 연장 전용 글루, 글루 파레트, 연습용 가속눈썹, 속눈썹 가모, 속눈썹 파레트, 가르기 핀셋, 가모 부착용 핀셋, 아이래쉬 테이프, 속눈썹 브러쉬, 화장 솜, 일회용 글루 시트, 위생 장갑, 우드 스파츌라, 더스트 백 등

4. 1:1 (원투원) 속눈썹 연장 준비사항

① 도구는 사용 전 세척과 소독을 실시하여 위생적으로 관리한 것을 사용한다.
② 속눈썹 연장 시 사용할 작업 테이블을 소독하고 미용 수건을 깔아 준비한다.
③ 위생 바구니에 속눈썹 연장에 필요한 재료를 준비한다.
④ 속눈썹 연장 시 사용되는 모든 제품은 안전성 등이 인증된 제품만 사용한다.
⑤ 제품 바구니와 작업 테이블 등은 관리자의 작업이 편리한 쪽에 배치한다.
⑥ 쓰레기를 버릴 수 있는 더스트 백은 작업 테이블에 미리 부착해 둔다.
⑦ 속눈썹 연장 시 필요한 가모는 미리 속눈썹 파레트에 길이별로 부착하여 준비한다.
⑧ 연습용 속눈썹을 마네킹에 부착한 후 적절한 각도를 유지할 수 있도록 한다.

5. 1:1 (원투원) 속눈썹 연장 주의사항

① 모든 아이래쉬 익스텐션 관리 전 손을 소독한다.
② 아이패치 부착 후 연습용 속눈썹이 짓눌리는 부분은 없는지 확인한다.
③ 전처리제 사용 시 소량씩 사용하여 글루의 백화현상을 방지한다.
④ 미용사(메이크업) 국가자격증 연습 시 일자형 핀셋과 곡자형 핀셋을 사용한다.
⑤ 주사용 손에 곡자형 핀셋을 연필 잡듯이 쥔다.
⑥ 일자 핀셋은 곡자형 핀셋을 쥔 반대 손에 사용한다.
⑦ 가모에 글루를 묻힐 때 많은 양이 묻지 않도록 주의한다.
⑧ 속눈썹 연장을 시작한 후 20~30분에 한 번 속눈썹 연장 글루를 교체하도록 한다.
⑨ 아이패치에 속눈썹 연장 글루가 묻어나지 않도록 한다.

⑩ 관리한 속눈썹이 양옆의 속눈썹과 엉겨 붙지 않도록 주의한다.

⑪ 속눈썹 연장 후 글루 드라이어를 사용하여 완전히 건조한다.

⑫ 속눈썹이 흐트러지거나 엉키지 않도록 아이래쉬 브러쉬를 사용하여 빗겨준다.

⑬ 아이래쉬 익스텐션 후 아이패치 및 아이래쉬 테이프 등을 제거한다.

6. 1:1 (원투원) 속눈썹 연장하기

(1) 손 소독하기

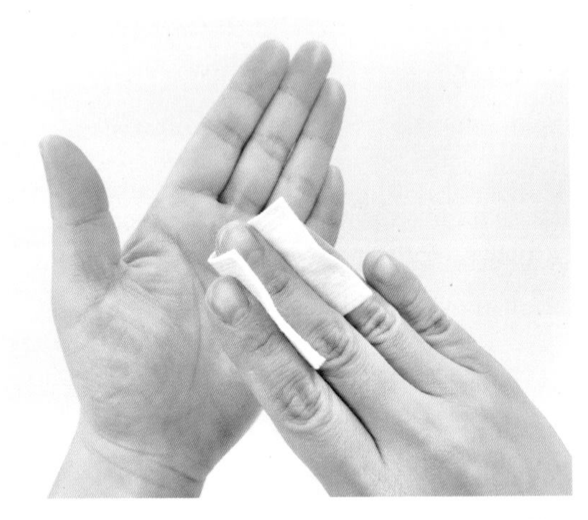

① 안티셉틱 또는 70%의 알코올을 분사한 솜을 사용하여 손바닥에서부터 손가락 방향으로 쓸어내리듯이 닦아준다. 손 전체를 꼼꼼하게 소독한다.

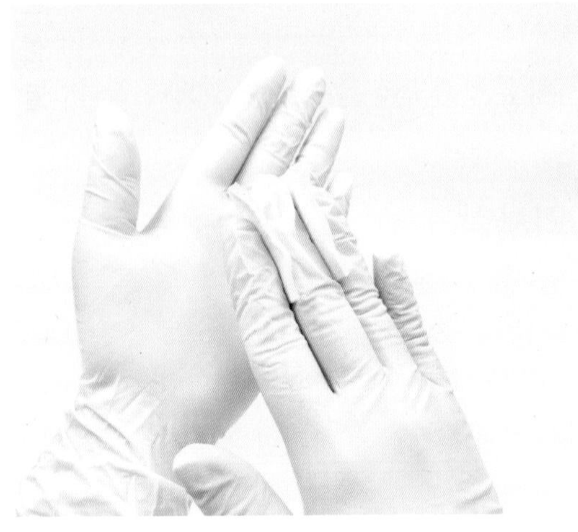

② 위생 장갑을 착용한 후 안티셉틱을 직접 분사하거나 솜을 이용하여 다시 한 번 소독한다.

(2) 핀셋(Tweezers) 준비상태

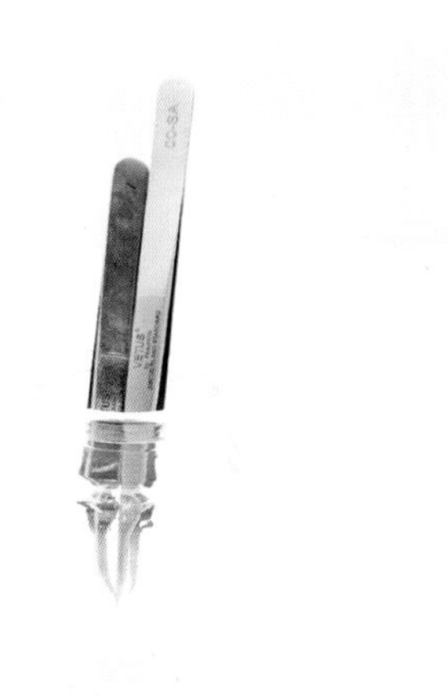

① 소독제가 들어있는 위생 바트(Disinfection Tank Container)에 핀셋을 담근다.

② 소독이 끝난 후 물기를 제거하고, 자외선 소독기에 넣어 보관한다.

③ 속눈썹 연장 시 사용되는 핀셋은 반드시 소독 후 사용한다.

> Tip
>
> 속눈썹 연장 관리 전 알코올 스프레이와 알코올 솜을 사용하여 닦아낸다.

(3) 글루 준비하기

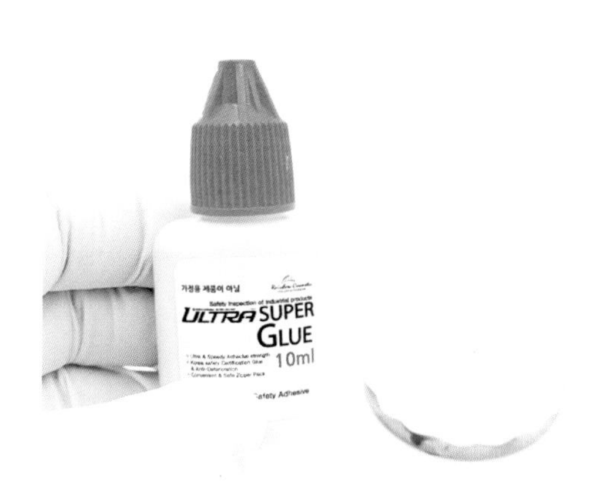

① 속눈썹 연장 글루 사용 전 글루 쉐이킹(Glue Shaking)을 한다.

> Tip
>
> 글루 쉐이킹(Glue Shaking)이란? 글루는 여러 복합 화학 물질이 함유되어 있으며, 각 성분의 밀도 차에 의해 층 분리 현상이 발생한다. 제품의 색상과 성능 등을 위해 좌·우로 20~30회 흔들어 준다.

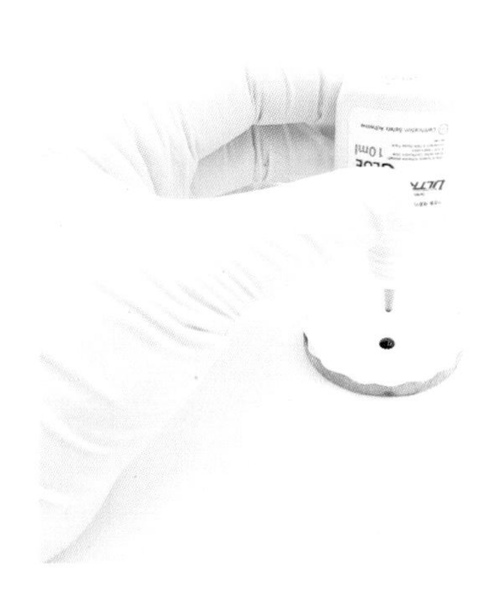

② 글루 파레트(Glue Pallet)에 글루 시트를 부착하거나 속눈썹 연장 테이프로 감아준다.

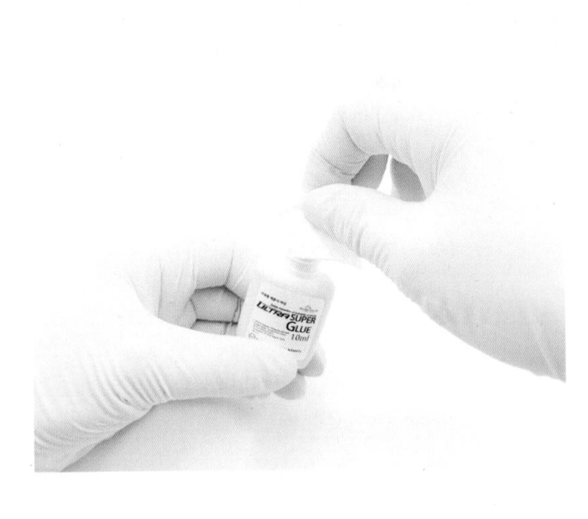

③ 속눈썹 연장 글루의 뚜껑은 안전캡(Safty cap)으로 되어 있어 아래로 눌린 후 돌려서 열어준다.
④ 속눈썹 연장 글루 병을 거꾸로 뒤집은 뒤 수직 방향으로 세워 글루를 한 방울(One drop) 떨어뜨린다. 이때, 투입구에 글루가 묻지 않도록 주의한다.

> Tip
> - 속눈썹 연장 글루는 사용 중간중간에 다시 도포하여 사용한다.
> - 관리 중간 속눈썹 연장 전용 글루가 굳을 수 있으므로 20~30분 뒤 교체하여 사용하는 것이 좋다.

(4) 마네킹 준비하기

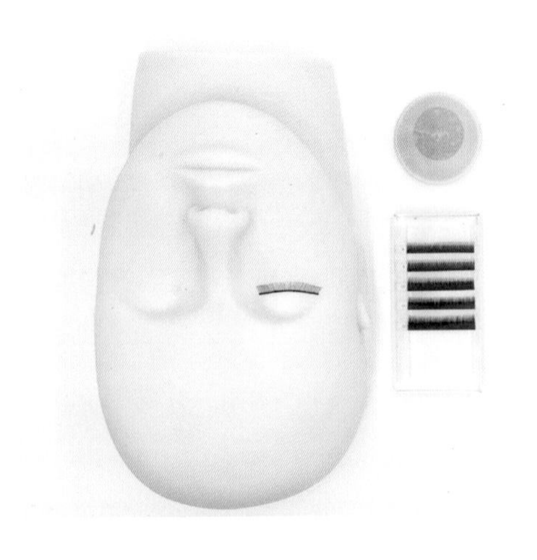

속눈썹 연장 관리 전 마네킹에 연습용 가속눈썹을 부착하며, 너무 처지거나 들리지 않도록 주의하여 부착한다. 눈 앞머리의 주름에 겹치지 않도록 주의한다.

(5) 아이패치 부착하기

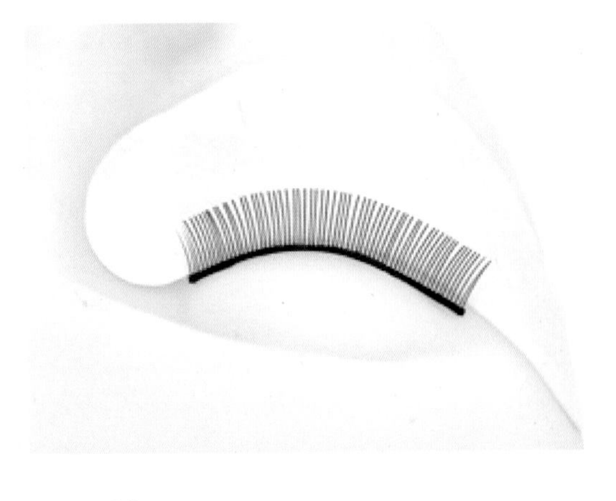

① 아이패치를 연습용 가속눈썹 아래에 부착한다.
② 아이패치가 부착 후 연습용 가속눈썹을 짓누르지 않았는지 점검한다.

(6) 전처리하기

① 우드 스파츌라(Wood Spatula)로 속눈썹 아래를 받쳐준다.

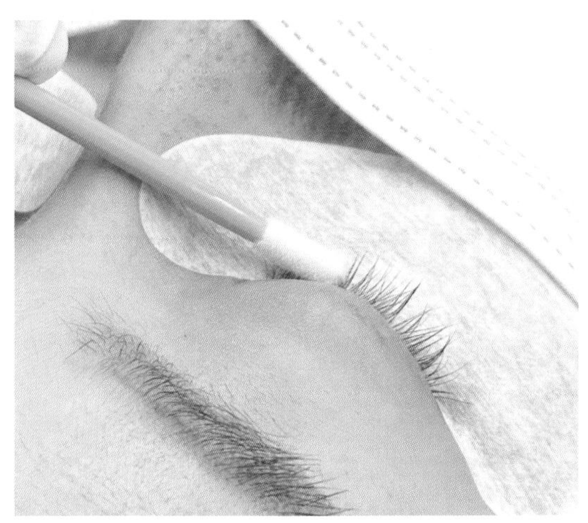

② 면봉류를 사용하여 속눈썹이 자라난 방향으로 빗겨주며, 남아있는 유분, 메이크업 잔여물, 먼지와 같은 이물질 등을 제거한다.

> **Tip**
> 미용사(메이크업) 국가자격증의 경우 아이래쉬 드라이어를 지참할 수 없으므로 적당량의 전처리제를 사용하여 글루 경화 후 백화현상을 예방한다.

(7) 속눈썹(Eyelash) 가모 떼어내기

① 속눈썹 파레트(Eyelash Palette)에 속눈썹 연장 시 사용할 가모를 길이별로 부착한다.

> **Tip**
> 속눈썹 파레트는 일자형과 곡선형 등이 있으며, 기술에 따라 적합한 것을 선택하여 사용한다.

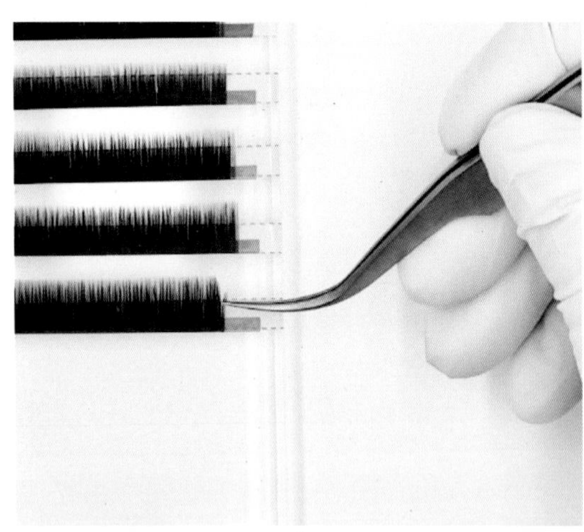

② 곡선형 핀셋 등을 이용하여 속눈썹 가모를 한 가닥 잡는다.

> Tip
>
> • 여러 가닥의 가모를 잡지 않도록 주의한다.
>
> • 강한 힘으로 가모를 잡아 모가 꺾이지 않도록 핀셋의 강도를 조절한다.

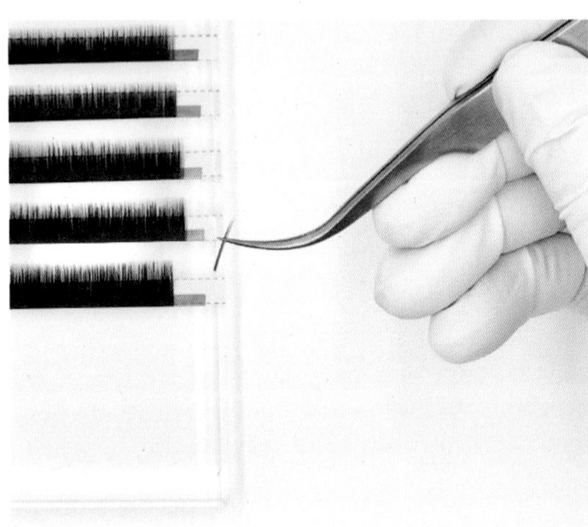

③ 가모의 뿌리로부터 2/3지점을 잡는다.

④ 아이래쉬 테크니션의 가슴 방향으로 당기듯 떼어낸다.

> Tip
>
> 떼어낸 가모가 틀어지거나 돌아가지 않도록 모가 일직선이 되도록 잡아준다.

(8) 글루(Glue) 사용하기

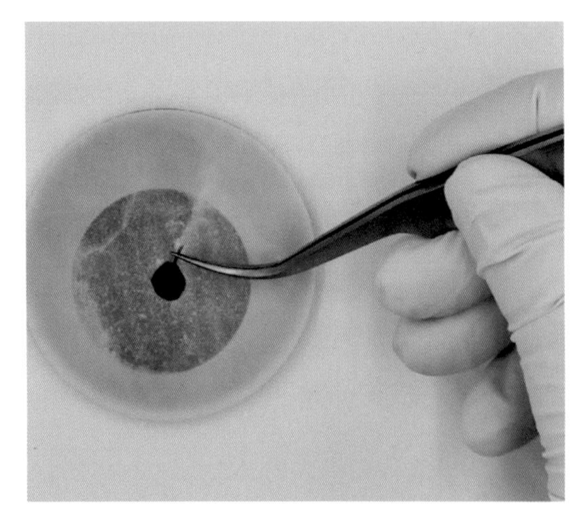

① 글루 파레트에 글루를 한 방울 떨어뜨린다. 떼어낸 가모의 뿌리로부터 1/3 지점까지 위에서 아래 방향으로 글루를 묻혀준다.

② 멍울이 생기지 않도록 넣은 방향대로 글루를 묻혀서 뺀다.(글루 양 조절)

(9) 가모 부착하기

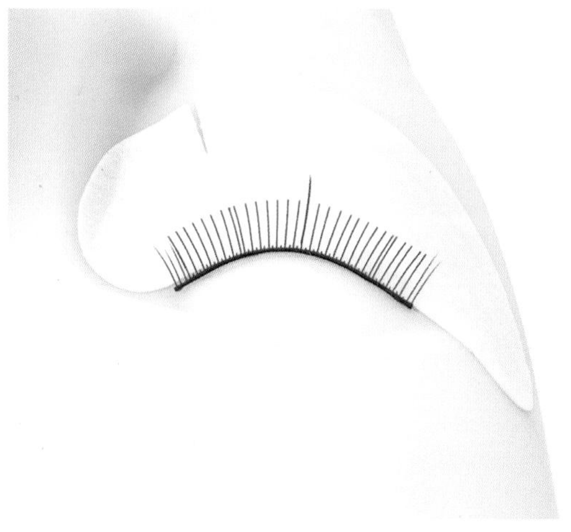

① 자연모가 자라난 방향을 확인하여 가모와 자연모의 뿌리 부분을 정확하게 밀착시킬 수 있도록 한다.

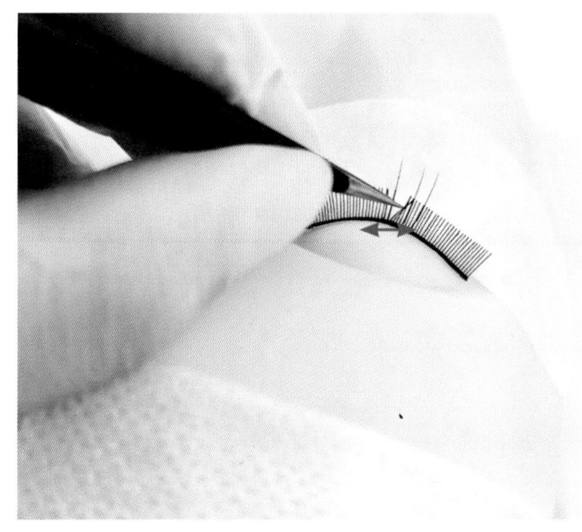

② 가모를 부착할 부위의 양옆의 가속눈썹을 벌려준다.

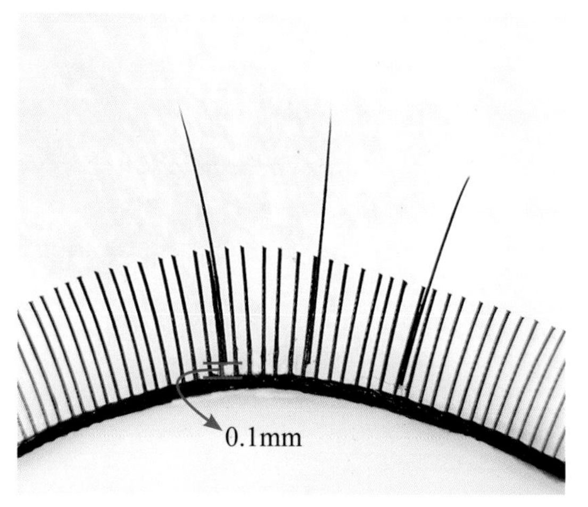

③ 모근을 보호하기 위해 자연모의 뿌리로부터 0.1cm 띄운 곳에 부착한다.

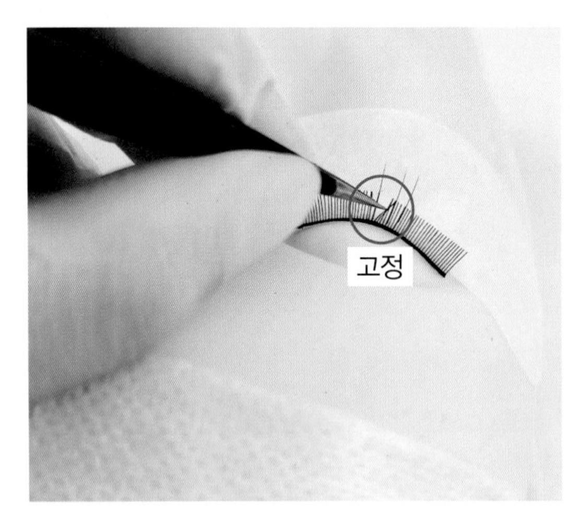

④ 속눈썹 연장 글루가 경화됨에 따라 자연모에 가모가 부착될 수 있도록 핀셋을 바로 빼지 않고 2~3초 고정한다.

(10) 부채꼴 디자인하기

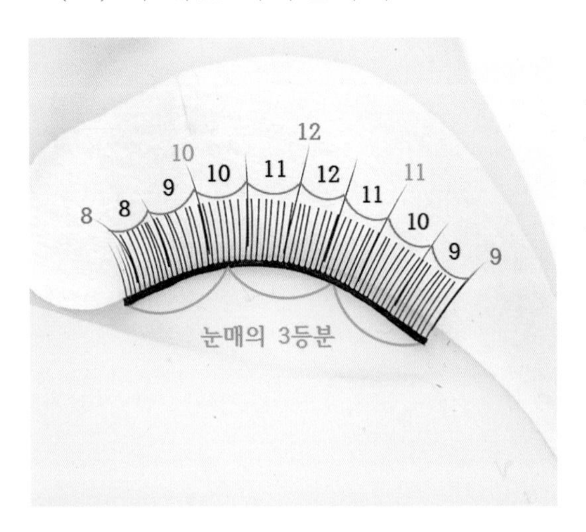

눈매 가이드라인(Guideline)을 잡은 후 사이사이 간격에 앞머리에서부터 8mm → 9mm → 10mm → 11mm → 12mm → 11mm → 10mm → 9mm 순서로 가모를 부착한다.

(11) 1:1(원투원) 기법 완성

① 연장 후 송풍기를 이용하여 글루를 완전히 건조시킨다.

② 주변을 정리한다.

2. 가지치기 속눈썹 연장술 (Add Eyelash Extension)

1. 가지치기 속눈썹 연장술 기법

비어있는 속눈썹을 풍성하게 보이기 위해 옆으로 가지를 치는 것처럼 붙이는 기법을 가지치기라고 한다.

2. 가지치기 속눈썹 연장술 준비 자세

(1) 아이래쉬 테크니션 (Eyelashes Technician)

청결한 실내 환경을 유지할 수 있도록 한다. 외모를 단정히 하고 위생적인 복장을 착용한 후 아이래쉬 익스텐션 서비스를 제공한다. 고객과 충분한 상담을 통해 자연모의 상태를 미리 점검하고 눈매에 적합한 속눈썹 디자인을 연출할 수 있어야 한다.

(2) 고객 (Customer)

고객이 미용 베드에 누울 때 편안한 자세를 취할 수 있도록 하며, 적절한 체온을 유지할 수 있도록 실내 온도를 조절한다. 속눈썹 연장을 진행할 때 아이패치 및 아이래쉬 테이프가 눈을 찌른다거나 전처리제가 눈에 들어가는 불편함을 초래하지 않도록 주의하며 서비스를 진행한다.

3. 가지치기 속눈썹 연장 준비재료

마네킹, 손소독제, 70% 알코올, 사각·원형 바트, 수건, 위생복, 헤어 캡, 보안경, 마스크, 헤어 터번, 속눈썹 연장 전처리제, 아이패치, 속눈썹 연장 전용 글루, 글루 파레트, 연습용 가속눈썹, 속눈썹 가모, 속눈썹 파레트, 가르기 핀셋, 가모 부착용 핀셋, 아이래쉬 테이프, 속눈썹 브러쉬, 화장 솜, 일회용 글루 시트, 위생 장갑, 우드 스파츌라, 더스트 백 등

4. 가지치기 속눈썹 연장 준비사항

① 도구는 사용 전 세척과 소독을 실시하여 위생적으로 관리한 것을 사용한다.
② 속눈썹 연장 시 사용할 작업 테이블을 소독하고 미용 수건을 깔아 준비한다.
③ 위생 바구니에 속눈썹 연장에 필요한 재료를 준비한다.
④ 속눈썹 연장 시 사용되는 모든 제품은 안전성 등이 인증된 제품만 사용한다.
⑤ 제품 바구니와 작업 테이블 등은 관리자의 작업이 편리한 쪽에 배치한다.
⑥ 쓰레기를 버릴 수 있는 더스트 백은 작업 테이블에 미리 부착해 둔다.
⑦ 속눈썹 연장 시 필요한 가모는 미리 속눈썹 파레트에 길이별로 부착하여 준비한다.
⑧ 연습용 속눈썹을 마네킹에 부착한 후 적절한 각도를 유지할 수 있도록 한다.

5. 가지치기 속눈썹 연장 주의사항

① 모든 아이래쉬 익스텐션 관리 전 손을 소독한다.
② 아이패치 부착 후 연습용 속눈썹이 짓눌리는 부분은 없는지 확인한다.
③ 전처리제 사용 시 소량씩 사용하여 글루의 백화현상을 방지한다.
④ 미용사(메이크업) 국가자격증 연습 시 일자형 핀셋과 곡자형 핀셋을 사용한다.
⑤ 주사용 손에 곡자형 핀셋을 연필 잡듯이 쥔다.
⑥ 일자 핀셋은 곡자형 핀셋을 쥔 반대 손에 사용한다.
⑦ 가모에 글루를 묻힐 때 많은 양이 묻지 않도록 주의한다.
⑧ 속눈썹 연장을 시작한 후 20~30분에 한 번 속눈썹 연장 글루를 교체하도록 한다.
⑨ 아이패치에 속눈썹 연장 글루가 묻어나지 않도록 한다.
⑩ 관리한 속눈썹이 양옆의 속눈썹과 엉겨 붙지 않도록 주의한다.
⑪ 속눈썹 연장 후 글루 드라이어를 사용하여 완전히 건조한다.
⑫ 속눈썹이 흐트러지거나 엉키지 않도록 아이래쉬 브러쉬를 사용하여 빗겨준다.
⑬ 아이래쉬 익스텐션 후 아이패치 및 아이래쉬 테이프 등을 제거한다.

6. 가지치기 속눈썹 연장하기

관리 시작 전 테크니션은 복장을 갖추고, 도구를 소독 후 준비한다. (167p 참고)

(1) 손 소독하기

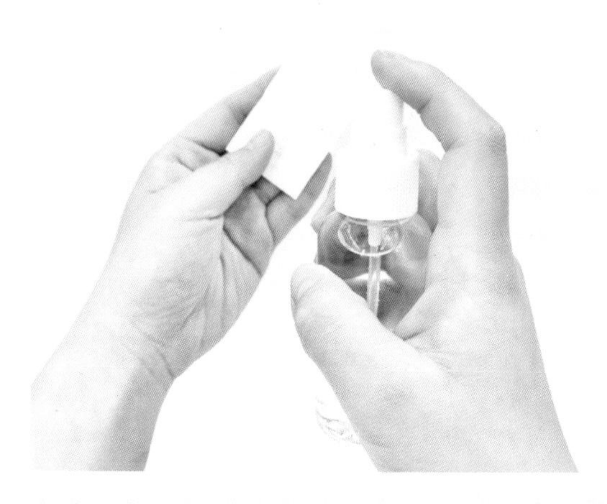

① 안티셉틱(Antiseptic)을 손에 직접 분사하거나 솜을 이용하여 손 전체를 꼼꼼하게 소독한다.

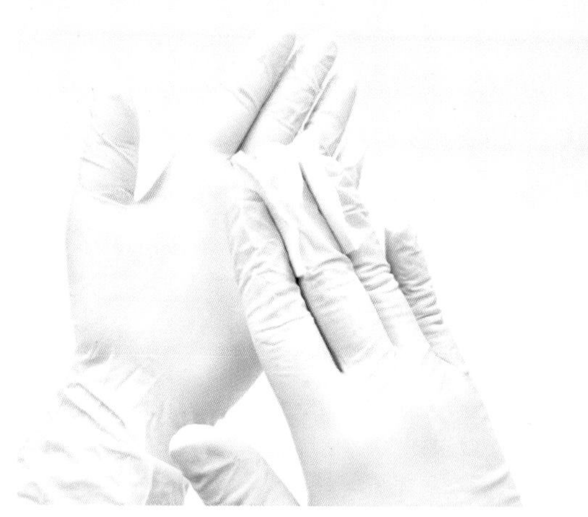

② 위생 장갑을 착용한 후 안티셉틱을 직접 분사하거나 솜을 이용하여 다시 한 번 소독한다.

(2) 글루 준비하기

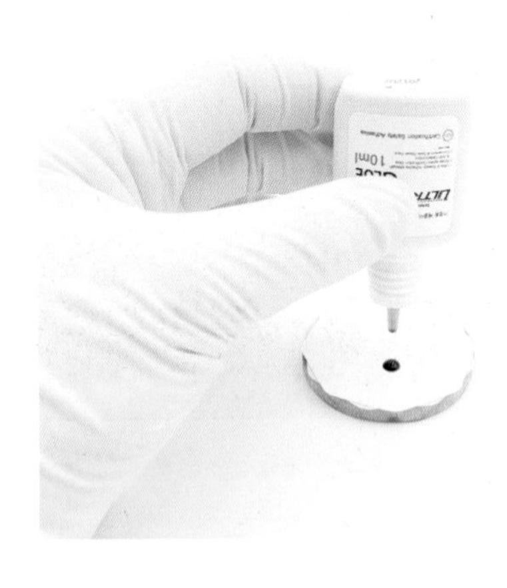

① 글루 사용 전 글루 쉐이킹을 한 후, 글루 파레트(Glue Pallet)에 글루 시트나 속눈썹 연장 테이프를 부착하여 필요량을 떨어뜨린다.

② 필요 시 중간중간 다시 도포하여 사용한다.

(3) 마네킹 준비하기

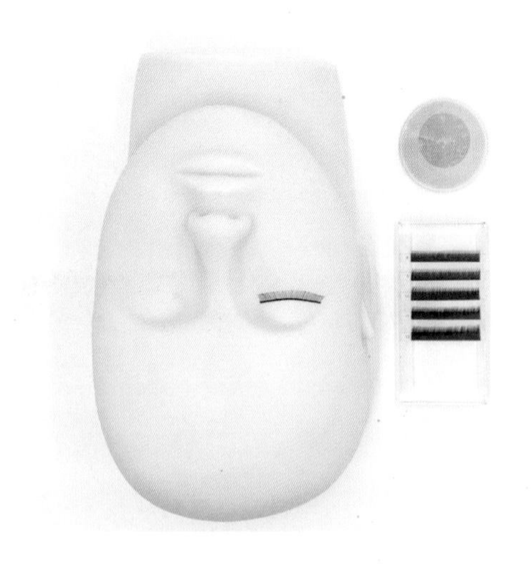

속눈썹 연장 관리 전 마네킹에 연습용 가속눈썹을 부착하며, 너무 처지거나 들리지 않도록 주의하여 부착한다. 눈 앞머리의 주름에 겹치지 않도록 주의한다.

(4) 아이패치 부착하기

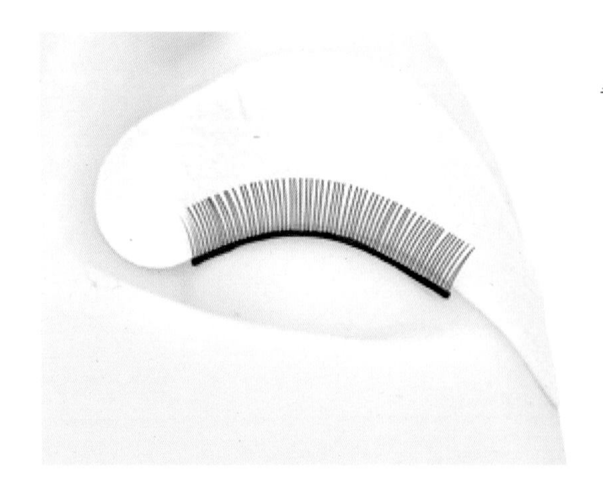

연습용 가속눈썹을 짓누르지 않도록 주의하며 아이패치를 부착한다.

(5) 전처리하기

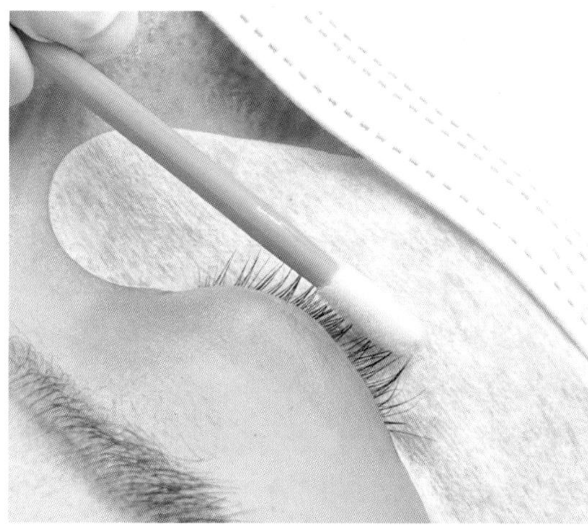

① 우드 스파츌라(Wood Spatula)를 속눈썹 아래에 받쳐준 뒤, 면봉류를 사용하여 속눈썹이 자라난 방향으로 빗겨주며, 남아있는 유분, 메이크업 잔여물, 먼지와 같은 이물질을 제거한다.

> Tip
>
> 면봉 사용 시 강한 힘을 사용하여 자연모가 손상되지 않도록 주의한다.

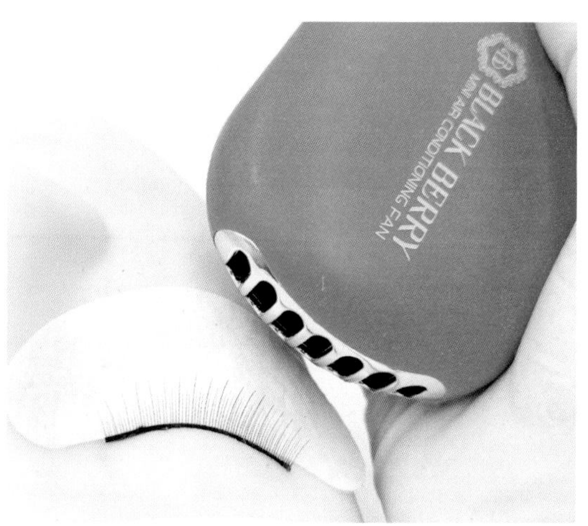

② 전처리 후 속눈썹 드라이어로 말려준다.

> Tip
>
> 전처리제가 완전히 건조되지 않고 속눈썹 연장을 할 경우 속눈썹 글루가 하얗게 굳는 백화현상이 나타난다.

(6) 속눈썹(Eyelashes) 가모 떼어내기

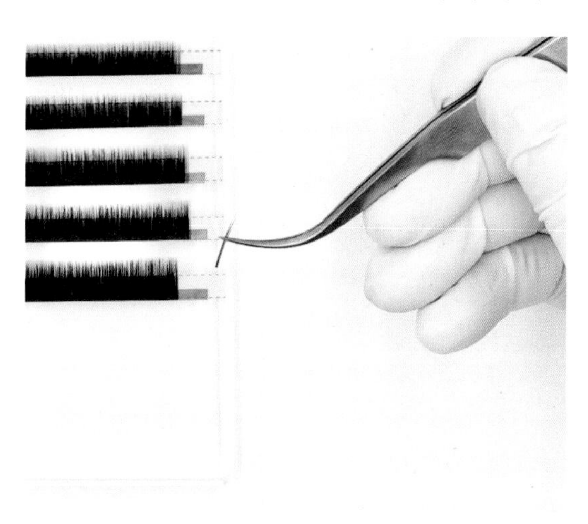

① 곡선형 핀셋 등을 이용하여 속눈썹 가모를 한 가닥 잡는다.
② 가모의 뿌리로부터 2/3지점을 잡는다.
③ 아이래쉬 테크니션의 가슴 방향으로 당기듯 떼어낸다.

> Tip
>
> - 떼어낸 가모가 틀어지거나 돌아가지 않도록 주의하여 일직선이 되게 잡는다.
> - 핀셋에 힘을 주어 가모가 꺾이지 않도록 주의한다.

(7) 글루(Glue) 사용하기

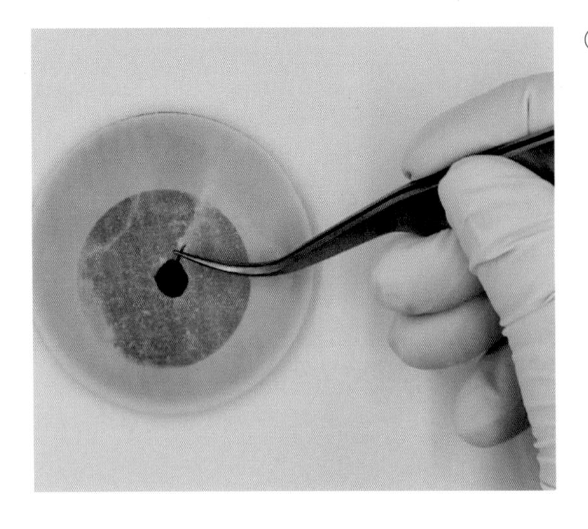

① 글루 파레트에 글루를 한 방울 떨어뜨린다. 떼어낸 가모의 뿌리로부터 1/3 지점까지 위에서 아래 방향으로 글루를 적당량 찍어준다.

(8) 가지치기 속눈썹 연장하기

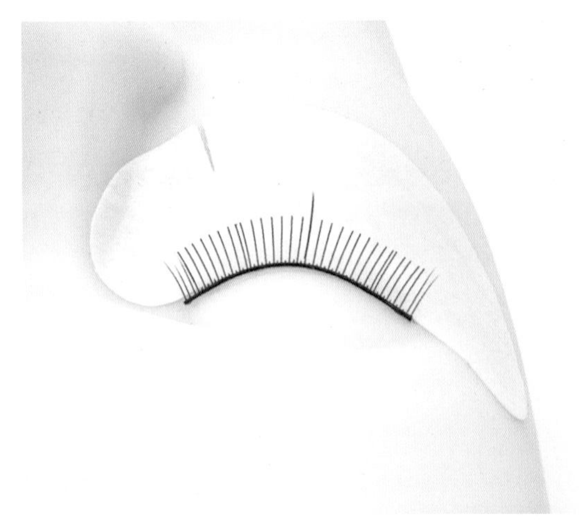

① 1:1(원투원) **속눈썹 연장하기**

속눈썹이 비어있는 부분에 가지치기 속눈썹 연장을 하기 위해 기본 1:1(원투원) 속눈썹 연장을 한다.

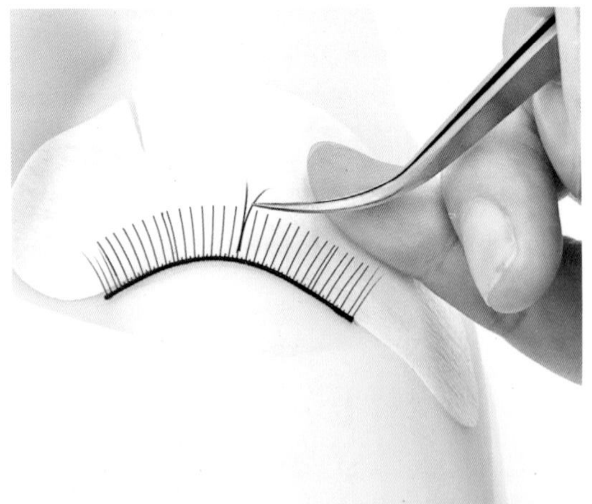

② 2D **가지치기**(2개의 모를 부착한다.)

1:1(원투원) 기법으로 부착한 가모의 오른쪽 또는 왼쪽에 나뭇가지처럼 덧대어 준다.

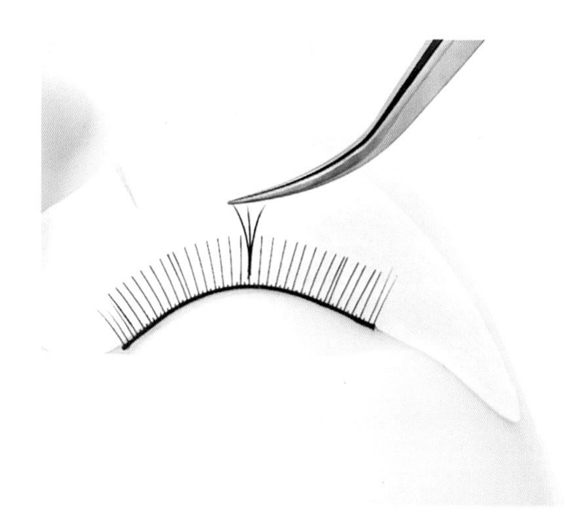

③ **3d 가지치기**(3개의 모를 부착한다.)

속눈썹이 빈약한 정도에 따라 1:1 (원투원) 기법으로 부착한 가모의 양옆으로 최대 두 개(전체 3개, 기본 모 1개, 가지치기한 모 2개)까지 덧댈 수 있다.

> **Tip**
>
> 속눈썹 연장 글루의 경화 속도가 빠른 것을 사용하여 가지치기 속눈썹 연장술 시 관리 시간을 단축할 수 있다.

(9) 가지치기 속눈썹 연장 완성

① 사용한 재료 등 주변을 정리한 후 쓰레기는 바로 폐기한다.

② 콤보 브러쉬나 스크류 브러쉬를 이용하여 모를 정리한다.

③ 글루를 완전히 건조시킨다.

언더 아이래쉬 익스텐션(Under Eyelash Extension)

1. 언더 아이래쉬 익스텐션(Under Eyelash Extension)이란?

언더 아이래쉬 익스텐션(Under Eyelash Extension)이란, 언더 아이래쉬 연장을 통해 눈이 크고 선명해 보일 수 있도록 연출하는 것이다. 언더 아이래쉬의 경우 대부분 길이가 짧으며, 숱이 적은 경우가 많다.

특히, 잔털같이 힘이 없고 약한 경우 0.07~0.10T 두께의 얇으며 4mm~8mm 짧은 길이의 가모를 사용한다. 관리 전·후의 분명한 차이를 선호하거나 평소 진한 화장을 즐겨하는 고객에 0.15T 굵기의 4~8mm 길이의 가모를 사용한다. 언더 아이래쉬의 경우 관리 시간이 짧은 반면 유지기간 또한 짧으므로, 고객에게 충분히 안내하여 클레임을 방지한다.

Point

① 속눈썹의 두께 : 제조사에 따라 Thickness(두께)의 약자인 T, 다이아미터(Diameter, 직경)인 D와 mm으로 표기한다.

② 속눈썹의 길이 : Millimeter(밀리미터)의 약자인 mm로 표기한다.

2. 언더 아이래쉬 연장의 종류

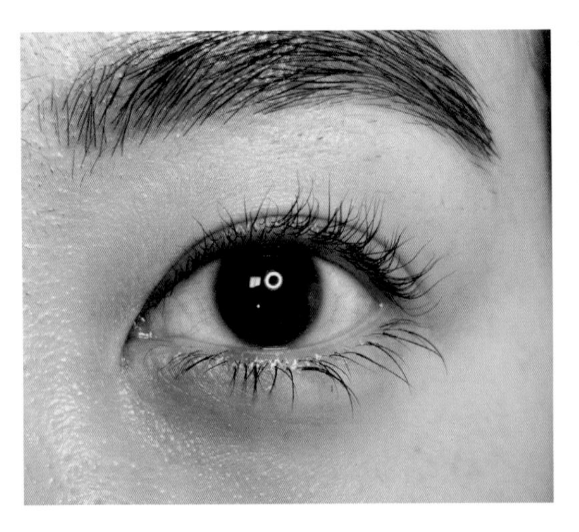

① 캣츠아이 언더 아이래쉬 익스텐션
(Cat's eye Under Eyelash Extension)

아래 속눈썹의 눈 앞머리 부분의 경우 4~5mm, 눈꼬리 부분의 경우 7~8mm의 가모를 붙여 자연스럽게 길어질 수 있도록 부착하여 눈매가 더 길어 보이도록 한다.

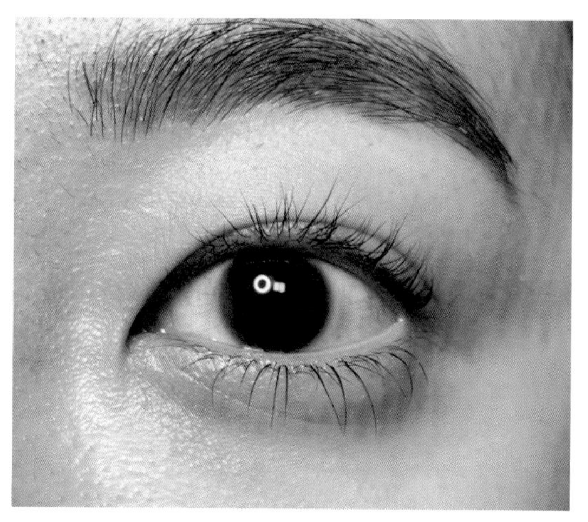

② 큐트아이 언더 아이래쉬 익스텐션
(Cute eye Under Eyelash Extension)

눈의 앞부분에는 4mm, 중앙에는 7~8mm, 눈꼬리 부분에는 5mm의 가모를 사용하여 눈이 크고 동그랗게 보이도록 연출한다.

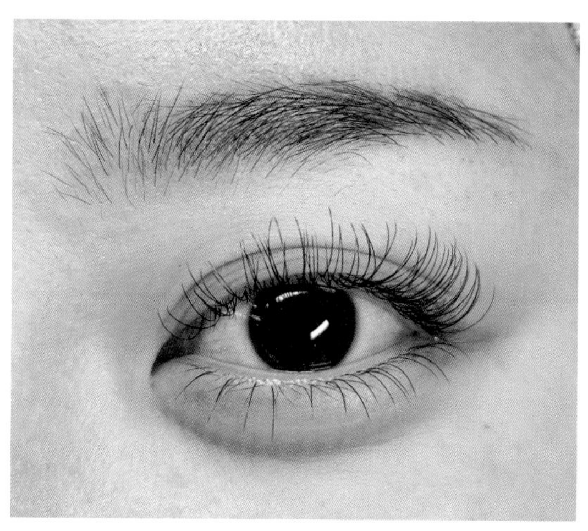

③ 내츄럴 언더 아이래쉬 익스텐션
(Natural Under Eyelash Extension)

전체적으로 5mm 길이의 가모를 사용하여 자연스럽고 눈이 선명하게 보이는 효과를 연출한다. 7mm 길이의 가모를 5~10가닥 부착하여 가이드 라인(Guide-line)을 잡고 그 사이를 5~6mm 속눈썹을 붙여 자연스럽게 연출한다.

3. 언더 아이래쉬 익스텐션의 준비 자세

(1) 아이래쉬 테크니션(Eyelashes Technician)

청결한 실내 환경을 유지할 수 있도록 한다. 외모를 단정히 하고 위생적인 복장을 착용한 후 아이래쉬 익스텐션 서비스를 제공한다. 고객과 충분한 상담을 통해 자연모의 상태를 미리 점검하고 눈매에 적합한 속눈썹 디자인을 연출할 수 있어야 한다.

(2) 고객(Customer)

고객이 미용 베드에 누울 때 편안한 자세를 취할 수 있도록 하며, 적절한 체온을 유지할 수 있도록 실내 온도를 조절한다. 속눈썹 연장을 진행할 때 아이패치 및 아이래쉬 테이프가 눈을 찌른다거나 전처리제가 눈에 들어가는 불편함을 초래하지 않도록 주의하며 서비스를 진행한다.

4. 언더 아이래쉬 익스텐션의 준비재료

손 소독제, 70% 알코올, 사각·원형 바트, 수건, 위생복, 헤어 캡, 보안경, 마스크, 헤어 터번, 속눈썹 연장 전처리제, 아이패치, 속눈썹 연장 전용 글루, 글루 파레트, 속눈썹 가모, 속눈썹 파레트, 가르기 핀셋, 가모 부착용 핀셋, 아이래쉬 테이프, 속눈썹 브러쉬, 화장 솜, 일회용 글루 시트, 위생 장갑, 우드 스파츌라, 더스트 백 등

5. 언더 아이래쉬 익스텐션 관리 전 준비사항

① 도구는 사용 전 세척과 소독을 실시하여 위생적으로 관리한 것을 사용한다.
② 속눈썹 연장 시 사용할 작업 테이블을 소독하고 미용 수건을 깔아 준비한다.
③ 위생 바구니에 속눈썹 연장에 필요한 재료를 준비한다.
④ 속눈썹 연장 시 사용되는 모든 제품은 안전성 등이 인증된 제품만 사용한다.
⑤ 제품 바구니와 작업 테이블 등은 관리자의 작업이 편리한 쪽에 배치한다.
⑥ 쓰레기를 버릴 수 있는 더스트 백은 작업 테이블에 미리 부착해 둔다.
⑦ 속눈썹 연장 시 필요한 가모는 미리 속눈썹 파레트에 길이별로 부착하여 준비한다.
⑧ 글루 파레트에 글루 스티커를 부착한다.
⑨ 미용 베개에 헤어 터번을 펼쳐두어 고객이 누운 뒤 바로 사용할 수 있도록 한다.

6. 언더 아이래쉬 익스텐션 주의사항

① 모든 아이래쉬 익스텐션 관리 전 손을 소독한다.
② 아이패치 부착 시 점막에 닿거나 눈동자을 찌르지 않는지 점검한다.
③ 전처리제 사용 시 내용물이 눈에 들어가지 않게 적정량을 사용한다.
④ 전처리 후 아이래쉬 드라이어로 완전히 건조하여 전용 글루의 백화현상을 방지한다.
⑤ 아이래쉬 테크니션의 기술에 적합한 핀셋을 사용한다.
⑥ 고객과 상담을 통해 사용할 가모의 컬, 두께, 길이 및 아이래쉬 디자인을 결정한다.
⑦ 가모에 글루를 묻힐 때 많은 양이 묻지 않도록 주의한다.

⑧ 속눈썹 연장을 시작한 후 20~30분에 한 번 속눈썹 연장 글루를 교체하도록 한다.
⑨ 아이패치에 속눈썹 연장 글루가 묻어나지 않도록 한다.
⑩ 관리한 속눈썹이 양옆의 속눈썹과 엉겨 붙지 않도록 주의한다.
⑪ 속눈썹 연장 후 글루 드라이어를 사용하여 완전히 건조한다.
⑫ 속눈썹이 흐트러지거나 엉키지 않도록 아이래쉬 브러쉬를 사용하여 빗겨준다.
⑬ 아이래쉬 익스텐션 후 아이패치 및 아이래쉬 테이프 등을 제거한다.

7. 언더 아이래쉬 익스텐션 관리 순서

관리 시작 전 테크니션은 복장을 갖추고, 도구를 소독 후 준비한다. (167p 참고)

(1) 손 소독하기

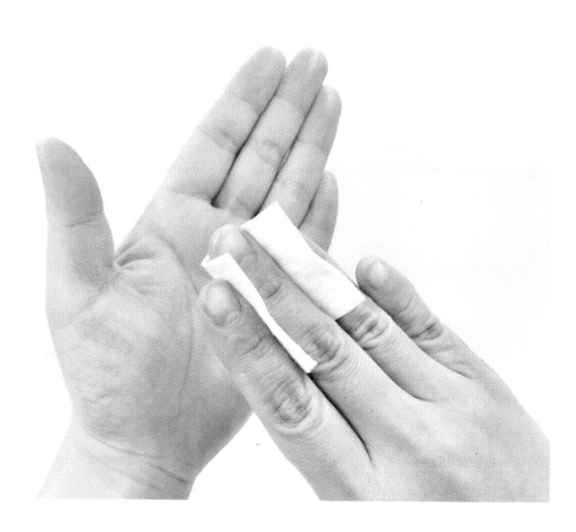

① 안티셉틱 또는 70%의 알코올을 분사한 솜을 사용하여 손바닥에서부터 손가락 방향으로 쓸어내리듯이 닦아준다. 손가락과 손끝까지 꼼꼼하게 소독한다.

② 위생 장갑을 착용한 후 안티셉틱을 직접 분사하거나 솜을 이용하여 다시 한 번 소독한다.

(2) 글루 준비하기

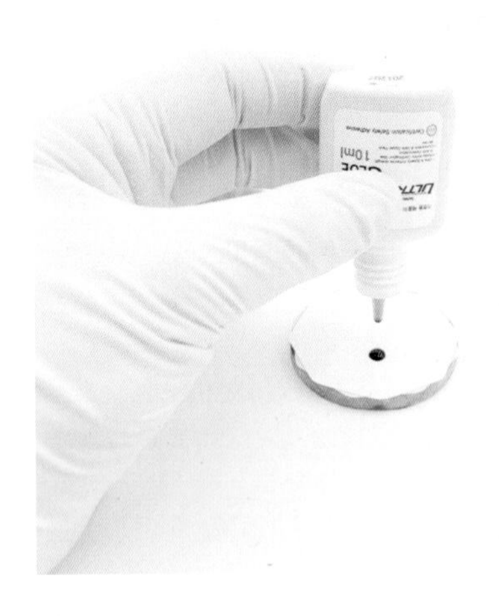

① 글루 쉐이킹 후 글루 파레트(Glue Pallet)에 글루를 준비한다.

> **Tip**
>
> 글루 쉐이킹(Glue Shaking)이란? 글루는 여러 복합 화학 물질이 함유되어 있으며, 각 성분의 밀도 차에 의해 층 분리 현상이 발생한다. 제품의 색상과 성능 등을 위해 좌·우로 20~30회 흔들어 준다.

② 속눈썹 연장 글루 병을 거꾸로 뒤집은 뒤 수직 방향으로 세워 글루를 한 방울(One drop) 떨어뜨린다. 이때 투입구에 글루가 묻지 않도록 주의한다.

> **Tip**
>
> - 속눈썹 연장 글루는 사용 중간중간에 다시 도포하여 사용한다.
> - 관리 중간 속눈썹 연장 전용 글루가 굳을 수 있으므로 20~30분 뒤 교체하여 사용하는 것이 좋다.

(3) 아이패치(Eye patch) 부착하기

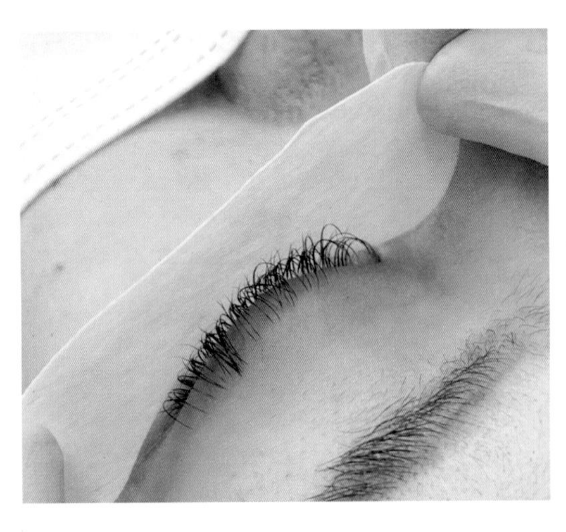

① 아이패치를 사용하여 위의 속눈썹을 덮어 올려준다. 빠져나온 윗 속눈썹이 있으면 부분 테이핑을 붙여준다.

> **Tip**
>
> 아이패치나 마스킹 테이프를 이용하여 자연모의 뿌리가 잘 보이도록 눈꺼풀을 아래로 동공이 보이지 않도록 살짝 당겨서 붙여준다.

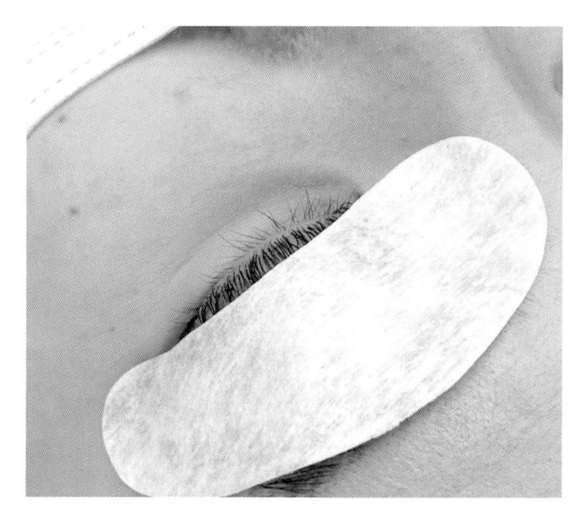

② 아이패치(Eye Patch) 완성된 모습

아래 속눈썹 아이패치 부착 시 위의 속눈썹이 빠져나오지 않게 아이패치를 부착하여 위(Upper eyelash)·아래 속눈썹(Under eyelash, Lower eyelashes)을 분리한다.

(4) 전처리하기

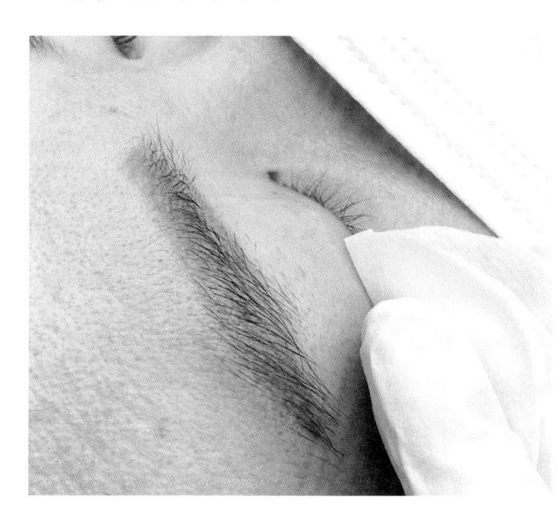

① 패드형(Eyelash Protein Pre-treatment)

핀셋을 사용하여 1장을 꺼낸 후 속눈썹의 방향대로 꼼꼼히 닦아낸다.

※ 전처리제는 원하는 타입을 사용한다.

② 전처리 후 글루의 백화현상 예방을 위해 속눈썹을 드라이어로 말려준 뒤 연장한다.

(5) 속눈썹 파레트(Eyelash Palette)에 부착하기

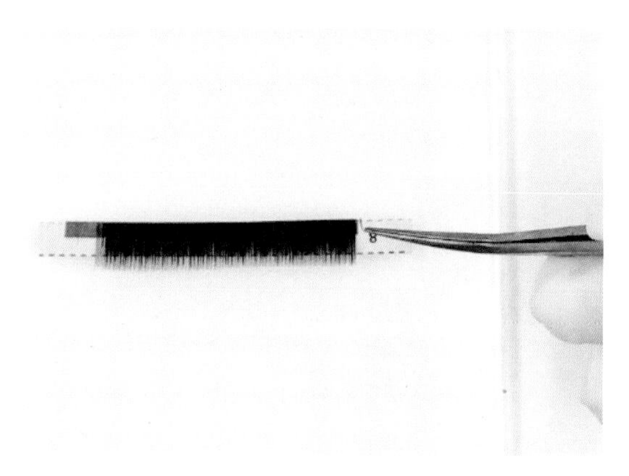

① 속눈썹 파레트에 연장에 사용할 가속눈썹을 **반대로** 부착해둔다.
② 곡자 핀셋을 이용하여 속눈썹 가모를 한 가닥을 잡는다.
③ 여러 가닥을 잡지 않도록 주의한다.
④ 세게 잡아서 모가 꺾이는 등 손상되지 않도록 주의한다.

(6) 가모 떼어 집어주기

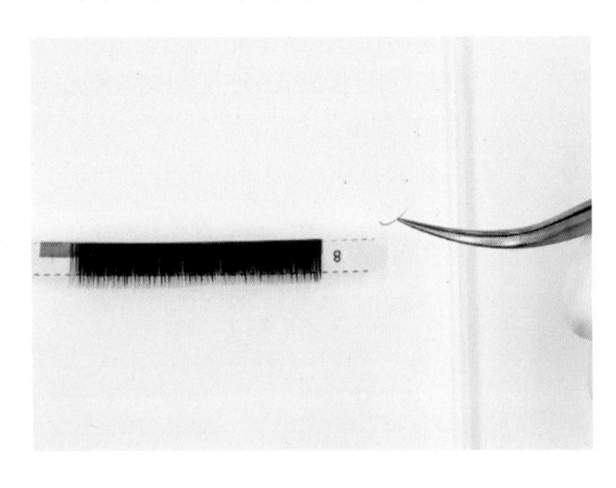

① 곡자 핀셋을 이용하여 가모의 윗부분 1/3지점을 잡고 떼어낸다.
② 가모가 부착된 역방향으로 떼어낸다.

> **Tip**
>
> 언더 아이래쉬 익스탠션 시 속눈썹 가모를 역방향으로 떼어내기 위해 가모가 부착된 파레트를 반대로 돌린 후 정방향으로 떼어낸다.(일반 속눈썹 연장과 반대 방향)

(7) 글루(Glue) 묻히기

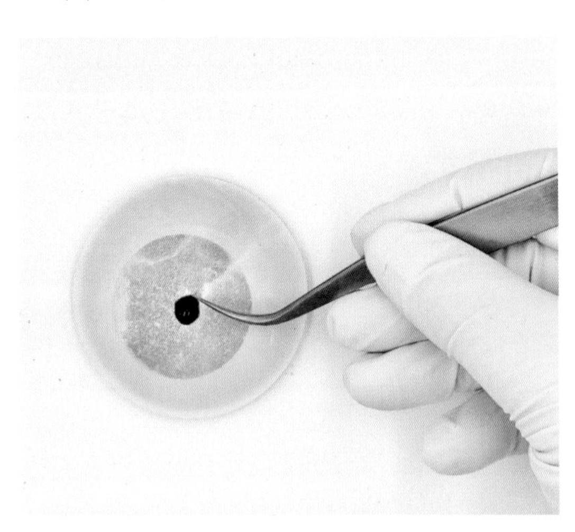

① 떼어낸 가모를 위에서 아래 방향으로 1/3 정도 살짝 밀어 넣으면서 글루를 묻혀 준다.
② 글루의 양이 많으면 여백의 글루 시트에 조절한 후 부착한다.

> **Tip**
>
> 가모에 글루가 멍울지지 않도록 주의하며, 멍울이 졌을 경우 덜어내어야 한다. 또한, 핀셋에 글루가 묻지 않도록 주의한다.

(8) 가모 붙이기

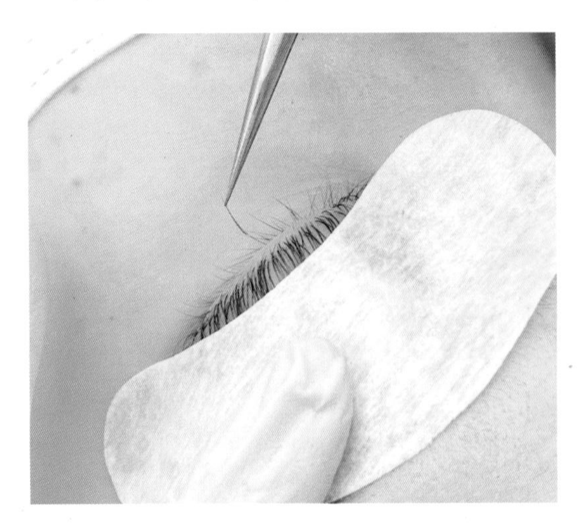

글루를 묻힌 가모를 손바닥이 보이게 뿌리 방향 그대로 붙인다.

> **Tip**
>
> 아래 속눈썹은 촘촘하게 붙이지 않고 8~15가닥 정도만 붙인다. 5~7mm의 길이의 JC컬을 권장한다.

(9) 테이핑 제거하기

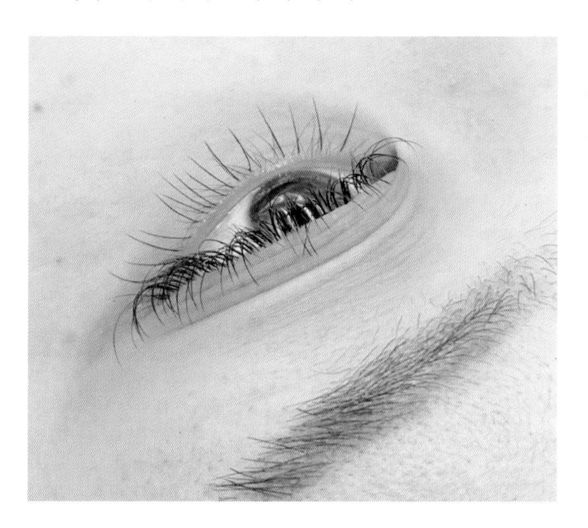

속눈썹의 연장술이 마무리 된 후 눈 위에 부착된 테이핑을 제거한다. 눈꺼풀 테이프도 제거한다.

(10) 언더 아이래쉬 완성하기 (내츄럴 기법)

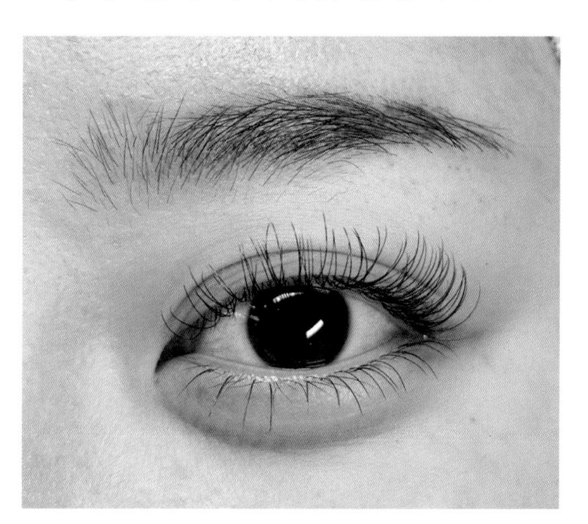

사용한 재료 등을 정리한 후 쓰레기는 바로 폐기한다.

Chapter 8

아이래쉬 인크리스 Eyelash Increase

1. 아이래쉬 익스텐션(Extension)과 인크리스(Increase)의 차이

1. 아이래쉬 익스텐션(Eyelash Extension)이란?

속눈썹 연장술을 아이래쉬 익스텐션(Eyelash Extension)이라 부르며, 자연모 한 가닥에 가모 한 가닥을 부착하여 속눈썹의 길이를 연장하는 방법이다.

2. 아이래쉬 인크리스(Eyelash Increase)

속눈썹 증모술을 아이래쉬 인크리스(Eyelash Increase)라 부르며, 자연모 한 가닥에 두 가닥 이상의 여러 다발의 가모를 사용하여 속눈썹 숱과 길이를 증가시키는 방법이다.

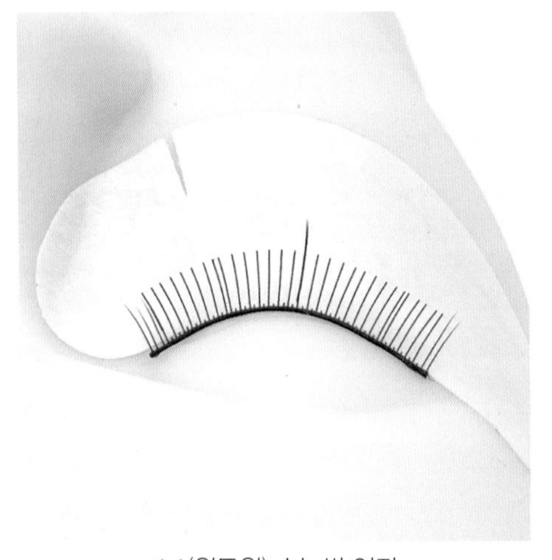

1:1(원투원) 속눈썹 연장

속눈썹 증모 3D 기법

그림 8-1 1:1(원투원) 속눈썹 연장과 속눈썹 증모 3D 기법 비교

2. 아이래쉬 인크리스의 종류

아이래쉬 인크리스의 종류에는 2D, 3D와 러시안 볼륨(Russian Volume)이 있으며, 자연모를 풍성하게 보일 수 있도록 연출할 수 있다는 공통점이 있지만, 가모를 사용하는 방법에 큰 차이가 있다. 2D와 3D는 가모를 각 2가닥 또는 3가닥을 한 번에 뜯어내어 자연모에 부착하는 방법이다. 러시안 볼륨은 한 번에 여러가닥의 가모의 뿌리 부분을 핀셋을 이용하여 굴린 다음 부채처럼 펼쳐 자연모에 부착하는 방법이다.

아이래쉬 인크리스 2D 기법(Eyelash Increase 2D Technique)

1. 속눈썹 증모 2D 기법

기존의 자연모 속눈썹 한 모에 두 가닥의 가모를 사용하여 기존 자연모 속눈썹의 얇고 적은 모를 풍성해 보이게 연출하는 증모 방법이다.

2. 속눈썹 증모 2D 준비 자세

(1) 아이래쉬 테크니션(Eyelash Technician)

청결한 실내 환경을 유지할 수 있도록 한다. 외모를 단정히 하고 위생적인 복장을 착용한 후 아이래쉬 익스텐션 서비스를 제공한다. 고객과 충분한 상담을 통해 자연모의 상태를 미리 점검하고 눈매에 적합한 속눈썹 디자인을 연출할 수 있어야 한다.

(2) 고객(Customer)

고객이 미용 베드에 누울 때 편안한 자세를 취할 수 있도록 하며, 적절한 체온을 유지할 수 있도록 실내 온도를 조절한다. 속눈썹 연장을 진행할 때 아이패치 및 아이래쉬 테이프가 눈을 찌른다거나 전처리제가 눈에 들어가는 불편함을 초래하지 않도록 주의하며 서비스를 진행한다.

3. 속눈썹 증모 2D 준비재료

마네킹, 손 소독제, 70% 알코올, 사각 바트, 미용수건, 위생복, 헤어 캡, 헤어 터번, 마스크, 속눈썹 연장 전처리제, 아이패치, 속눈썹 연장 전용 글루, 글루 파레트, 연습용 가속눈썹, 속눈썹 가모, 속눈썹 파레트, 가르기 핀셋, 가모 부착용 핀셋, 아이래쉬 테이프, 속눈썹 브러쉬, 화장 솜, 일회용 글루 시트, 위생 장갑, 우드 스파츌라, 더스트 백 등

4. 속눈썹 증모 2D 준비사항

① 도구는 사용 전 세척과 소독하여 위생적으로 관리한 것을 사용한다.
② 속눈썹 연장 시 사용할 작업 테이블을 소독하고 미용 수건을 깔아 준비한다.
③ 위생 바구니에 속눈썹 연장에 필요한 재료를 준비한다.
④ 속눈썹 연장 시 사용되는 모든 제품은 안전성 등이 인증된 제품만 사용한다.
⑤ 제품 바구니와 작업 테이블 등은 관리자의 작업이 편리한 쪽에 배치한다.
⑥ 쓰레기를 버릴 수 있는 더스트 백은 작업 테이블에 미리 부착해 둔다.
⑦ 속눈썹 연장 시 필요한 가모는 미리 속눈썹 파레트에 길이별로 부착한다.
⑧ 연습용 속눈썹을 마네킹에 부착한 후 적절한 각도를 유지할 수 있도록 한다.

5. 속눈썹 증모 2D 주의사항

① 모든 아이래쉬 익스텐션 관리 전 손을 소독한다.
② 아이패치 부착 후 연습용 속눈썹이 짓눌리는 부분은 없는지 확인한다.
③ 전처리제 사용 시 소량씩 사용하여 글루의 백화현상을 방지한다.
④ 미용사(메이크업) 국가자격증 연습 시 일자형 핀셋과 곡자형 핀셋을 사용한다.
⑤ 주사용 손에 곡자형 핀셋을 연필 잡듯이 쥔다.
⑥ 일자 핀셋은 곡자형 핀셋을 쥔 반대 손에 사용한다.
⑦ 가모에 글루를 묻힐 때 많은 양이 묻지 않도록 주의한다.
⑧ 속눈썹 연장을 시작한 후 20~30분에 한 번 속눈썹 연장 글루를 교체하도록 한다.
⑨ 아이패치에 속눈썹 연장 글루가 묻어나지 않도록 한다.
⑩ 관리한 속눈썹이 양옆의 속눈썹과 엉겨 붙지 않도록 주의한다.
⑪ 속눈썹 연장 후 글루 드라이어를 사용하여 완전히 건조한다.

⑫ 속눈썹이 흐트러지거나 엉키지 않도록 아이래쉬 브러쉬를 사용하여 빗겨준다.

⑬ 아이래쉬 익스텐션 후 아이패치 및 아이래쉬 테이프 등을 제거한다.

6. 속눈썹 증모 2D 관리 순서

관리 시작 전 테크니션은 복장을 갖추고, 도구를 소독 후 준비한다. (167p 참고)

(1) 손 소독하기

① 안티셉틱을 이용하여 손을 1차 소독한다.

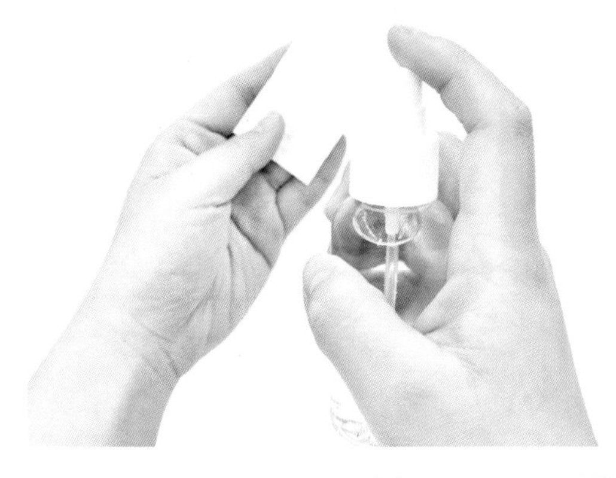

② 위생 장갑을 착용한 후 안티셉틱을 직접 분사하거나 솜을 이용하여 다시 한 번 소독한다.

(2) 글루 떨어뜨리기

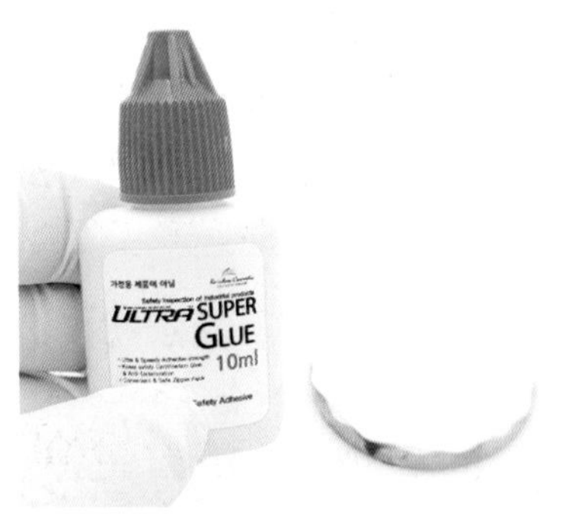

① 글루 쉐이킹

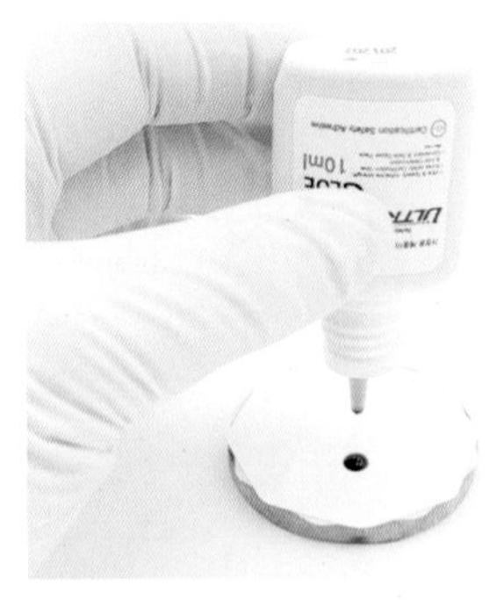

② 글루 도포

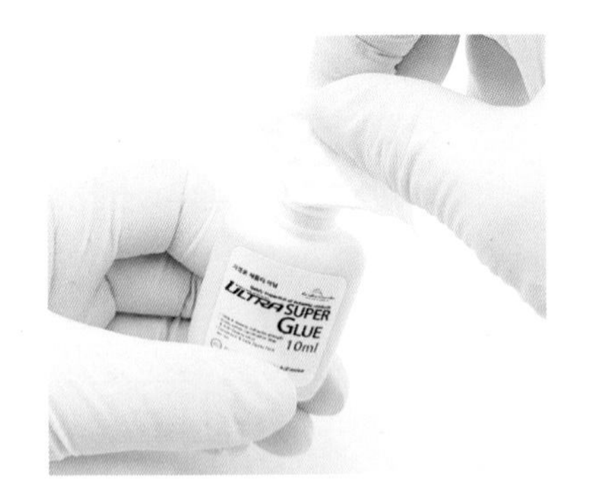

③ 투입구 관리하기

(3) 아이패치 부착하기

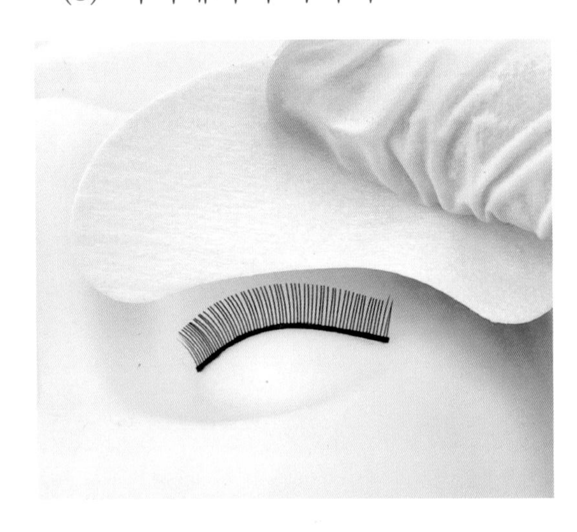

① 아이패치를 연습용 가속눈썹 아래에 부착한다.
② 속눈썹이 눌려지지 않도록 주의하여 부착한다.

(4) 전처리하기 후 건조하기

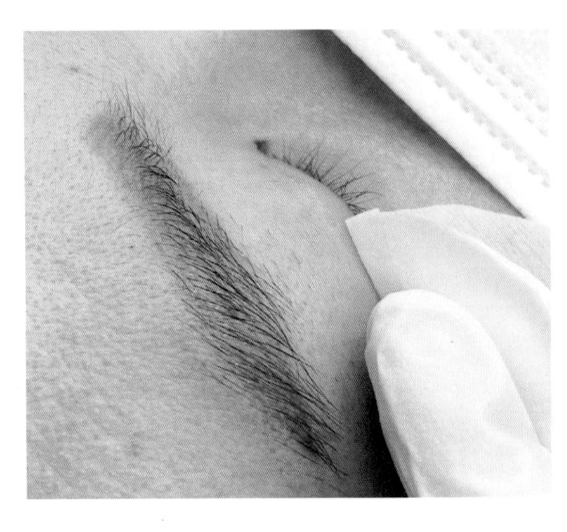

① 패드형(Eyelash Protein Pre-treatment) 전처리제를 핀셋을 사용하여 1장을 꺼낸 후 속눈썹의 방향대로 꼼꼼히 닦아낸다.
※ 전처리제는 필요에 따라 타입(Type)을 선택한다.

(5) 속눈썹(Eyelash) 가모 떼어내기

① 곡선형 핀셋 등을 이용하여 속눈썹 가모를 두 가닥 잡는다.

> Tip
> 두 가닥 이상의 가모를 잡지 않도록 주의하며, 강한 힘으로 가모가 꺾이지 않도록 주의한다.

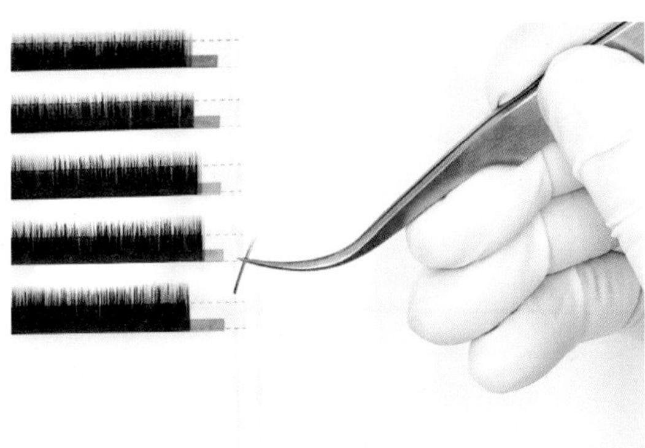

② 가모의 뿌리로부터 2/3지점을 잡는다.
③ 아이래쉬 테크니션의 가슴 방향으로 당기듯 떼어낸다.

> Tip
> 떼어낸 가모가 틀어지거나 돌아가지 않도록 일직선이 되게 잡는다.

(6) 글루(Glue) 사용하기

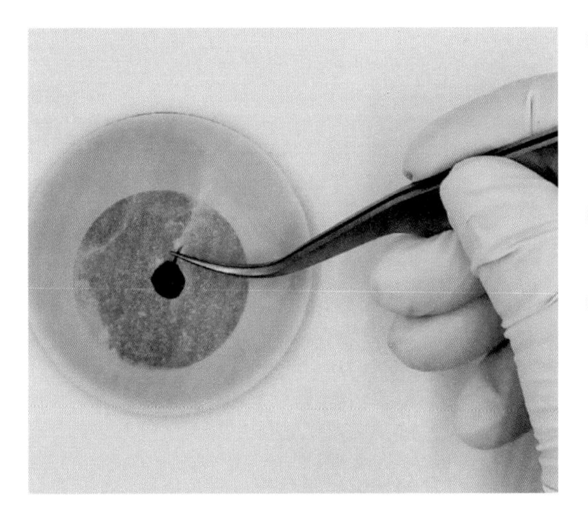

① 글루 파레트에 글루를 한 방울 떨어뜨린다. 떼어낸 가모의 뿌리로부터 1/3 지점까지 위에서 아래 방향으로 글루에 집어넣는다.
② 멍울이 생기지 않도록 넣은 방향대로 글루를 묻혀서 뺀다.
③ 글루의 양이 많거나 멍울이 발생했을 경우 글루 시트에서 덜어낸 후 부착한다.

(7) 핀셋 사용하기

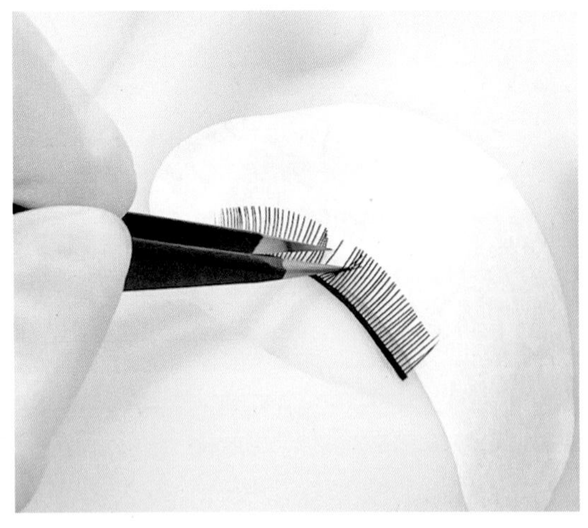

① 일자 핀셋

- 주사용 손 반대 손에 사용한다.
- 가모를 부착할 자연모의 양옆의 자연모를 벌려준다.
- 핀셋이 피부를 찌르지 않도록 주의한다.

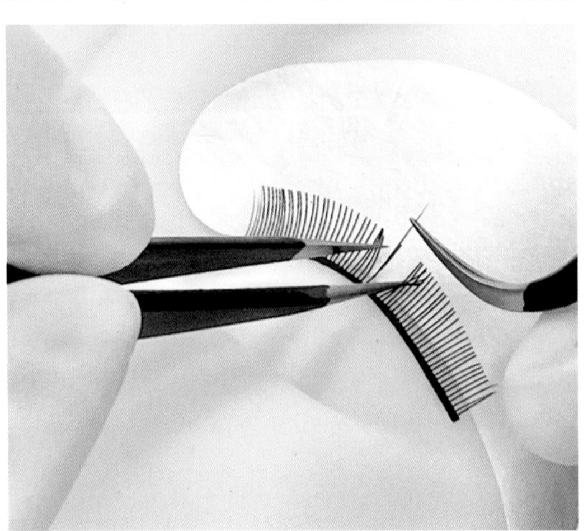

② 곡자 핀셋 자세

- 주사용 손에 핀셋을 사용한다.
- 가모가 꺾이지 않도록 주의하며 가모의 뿌리로부터 2/3를 잡고 떼어낸다.
- 가모의 뿌리로부터 1/3까지 글루를 묻힌다.
- 눈매의 중앙 부분부터 가모를 부착하며, 이때 90°를 유지한다.

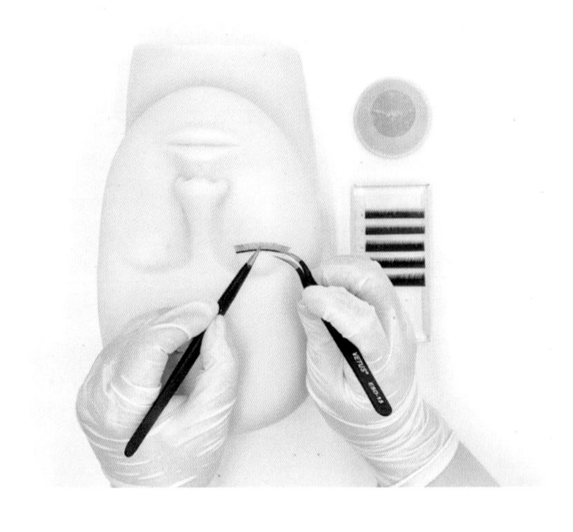

③ 올바른 핀셋 사용 자세

주사용 손이 오른손 기준으로 한 올바른 핀셋 사용 자세이며, 주사용 손이 왼손일 경우 핀셋을 반대로 사용한다.

(8) 도식화 : 부채꼴형 (Fan round Shape)

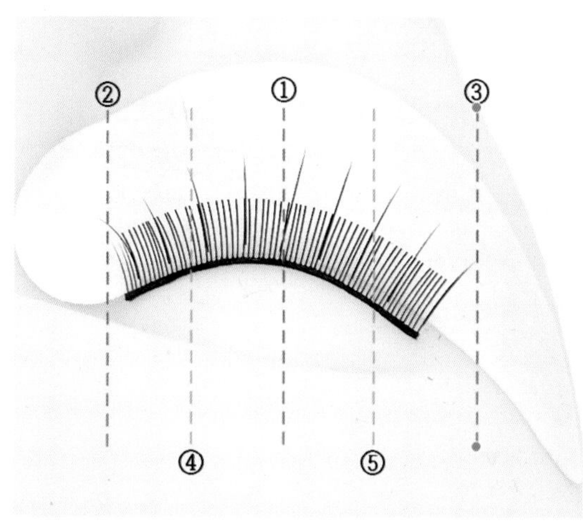

① T.P에 12mm, I.P에 8mm, O.P에 9mm의 가모를 이용하여 눈매를 3등분한다.

② T.P와 I.P의 중심에 10mm의 가모를 부착한다.

③ O.P와 T.P 중심에 11mm의 가모를 부착한다.

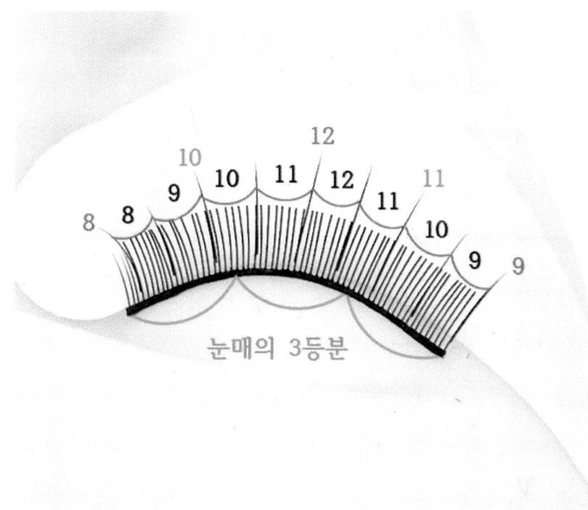

④ 좌측의 그림과 같이 8mm → 9mm → 10mm → 11mm → 12mm → 11mm → 10mm → 9mm의 가모를 사용하여 눈 앞머리에서부터 부착한다.

⑤ **도식화** : 부채꼴형 가이드라인 완성

(9) 아이래쉬 드라이어 사용하기

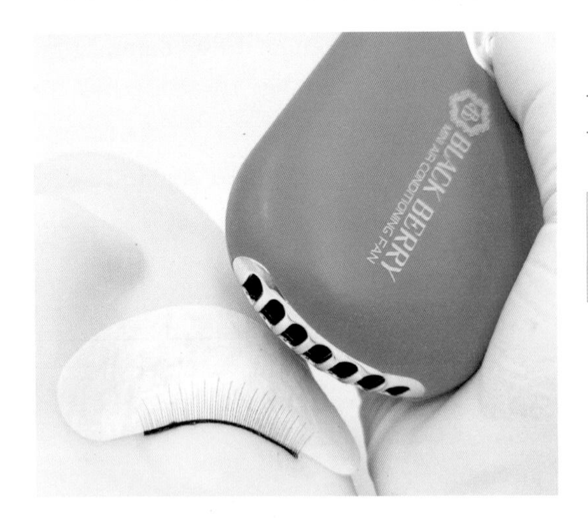

속눈썹 증모가 마무리된 후 아이래쉬 드라이어(Eyelash dryer)를 사용하여 글루를 건조한다.

> Tip
>
> 글루가 완전히 건조되기 전 눈을 뜨면 눈이 시릴 수 있다.

(10) 아이래쉬 브러쉬 사용하기

속눈썹 증모 후 아이래쉬 브러쉬를 사용하여 빗음으로써 상태를 점검할 수 있다. 이때 탈락된 부분이 확인되면 다시 채워준다.

(11) 속눈썹 증모술 : 2D 완성

 아이래쉬 인크리스 3D 기법(Eyelash Increase 3D Technic)

1. 속눈썹 증모 3D 기법

기존의 자연모 속눈썹 한 모에 세 가닥의 가모를 사용하여 기존 자연모 속눈썹의 얇고 적은 모를 풍성해 보이게 연출하는 증모 방법이다.

2. 속눈썹 증모 3D 준비 자세

(1) 아이래쉬 테크니션(Eyelash Technician)

청결한 실내 환경을 유지할 수 있도록 한다. 외모를 단정히 하고 위생적인 복장을 착용한 후 아이래쉬 익스텐션 서비스를 제공한다. 고객과 충분한 상담을 통해 자연모의 상태를 미리 점검하고 눈매에 적합한 속눈썹 디자인을 연출할 수 있어야 한다.

(2) 고객(Customer)

고객이 미용 베드에 누울 때 편안한 자세를 취할 수 있도록 하고, 적절한 체온을 유지할 수 있도록 실내 온도를 조절한다. 속눈썹 연장을 진행할 때 아이패치 및 아이래쉬 테이프가 눈을 찌른다거나 전처리제가 눈에 들어가는 불편함을 초래하지 않도록 주의하며 서비스를 진행한다.

3. 속눈썹 증모 3D 준비재료

마네킹, 손 소독제, 70% 알코올, 사각 바트, 미용수건, 위생복, 헤어 캡, 보안경, 마스크, 헤어 터번, 속눈썹 연장 전처리제, 아이패치, 속눈썹 연장 전용 글루, 글루 파레트, 연습용 가속눈썹, 속눈썹 가모, 속눈썹 파레트, 가르기 핀셋, 가모 부착용 핀셋, 아이래쉬 테이프, 속눈썹 브러쉬, 화장 솜, 일회용 글루 시트, 위생 장갑, 우드 스파츌라, 더스트 백 등

4. 속눈썹 증모 3D 준비사항

① 도구는 사용 전 세척과 소독하여 위생적으로 관리한 것을 사용한다.

② 속눈썹 연장 시 사용할 작업 테이블을 소독하고 미용 수건을 깔아 준비한다.

③ 위생 바구니에 속눈썹 연장에 필요한 재료를 준비한다.

④ 속눈썹 연장 시 사용되는 모든 제품은 안전성 등이 인증된 제품만 사용한다.

⑤ 제품 바구니와 작업 테이블 등은 관리자의 작업이 편리한 쪽에 배치한다.

⑥ 쓰레기를 버릴 수 있는 더스트 백은 작업 테이블에 미리 부착해 둔다.

⑦ 속눈썹 연장 시 필요한 가모는 미리 속눈썹 파레트에 길이별로 부착한다.

⑧ 연습용 속눈썹을 마네킹에 부착한 후 적절한 각도를 유지할 수 있도록 한다.

5. 속눈썹 증모 3D 주의사항

① 모든 아이래쉬 익스텐션 관리 전 손을 소독한다.

② 아이패치 부착 후 연습용 속눈썹이 짓눌리는 부분은 없는지 확인한다.

③ 전처리제 사용 시 소량씩 사용하여 글루의 백화현상을 방지한다.

④ 미용사(메이크업) 국가자격증 연습 시 일자형 핀셋과 곡자형 핀셋을 사용한다.

⑤ 주사용 손에 곡자형 핀셋을 연필 잡듯이 쥔다.

⑥ 일자 핀셋은 곡자형 핀셋을 쥔 반대 손에 사용한다.

⑦ 가모에 글루를 묻힐 때 많은 양이 묻지 않도록 주의한다.

⑧ 속눈썹 연장을 시작한 후 20~30분에 한 번 속눈썹 연장 글루를 교체하도록 한다.

⑨ 아이패치에 속눈썹 연장 글루가 묻어나지 않도록 한다.

⑩ 관리한 속눈썹이 양옆의 속눈썹과 엉겨 붙지 않도록 주의한다.

⑪ 속눈썹 연장 후 글루 드라이어를 사용하여 완전히 건조한다.

⑫ 속눈썹이 흐트러지거나 엉키지 않도록 아이래쉬 브러쉬를 사용하여 빗겨준다.

⑬ 아이래쉬 익스텐션 후 아이패치 및 아이래쉬 테이프 등을 제거한다.

6. 속눈썹 증모 3D 관리 순서

(1) 손 소독하기

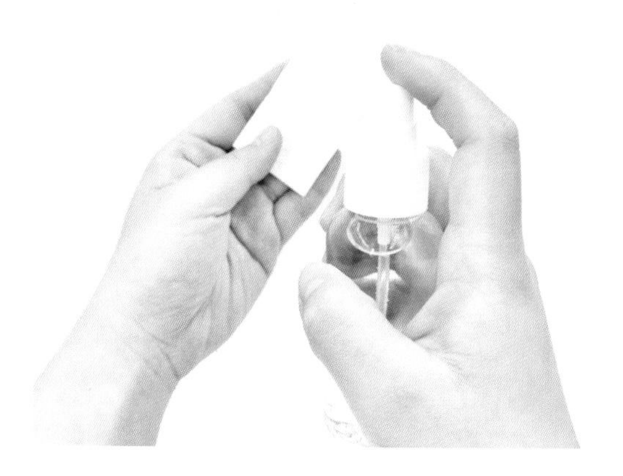

손소독제를 이용하여
① 1차 소독 : 장갑 착용 전
② 2차 소독 : 장갑 착용 후
손 소독을 실시한다.

(2) 글루 준비하기

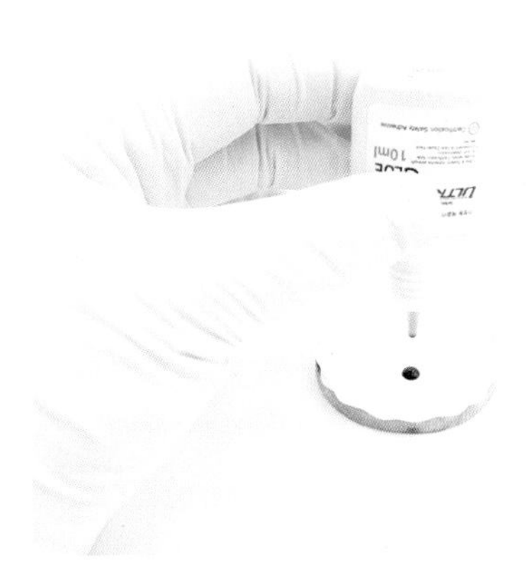

① 글루 파레트(Glue Pallet)에 필요량의 글루를 떨어뜨린다.

(3) 아이패치 부착하기

아이패치를 부착 후 연습용 가속눈썹을 짓누르지 않았는지 점검한다.

(4) 전처리하기

① 액상형(Eyelash Primer Pretreatment) 마이크로 면봉에 액상형 전처리제를 소량을 묻힌 후 속눈썹의 방향대로 꼼꼼히 닦아낸다.

② 전처리 후 수분기가 없어지도록 속눈썹 드라이어(Eyelash dryer)로 말려준다.

> **Tip**
> 전처리제가 완전히 건조되지 않고 속눈썹 연장을 할 경우 속눈썹 글루가 하얗게 굳는 백화현상이 나타난다.

(5) 속눈썹(Eyelash) 가모 떼어내기

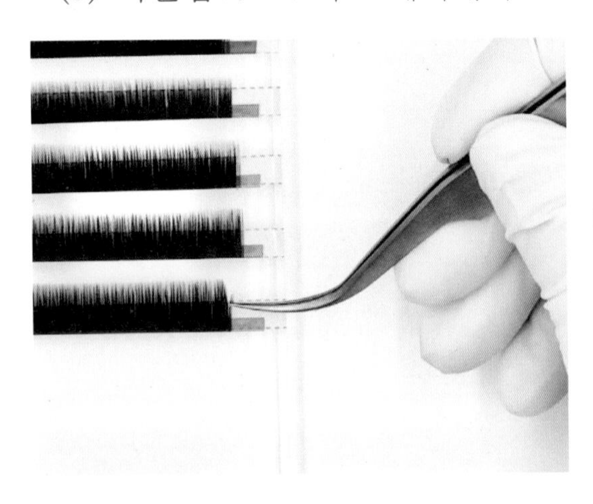

① 속눈썹 파레트에 길이별로 준비된 손눈썹을 곡선형 핀셋 등을 이용하여 속눈썹 가모를 세 가닥 잡는다.

> **Tip**
> - 세 가닥 이상의 가모를 잡지 않도록 주의하며, 강한 힘으로 가모가 꺾이지 않도록 주의한다.
> - 속눈썹 파레트는 일자형과 곡선형 등이 있으며, 기술에 따라 적합한 것을 선택하여 사용한다.

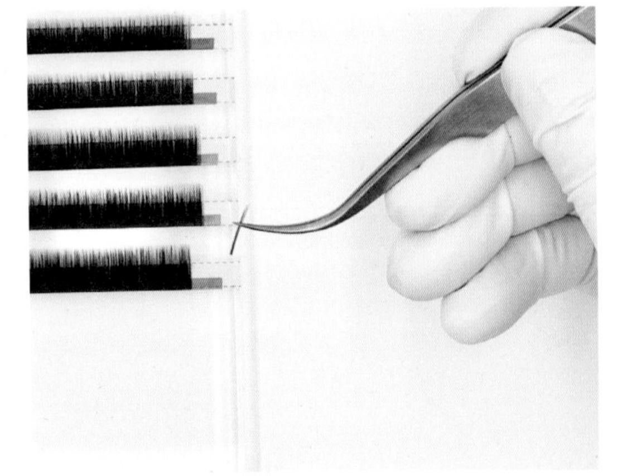

② 가모의 뿌리로부터 2/3지점을 잡는다.

③ 아이래쉬 테크니션의 가슴 방향으로 당기듯 떼어낸다.

> **Tip**
> 떼어낸 가모가 틀어지거나 돌아가지 않도록 일직선이 되게 잡는다.

(6) 글루(Glue) 사용하기

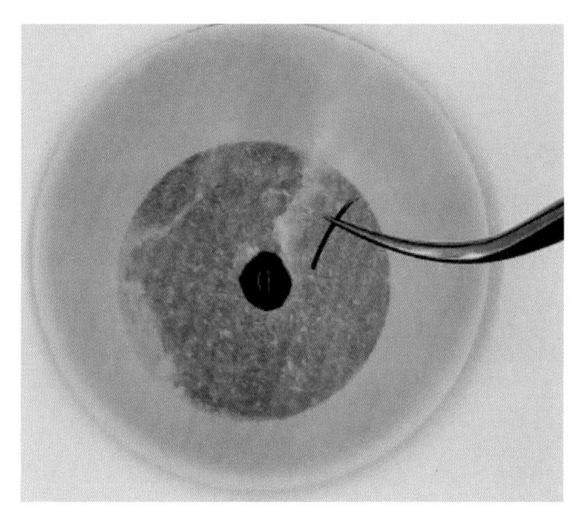

① 멍울이 생기지 않도록 넓은 방향대로 글루를 묻혀서 뺀다. (가모의 1/3 지점까지 글루 도포)

② 글루의 양이 많거나 멍울이 발생했을 경우 글루 시트에서 덜어낸 후 부착한다.

(7) 핀셋 사용하기

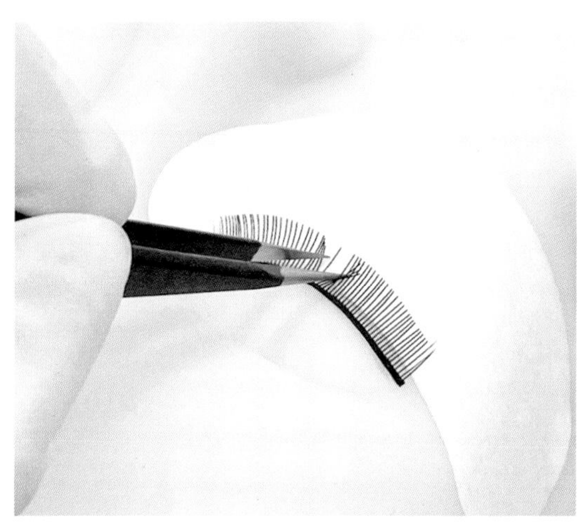

① 일자 핀셋

- 주사용 손 반대 손에 사용한다.
- 가모를 부착할 자연모의 양옆의 자연모를 벌려준다.
- 핀셋이 피부를 찌르지 않도록 주의한다.

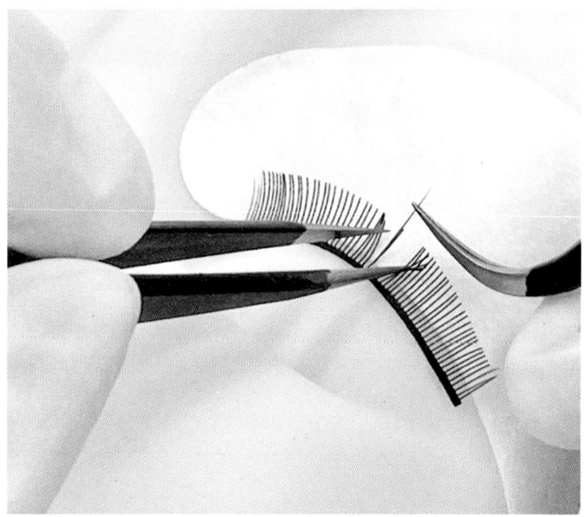

② 곡자 핀셋 자세

- 주사용 손에 핀셋을 사용한다.
- 가모가 꺾이지 않도록 주의하며 가모의 뿌리로부터 2/3를 잡고 떼어낸다.
- 가모의 뿌리로부터 1/3까지 글루를 묻힌다.
- 눈매의 중앙 부분부터 가모를 부착하며, 이때 90°를 유지한다.

(8) 도식화 : 부채꼴형 (Fan round Shape)

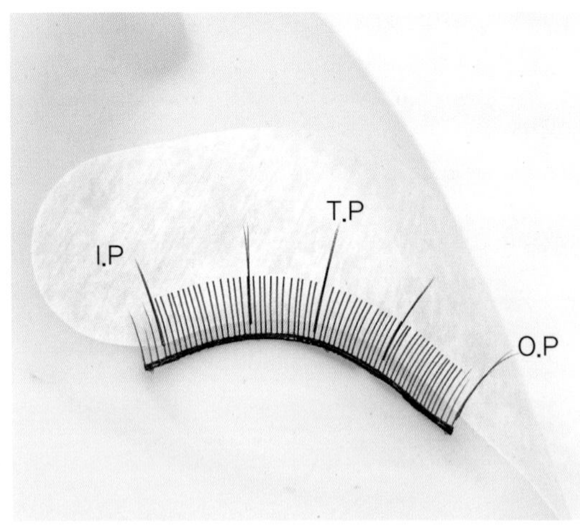

① T.P에 12mm, I.P에 8mm, O.P에 9mm의 가모를 이용하여 눈매를 3등분한다.

② T.P와 I.P의 중심에 10mm의 가모를 부착한다.

③ O.P와 T.P 중심에 11mm의 가모를 부착한다.

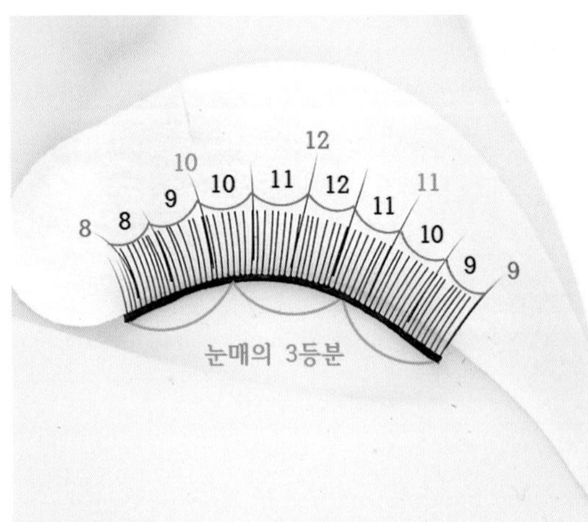

④ 좌측의 그림과 같이 8mm → 9mm → 10mm → 11mm → 12mm → 11mm → 10mm → 9mm의 가모를 사용하여 눈 앞머리에서부터 부착한다.

⑤ **도식화** : 부채꼴형 가이드라인 완성

(9) 속눈썹 증모술 : 3D 완성

① 아이래쉬 드라이어로 글루를 건조시킨다.
② 아이래쉬 브러쉬로 속눈썹을 정리한다.
③ 주변을 정리한다.

Chapter 9

러시안 볼륨 Russian Volume

1. 러시안 볼륨이란?

러시안 볼륨(Russian Volume)이란, 속눈썹 연장 기술 중 하나로 가늘고 가벼운 여러 가닥의 가모를 사용하여 부채꼴 모양으로 만든 볼륨 팬(Volume Fan)을 자연모 한가닥에 1:1로 붙이는 기술이다. 가모의 개수에 따라 D(Dimensional)를 붙여 2D(2가닥의 모)부터 많게는 20D(20가닥의 모)라고 한다. 숫자가 높을수록 가모의 개수가 많아지며, 눈매에 입체감 및 볼륨감이 더해진다.

러시안 볼륨은 여러 가닥의 얇은 가모로 이루어진 볼륨 팬을 부착하여 가볍고 부드러울 뿐만 아니라 속눈썹의 숱이 풍성해 보이게 하며, 눈매에 맞게 볼륨 팬의 크기를 조절할 수 있어 자연스러운 연출이 가능하다. 볼륨 팬 부착 후 이물감이 적게 느껴지며 모근을 보호하기 때문에 안전하며, 유지력이 높다. 특히 리터치 작업 시 속눈썹 연장 리무버를 사용하지 않아도 된다.

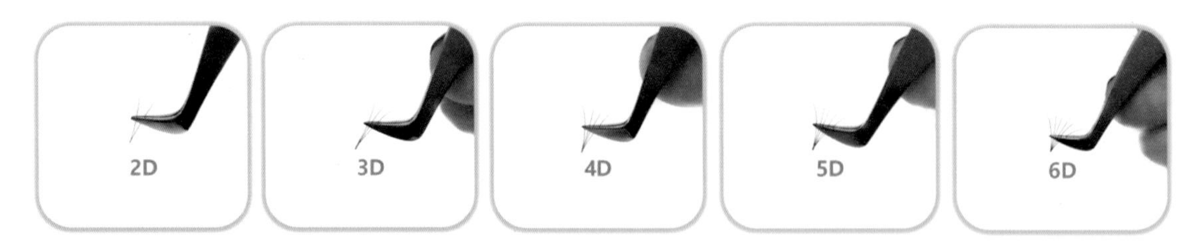

그림 9-1 러시안 볼륨 팬(Russian Volume Fan)의 비교

러시안 볼륨(Russian Volume)은 2012년 러시아에서 처음으로 개발된 이후 빠른 속도로 유럽, 미주 및 호주 등 전 세계로 전파되어 다양한 러시안 볼륨 테크닉이 발전하게 되었다. 서양인은 동양인보다 타고난 속눈썹의 개수가 많으며, 강조된 아이 메이크업을 선호한다.

러시안 볼륨의 기법은 기존의 적은 숱의 속눈썹을 보완하는 기술로서 서양인의 니즈를 충족시킬 수 있다.

러시안 볼륨의 이해

1. 볼륨 팬(Volume Fan) 무게 계산

러시안 볼륨 연장을 위해 볼륨 팬을 만들기 위한 가모의 개수를 계산할 수 있어야 하며, 가모의 두께와 무게 관계에 대한 이해가 필요하다. 1:1 속눈썹 연장 시 자연모 한 가닥에 부착하는 표준 가모의 두께는 0.15mm이며, 무게는 약 0.00017g이다. 예를 들어 20D의 볼륨 팬을 만들기 위해서는 0.15mm 가모 무게의 1/20인 0.03mm 두께의 가모를 사용하여야 한다.

2. 가모의 두께에 따른 볼륨 팬 만들기

① 0.03mm~0.05mm : 7D~20D 메가 볼륨(Mega Volume) 팬을 만들 때 사용함.

② 0.06mm~0.10mm : 2D~6D용 러시안 볼륨(Russian Volume) 팬을 만들 때 사용함.

메가 볼륨(Mega Volume)의 볼륨 팬을 만들 때 사용하는 가모의 두께와 개수는 러시안 볼륨(Russian Volume)에 사용되는 가모보다 얇고 많은 개수를 사용한다.

3. 볼륨 팬의 종류

(1) 핸드 메이드 볼륨 팬(Hand made Volume Fan)

볼륨 팬을 직접 만들어 사용하며, 자연모를 감싸며 붙이는 래핑(Wrapping) 기법을 통해 유지력이 높다. 여러 가닥의 가모를 펼쳐서 뿌리 부분에 속눈썹 연장 글루를 묻힌 즉시 자연모에 부착하므로 팬 베이스의 두께가 얇다.

(2) 프리 메이드 볼륨 팬(Pre-made Volume Fan)

미리 만들어진 볼륨 팬을 사용하여 자연모에 부착하므로 래핑 기법이 불가능하여 고정력이 약한 편으로 핸드메이드 볼륨 팬보다 유지력이 낮다.

볼륨 팬 래핑(Volume Fan Wrapping)

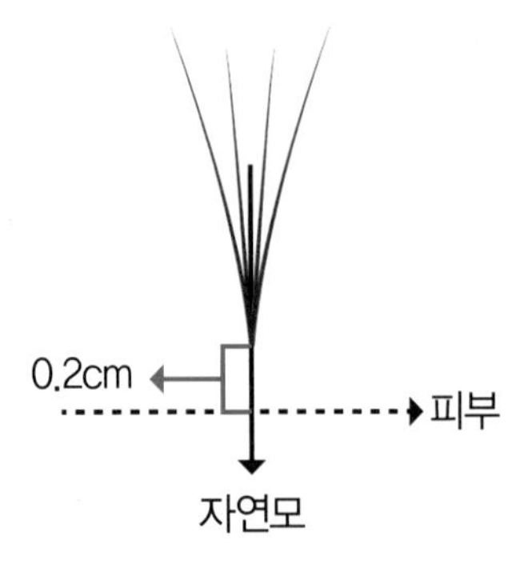

그림 9-2 러시안 볼륨 팬 래핑(Russian Volume Fan Wrapping)

① 래핑(Wrapping)이란?

핸드 메이드 볼륨 팬(Handmade Volume Fan)을 자연모에 꿰듯이 좌·우로 흔들 듯 밀어 넣는 동작을 반복하며 부착한다.

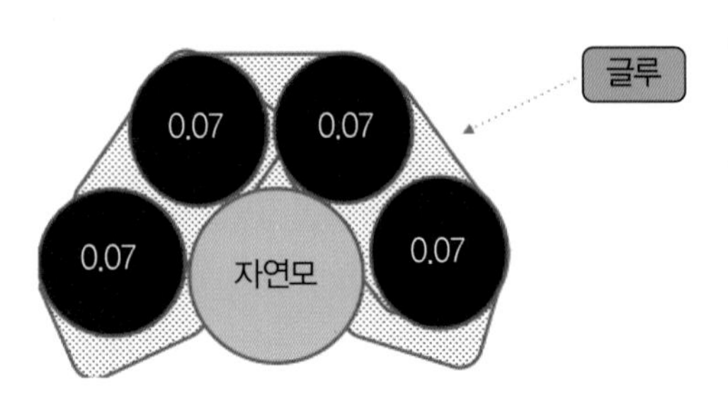

그림 9-3 올바른 래핑의 형태

② 올바른 래핑의 형태

볼륨 팬이 자연모의 뿌리를 감싼 형태를 띠고 있다.

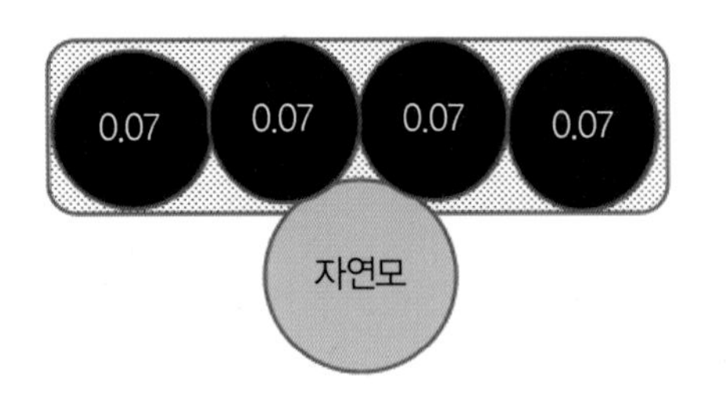

그림 9-4 잘못된 래핑의 형태

③ 잘못된 래핑의 형태

볼륨 팬이 일렬로 나란히 부착된 형태는 래핑이 제대로 이루어지지 않은 것이다.

러시안 볼륨 팬 만들기

1. 볼륨 팬 제작 시 고려사항

볼륨 팬을 제작하기 전 고객의 눈의 형태와 크기를 확인하여 눈매를 디자인할 수 있어야 한다. 또한, 자연모의 길이와 비슷하거나 최대 3mm까지 긴 길이의 가모를 선택하여 볼륨 팬을 만들며, 1가닥의 자연모에 1개의 볼륨 팬을 부착한다. 자연모가 자라난 방향을 파악하고 피부로부터 0.2~0.5mm 띄운 곳에 부착하여 속눈썹의 숱을 늘여갈 수 있도록 한다.

2. 볼륨 팬의 간격(Volume Fan Interval)

볼륨 팬을 만들 때 부채꼴로 펼쳐진 가모의 사이 간격이 일정해야 한다. 볼륨 팬의 간격이 일정하지 않고 불규칙하게 만드는 것은 잘못된 방법이다.

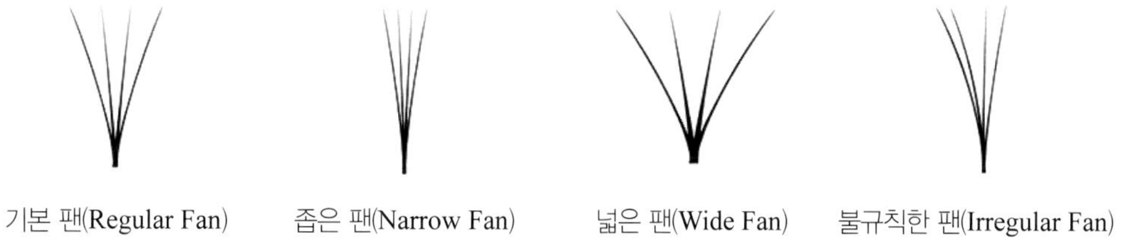

기본 팬(Regular Fan) 좁은 팬(Narrow Fan) 넓은 팬(Wide Fan) 불규칙한 팬(Irregular Fan)

그림 9-5 볼륨 팬의 간격(Volume Fan Interval)

3. 볼륨 팬 베이스(Volume Fan Base)

속눈썹 연장 글루를 묻혀서 여러가닥의 가모의 뿌리를 고정하는데 그 부분을 볼륨 팬 베이스(Volume Fan Base)라고 한다. 볼륨 팬의 뿌리는 너무 길지도 짧지도 않아야 한다.

기본 팬 베이스(Regular Fan Base) 긴 팬 베이스(Long Fan Base) 짧은 팬 베이스(Short Fan Base))

그림 9-6 볼륨 팬 베이스(Volume Fan Base)

4. 러시안 볼륨 핀셋(Russian Volume Tweezers)의 종류

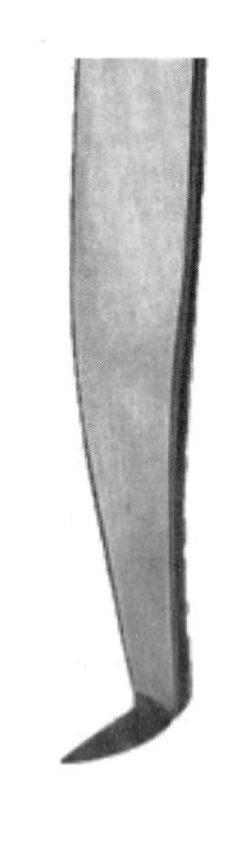

① **레귤러 핀셋**(Regular Tweezers)

핀셋의 팁(Tip)이 넓은 형태로 볼륨 팬을 만들 때 안정적으로 만들 수 있다.

② **스피드 핀셋**(Speed Tweezers)

핀셋의 팁(Tip)이 좁은 형태로 볼륨 팬을 쉽고 빠르게 만들 수 있으나, 레귤러 핀셋에 비해 적게 집히므로 볼륨 팬의 뿌리에 가깝게 집게 되어 래핑(Wrapping)이 어려울 수 있다.

5. 볼륨 팬의 종류

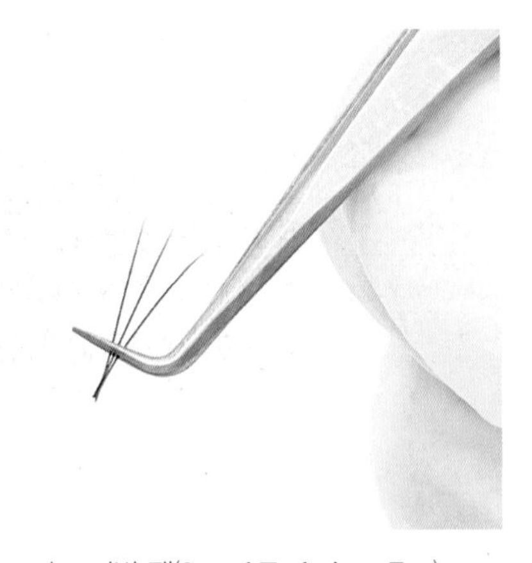

스피드 기법 팬(Speed Technique Fan)

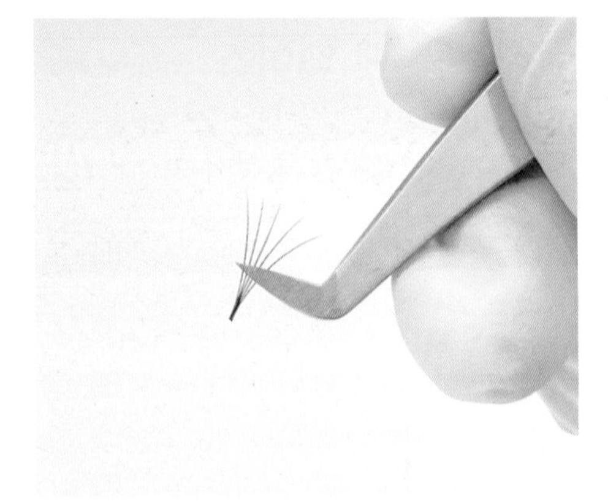

레귤러 기법 팬(Regular Technique Fan)

그림 9-7 볼륨 팬의 종류

6. 레귤러 볼륨 팬(Regular Volume Fan) : 4D 만들기

① 레귤러 핀셋으로 4가닥의 가모를 집는다.

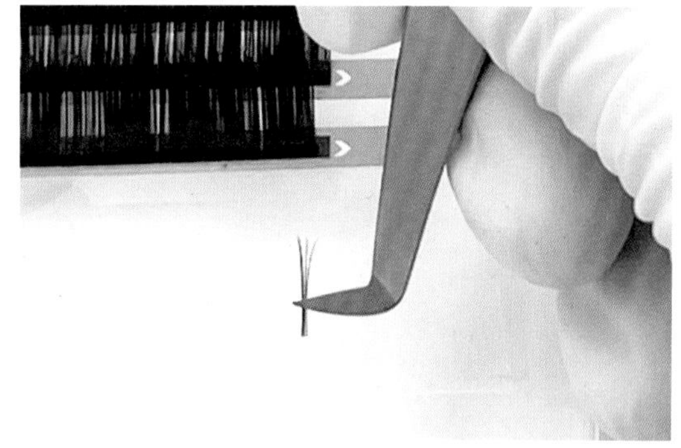

② 잡은 가모를 그대로 테이프에 붙인다.

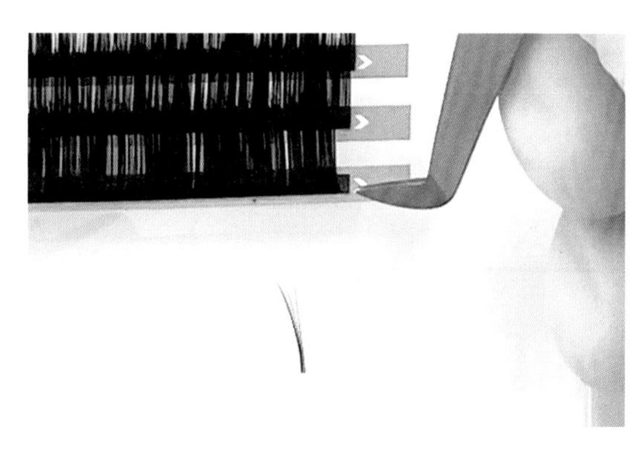

③ 테이프에 부착한 가모를 왼쪽으로 살짝 눌러준다.

④ 핀셋의 뾰족한 팁을 이용하여 가모의 뿌리 부분을 살짝 굴려 가모의 끝을 펼쳐준다.

⑤ 4D(4가닥의 모) 볼륨 팬(Volume Fan)을 완성한다.

⑥ 완성된 볼륨 팬이 흐트러지지 않게 가모의 중앙을 잡고 떼어 낸다.

7. 스피드 볼륨 팬(Speed volume Fan) : 5D 만들기

① 스피드 볼륨 핀셋을 사용하여 5가닥의 가모를 집는다.

② 핀셋으로 가모를 집은 상태에서 오른쪽으로 살짝 당긴다. 이때 힘을 빼고 늘어뜨리듯 당긴다.

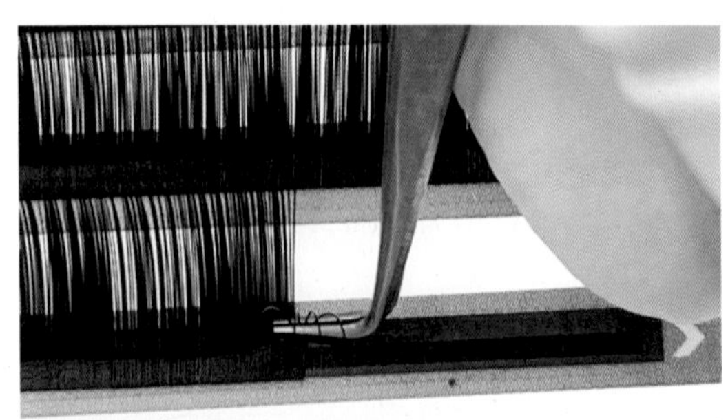

③ 핀셋을 이용하여 왼쪽으로 밀어주며 가모를 펼쳐준다.

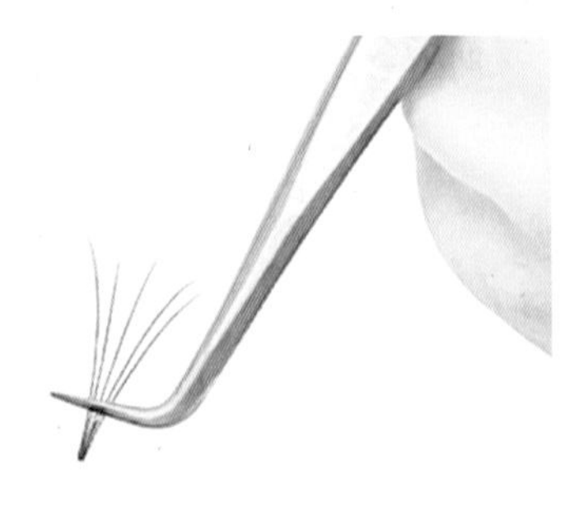

④ 완성된 볼륨 팬은 가모의 뿌리에 가깝게 핀셋으로 잡고 떼어준다.

5. 러시안 볼륨 효과

러시안 볼륨은 일반 속눈썹 연장에 비해 눈매가 또렷하고 선명해 보이며, 눈이 부드럽고 그윽해 보일 수 있다. 특히, 속눈썹의 숱이 적더라도 볼륨 팬의 양을 조절하여 보완할 수 있다.

1. 5D 볼륨 팬 부착 시 숱의 차이

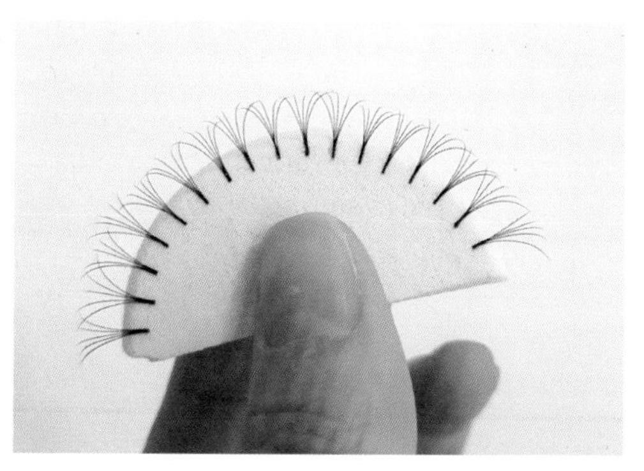

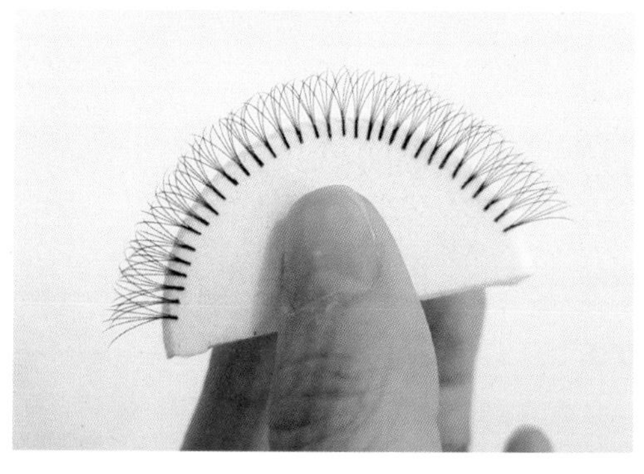
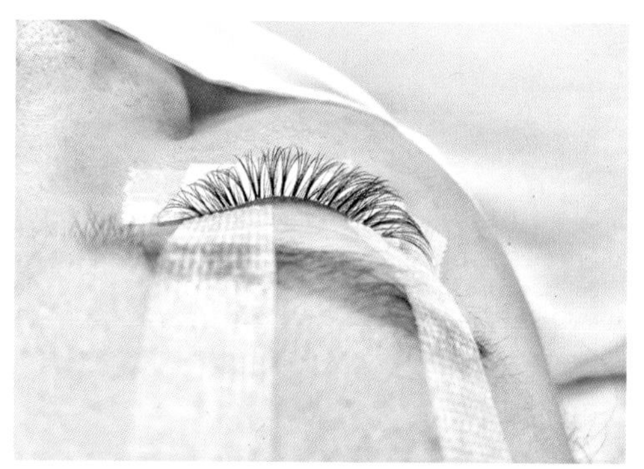
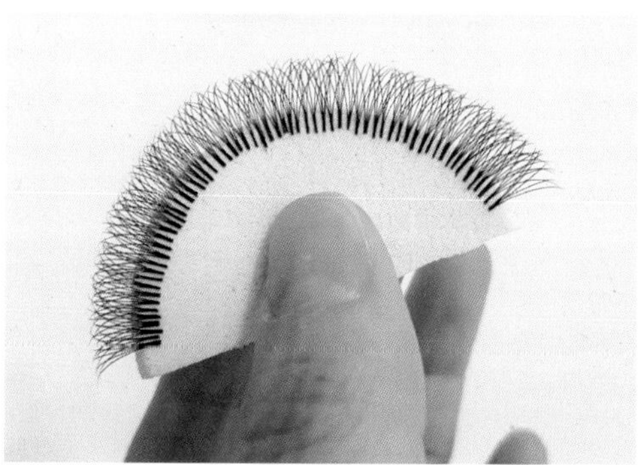
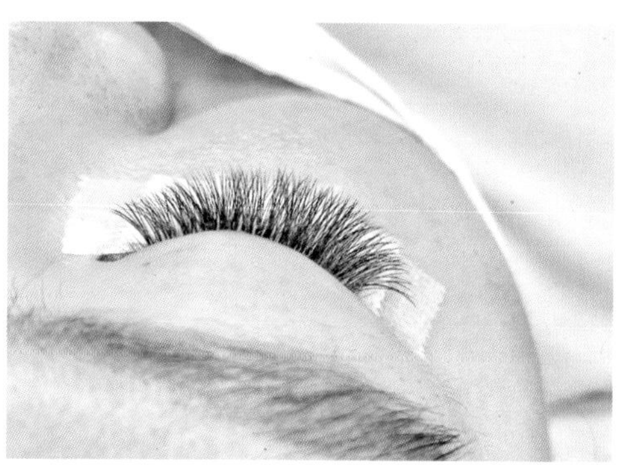

2. 5D 볼륨 팬 부착 시 전 · 후 비교

(1) 볼륨 팬 60% 부착 : 베이직 볼륨(Basic volume)

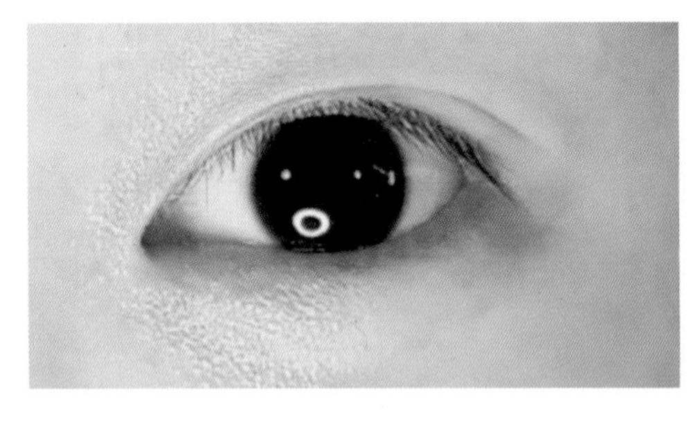

전

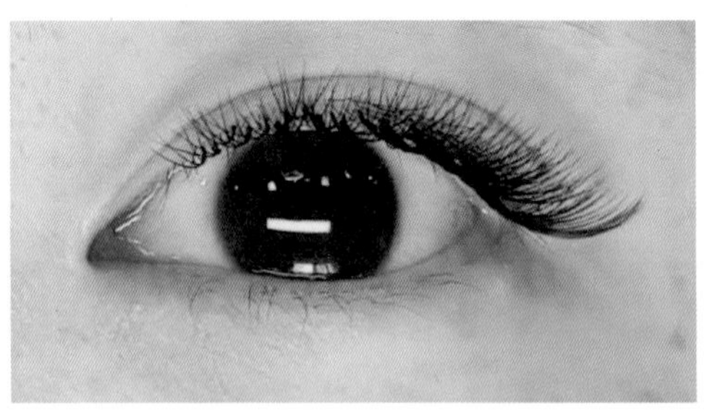

후

(2) 볼륨 팬 80% 부착 : 풀 볼륨(Full Volume)

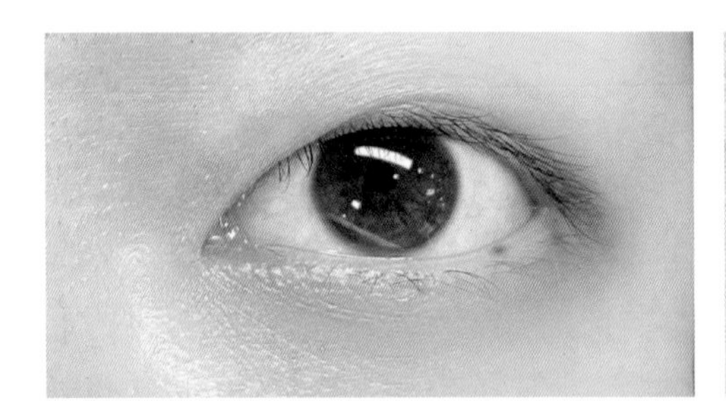

전

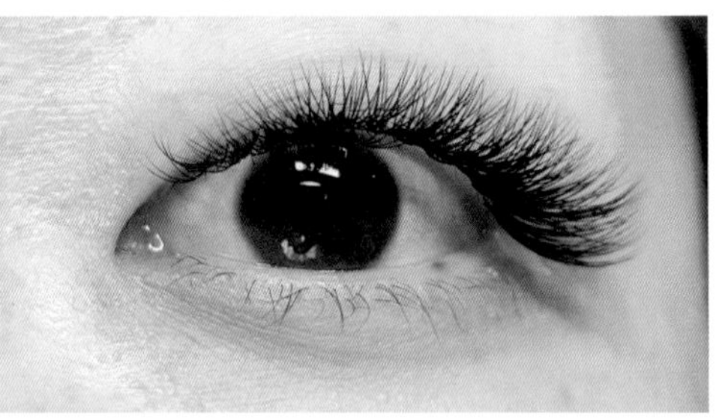

후

(3) 볼륨 팬 100% 부착 : 퍼펙트 볼륨(Perfect Volume)

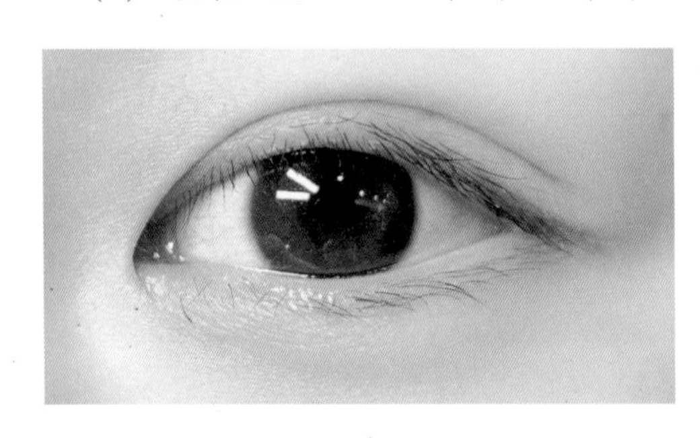

전

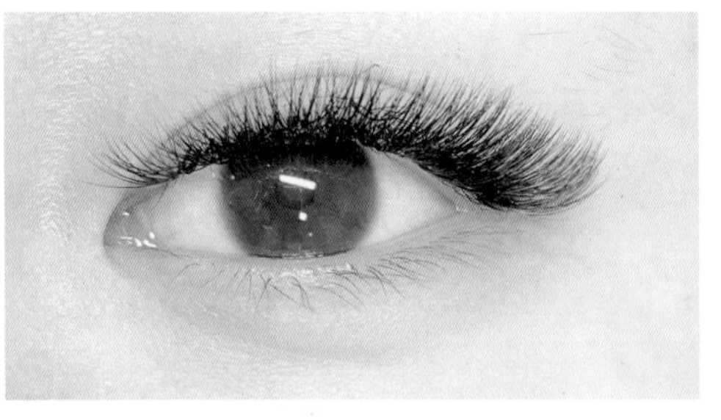

후

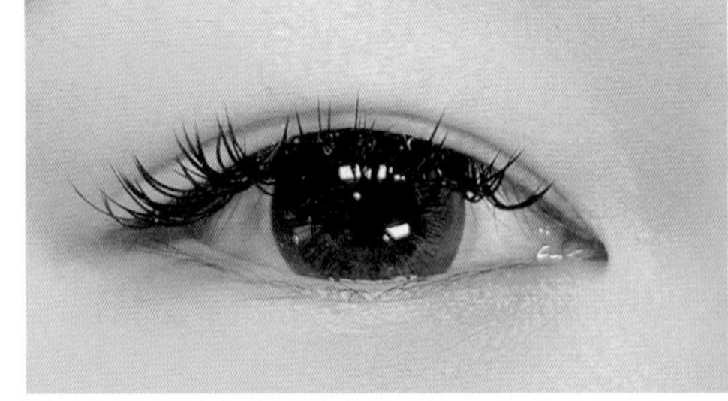

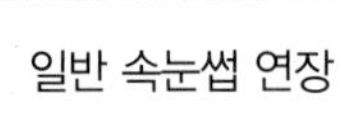

일반 속눈썹 연장

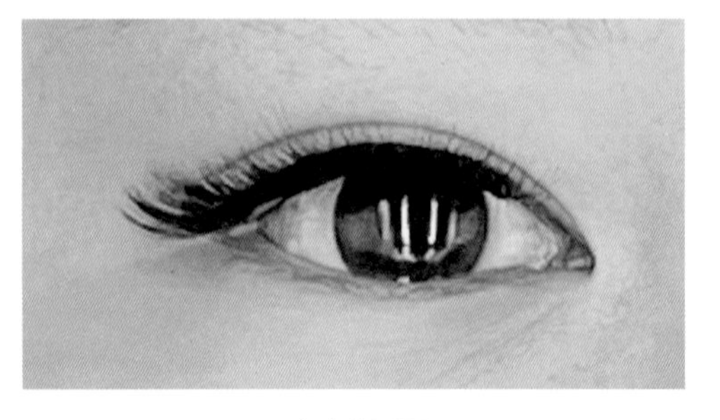

러시안 볼륨

6. 러시안 볼륨 기법(Russian Volume Technique)

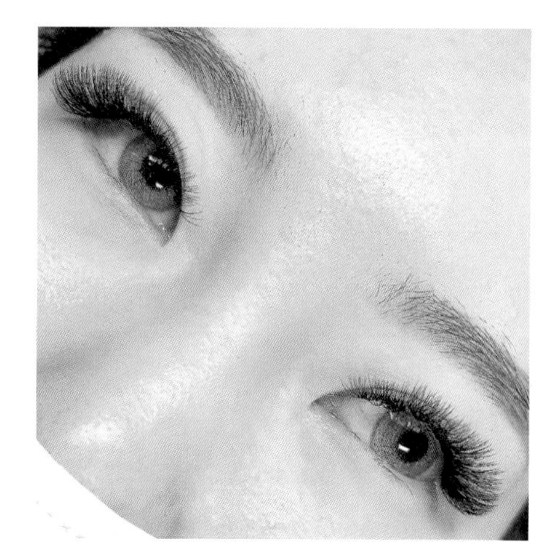

1. 러시안 볼륨 기법 전 준비사항

① 도구는 사용 전 세척과 소독하여 위생적으로 관리한 것을 사용한다.
② 속눈썹 연장 시 사용할 작업 테이블을 소독하고 미용 수건을 깔아 준비한다.
③ 위생 바구니에 속눈썹 연장에 필요한 재료를 준비한다.
④ 속눈썹 연장 시 사용되는 모든 제품은 안전성 등이 인증된 제품만 사용한다.
⑤ 제품 바구니와 작업 테이블 등은 관리자의 작업이 편리한 쪽에 배치한다.
⑥ 쓰레기를 버릴 수 있는 더스트 백은 작업 테이블에 미리 부착해 둔다.
⑦ 속눈썹 연장 시 필요한 가모는 미리 속눈썹 파레트에 길이별로 부착한다.
⑧ 글루 파레트에 글루 스티커를 부착한다.
⑨ 미용 베개에 헤어 터번을 펼쳐두어 고객이 누운 뒤 바로 사용할 수 있도록 한다.

2. 러시안 볼륨 기법 주의사항

① 모든 아이래쉬 익스텐션 관리 전 손을 소독한다.
② 아이패치 부착 시 점막에 닿거나 눈을 찌르지 않는지 점검한다.
③ 전처리제 사용 시 내용물이 눈에 들어가지 않게 적정량을 사용한다.

④ 전처리 후 아이래쉬 드라이어로 완전히 건조하여 전용 글루의 백화현상을 방지한다.

⑤ 아이래쉬 테크니션의 기술에 적합한 핀셋을 사용한다.

⑥ 고객과 상담을 통해 사용할 가모의 컬, 두께, 길이 및 아이래쉬 디자인을 결정한다.

⑦ 가모에 글루를 묻힐 때 많은 양이 묻지 않도록 주의한다.

⑧ 속눈썹 연장을 시작한 후 20~30분에 한 번 속눈썹 연장 글루를 교체하도록 한다.

⑨ 아이패치에 속눈썹 연장 글루가 묻어나지 않도록 한다.

⑩ 관리한 속눈썹이 양옆의 속눈썹과 엉겨 붙지 않도록 주의한다.

⑪ 속눈썹 연장 후 글루 드라이어를 사용하여 완전히 건조한다.

⑫ 속눈썹이 흐트러지거나 엉키지 않도록 아이래쉬 브러쉬를 사용하여 빗겨준다.

⑬ 아이래쉬 익스텐션 후 아이패치 및 아이래쉬 테이프 등을 제거한다.

3. 러시안 볼륨 기법

(1) 손 소독하기 : 안티셉틱(Antiseptic)

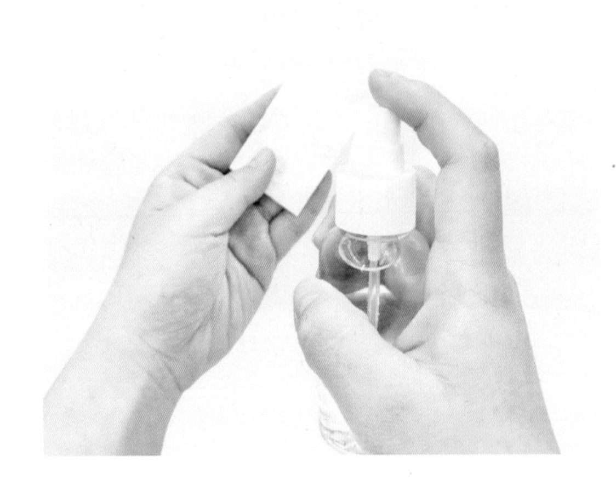

① 안티셉틱을 손에 직접 분사하여 액체가 마를 때까지 손을 씻듯 비벼준다.

② 안티셉틱 또는 70%의 알코올을 분사한 솜을 사용하여 손바닥에서부터 손가락 방향으로 쓸어내리듯이 닦아준다. 손가락과 손끝을 꼼꼼하게 소독한다.

③ 위생 장갑을 착용한 후 안티셉틱을 직접 분사하거나 솜을 이용하여 다시 한 번 소독한다.

(2) 아이패치(Eye Patch) 부착하기

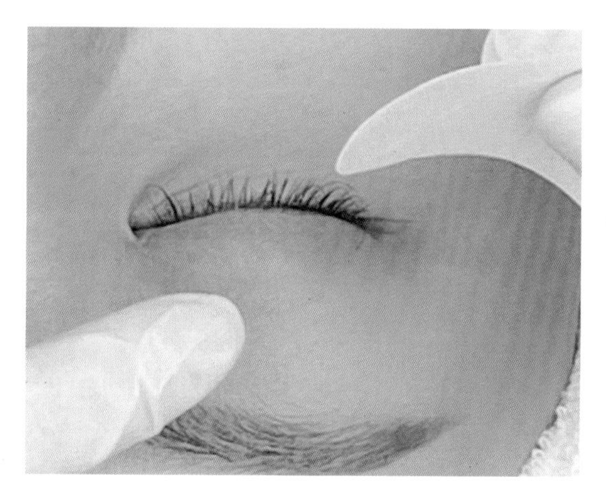

① 아이패치를 부착할 때 왼손으로는 눈꺼풀을 살짝 당겨준다.
② 눈이 너무 들리지 않도록 주의한다.
③ 엄지와 검지로 아이패치를 잡고 부착한다.
④ 눈동자를 찌르지 않도록 눈 점막으로부터 0.1cm 띄운 곳에 부착한다.
⑤ 빠져나온 속눈썹이 없는지 꼼꼼히 확인한다.

(3) 리프팅 테이프(Lifting Tape)하기

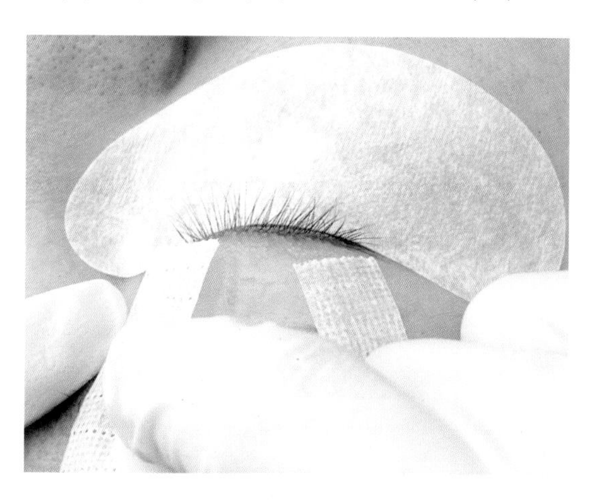

① 윗 눈꺼풀의 눈 앞머리 부분에 눈꺼풀을 살짝 당겨 사선으로 부착한다.
② 속눈썹의 모근이 잘 보이는지 확인한다.

> **Tip**
> 과도한 리프팅 테이프로 인해 눈 시림 현상이 나타나지 않도록 눈동자가 보이지 않을 정도로 눈꺼풀을 당겨준다.

(4) 전처리하기

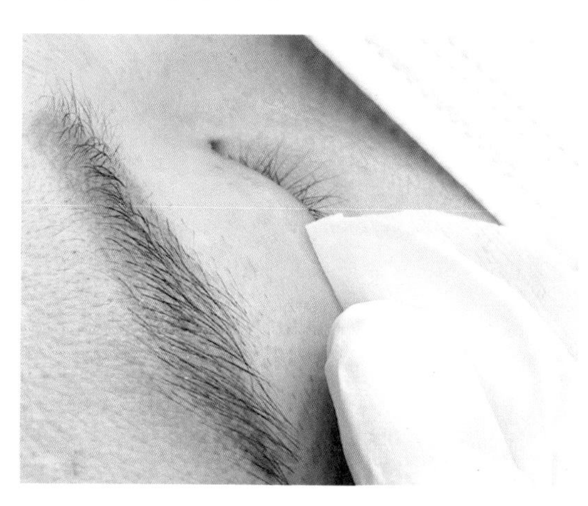

① 전처리제를 사용하여 속눈썹과 눈가를 가볍게 닦아주어 남아있는 이물질과 유분을 제거한다.

(5) 속눈썹 연장 글루 사용하기

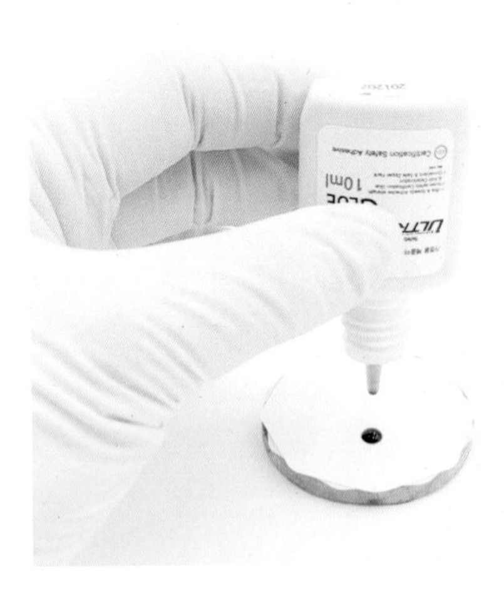

① 글루를 바로 세운 후 양옆으로 20~30회 충분히 흔들어 준다.

② 글루의 뚜껑을 열어 수직 방향으로 한 방울(One drop) 떨어뜨린다.

③ 글루 사용 후 용기를 눌러 공기를 제거한 후 토출구를 닦아서 뚜껑을 닫는다.

④ 공기와 접촉을 차단하기 위해 밀봉 봉투 또는 용기에 넣어 보관한다.

> Tip
>
> 속눈썹 연장 시 글루는 공기와 맞닿아 산화되어 접착력이 떨어지므로, 20~30분 뒤 새 글루를 교체 도포하여 사용하는 것이 좋다.

(6) 핀셋 사용하기

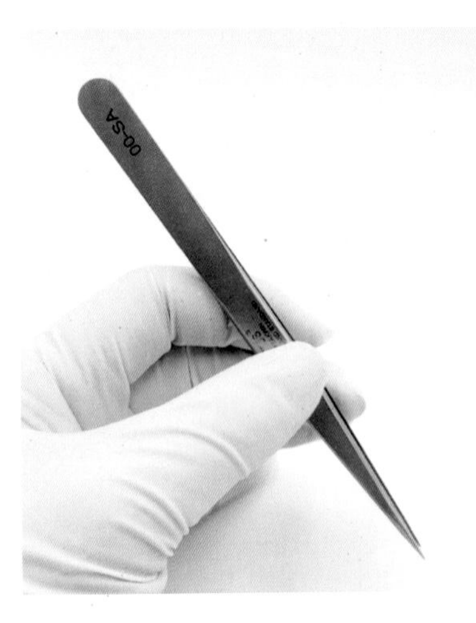

① 일자 핀셋 사용하기

- 주사용 손의 반대 손에 사용한다.
- 핀셋의 중앙 부분을 엄지와 중지가 서로 마주 보게 잡는다.
- 검지를 엄지보다 위에 위치하도록 둔다.
- 중지를 이용해 핀셋을 움직인다.
- 자연모를 가를 때 핀셋을 약 60° 세워 잡는다.

> Tip
>
> 자연모를 가르는 핀셋은 고객의 피부를 찌를 수 있으므로 세워 잡지 않도록 한다.

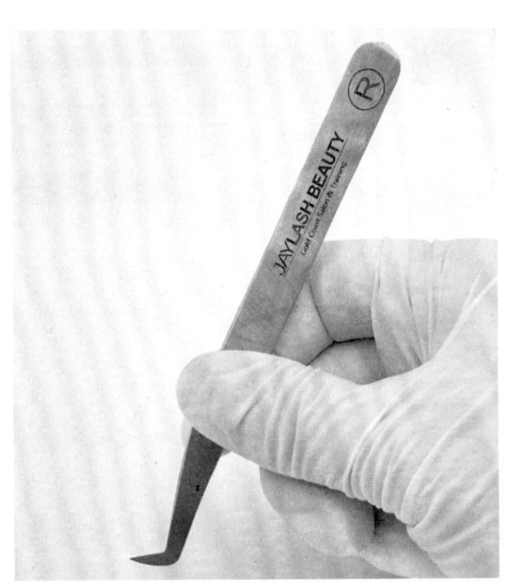

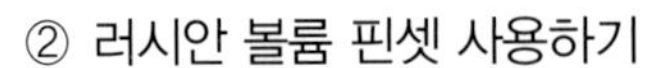

② 러시안 볼륨 핀셋 사용하기

- 주사용 손을 사용한다.
- 핀셋의 중앙 부분에 엄지와 검지가 마주 보도록 잡는다.
- 중지로 핀셋을 받쳐준다.

> Tip
>
> 양손에 일자 또는 곡선형 핀셋만 사용할 수 있다.

(7) 레귤러 볼륨 팬 만들기

① 가모를 집는다.

② 테이프에 부착한다.

③ 팬을 벌려준다.

(8) 볼륨 팬에 글루 묻히기

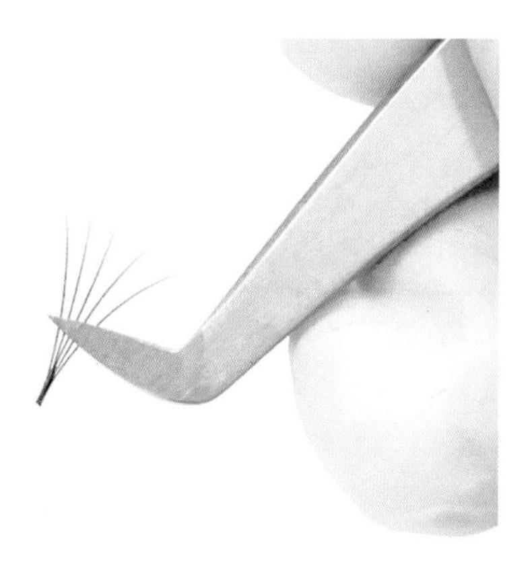

① 가모의 뿌리 중간 부분을 팬의 간격이 틀어지지 않도록 힘을 꽉주어 떼어낸다.

② 가모의 뿌리 중간 부분을 볼륨 팬의 뿌리 끝에 글루를 소량 묻힌다.

(9) 러시안 볼륨 모 래핑(Wrapping)하기

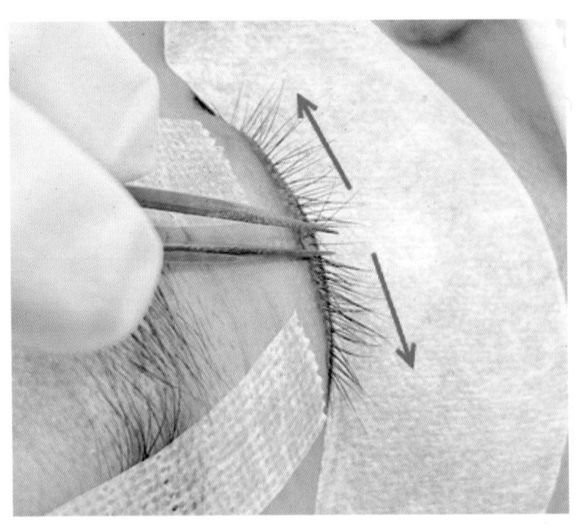

① 일자 핀셋을 사용하여 부착할 자연모의 양옆을 가른다.

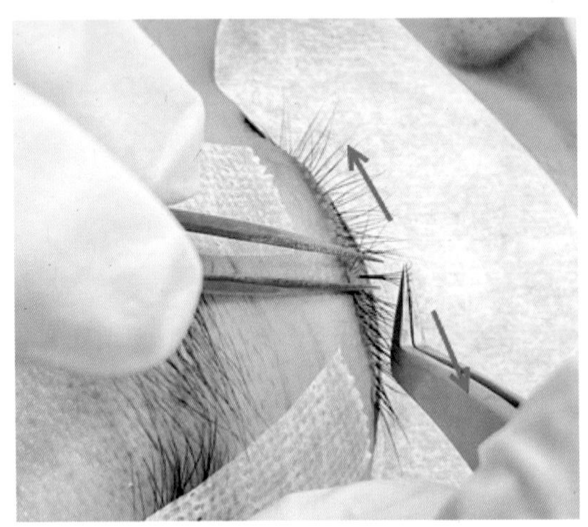

② 완성된 볼륨 팬을 수직(90°)으로 세운다.

③ 자연모를 볼륨 팬 사이에 끼워 넣는다.

④ 볼륨 팬의 뿌리가 퍼지지 않고 자연모를 감싸줄 수 있게 모이도록 양옆으로 움직이며 고정해 준다.

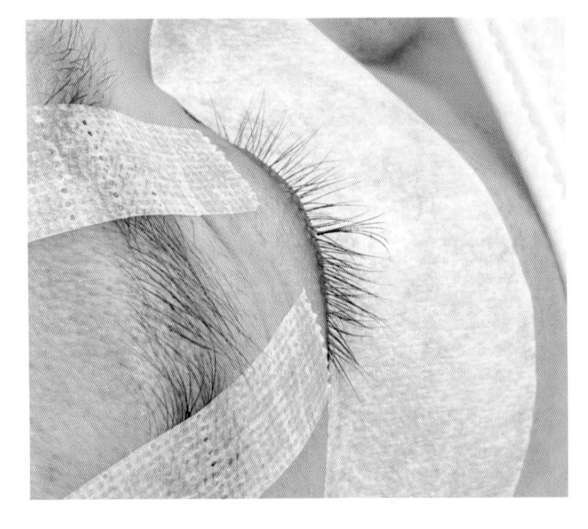

⑤ 래핑(Wrapping)을 완성한 모습

(10) 가이드라인(Guideline) 잡기

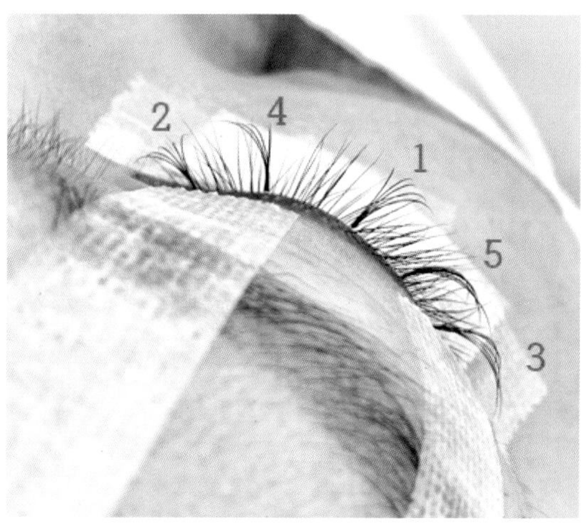

① 가장 긴 길이의 가모로 이루어진 볼륨 팬을 눈 앞머리로부터 2/3지점(1)에 부착한다.

② ①을 T.P로 잡고 I.P(2)와 O.T(3)를 부착한다.

③ ②의 중간 지점에 기준점(4와 5)을 부착한다.

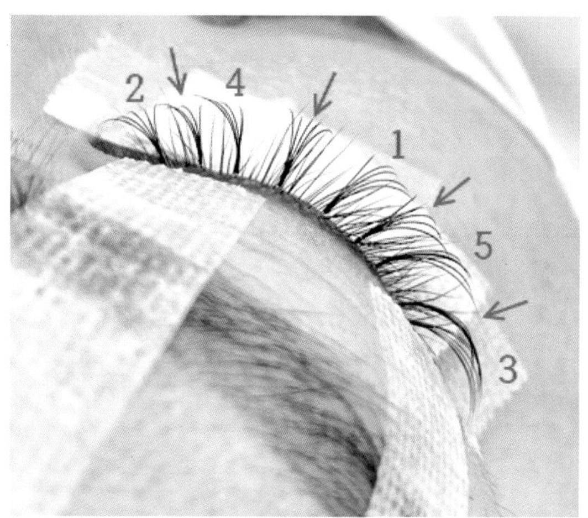

④ 5개의 기준점 사이사이의 중간 지점에 볼륨 팬을 부착한다.

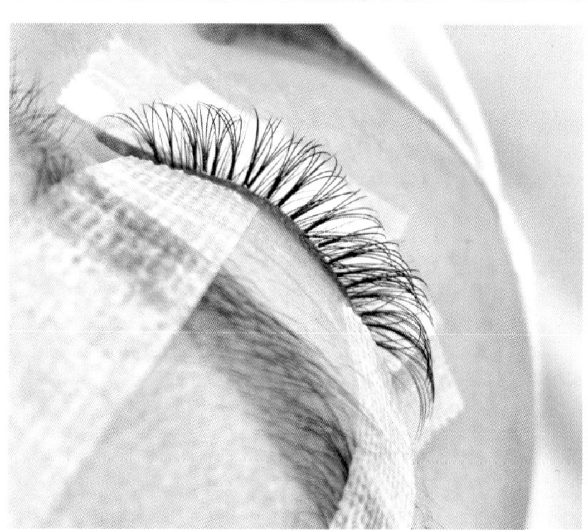

⑤ 부착된 볼륨 팬 사이의 중간 지점에 하나씩 추가하여 속눈썹 숱을 조절한다.

> **Tip**
>
> 러시안 볼륨 기법은 속눈썹이 풍성해 보이도록 연출하므로 띄엄띄엄 부착하여 볼륨 팬의 양을 조절한다.

(11) 러시안 볼륨 완성된 모습

① 아이래쉬 드라이어를 사용하여 글루를 건조한다.

② 아이래쉬 브러쉬를 사용하여 탈락된 볼륨 팬이 없는지 확인하며 결을 정리한다.

③ 아이패치와 리프팅 테이프를 제거한다.

Chapter 10

아이래쉬 익스텐션 제거하기

Remove Eyelash Extension

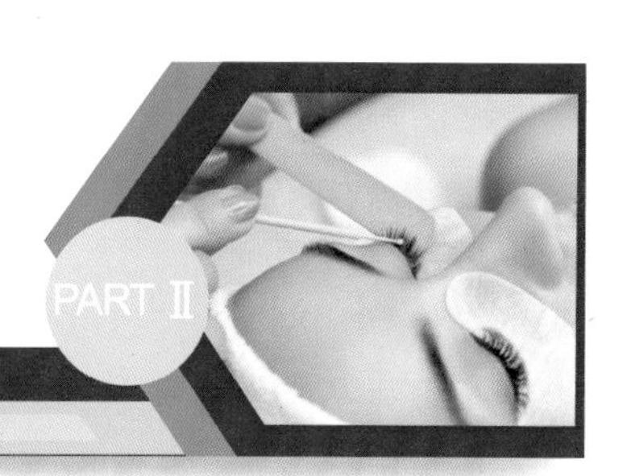

1. 아이래쉬 익스텐션 리무버(Eyelash Extensions Remover)

1. 아이래쉬 익스텐션 리무버란?

속눈썹 연장 후 4~5주가 지나면 다양한 요인으로 인해 부착된 대부분의 가모가 탈락한다. 남아있는 가모를 모두 제거하고 새롭게 속눈썹 연장을 진행한다. 또한 속눈썹 연장 후 연출된 디자인이 만족스럽지 않거나 불편하여 문제가 발생할 수 있으므로 부착된 가모를 모두 제거해야 한다.

(1) 속눈썹 연장 리무버의 종류와 특징

표 10-1 속눈썹 연장 리무버의 종류와 특징

순번	종류	제형	적용	특징
①	크림 리무버 (Cream Remover)	단단함	전체	• 꾸덕꾸덕한 제형으로 초보자가 사용하기 적합하다. • 시간이 오래 걸린다.
②	겔 리무버 (Gel Remover)	묽음	전체, 부분	• 눈에 흘러 들어갈 수 있으므로 주의한다. • 크림 리무버보다 빠르게 제거할 수 있다.
③	핀셋 (Tweezer)	–	부분	• 자연모와 가모를 따로 잡고 떼어낸다. • 리무버를 도포하고 연화 시간이 따로 필요하지 않아 시간을 단축할 수 있다. • 통증을 유발할 수 있다. • 모와 모근이 손상될 수 있다.

2. 속눈썹 연장 제거 시 주의사항

① 고객의 속눈썹 상태에 따라 적절한 가모 제거 방법을 선택한다.

② 모든 아이래쉬 익스텐션 관리 전 손을 소독한다.

③ 아이패치 부착 시 점막에 닿거나 눈을 찌르지 않는지 점검한다.

④ 전용 리무버 사용 시 내용물이 눈에 들어가지 않게 적정량을 사용한다.

⑤ 아이패치에 리무버가 묻어나지 않도록 한다.

⑥ 핀셋을 이용하여 가모를 제거할 때 통증을 유발하지 않도록 주의한다.

⑦ 정제수 솜 또는 면봉 등을 사용하여 속눈썹에 남아있는 리무버를 깨끗하게 닦아 낸다.

⑧ 속눈썹 연장 후 아이래쉬 드라이어를 사용하여 완전히 건조한다.

⑨ 속눈썹이 흐트러지거나 엉키지 않도록 아이래쉬 브러쉬를 사용하여 빗겨준다.

⑩ 아이래쉬 익스텐션 후 아이패치 및 아이래쉬 테이프 등을 제거한다.

3. 속눈썹 연장 제거하기 준비(공통)

(1) 손 소독하기

① 안티셉틱을 솜에 충분히 분사하여 손등, 손바닥, 손가락과 손끝 등을 깨끗하게 닦아준다.

② 위생 장갑을 착용한 후 안티셉틱을 직접 분사하거나 솜을 이용하여 다시 한 번 소독한다.

(2) 아이패치 부착하기

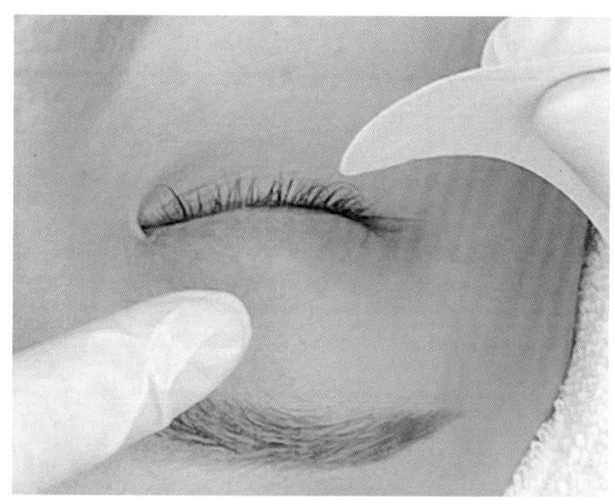

① 아이패치를 부착할 때 왼손으로는 눈꺼풀을 살짝 당겨준다.

② 눈이 너무 들리지 않도록 주의한다.

③ 눈동자에 강한 힘을 주지 않도록 한다.

④ 아래 속눈썹은 중지 또는 약지를 이용하여 눈의 아래 방향으로 가볍게 당겨준다.

⑤ 엄지와 검지로 아이패치를 잡고 부착한다.

⑥ 눈동자를 찌르지 않도록 눈 점막으로부터 0.1cm 띄운 곳에 부착한다.

⑦ 빠져나온 속눈썹이 없는지 꼼꼼히 확인한다.

> **Tip**
>
> 눈 점막 라인 가까이에 부착하면 겔이 녹아내려 눈에 들어가, 이물감을 느낄 수 있으므로 주의한다.

4. 크림 리무버(Remover)를 사용하여 속눈썹 제거하기

크림 리무버는 점도가 높은 단단한 제형으로 이루어져 있으며, 눈에 흘러 들어가지 않아 초보자가 사용하기 편리하다. 가모가 30% 이상 남은 경우, 가모의 엉킴이 심한 경우와 전체 제거가 필요한 경우에 사용한다.

(1) 랩(Wrap)을 사용할 경우

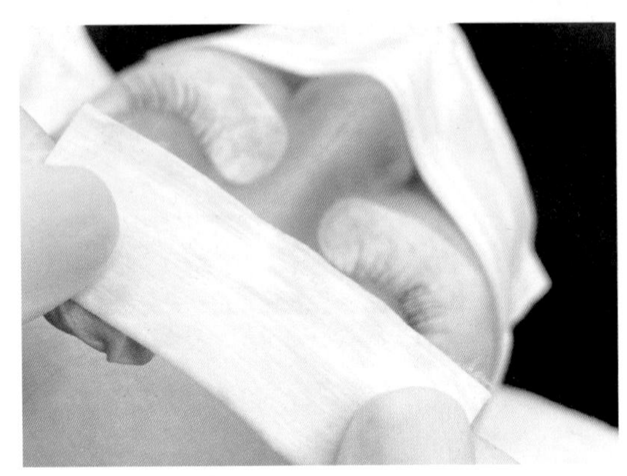

① 아이패치에 크림 리무버가 묻지 않도록 멸균 거즈나 솜 등을 이용하여 덧댄다.

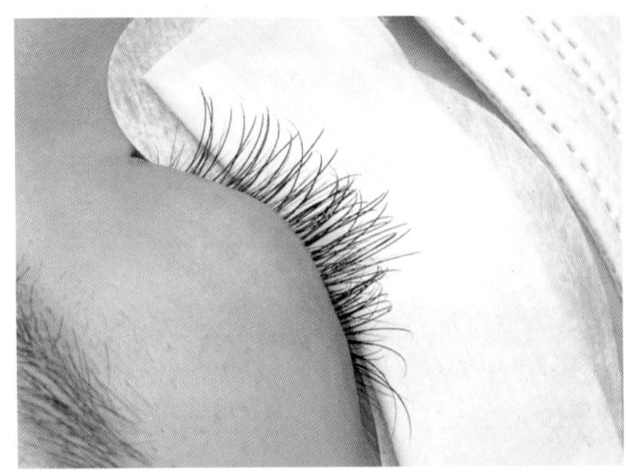

② 아이패치 위에 솜을 덧댄 모습

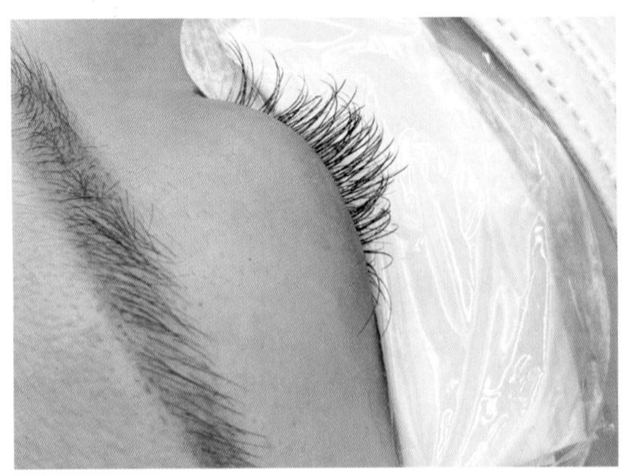

③ 랩(Warp)을 사용하여 아이패치와 거즈 위에 덧댄다.

> **Tip**
> 랩을 이용하면 속눈썹을 제거한 아이패치에 묻어나지 않게 가모를 한 번에 정리할 수 있다.

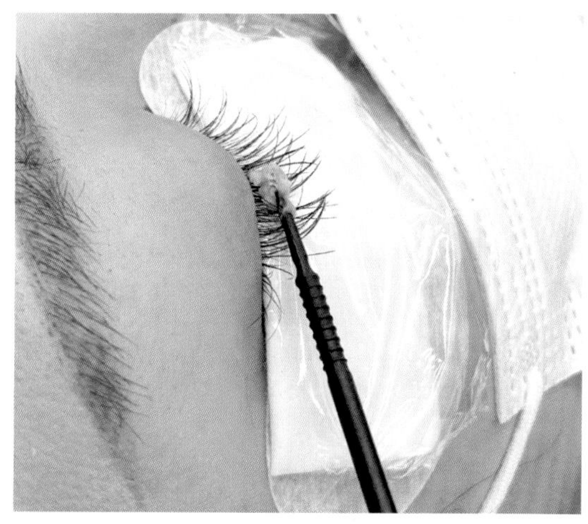

④ 크림 리무버가 눈에 들어가지 않도록 주의하여 속눈썹 전체에 도포한다.

Tip
속눈썹이 자라난 방향대로 도포한다.

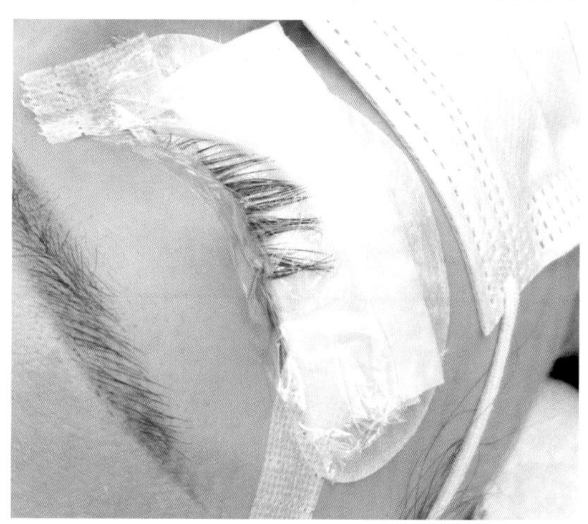

⑤ 리무버가 도포된 속눈썹 위에 랩을 덮은 후 약 5분 방치한다.

Tip
가모의 부착 상태에 따라 방치 시간을 달리한다.

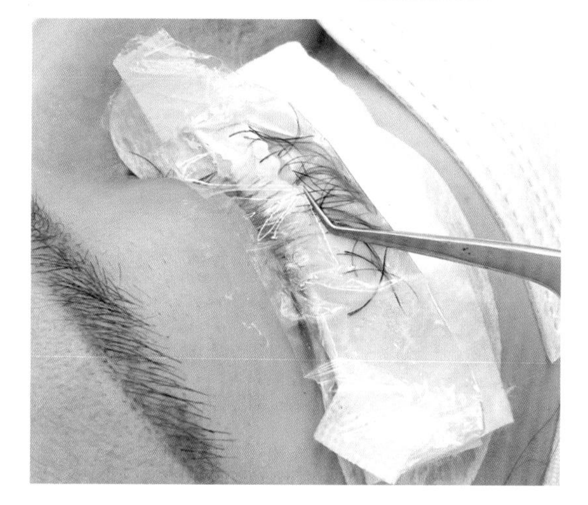

⑥ 핀셋으로 가모가 분리되었는지 확인한다.

⑦ 가모가 분리되었을 경우 랩과 함께 아래쪽으로 완전히 밀어낸다.

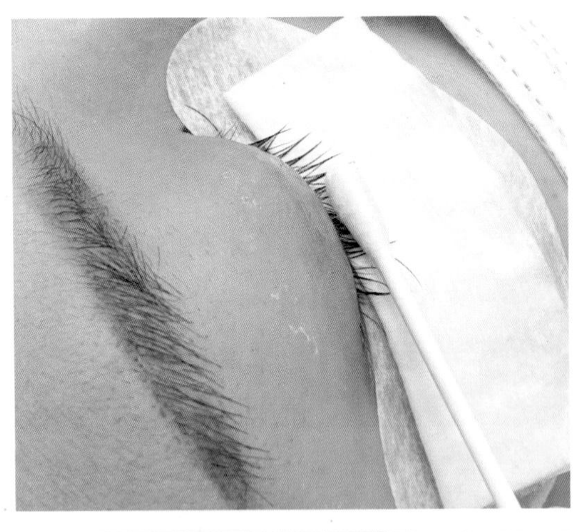

⑧ 면봉을 사용하여 속눈썹이 자라난 방향대로 남아있는 크림 리무버를 닦아낸다.

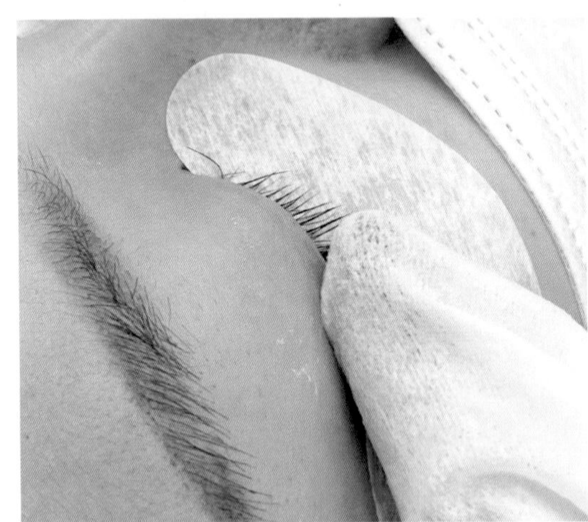

⑨ 물에 적신 거즈 또는 솜을 사용하여 속눈썹 사이를 깨끗하게 닦아낸다.

⑩ 속눈썹 밑에 받쳐 둔 솜을 제거한다.

> Tip
>
> 물에 적신 거즈 또는 솜을 사용할 때 물기가 흘러나오지 않도록 꽉 짜낸 후 사용한다.

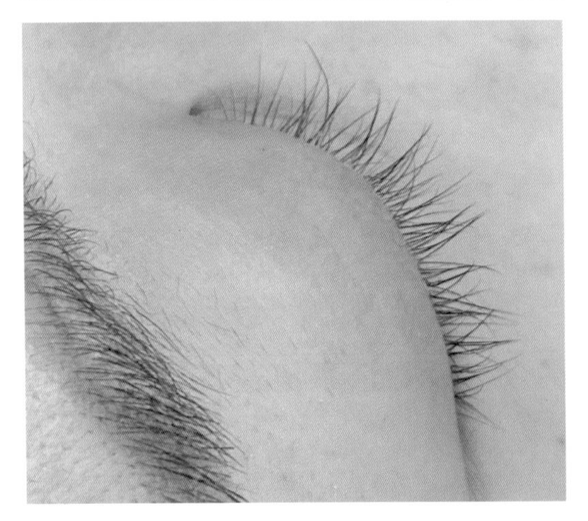

⑪ 크림 리무버를 사용하여 가모를 제거한 모습

(2) 속눈썹 테이프(Eyelash Tape)를 사용할 경우

① 아이패치에 크림 리무버가 묻지 않도록 멸균 거즈나 솜 등을 이용하여 덧댄다.

② 아이패치 위에 솜을 덧댄 모습

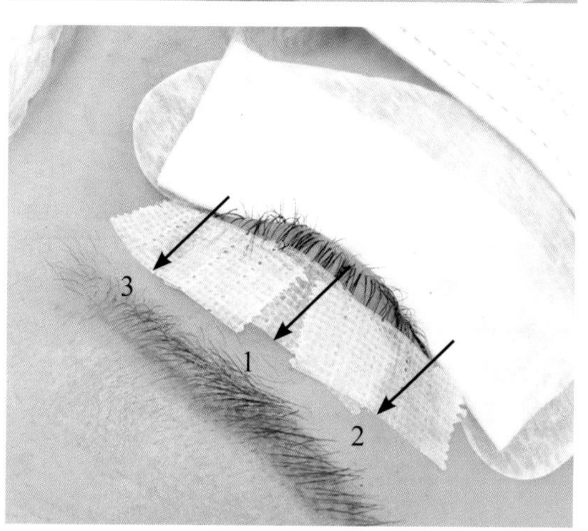

③ 눈중앙(1) → 눈꼬리(2) → 눈앞머리(3)순으로 속눈썹을 눈꺼풀 위로 올려 붙인다.

> Tip
>
> 아이래쉬 리무버 시 사용하는 테이프의 길이는 2cm가 적당하다.

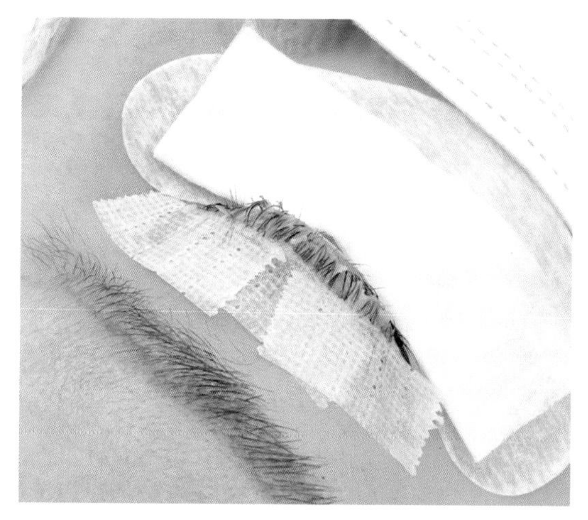

④ 크림 리무버가 눈에 들어가지 않게 주의하며 도포한 후 약 5분간 방치한다.

> Tip
>
> 자연모가 원상태로 돌아오려는 성질과 가모를 누르는 테이프의 힘을 이용하여 가모를 제거한다.

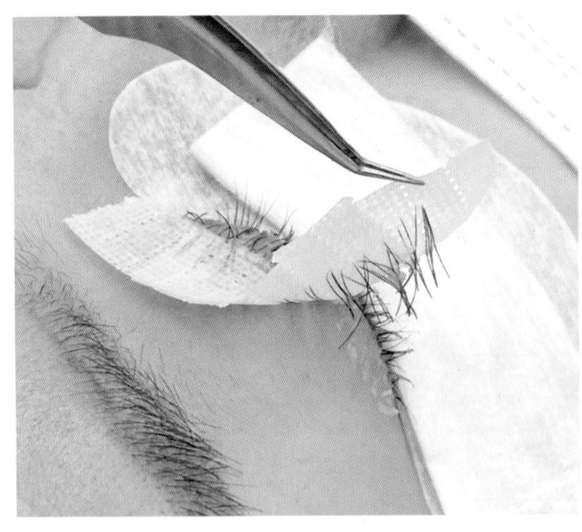

⑤ 가모가 분리되는 것이 확인될 때 핀셋을 사용하여 눈꺼풀에 부착된 테이프를 눈꼬리부터 천천히 떼어낸다.

> **Tip**
> 눈가 피부를 바깥쪽으로 당기며 테이프를 떼어낸다.

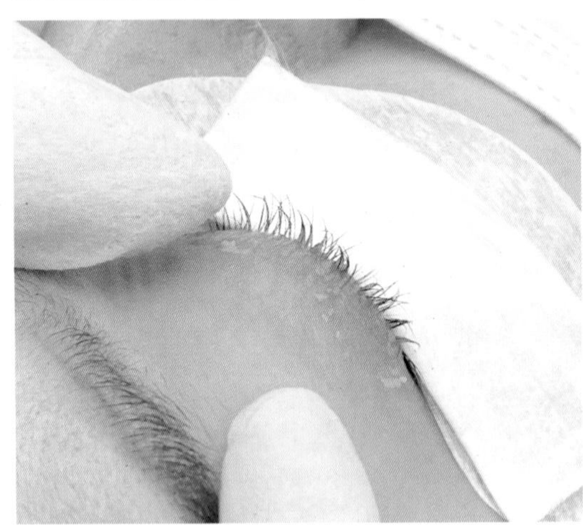

⑥ 물에 적신 거즈 또는 솜을 사용하여 속눈썹 사이사이를 깨끗하게 닦아낸다.

⑦ 속눈썹 밑에 받쳐 둔 솜을 제거한다.

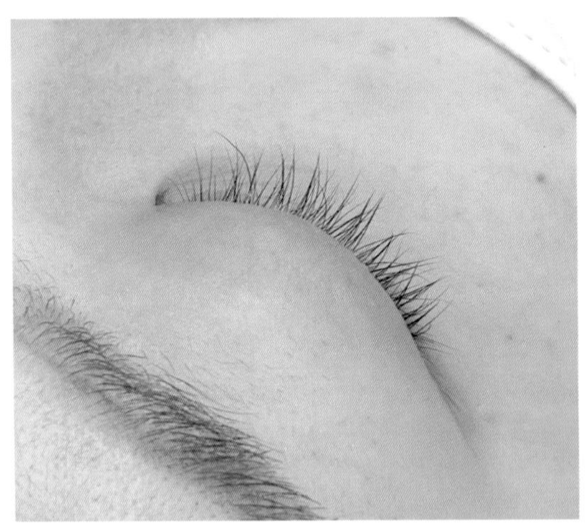

⑧ 크림 리무버를 사용하여 가모를 제거한 모습

5. 겔 리무버(Gel Remover) 사용하기 : 부분 제거

크림 리무버에 비해 묽은 점도를 가지고 있어 사용 시 눈에 들어가지 않게 주의한다. 이와 반대로 제거 작용이 빨라서 전체 제거뿐만 아니라 부분 제거에도 사용할 수 있다.

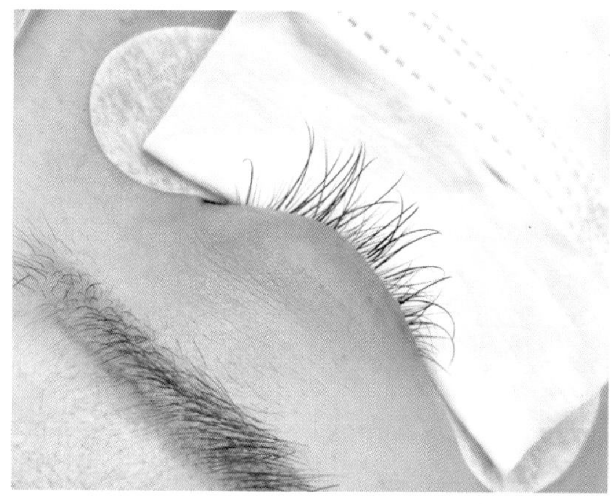

① 아이패치에 겔 리무버가 묻지 않도록 멸균 거즈나 솜 등을 이용하여 덧댄다.

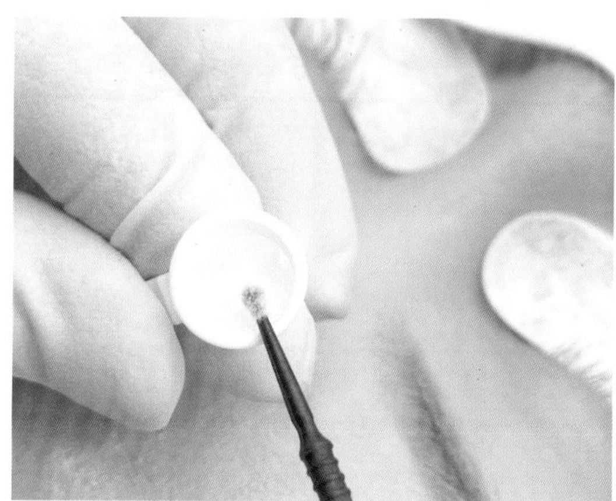

② 겔 리무버를 글루 링(Glue Ring)에 사용할 만큼 덜어내어 사용한다.

③ 마이크로 면봉(Micro Swab)을 사용하여 겔 리무버를 바른다.

Tip

눈에 흘러 들어가지 않도록 소량을 찍어내어 필요한 부분에 바른다.

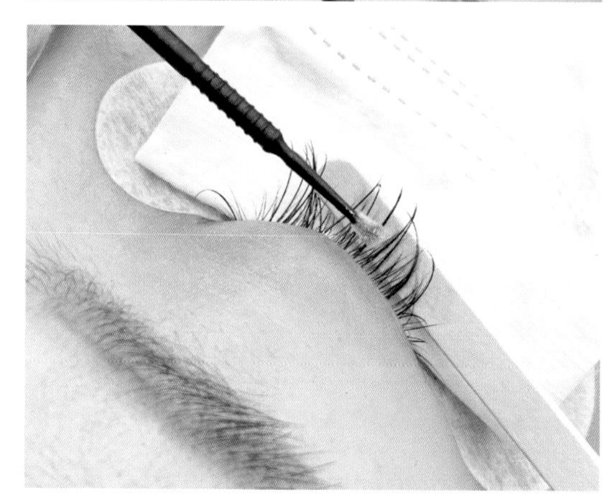

④ 우드 스파츌라(Wood Spatula)를 속눈썹 아래에 받쳐준 뒤 제거할 속눈썹에 도포한다.

Tip

부분 제거를 위해 정상적으로 연장된 부위에 묻지 않도록 주의한다.

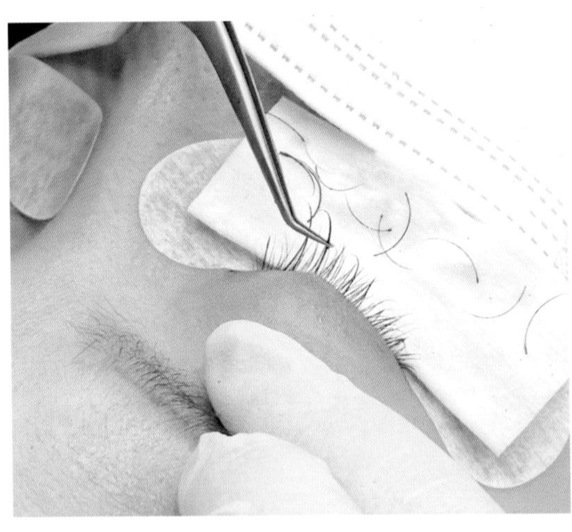

⑤ 2~3분 후 핀셋으로 가모를 살짝 당겨 분리되었는지 확인한다.

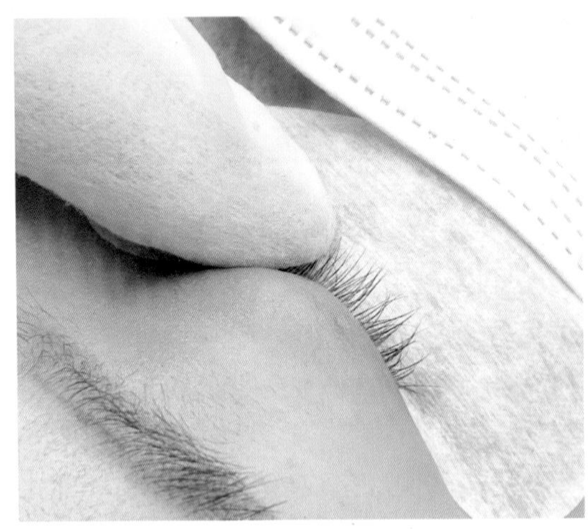

⑥ 물에 적신 거즈 또는 솜을 사용하여 속눈썹 사이를 깨끗하게 닦아낸다.
⑦ 속눈썹 밑에 받쳐 둔 솜을 제거한다.

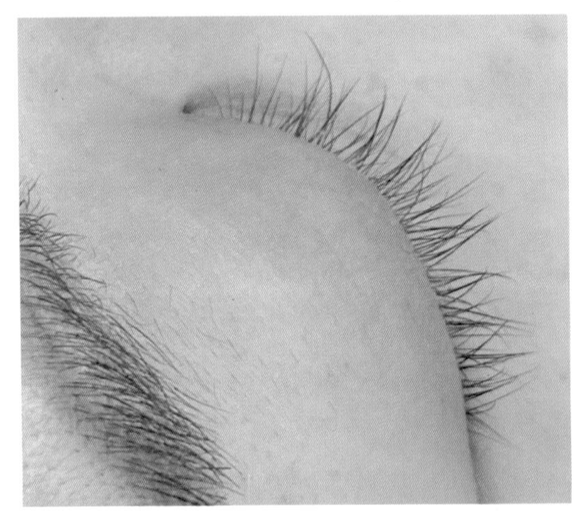

⑧ 겔 리무버를 사용하여 가모를 제거한 모습

6. 핀셋(Tweezer) 사용하기 : 부분 제거

제거할 가모의 개수가 약 10개일 경우 사용하는 방법이다. 핀셋을 사용하여 가모를 부분 제거할 때 가장 중요한 것은 양손에 같은 힘을 사용하여 자연모와 가모를 분리하는 것이다.

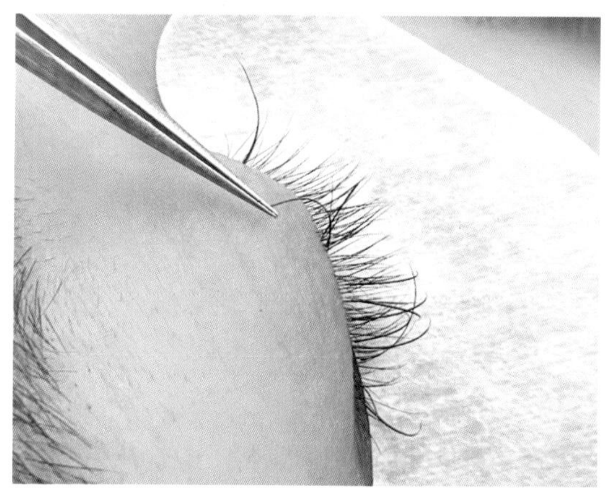

① 제거할 가모를 확인한 뒤 주사용 손의 반대 손으로 가모를 잡는다.

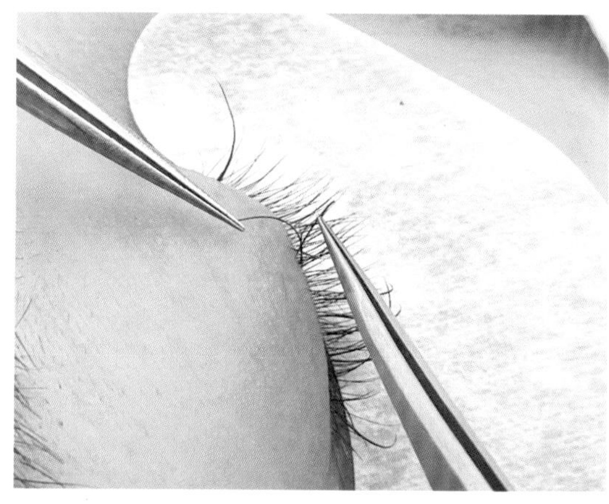

② 주사용 손의 핀셋으로 자연모를 잡는다.

③ 양손에 같은 힘을 주어 자연모와 가모를 떼어낸다.

> **Tip**
> 아이래쉬 테크니션의 기술에 따라 양손 모두 일자형 핀셋을 사용할 수 있다.

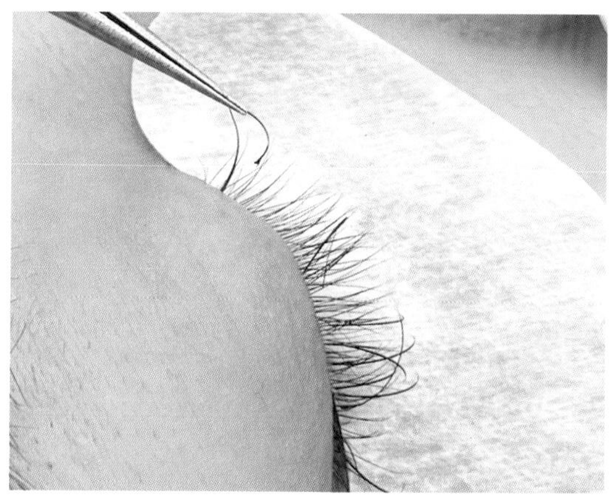

④ ①에서 ③를 반복하여 가모를 하나씩 모두 분리한다.

Chapter 11

아이래쉬 익스텐션 리터치

Eyelash Extension Retouch

1. 속눈썹 연장 리터치(Eyelash Extension Retouch)

1. 속눈썹 연장 리터치(Eyelash Extension Retouch)란?

(1) 속눈썹 연장 리터치의 정의

속눈썹 연장 후 일정 기간이 지남에 따라 서로 엉키거나 탈락하게 되며, 탈락한 가모가 붙어있던 속눈썹에 전용 글루가 남아있기도 한다. 또한, 메이크업을 즐겨하는 고객의 경우 모근에 메이크업 잔여물과 유분이 함께 엉겨 붙어있으므로 이 부분을 제거하고 새로운 가모를 부착하여 속눈썹 연장의 유지 기간을 늘려준다.

(2) 속눈썹 연장 리터치 고려사항

속눈썹 연장 리터치는 속눈썹의 상태, 아이래쉬 테크니션의 기술력과 연장 후 개인의 관리 여부에 따라 달라진다. 하지만 속눈썹의 성장주기에 따라 평균 속눈썹 연장 후 2~3주 정도의 기간에 리터치 받는 것을 권장한다. 또한, 첫 속눈썹 연장 시 부착된 가모를 100%라고 한다면 약 60%의 가모가 남아있을 때 가능하다.

(3) 속눈썹 연장 리터치가 필요한 상태

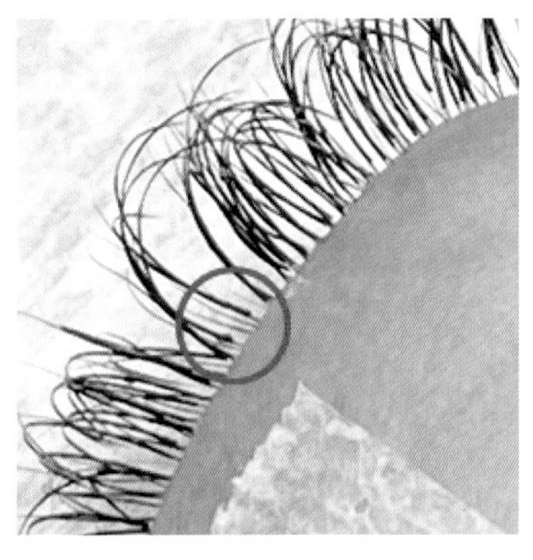

① 가모가 탈락한 경우

사용한 가모의 접착 면적이 좁거나 속눈썹 연장 글루의 양이 적었을 때, 속눈썹 연장 후 개인의 관리 차이에 따라 가모가 탈락하여 자연모만 남아있는 상태이다.

> **Tip**
>
> 글루가 남아있으면 전용 리무버를 사용하여 제거해야 한다.

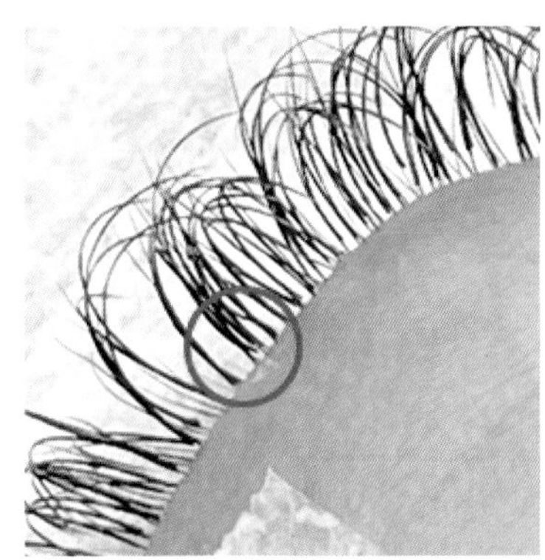

② 가모의 뿌리 부분이 들려있는 경우

속눈썹 연장 시 가모의 뿌리 부분이 정확하게 부착되는 것이 중요하지만 제대로 이루어지시 않았을 때 시간이 지나면 가모의 뿌리가 들리게 된다.

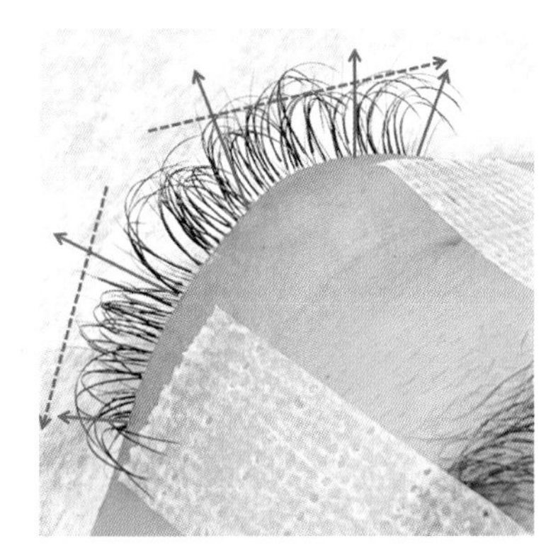

③ 가모의 방향이 돌아간 경우

속눈썹 연장 후 자연모가 자라난 방향에 따라 가모가 돌아가는 현상이 나타난다. 세안 후 물기가 마르면 아이래쉬 브러쉬를 사용하여 정리해주는 것이 도움이 된다.

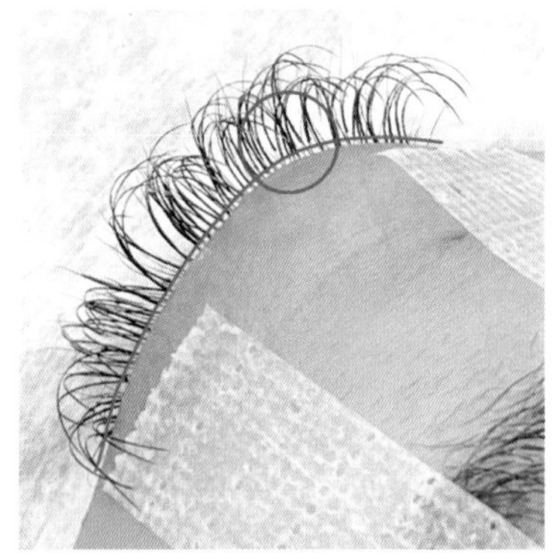

④ 가모가 피부로부터 멀리 떨어진 경우

가모를 피부로부터 0.1cm 띄운 상태로 부착하더라도 자연모가 성장함에 따라 위로 이동하게 되어 지저분해 보인다.

2. 속눈썹 연장 리터치 주의사항

① 지난 속눈썹 연장 때 부착한 가모의 60%가 남았을 때 리터치 작업을 진행한다.

② 고객 관리 차트를 확인하여 지난 속눈썹 연장 시 사용한 가모와 디자인을 확인한다.

③ 자연모의 상태를 확인하여 적절한 가모 제거 방법을 선택한다.

④ 리무버가 눈에 들어가지 않도록 주의한다.

⑤ 리터치가 필요한 부위에 리무버 사용 시 아이패치와 주변 속눈썹에 묻지 않도록 한다.

⑥ 가모를 새로 부착할 부위에 전처리부터 시작한다.

⑦ 리터치가 필요한 부분에 가모를 부착하며, 속눈썹 연장을 한다.

3. 속눈썹 연장 리터치하기

(1) 손 소독하기

① 위생 장갑을 착용한 전·후 안티셉틱을 이용하여 소독한다.

(2) 글루 떨어뜨리기

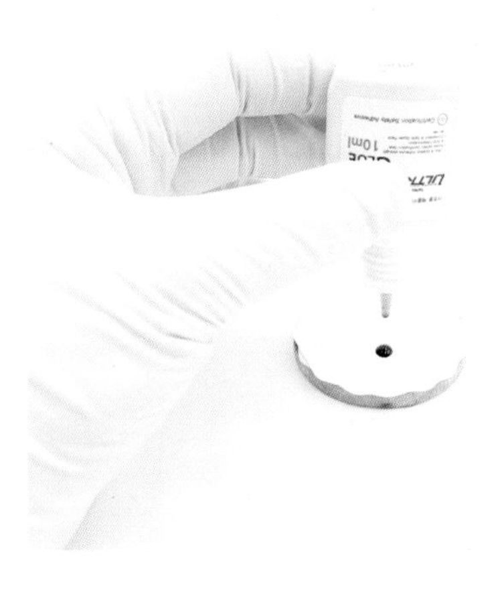

① 속눈썹 연장 글루 사용 전 글루 쉐이킹(Glue Shaking)을 한다.

② 속눈썹 연장 글루 병을 거꾸로 뒤집은 뒤 수직 방향으로 세워 글루를 한 방울(One drop) 떨어뜨린다. 이때 토출구에 글루가 묻지 않도록 주의한다.

Tip

글루 파레트(Glue Pallet)에 글루 시트를 부착하거나 속눈썹 연장 테이프로 감아준다.

(3) 아이패치(Eye patch) 부착하기

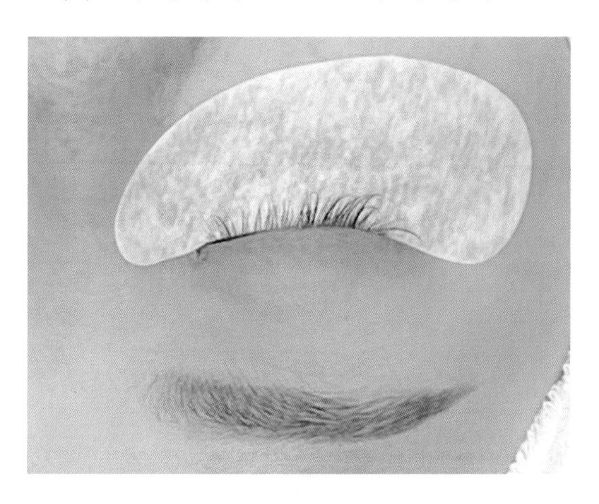

① 눈동자를 찌르지 않도록 눈 점막으로부터 0.1cm 띄운 곳에 부착한다.

② 빠져나온 속눈썹이 없는지 꼼꼼히 확인한다.

Tip

눈 점막 라인 가까이에 부착하면 겔이 녹아내려 눈에 들어가, 이물감을 느낄 수 있으므로 주의한다.

(4) 핀셋으로 가모 제거하기

① 핀셋으로 속눈썹을 빗겨주며 걸리는 부분을 확인한다.

Tip

핀셋의 끝에 걸리는 곳은 속눈썹이 엉킨 상태이거나 탈락 위기에 있는 가모이기 때문에 제거 후 리터치 작업을 시작한다.

② 양손에 힘을 주고 당기며 가모와 자연모를 떼어낸다.

(5) 전처리하기

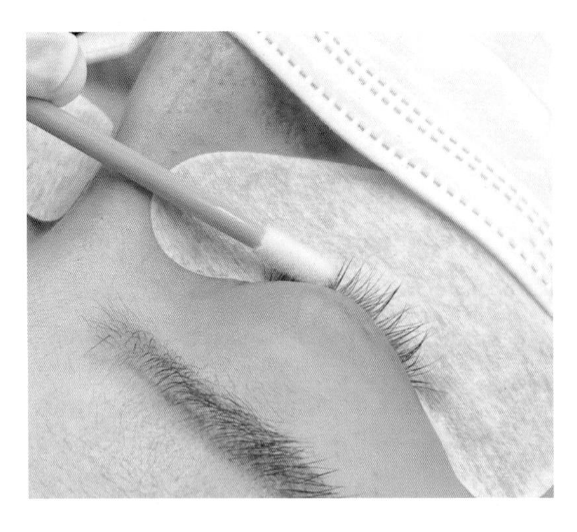

① 면봉류를 사용하여 속눈썹이 자라난 방향으로 빗겨주며, 남아있는 유분, 메이크업 잔여물, 먼지와 같은 이물질 등을 제거한다.

> Tip
>
> 면봉 사용 시 강한 힘을 주어 자연모가 손상되지 않도록 주의한다.

(6) 속눈썹 연장 리터치 작업하기

① 일자 핀셋을 사용하여 리터치를 위해 가모를 부착할 곳을 찾는다.
② 가모를 부착할 속눈썹의 양옆을 가른다.

③ 이전에 속눈썹 연장 시 사용했던 가모를 사용하여 리터치 속눈썹 연장을 시작한다.

> Tip
>
> 아이래쉬 드라이어(Eyelash Dryer)를 사용하여 글루를 건조시키고, 아이래쉬 브러쉬(Eyelash Brush)를 사용하여 속눈썹을 빗어주며 리터치가 필요한 부분을 확인한다.

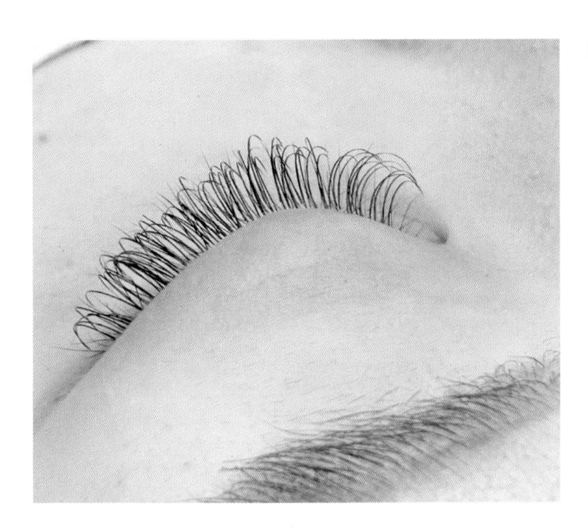

④ 속눈썹 연장 리터치(Retouch) 완성

2. 러시안 볼륨 리터치(Russian Volume Retouch)

1. 러시안 볼륨 리터치하기

(1) 러시안 볼륨 리터치 전 점검하기

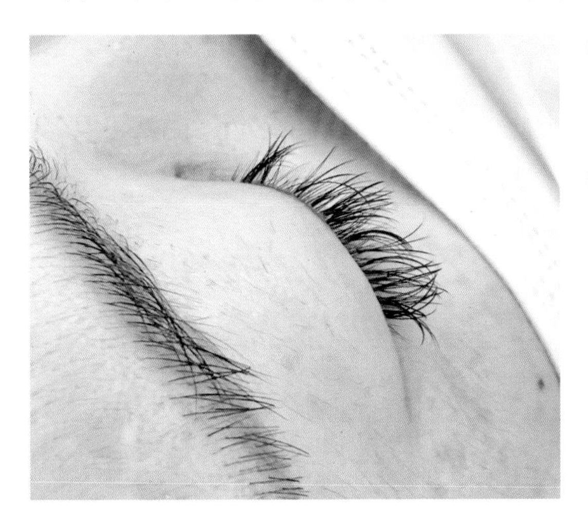

① 러시안 볼륨을 받은 후 약 3주 뒤 자연모가 자라 나와 볼륨 팬이 밀려 나온 부분을 확인한다.

② 볼륨 팬이 탈락하여 비어있는 부분을 점검한다.

(2) 손 소독하기 : 안티셉틱 (Antiseptic)

① 안티셉틱을 손에 직접 분사하여 액체가 마를 때까지 손을 비벼준다.

② 안티셉틱 또는 70%의 알코올을 분사한 솜을 사용하여 손바닥에서부터 손가락 방향으로 쓸어내리듯이 닦아준다. 손 전체를 꼼꼼하게 소독한다.

③ 위생 장갑을 착용한 후 안티셉틱을 직접 분사하거나 솜을 이용하여 다시 한 번 소독한다.

(3) 아이패치 (Eye Patch) 부착하기

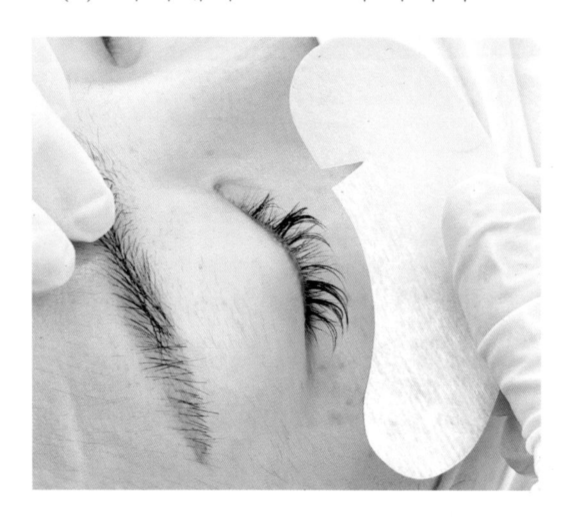

① 아이패치의 눈 앞머리 부분을 V모양으로 자른다.

② 아이패치를 부착할 때 왼손으로는 눈꺼풀을 살짝 당겨준다.

③ 눈이 너무 들리지 않도록 주의한다.

④ 아래 속눈썹은 중지 또는 약지를 이용하여 눈의 아래 방향으로 가볍게 당겨준다.

⑤ 엄지와 검지로 아이패치를 잡고 부착한다.

(4) 밀려나온 볼륨 팬 제거하기

① 자연모가 자라 나와(1~2mm) 볼륨 팬이 밀려 나온 부분을 확인한다.

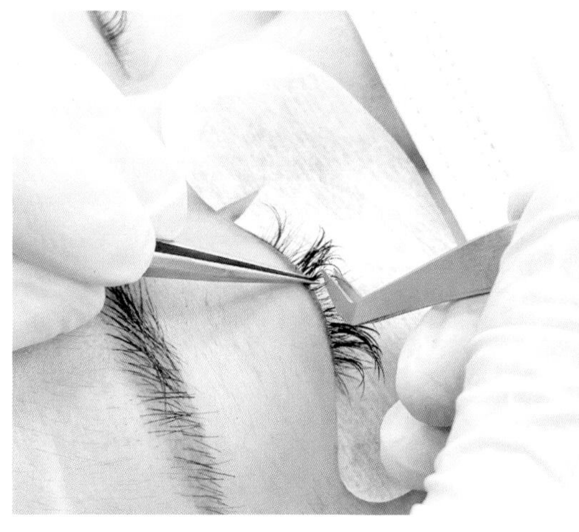

② 레귤러 핀셋의 팁에 힘을 주어 꽉 눌러주는 작업을 반복하여 경화된 글루를 부수어 준다.

③ 경화된 글루가 분해되면, 제거할 볼륨 팬과 자연모를 구분하여 집어준다.

> **Tip**
>
> 주사용 손이 오른손일 경우 레귤러 핀셋은 볼륨 팬을, 일자 핀셋은 자연모를 잡는다. 주사용 손이 왼손일 경우 반대로 시행한다.

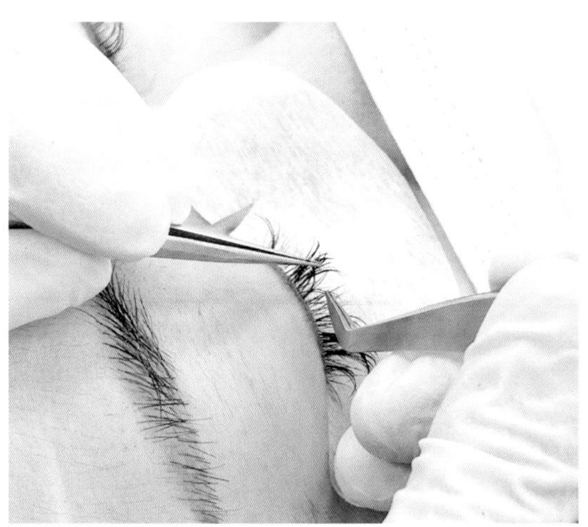

④ 자연모와 볼륨 팬을 분리할 수 있도록 찢어준 뒤 폐기한다.

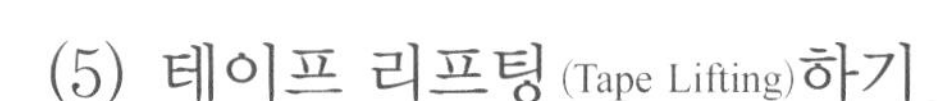

(5) 테이프 리프팅(Tape Lifting)하기

전처리 전 눈꺼풀에 테이프 리프팅을 실시한다.

(6) 전처리하기

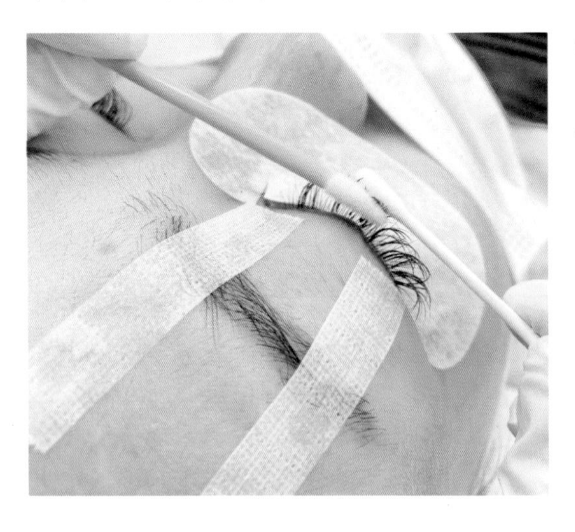

① 마이크로 섬유 스틱과 면봉을 이용하여 전처리한다.
② 전처리 시 제거한 볼륨 팬의 잔여물, 속눈썹 사이의 이물질과 유분을 꼼꼼히 닦아낸다.

(7) 새로운 볼륨 팬 부착하기

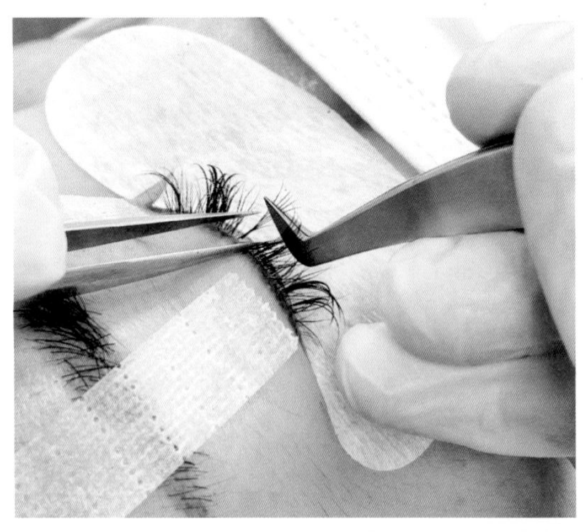

① 리터치 시 이전에 사용한 가모의 길이를 확인하여 길이에 맞추어 볼륨 팬을 제작한 뒤 부착한다.

> **Tip**
> 러시안 볼륨 리터치를 위해 이전에 사용한 가모의 길이와 디자인을 고객 상담일지를 통해 확인한다.

② 러시안 볼륨 리터치 완성

Chapter 12

아이래쉬 익스텐션 테크닉

Eyelash Extension Technique

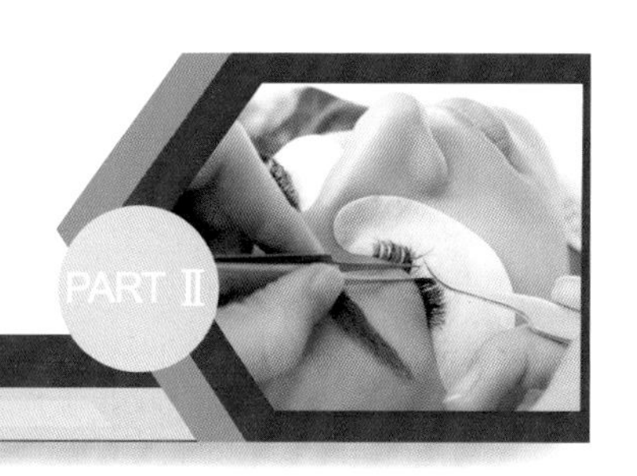

1. 속눈썹 연장 시 가모(False Eyelash) 선택법

속눈썹 연장 시 고객의 속눈썹의 상태와 형태 및 눈매를 확인하여 적합한 가모를 선택 후 디자인을 연출한다. 이때 가모의 컬(Curl), 길이(Length)와 두께(Thickness)를 고려한다. 가모의 종류는 아래와 같다.

표 12-1 속눈썹 연장 가모(False Eyelash)의 종류

가모	종류						
컬(Curl)	I 컬	J 컬	JC/B 컬	C 컬	CC/D 컬	U 컬	L 컬
길이 (Length)	4mm	5mm	6mm	7mm	8mm	9mm	10mm
	11mm	12mm	13mm	14mm	15mm	16mm	17mm
	18mm	19mm	20mm				
두께 (Thickness)	0.03D	0.05D	0.07D	0.08D	0.09D	0.10D	0.12D
	0.15D	0.18D	0.20D	0.24D	0.25D		

1. 가모의 컬 (Curls of False Eyelash)

(1) 가모의 컬에 따른 특징

형태	명칭	특징	부착된 모습
	I컬(I Curl) 일자 컬(Straight Curl)	• 컬이 없고 일자 형태를 띤다. • 길이만 연장할 때 쓰인다. • 주로 남성 고객에게 사용한다.	
	J컬(J Curl) 부드러운 컬(Soft Curl)	• 다양한 컬의 종류 중 가장 자연스럽다. • 자연모의 각도대로 부착할 수 있다.	
	B/JC컬(B/JC Curl) 자연스러운 컬 (Natural Curl)	• J컬과 C컬의 중간 정도의 컬이다. • 제조사에 따라 B컬이라고 한다. • 컬의 볼륨감이 있으나 자연스러운 연출이 가능하다.	
	C컬(C Curl) 볼륨 컬(Volume Curl)	• 처진 자연모의 컬을 살릴 수 있다. • 뷰러(Eyelash Curler)를 사용한 것처럼 연출할 수 있다. • 눈이 커 보이고 또렷해 보인다.	
	CC/D컬(CC/D Curl) 강한 컬(Strong Curl)	• 제조사에 따라 CC컬이라 한다. • C컬보다 강한 컬이다.	
	U컬(U Curl) 매우 강한 컬 (Very Strong Curl)	• 가모의 뿌리부터 컬이 발생하여 가장 극적으로 아찔한 눈매를 연출할 수 있다. • 바비인형 같은 눈매를 연출할 수 있다.	
	M컬(M Curl) 뿌리 업 컬 (Root up Curl)	• 가모의 뿌리부터 꺾인 형태를 띤다. • J컬과 다른 느낌의 자연스러운 눈매를 연출할 수 있다. • 눈두덩이 두껍거나 쌍꺼풀이 없는 눈에 사용하지 않는다.	
	L컬(L Curl) 각진 컬(Angular Curl)	• 가모의 뿌리부터 컬이 극적으로 꺾여있다. • 눈두덩이 두껍거나 쌍꺼풀이 없는 눈에 사용한다.	
	L+컬(L+ Curl) 각진 컬 (Angular Curl)	• L컬보다 컬이 강하다.	

(2) 가모의 컬에 따른 속눈썹 연장 전 · 후 비교

분류	전	후
J컬	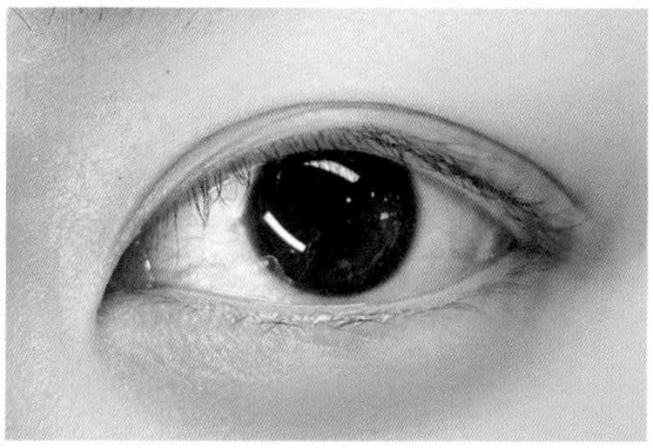	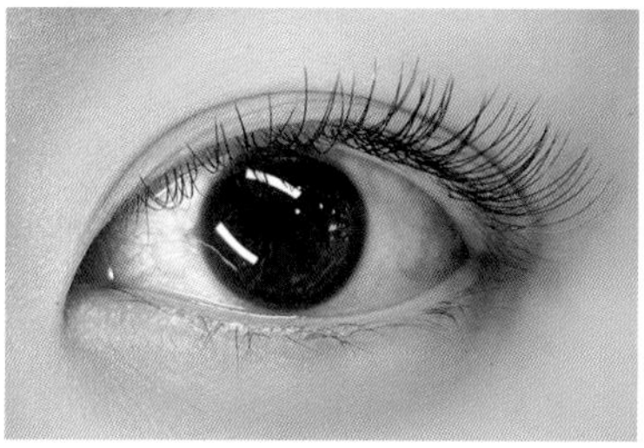
JC컬	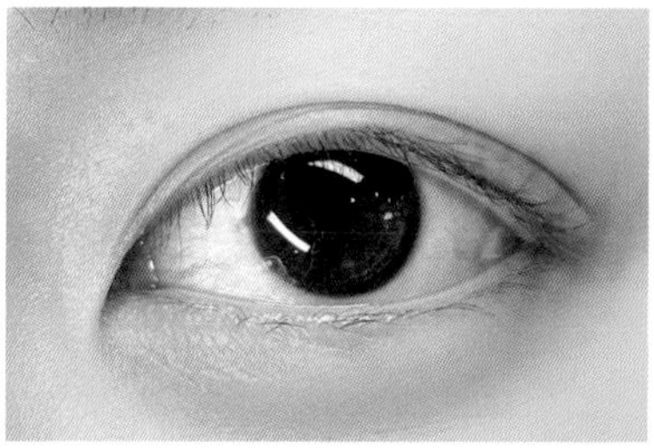	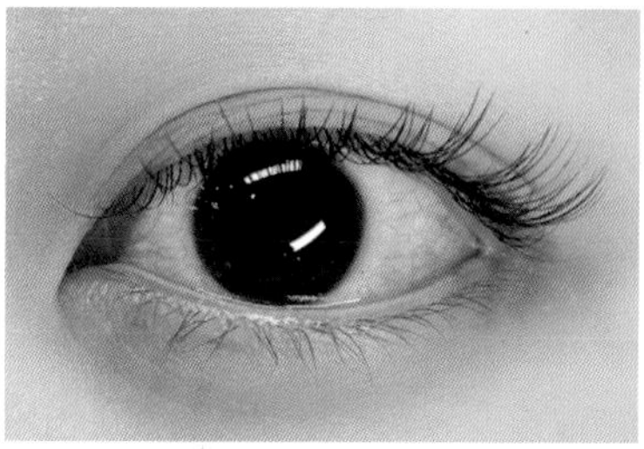
C컬	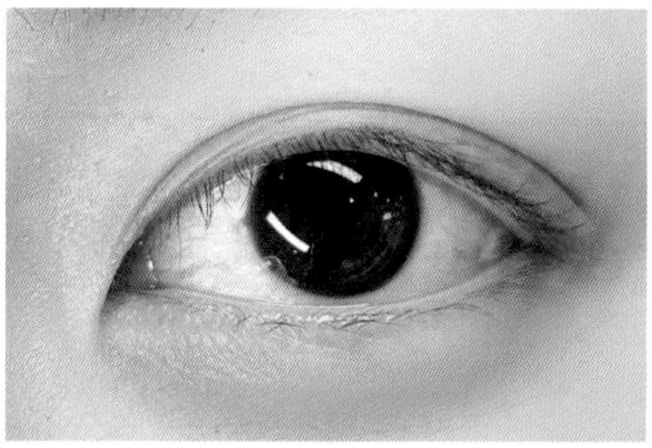	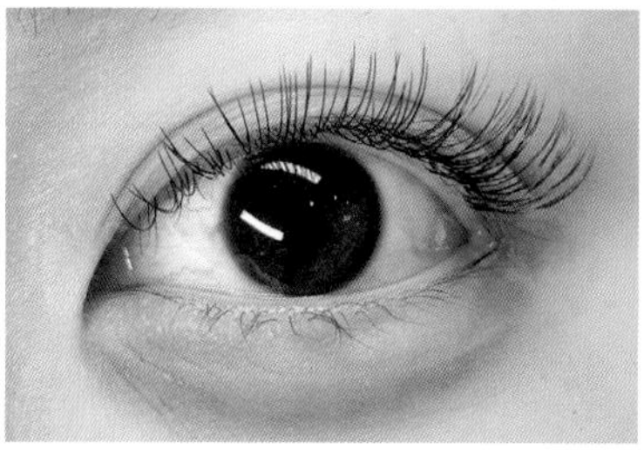
D컬	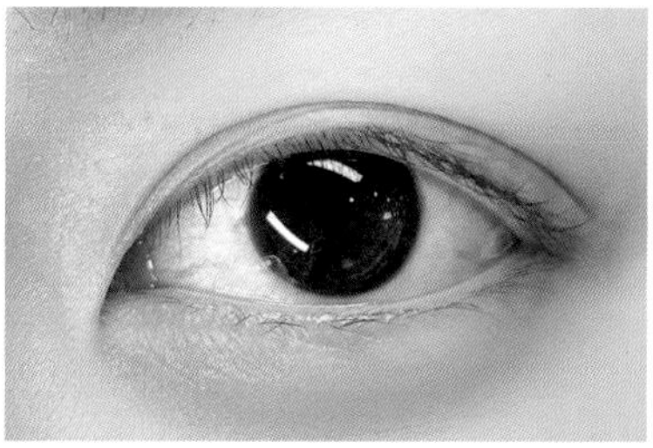	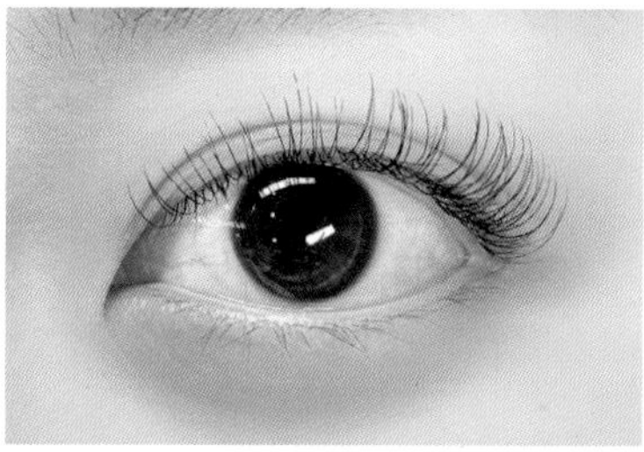
L컬	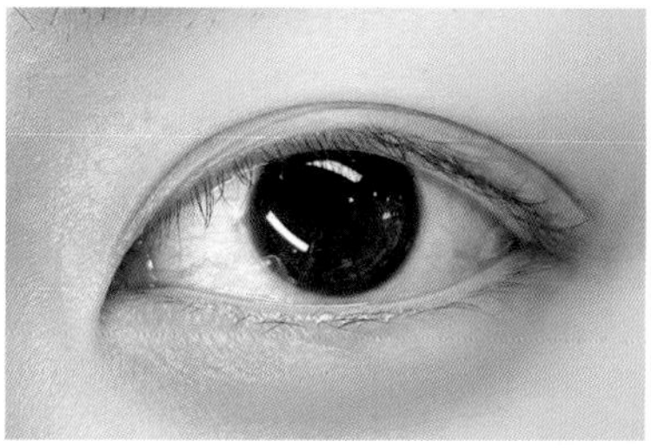	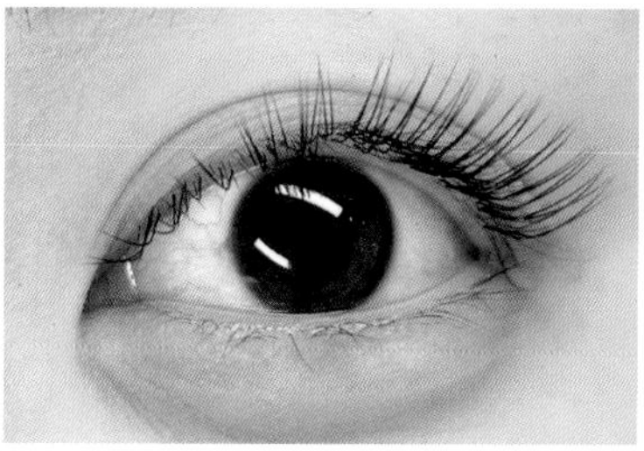

2. 가모의 길이 (Length Of False Eyelash)

① 5~8mm의 짧은 길이의 가모는 I.P(눈의 앞머리) 또는 언더 아이래쉬 익스텐션에 사용된다.

② 아이래쉬 익스텐션 디자인 연출 시 보통 9~12mm 길이의 가모를 사용하며, 최근 13~16mm의 긴 길이의 가모를 혼합하여 디자인을 연출한다. 해외의 경우 20mm까지 사용하기도 한다.

③ 국내에서 일반적으로 사용되는 가모의 길이는 10~11mm이다.

④ 고객의 요구에 무조건 따르는 것이 아니라 고객의 속눈썹 길이와 두께를 점검한 후 알맞은 가모를 선택한다.

⑤ 가모가 자연모에 비해 비교적 길거나 두꺼울 경우 속눈썹 연장 후 유지력이 낮아지므로 상담을 통해 고객에게 충분히 설명한다.

⑥ 컬이 강할수록 약한 컬에 비해 길이가 짧아 보이므로 상담을 통해 고객이 요구하는 길이보다 긴 것을 사용할 수 있도록 한다.

Point

쌍꺼풀이 없거나 처진 눈꺼풀이 있는 고객의 경우 눈을 떴을 때 속눈썹이 눈꺼풀 아래로 가려지는 경향이 있다. 자연모보다 약간 더 긴 가모를 선택한다.

3. 가모의 두께 (Thickness Of False Eyelash)

(1) 가모의 두께

① 가모의 두께는 다이아미터(Diameter)의 약자인 D로 표기한다. 0.03D, 0.05D, 0.07D, 0.10D, 0.12D, 0.15D, 0.18D, 0.20D와 0.24D 등과 같이 다양하며, 제조사에 따라 mm로 표기한다.

② 속눈썹 연장 시 가모의 두께를 선택할 때 고객의 속눈썹 상태를 미리 점검한다. 고객의 속눈썹에 비해 두꺼운 가모를 사용하면 무리가 가게 된다. 이로 인해 속눈썹 연장의 유지력이 낮아질 수 있다.

(2) 올바른 가모의 두께를 선택하는 방법

아시아인의 평균 속눈썹 굵기는 0.07~0.1mm이며, 서양인의 평균 속눈썹 굵기는 0.12~0.15mm이다. 또한 나이가 많은 고객의 경우 젊은 고객보다 속눈썹이 더 얇은 경향이 있다. 속눈썹 연장 시 아시아인은 0.15mm를 서양인은 0.2mm의 가모의 두께를 선호한다. 속눈썹 연장 전 항상 고객의 속눈썹 두께 및 건강 상태를 잘 살펴보고 적절한 두께를 결정한다.

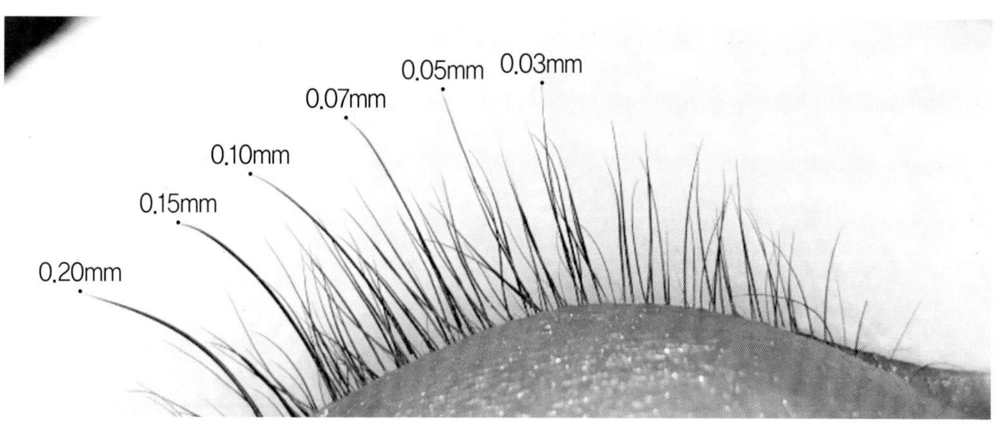

그림 12-1 가모의 두께

가모의 두께의 차이는 자연모에 대고 비교하면 확실한 두께를 알 수 있다. 비교 후 적절한 속눈썹 연장의 두께를 선정하여 속눈썹의 손상을 최소화하고 연장 유지력을 높일 수 있다.

(3) 1:1 (원투원) 속눈썹 연장 시 가모의 두께에 따른 특징

두께	특징
0.12D	자연스러운 눈매를 연출하며, 얇은 속눈썹에 사용한다.
0.15D	일반적으로 사용하는 가모의 두께이며, 자연스럽고 선명한 디자인을 연출할 때 사용한다.
0.18D	0.15D보다 더 선명한 눈매를 연출할 수 있다.
0.20D	마스카라를 한 것처럼 또렷한 눈매를 연출하며, 건강하거나 두꺼운 속눈썹에 사용할 수 있다.
0.24D	특별한 날 화려한 눈매를 연출할 때 사용하며, 진한 눈매를 표현할 수 있다. 두껍고 건강한 속눈썹에만 사용할 수 있으며, 너무 짧거나 약한 속눈썹에는 사용하지 않는다
0.25D	속눈썹 연장 시 다소 무거운 편에 속하여 건강한 속눈썹을 가진 고객에게 사용할 수 있다. 풍성한 속눈썹을 연출할 수 있다.
0.30D	건강한 속눈썹을 가진 고객에게 사용하며, 적은 양으로 풍성한 디자인을 연출할 수 있다. 하지만 무거워서 일반적으로 많이 사용하지 않는다.

눈의 형태와 모양에 따른 속눈썹 연장

1. 눈의 형태에 따른 속눈썹 연장법

눈의 형태	전	후	비고
둥근 눈 (Round Eye)	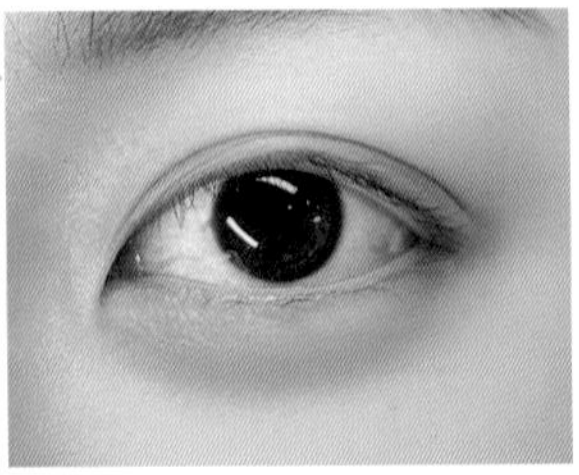	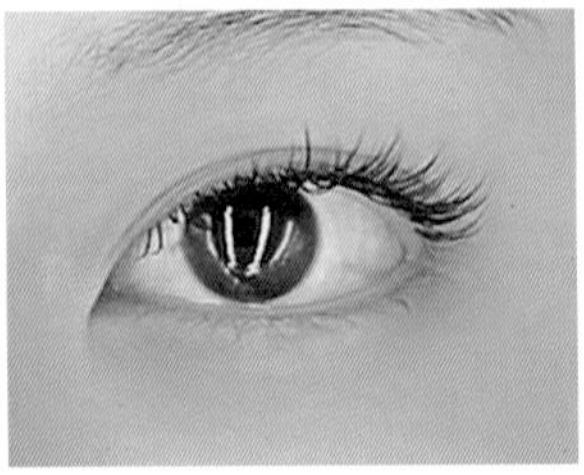	눈매의 기준점을 3등분으로 나누어 I.P, O.T와 T.P가 다르게 디자인하여 자연스러운 이미지를 연출한다.
돌출된 눈 (Protruding Eye)	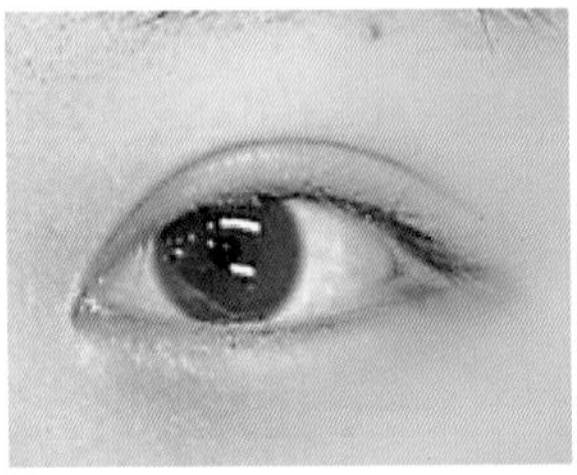	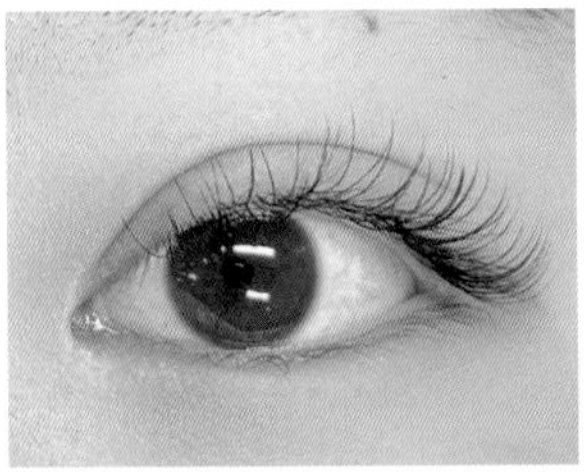	컬이 약한 J 컬로 된 0.10D와 0.15D 굵기의 가모를 사용하여 자연스러운 눈매로 연출한다.
쌍꺼풀이 큰 눈 (Double Eyelids)	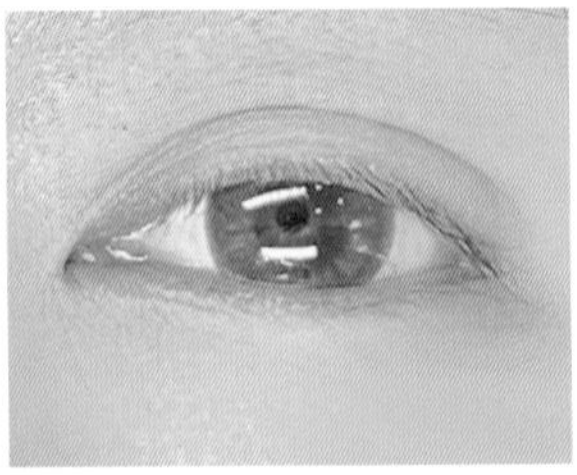	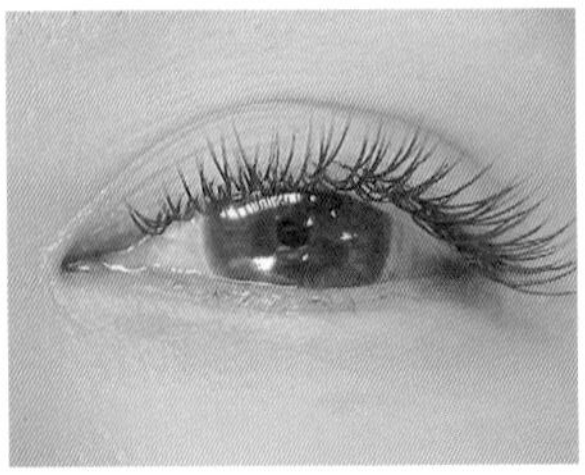	짧은 길이의 가모를 선택하여 쌍꺼풀 라인을 가릴 수 있도록 전체적으로 연장하여 선명한 눈을 연출한다.
속눈썹 연장 후 쌍꺼풀이 생기는 눈 (Eyes with double eyelids after eyelash extension)	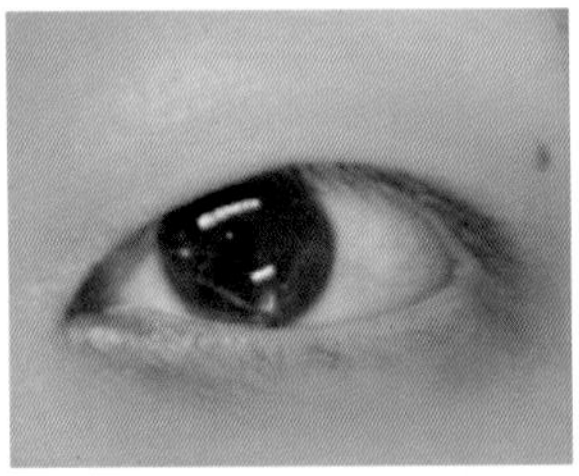	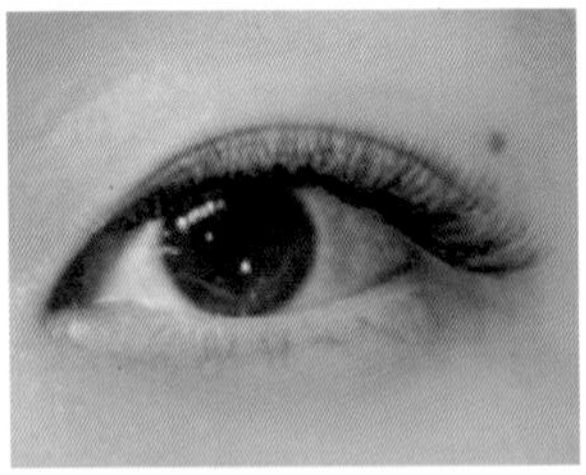	상담을 통해 파악이 어려우므로 쌍꺼풀이 있다는 전제하에 고객이 원하는 스타일을 연출한다.
노화로 인해 눈꺼풀이 처진 눈 (Eyelid drooping from aging)	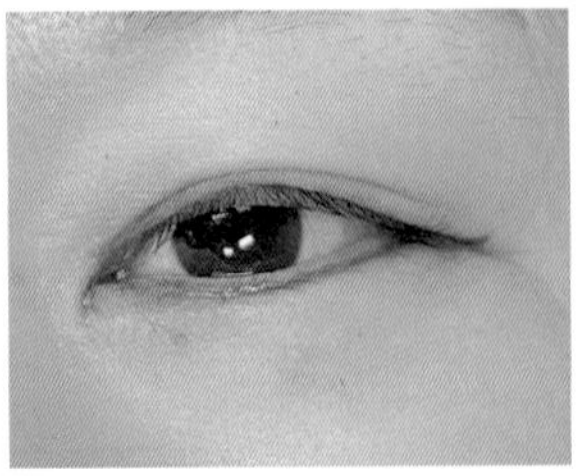		컬이 강한 L 컬이나 CC 컬을 사용하여 또렷한 눈을 연출한다.

2. 눈매에 따른 속눈썹 연장법

눈의 형태	전	후	비고
눈의 길이가 짧은 눈 (Short Eye)	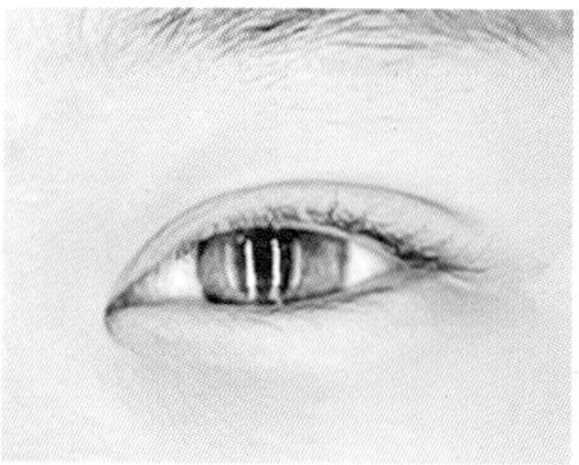	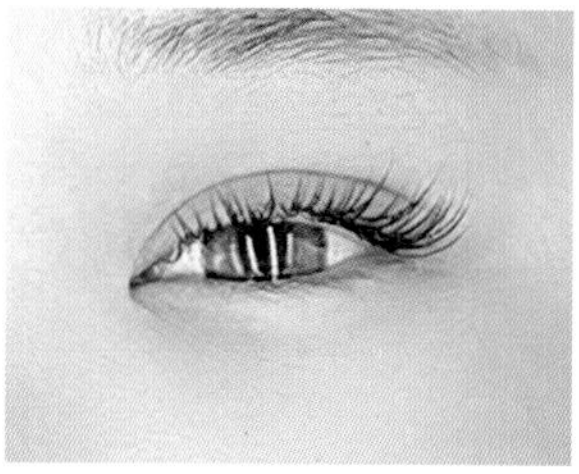	뒤쪽으로 갈수록 길게 연출할 때 눈매가 시원해 보일 수 있다.
눈의 길이가 긴 눈 (Long Eye)	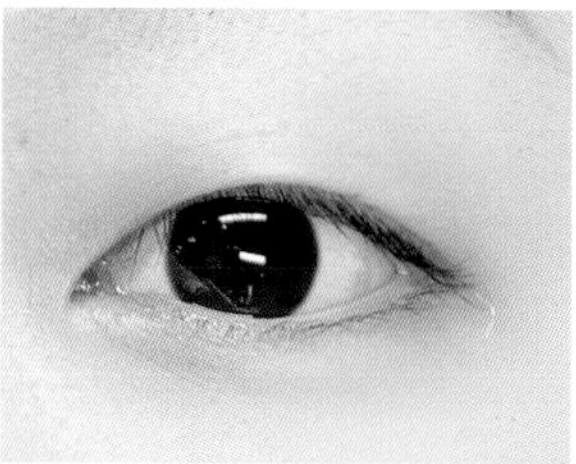	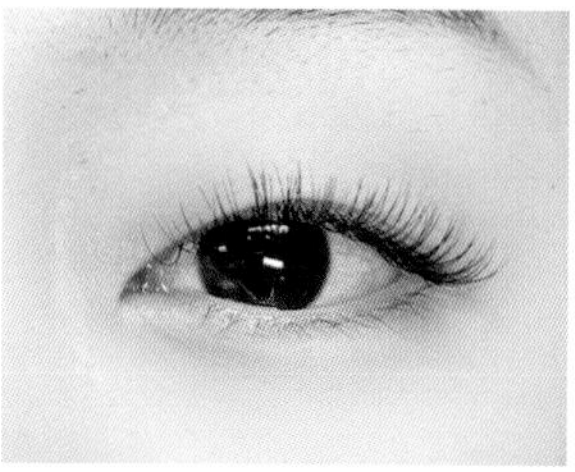	T.P에 포인트를 줄 수 있는 부채꼴 모양의 디자인을 통해 눈이 동그랗게 보이도록 연출한다.
눈꼬리가 처진 눈 (Eyes with a drooping tail)	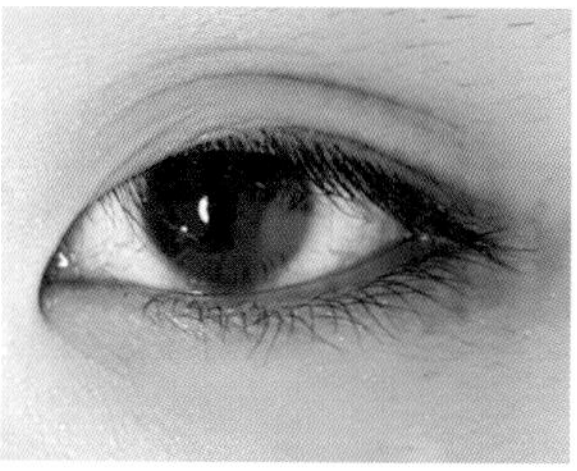	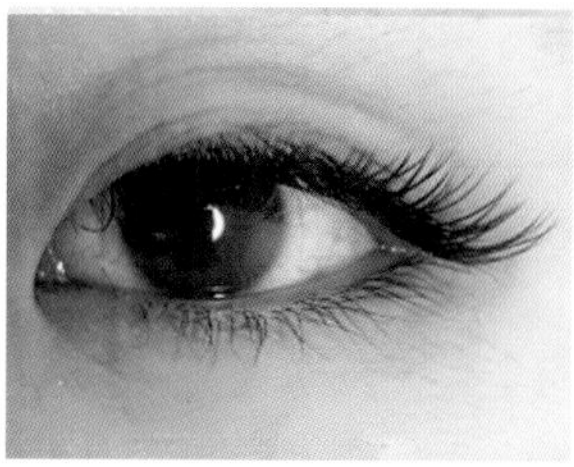	고객의 눈이 처진 부분을 파악한 후 눈꼬리가 갈수록 강한 C컬을 사용하면 컬 업(Curl-up)되어 처진 눈매를 보완할 수 있다.
눈꼬리가 올라간 눈 (Snow with a raised corner)	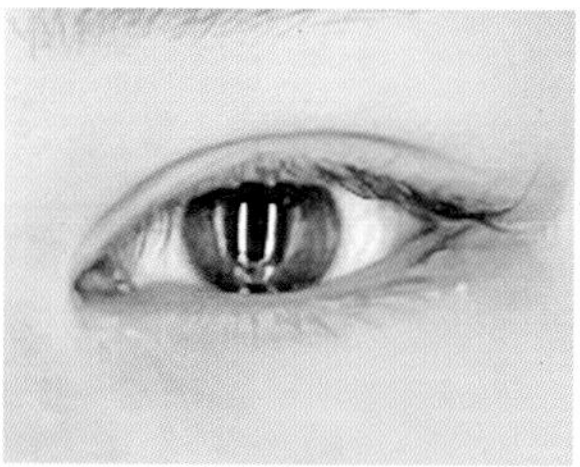	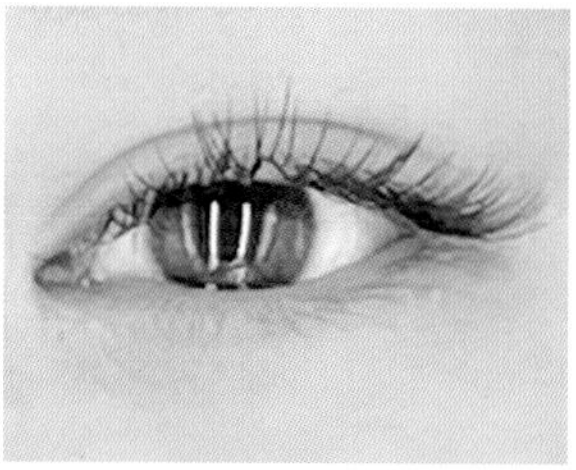	I.P와 T.P를 강조하고 O.P는 더욱 약한 컬을 사용하여 컬 다운(Curl-down) 시켜준다.

3. 속눈썹의 상태에 따른 속눈썹 연장법

눈의 형태	전	후	비고
속눈썹이 짧고 모가 얇은 눈 (Thin eye of Eyelash)	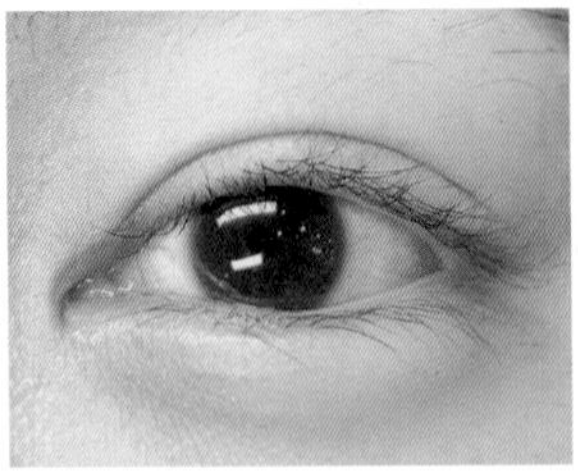	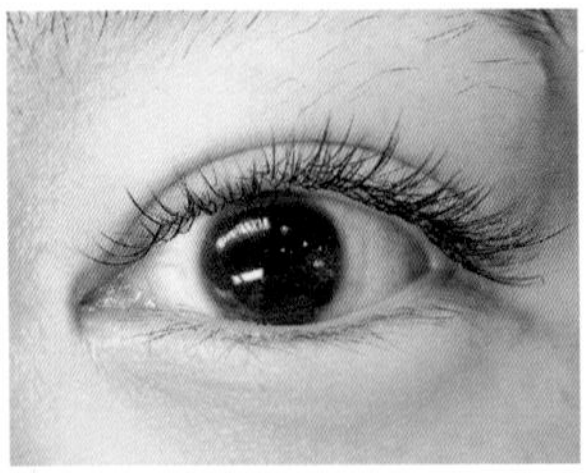	자연모에 비해 너무 길거나 두꺼운 가모를 사용하면 그 무게에 의해 부착된 가모는 쉽게 탈락하여, 유지력이 낮아지고 자연모가 손상될 수 있다. 또한, 얇은 가모지만 컬이 강한 C 컬, CC 컬과 L 컬은 쉽게 엉킬 수 있다.
속눈썹이 짧고 숱이 많은 눈 (Thick eye of Eyelash)	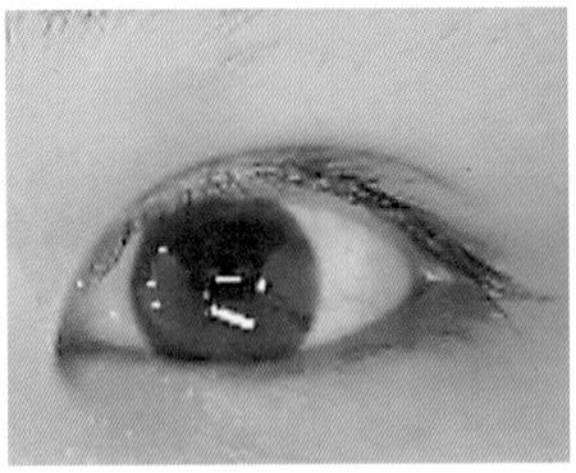	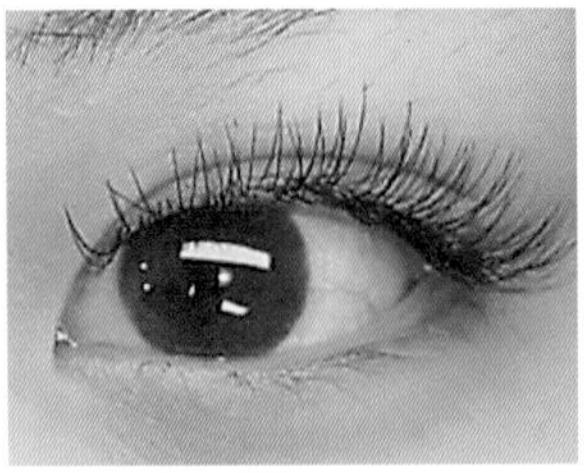	속눈썹이 길어 보이게 연출을 원한다면 0.10D 또는 0.15D 두께의 가모를 선택하여 I.P부터 O.P까지 J~L 컬 또는 C~L 컬을 사용하는 것을 권장한다. 선명한 눈매를 원한다면 0.15D 또는 0.20D 두께의 가모를 선택하여 I.P부터 O.P까지 J~L 컬, C~L 컬 또는 CC~L 컬을 사용한다.
속눈썹이 길고 아래로 처진 눈 (Long lashes and drooping Eyes)	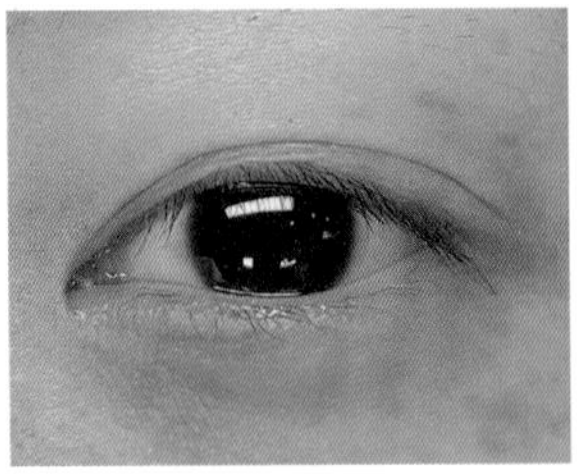	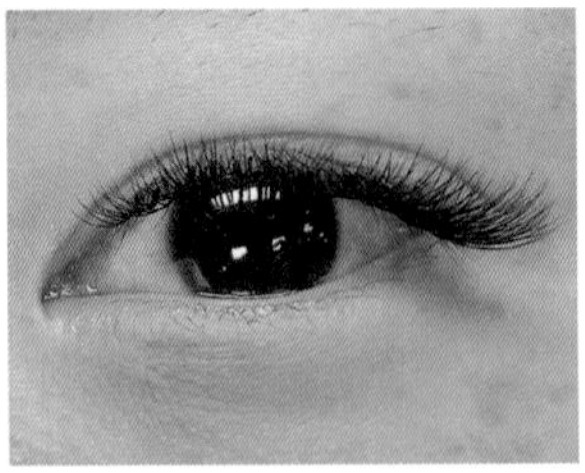	고객과 상담을 통해 컬이 강한 C 컬, CC 컬 또는 L 컬을 사용할 수 있도록 하여 I.P를 C 컬 또는 CC 컬로 채워준다. 이때, 자연모의 두께에 따라 0.15D보다 0.20D 두께의 가모가 더 탄탄하게 컬을 유지할 수 있다.

4. 눈매 교정(Eye Correction) 속눈썹 연장법

(1) 눈매 교정이란?

눈매 교정이란, 양쪽 눈의 형태와 모양이 서로 다를 경우 속눈썹 연장 디자인을 통해 비슷하게 만들어 주는 것을 말한다.

표 12-2 눈에 따른 속눈썹 교정 연장법

분류	속눈썹 교정 연장법
미간이 좁은 눈	O.P로 갈수록 강조하는 섹시형 이미지를 연출한다.
미간이 넓은 눈	T.P를 강조하는 것이 좋으며, 일자형과 섹시형 이미지 연출은 피한다.
눈꼬리가 올라간 눈	I.P와 T.P를 강조하며, O.P로 갈수록 길이가 짧고 컬이 약한 가모를 사용하여 눈매가 내려간 듯 보이게 연출한다.
눈꼬리가 처진 눈	C컬을 사용하며, O.P가 강조되는 섹시형 이미지 디자인은 피한다.
돌출된 눈	돌출된 부분을 보완하기 위해 길이가 길지 않은 가모를 선택하여 내추럴 이미지를 연출하도록 하며, 부채꼴 이미지 디자인과 강한 컬은 피한다.
움푹 들어간 눈	가모의 길이가 자연모보다 2mm 이상 긴 것을 선택하며, L컬과 L+컬 같은 강한 컬을 사용하는 것이 적합하다.
쌍꺼풀이 큰 눈	크고 두꺼운 쌍꺼풀 라인을 커버할 수 있도록 길이가 길지 않으며 강한 컬을 사용한다. 눈을 강조하는 연출법은 역효과를 줄 수 있으므로 피하는 것이 좋다.

5. 이미지별 속눈썹 연장

(1) 이미지별 연출된 모습

구분	연출된 모습	
	눈을 떴을 때	눈을 감았을 때
내추럴 이미지 (Natural Image)	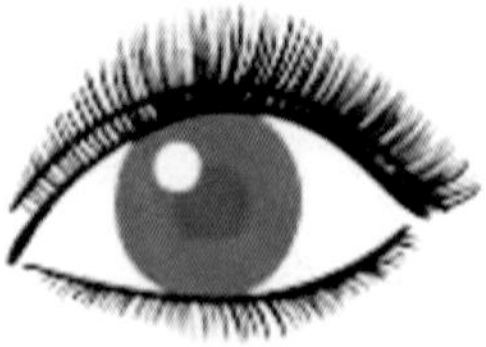	
클래식 이미지 (Classic Image)	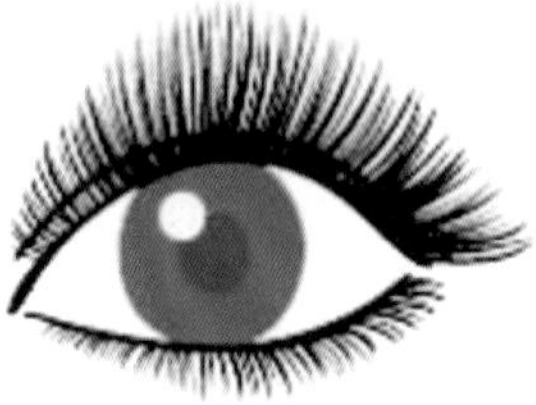	
큐티 이미지 (Cute Image)	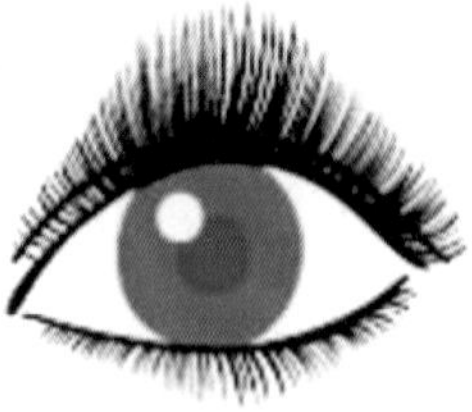	
섹시 이미지 (Sexy Image)	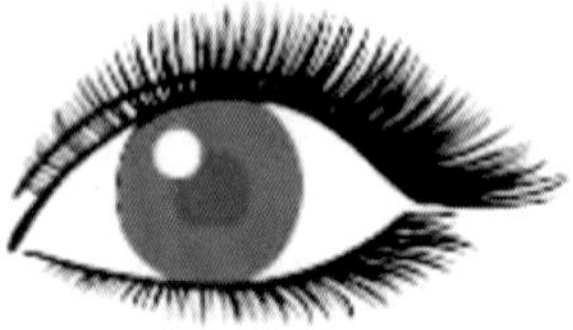	

(2) 이미지별 속눈썹 연장 가이드라인

구분	가이드라인(Guideline)	가모의 길이
내추럴 이미지 (Natural Image)	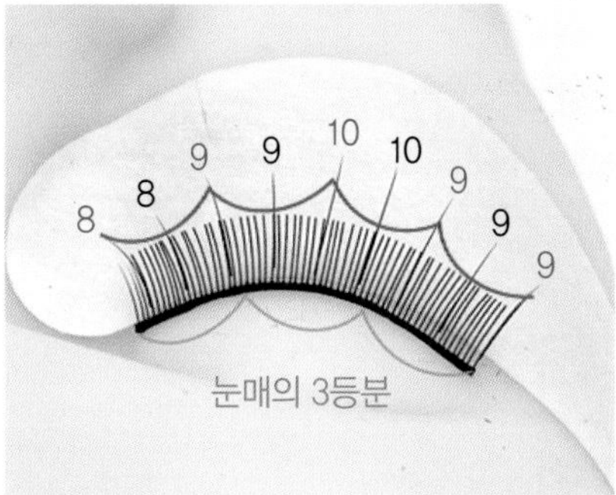	• T.P : 10mm • I.P : 8mm • O.P : 9mm • I.P/T.P : 9mm • T.P/O.P : 9mm
클래식 이미지 (Classic Image)	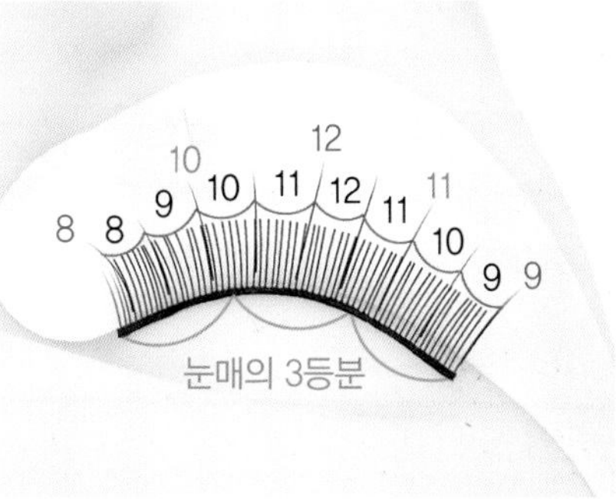	• T.P : 12mm • I.P : 8mm • O.P : 9mm • I.P/T.P : 10mm • T.P/O.P : 11mm
큐티 이미지 (Cute Image)	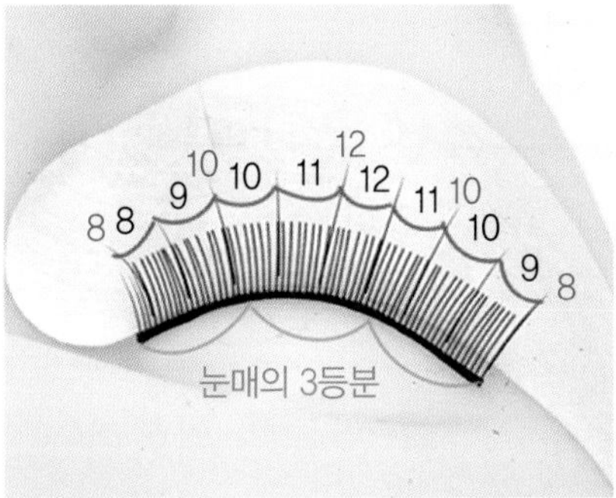	• T.P : 12mm • I.P : 8mm • O.P : 8mm • I.P/T.P : 10mm • T.P/O.P : 10mm
섹시 이미지 (Sexy Image)	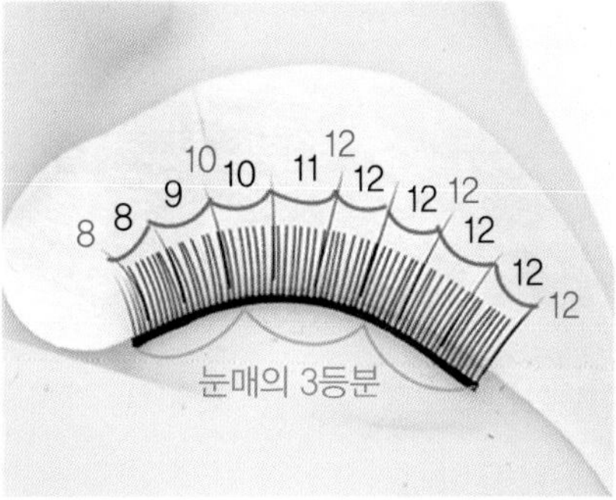	• T.P : 12mm • I.P : 8mm • O.P : 12mm • I.P/T.P : 10mm • T.P/O.P : 12mm

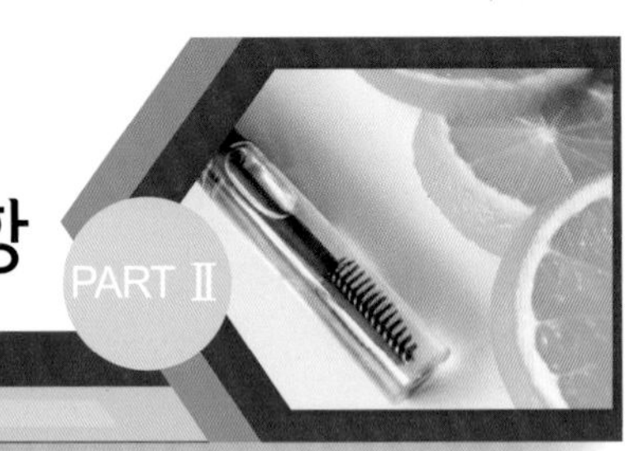

Chapter 13

아이래쉬 익스텐션 후 관리사항

홈 케어(Home Care) 방법

아이래쉬 익스텐션(Eyelash Extension)은 아이래쉬 테크니션(Eyelash Technician)의 전문적인 지식과 최고의 기술력이 더해져 이루어진다. 하지만, 아이래쉬 익스텐션을 받은 고객의 일상생활 속 관리가 함께 이루질 경우 처음과 같은 아름다운 형태를 유지할 수 있다. 아이래쉬 익스텐션이 마무리되면 아이래쉬 테크니션은 고객에게 사후 관리의 중요성에 대해 설명하고 홈 케어(Home Care) 방법을 안내해야 한다.

(1) 속눈썹 연장을 받고 3~4시간 후 세안한다.

아이래쉬 익스텐션 글루(Eyelash Extension Glue)가 완전히 경화되기까지 3~4시간이 소요된다. 완전히 건조되기 전 물에 닿으면 백화현상이 일어날 수 있으며, 지속력이 낮아진다.

(2) 속눈썹 연장을 받은 당일 사우나와 운동은 피한다.

사우나의 뜨거운 열기에 의하여 속눈썹 연장 글루가 쉽게 녹을 수 있으며, 속눈썹이 엉키는 현상이 나타날 수 있다. 또한, 땀으로 인해 아이래쉬 익스텐션 글루가 부식될 수 있으며, 지속력이 낮아질 수 있다.

(3) 유분이 많거나 오일류의 화장품 사용을 자제한다.

유분이 많은 제품을 사용할 경우 아이래쉬 익스텐션 글루를 녹여 가모의 탈락을 유도한다. 사용 시에는 눈가를 제외한 부위에 사용한다.

(4) 아이래쉬 컬러(Eyelash Curler)와 마스카라(Mascara)는 사용하지 않는다.

뷰러 사용 시 속눈썹이 끊어지거나 뽑힐 수 있다. 마스카라 사용 시 립 앤 아이 리무버(포인트 리무버, Lip and eye remover)를 사용하여 깨끗이 닦아내기 어려우며, 사용할 경우 부착된 가모가 함께 탈락될 수 있다.

(5) 눈을 세게 비비거나 문지르지 않는다.

물리적인 힘을 반복적으로 가하게 되면 속눈썹 모양이 틀어지거나 엉키게 되고 자연 속눈썹이 약할 경우 모근까지 뽑힐 수 있다. 이를 반복할 경우 견인성 탈모를 유발하게 된다.

(6) 속눈썹 영양제를 꾸준히 바른다.

속눈썹 영양제 사용 시 속눈썹에 수분과 영양을 공급하여 아이래쉬 뷰티 서비스로 인한 손상된 속눈썹을 건강하게 관리할 수 있다.

(7) 탈락 위기에 있는 가모는 잡아서 뜯지 않는다.

가모를 잡아서 뜯게 되면 자연 속눈썹이 함께 뽑힐 수 있다. 눈가에 자극이 되거나 균의 감염을 유발할 수 있으므로, 속눈썹의 손상을 방지하기 위해 아이래쉬 숍(Eyelash Shop)에 방문하여 안전하게 제거하는 것이 좋다.

(8) 세안 후 속눈썹을 빗질하여 정돈한다.

세안 후 아이래쉬 브러쉬(Eyelash Blush)를 사용하여 엉킨 자연 속눈썹과 가모를 빗어서 정돈할 경우 아름다운 형태를 유지할 수 있으며, 지속력이 높아진다.

속눈썹 연장의 부작용

속눈썹 연장(Eyelash Extensions)은 흔하고 안전하지만, 관리자의 잘못된 관리와 고객의 잘못된 관리로 부작용이 발생하기도 한다. 잘못된 관리에는 화학적으로 발생하는 경우와 물리적으로 발생하는 경우가 있다. 화학적 제품에 의해 발생하는 부작용은 속눈썹 연장 시 사용되는 제품의 성분과 관리자의 제품 사용 미숙으로 발생하며, 물리적 자극으로 인한 부작용은 관리자의 잘못된 관리로 발생한다.

1. 속눈썹 연장으로 발생하는 부작용

(1) 화학적 제품에 의해 발생하는 부작용

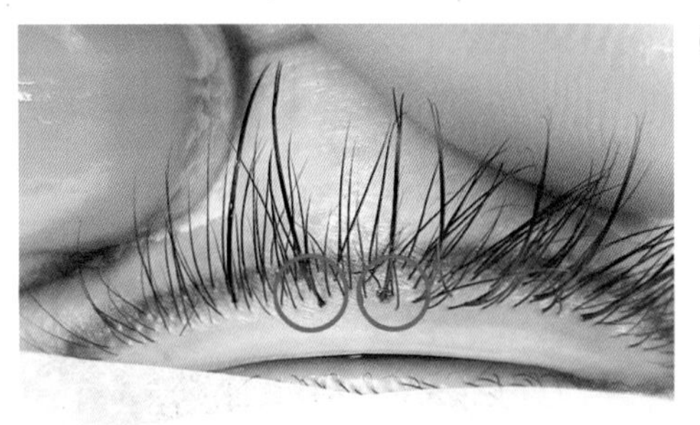

① 글루의 양 조절이 잘못된 경우

- 부작용 : 글루가 모근까지 흘러 굳게 되면 통증뿐만 아니라, 글루가 모공을 막아 속눈썹이 약해진다. 또한, 글루는 공기 중 수분을 흡착하여 순간적으로 굳는 접착성 물질이기에 많은 양의 글루가 피부에 닿는 경우 알레르기 유발의 위험성이 있으며 탈모와 화상이 생긴다.
- 해결책 : 적절한 글루 양을 지키며 모근보호법으로 관리한다.
- 관리 전 속눈썹 연장 글루에 대한 알레르기 유무를 확인한다.

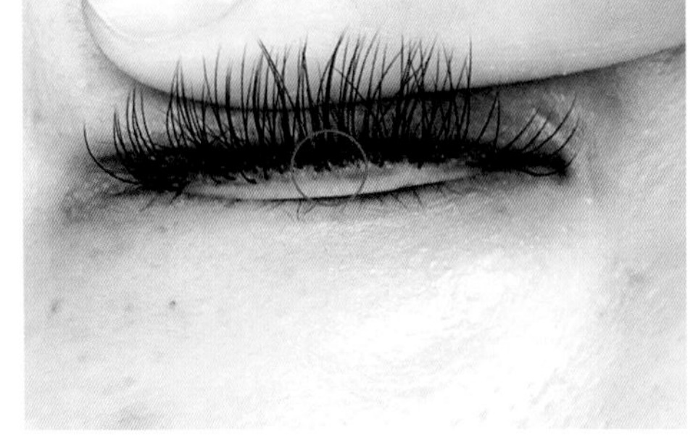

② 전처리제가 마르지 않고 관리된 경우

- 부작용 : 백화현상이 일어나며 속눈썹의 유지력이 떨어진다.
- 해결책 : 전처리제 사용 후 충분히 말려주고 관리한다.

Tip

백화현상은 글루가 마르기 전 다량의 수분을 만나면 하얗게 굳는 현상을 말하며, 관리 중 고객의 눈물로 인해 발생할 수도 있다.

(2) 물리적 자극으로 인한 부작용

① 관리 시 가모의 뿌리가 정확하게 부착되지 않아 뿌리 부분이 떠 있을 경우

- 부작용 : 들뜬 뿌리가 피부와 점막을 자극하여 간지럽거나 따가운 이물감을 느낄 수 있게 되며, 눈이 빨갛게 충혈된다.
- 해결책 : 핀셋의 각도를 잘 세워 뿌리부터 부착되도록 연장한다.

② 미세 솜털 또는 성장기 모가 많아 관리 시 가모 부착 후 글루의 경화시간 부족으로 주변의 모들이 달라붙어 엉키는 경우

- 부작용 : 속눈썹 당김에 의한 불편함이 발생되고 손으로 만지다 보면 눈병이나 속눈썹의 탈모를 일으킨다.
- 해결책 : 평소보다 좀 더 핀셋으로 고정하는 시간을 갖는 것이 좋다.

③ 가르기를 제대로 하지 않은 채 가모를 붙이거나 뭉텅이로 붙이는 경우

- 부작용 : 정상적인 가모 부착 방법이 아니므로 이물감뿐만 아니라 통증을 동반할 수 있다. 자연모가 쉽게 뽑힐 수 있으며, 강제로 뽑힌 속눈썹은 새로운 속눈썹이 건강하게 자라기까지 오랜 시간이 걸린다.
- 해결책 : 왼손 가르기를 정확히 하며, 원투원 기법을 정확하게 지킨다.

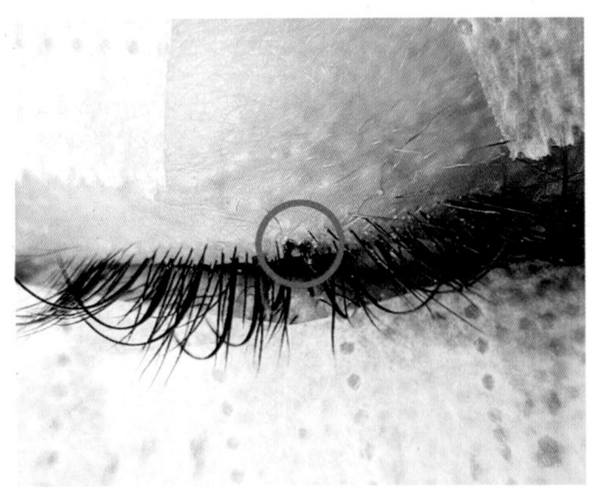

④ 모근보호를 하지 않은 채 가모를 자연모의 뿌리 쪽에 딱 붙여 관리하거나, 피부에 붙어 버리게 관리하는 경우

- 부작용 : 글루가 모공을 막아 속눈썹이 자라지 못하거나 빠질 수 있으며, 피부 트러블이 발생할 수 있다.
- 해결책 : 모근에서 0.5~1mm를 띄워 가모를 연장하는 모근 보호법을 꼭 지켜서 연장한다.

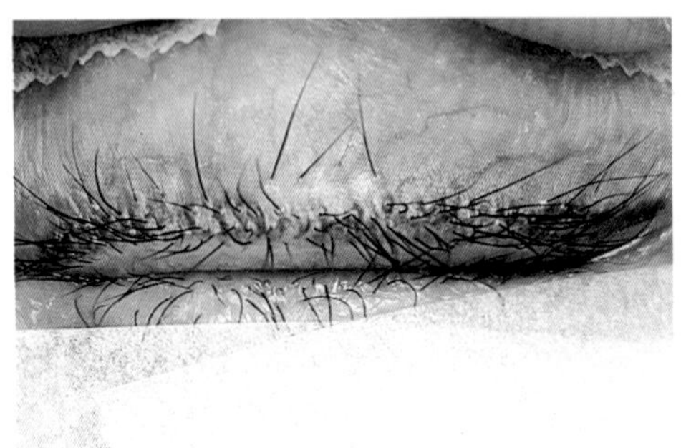

⑤ 테이프가 멀리 부착되어 아래 속눈썹을 정확하게 눌러주지 못한 경우

- 부작용 : 눌러지지 못하고 삐져나온 아래 속눈썹이 눈을 찌르거나, 윗 속눈썹과 붙을 수 있다.
- 해결책 : 테이프가 아래 속눈썹을 잘 눌러주었는지 테이핑 후 꼭 확인하고, 재부착한다.

> Tip
>
> 테이프 사용 시 접착력을 떨어뜨리기 위해 손등에 한 번 접착 후 떼어낸 뒤 사용한다.

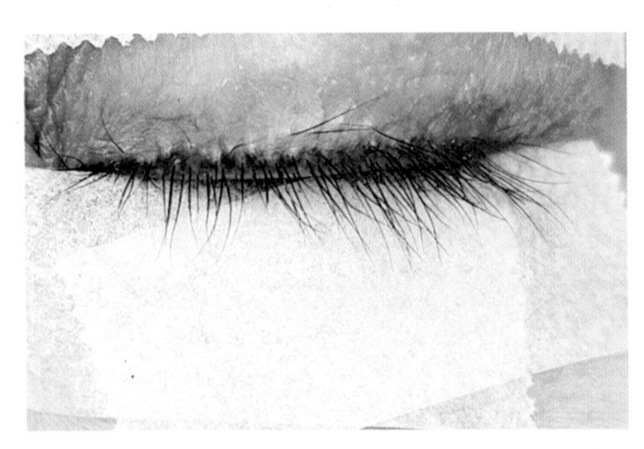

⑥ 테이프가 점막 가까이 부착된 경우

- 부작용 : 불편함을 느끼게 되며, 각막이 손상될 수 있다.
- 해결책 : 눈 아래의 점막에 닿지 않도록 테이핑한다.

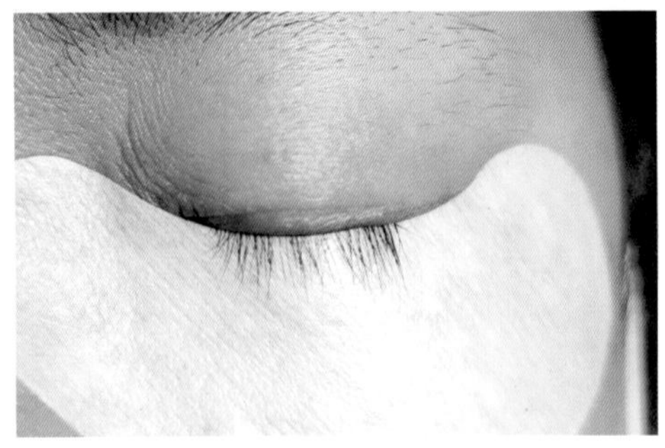

⑦ 언더 패치 부착이 잘못된 경우

- 부작용 : 아이 패치를 점막 가까이 붙이게 되면 동공에 자극을 주어 눈물이 발생하여 언더 패치의 하이드로 겔(Hydrogel gel)이 녹아 들어가게 되면 안구가 충혈된다.
- 해결책 : 아이 패치를 눈 아랫부분의 점막에서 0.1cm 떨어뜨린 후 부착한다. 빠져나온 언더 속눈썹은 테이프로 재고정한다.

2. 속눈썹 연장 후 잘못된 관리에 의해 발생하는 부작용

(1) 잦은 운동 및 사우나 이용

(2) 오일과 크림 제형의 제품사용

(3) 잘못된 클렌징 습관 (마찰이나 모공 막힘 발생)

(4) 속눈썹을 잡아당기는 습관 (견인성 탈모)

(5) 엎드려 자거나 얼굴을 파묻고 자는 수면 습관

(6) 세안이나 샤워 시 잘못된 습관

(7) 마스카라와 뷰러 사용 (마찰에 의한 탈모)

(8) 잘못된 속눈썹 연장에 의한 탈모

① 잘못된 관리에 의한 경우

과한 글루 사용으로 인해 모근이 막히면서 속눈썹이 약해지고, 무리한 연장으로 인해 모근이 가모의 무게를 견디지 못하면 쉽게 빠진다.

② 잘못된 버릇에 의한 경우

모근보호가 잘 이루어지지 않은 속눈썹 관리 후 이물감을 느껴 성장기의 속눈썹이 물리적인 힘으로 뽑힌다면 속눈썹을 지탱하는 모낭 일부가 뜯어지게 된다. 무리한 압력으로 뽑힌 모낭이 모근과 분리되는 중에 상처를 입히고 세포가 손상되어 속눈썹이 자라지 않게 된다.

3. 속눈썹 연장으로 발생하는 피부질환

(1) 접촉성 피부염 (Contact dermatitis)

외부 물질과의 접촉으로 발생하는 피부염을 말하며 이는 습진의 일종이다. 접촉물질 자체에 자극받아 생기는 원발성 접촉피부염과 접촉물질에 대하여 알레르기 반응이 있는 사람에게 생기는 알레르기성 접촉 피부염으로 나뉜다. 속눈썹 연장 시 글루의 포름알데히드(Formaldehyde)는 눈을 자극하고 염증을 유발할 수 있는 급성 자극제가 되어 피부 접촉 시 피부염을 유발할 수 있다.

(2) 지루성 피부염 (Seborrheic dermatitis)

지루성 피부염은 머리, 이마, 눈썹, 눈꺼풀, 가슴, 겨드랑이 등 피지의 분비가 많은 부위에 발생하기 쉬운 만성 염증성 피부질환이다. 붉은 반점을 띠는 홍반 위에 건조하거나 기름기가 있는 노란 비늘이 생기는 것이 특징이다. 특히, 눈꺼풀, 눈 밑과 눈썹 부위가 붉고 충혈이 잘 되며, 눈가가 잘 붓고 가려움이 유발된다.

(3) 아토피성 피부염 (Atopic dermatitis)

가려움증과 피부건조증을 주된 증상으로 하는 만성 염증성 피부질환으로 주로 영유아기에 시작되며 성장하면서 알레르기 비염, 천식 같은 호흡기 아토피 질환이 동반되는 경우가 많다. 성인기까지 아토피 피부염이 남아있을 때는 몸의 피부 증상은 호전되지만, 얼굴에 홍반이 심한 습진으로 나타나는 경향이 있어 이로 인해 눈가의 가려움이 유발되고 심하면 피딱지까지 생겨 속눈썹 연장을 피해야 한다.

4. 눈의 이해와 속눈썹 연장으로 인한 안과 질환

(1) 눈의 정의

눈은 태아 때 뇌의 일부분이 떨어져 나와 만들어진 것으로, 어느 감각기관보다도 사고와 감정을 담당하는 뇌와 가까이 있다. 눈은 여러 단계의 구조를 통해 정확한 시각 정보를 뇌에 전달한다. 눈은 시각 정보를 수집하고 이를 전기, 화학 정보로 변환하여 시신경(Optic nerve)이라는 통로를 통해 뇌로 전달하는 기관이다. 그 기관을 통해 빛의 감각 및 그에 따르는 공간의 감각으로써 눈을 통해 이루어진 것을 시각(視覺)이라 한다.

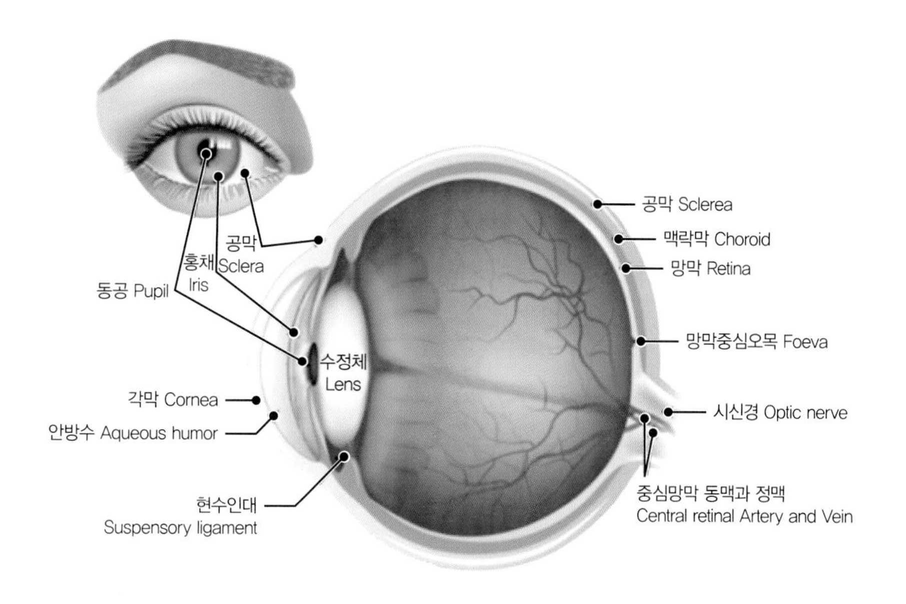

그림 13-1 눈의 구조

(2) 속눈썹 연장의 부작용에 의해 발생할 수 있는 안과 질환

1) 결막염 (Conjunctivitis)

① 원인 : 눈에 염증이 생겨 눈의 흰자 부분이 충혈되거나 분홍색으로 변하면서 발생한다.

② 증상 : 가려움, 눈부심, 이물감, 안통, 누런 눈곱과 붓기 등

③ 종류 : 바이러스성(감염성이 강함), 세균성과 알레르기성으로 나뉜다. 알레르기성 결막염은 속눈썹 연장으로도 발생할 수 있다.

- 알레르기성 결막염(Allergic conjunctivitis) : 꽃가루, 미세먼지, 황사 등의 환경요인에 의해 발생한다.
- 속눈썹 연장 시 포름알데히드(Formaldehyde)와 톨루엔(Toluene) 같은 발화물질이 있는 접착제를 사용할 경우 알레르기 반응을 일으켜 발생할 수 있다.

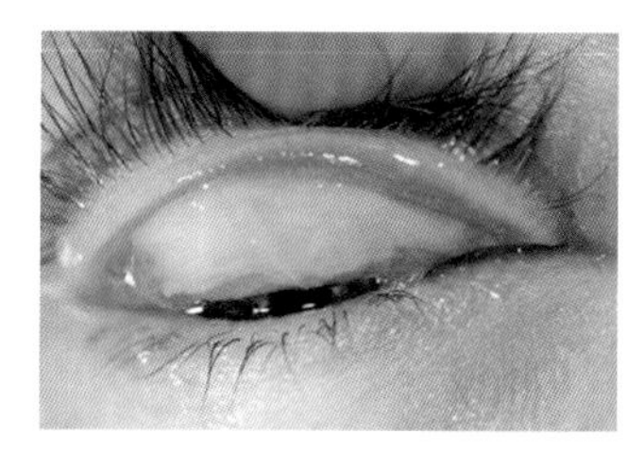

급성 출혈성 결막염

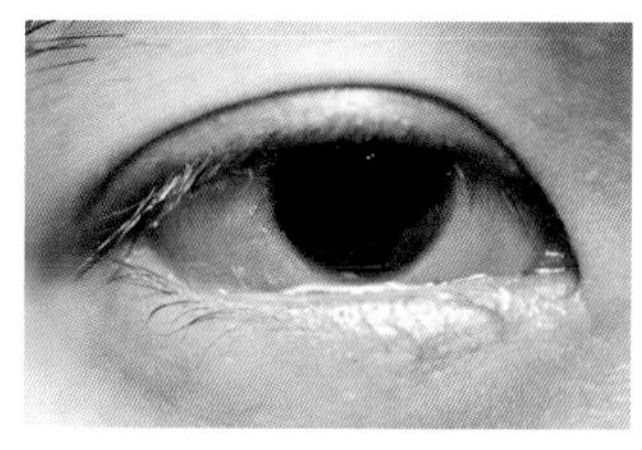

세균성 결막염

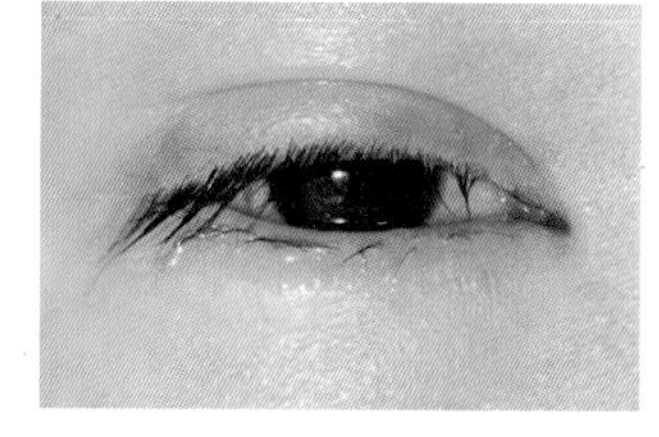

알레르기성 결막염

그림 13-2 결막염(Conjunctivitis)

2) 각막염(Keratitis)

① **원인** : 안구의 가장 앞부분에 위치하는 검은 눈동자를 덮고 있는 각막(Cornea)에 염증이 생겨 발생한다.

② **증상** : 극심한 충혈, 이물감, 안통, 과도한 눈물 분비, 누런 눈곱과 각막의 혼탁 등

③ **종류** : 감염성과 비감염성으로 나뉜다. 비감염성 각막염 중 독성 각막염이 글루로 인해 발생될 수 있다.

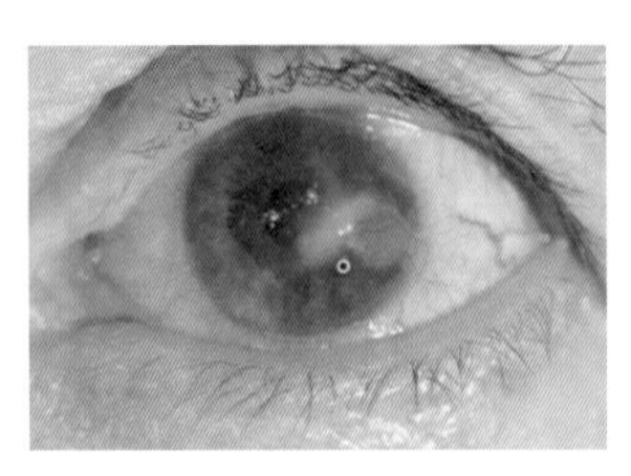

감염성 각막염

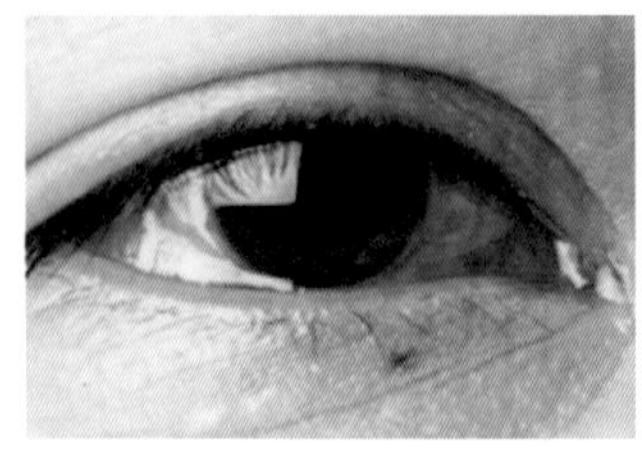

비감염성 각막염

그림 13-3 각막염(Keratitis)

3) 각막 화상(corneal burns)

① **원인** : 눈의 가장 앞에 있는 각막 상피세포(Epithelial cell)가 벗겨져서 발생한다.

② **증상** : 작열감, 따가움, 과도한 눈물 분비 및 시야 흐림 등

③ **종류** : 열화상과 화학 화상으로 나뉜다. 특히 속눈썹 연장글루가 흘러 각막에 닿는 경우 화학화상이 발생할 수 있다.

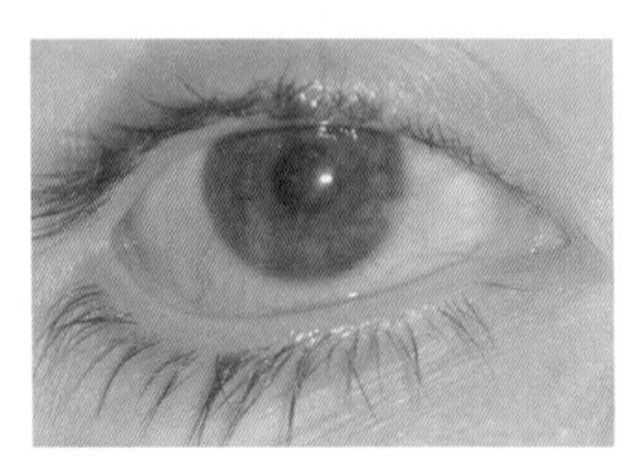

열화상

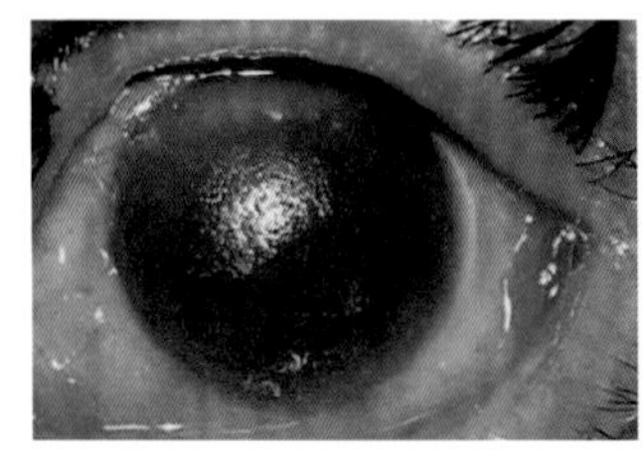

화학 화상

그림 13-4 각막 화상(Corneal burns)

4) 다래끼(Hordeolum)

① **원인** : 기름 성분이나 노폐물이 쌓여 분비샘(Gland)에 염증이 생기고, 이어 세균감염이 함께 발생한 것이다.

② **증상** : 통증이 심함, 농양 형성, 단단한 결절

③ **종류** : 겉다래끼, 속다래끼와 콩다래끼로 나뉜다.

- 속눈썹 연장 시 위생적으로 관리되지 않은 도구와 재료 등을 사용할 때 이물질이나 세균감염으로 인하여 발생할 수 있다.

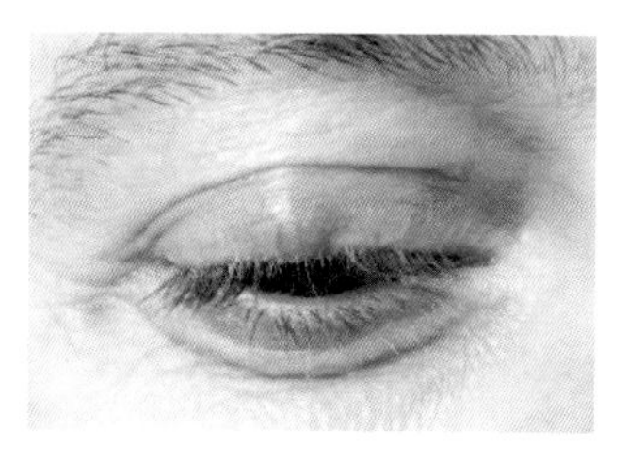
겉다래끼

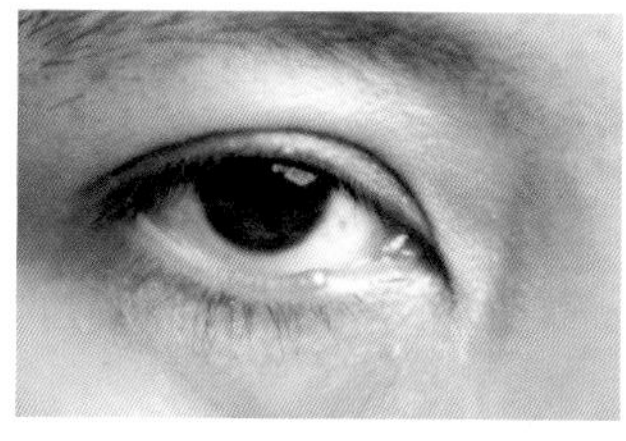
속다래끼

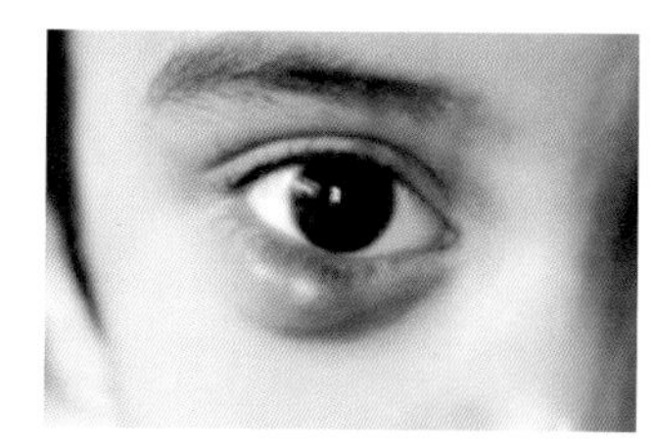
콩다래끼

그림 13-5 다래끼(Hordeolum)의 종류

5) 안검염(Blepharitis)

① **원인** : 눈꺼풀 가장자리와 속눈썹 부위의 기름샘이 노폐물과 세균에 막혀 기름을 제대로 배출하지 못하여 발생한다.

② **증상** : 눈꺼풀 부음, 가려우며, 비듬같이 생기고 마르면서 딱지가 생겨 속눈썹이 엉키면서 발생한다.

③ 지루성 피부염에 의해 발생할 수 있다.

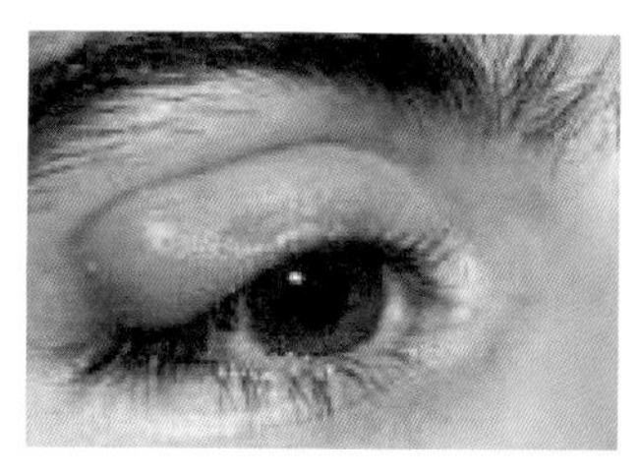

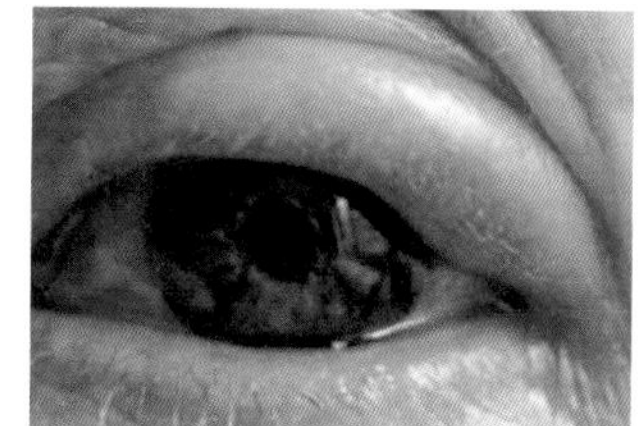

그림 13-6 안검염(Blepharitis)

Point

- **다래끼** : 부기가 가라앉지 않고 눈에 이물감이 느껴진다.
- **안검염** : 다래끼와 비슷하지만, 눈꺼풀의 가장자리가 빨갛게 부어오르며 때로는 출혈이 생길 수도 있다.

6) 각막찰과상(Corneal abrasion)

① 원인 : 각막(Cornea)에 무엇이 스치거나, 자꾸 맞닿아 마찰이 일어나면서 긁히거나 점막(Mucous membrane)이 벗겨져 상처가 발생한다.

② 증상 : 눈부심, 충혈, 사물이 흐릿하게 보임, 과도한 눈물

③ 속눈썹 연장 시 가모의 뿌리가 뜨거나 테이핑이 점막 가까이 붙었을 경우로 인해 발생할 수 있다.

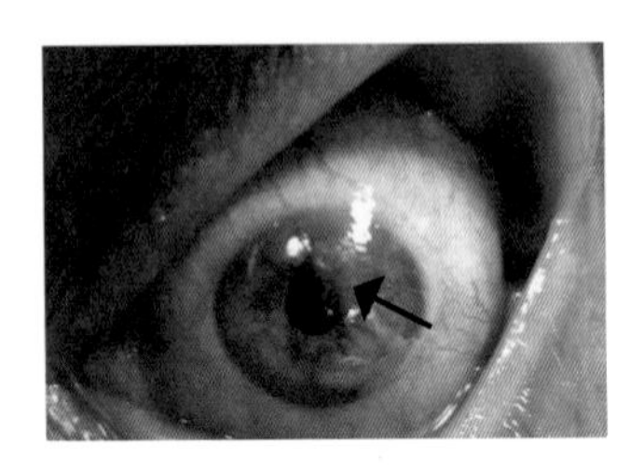

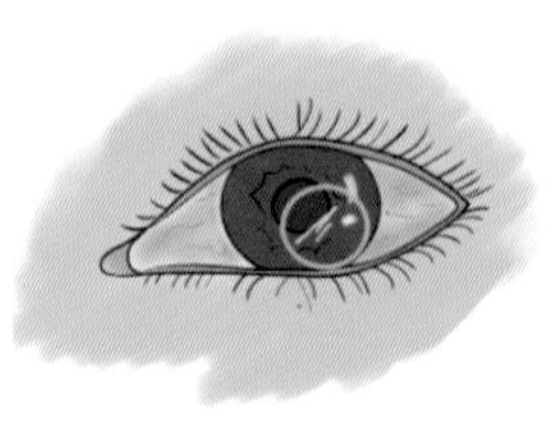

그림 13-7 각막찰과상(Corneal abrasion)

7) 안구건조증(Xerophthalmia)

① 원인 : 눈물샘(Lacrimal gland)에서 분비되는 수정층이 부족하거나, 마이봄샘(Meibomian gland)에서 분비되는 지방층이 문제가 되어 수정층이 빨리 증발하여 발생한다.

② 증상 : 눈 시림, 이물감, 건조함, 충혈이 심한 경우 두통 유발, 끈적이는 투명한 실 눈곱

③ 속눈썹 연장 시 사용하는 글루로 인해 지방을 분비하는 마이봄샘을 막아 눈의 수분을 보호하지 못하여 눈물층이 불안정해질 수 있으며, 염증이 발생할 수 있다.

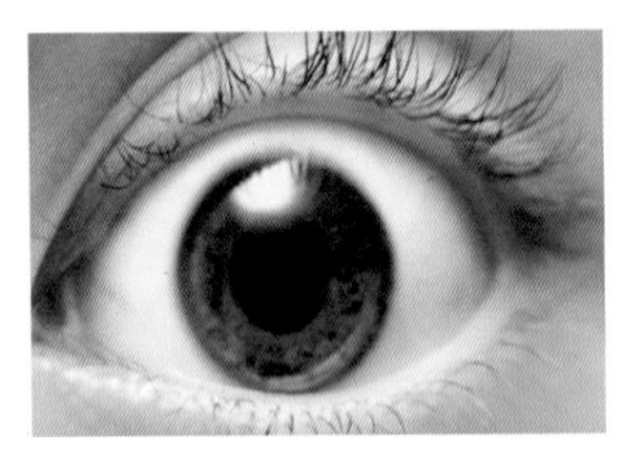

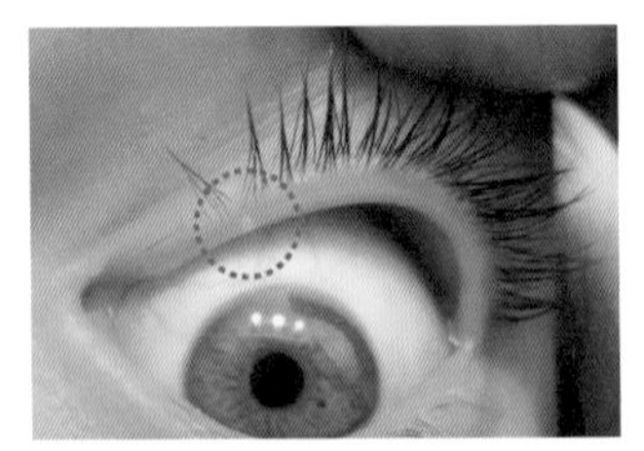

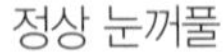

정상 눈꺼풀　　　기름샘이 막힌 눈꺼풀

그림 13-8 안구건조증(Xerophthalmia)

(3) 그 밖의 안과 질환

1) 결막하 출혈(Subconjunctival hemorrhage)

① 정의 : 눈 충혈은 단순히 결막 혈관이 확장되는 것이고, 결막하 출혈은 결막(Conjunctiva)에 있는 혈관에 출혈이 생겨 결막(Conjunctiva) 아래쪽으로 혈액이 고여서 겉에서 볼 때 흰자위가 빨갛게 보이는 상태의 질환이다.

② 증상 : 통증, 시력 저하 없이 흰자위 일부가 선명한 붉은색으로 피가 고인 듯 보인다.

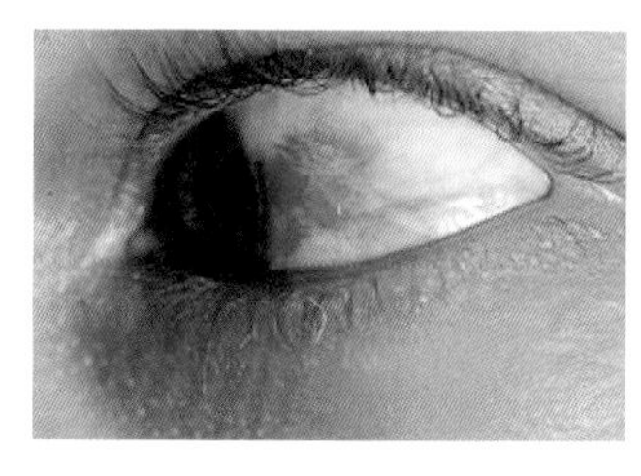
결막하 출혈

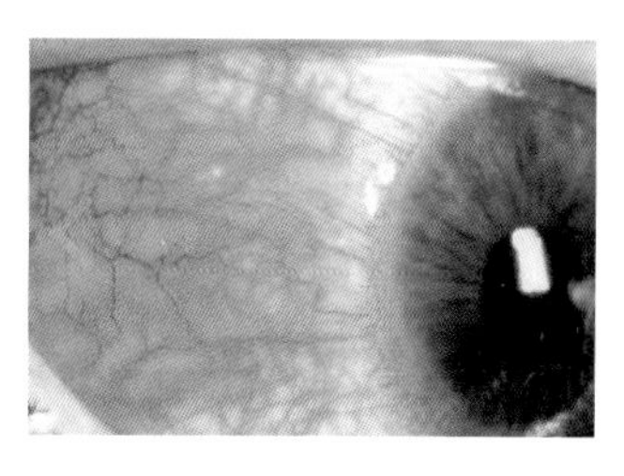
눈의 충혈

그림 13-9 결막하 출혈(Subconjunctival hemorrhage)과 눈의 충혈(Ocular congestion) 비교

2) 각막 궤양(Corneal ulcer)

① 정의 : 여러 가지 원인에 의해서 각막(Cornea)에 염증이 발생하고 이에 따라 각막 일부분이 움푹 파이는 질환이다.

② 증상 : 안구 통증, 충혈, 눈부심, 이물감, 눈물 흘림, 눈곱 및 시력 장애 등이 발생한다.

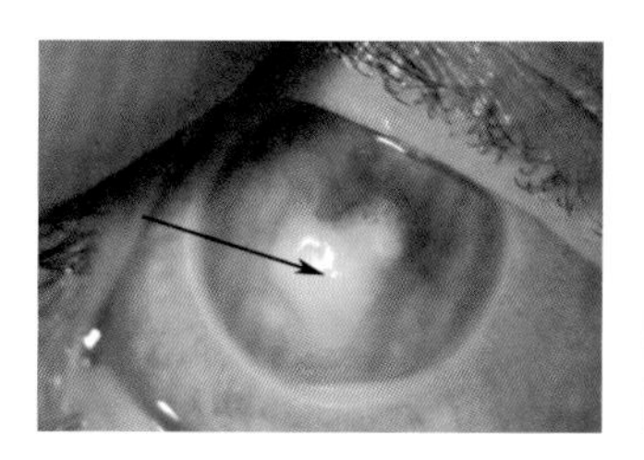

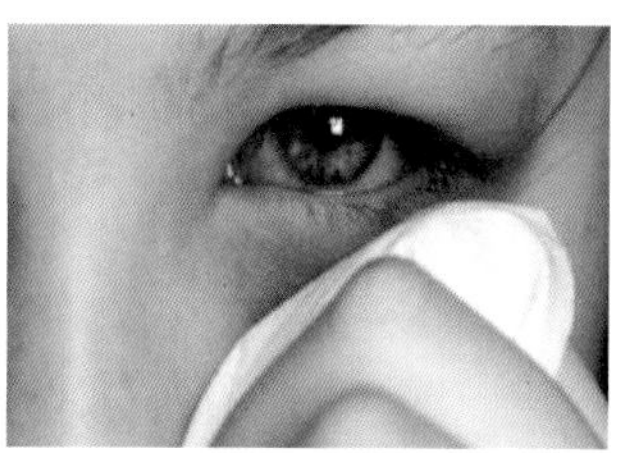

그림 13-10 각막 궤양(Corneal ulcer)

3) 포도막염 (Uveitis)

① 정의 : 포도막(Uvea)에 해당하는 홍채(Iris), 섬모체(Ciliary body), 맥락막(Choroid)의 염증으로 안구 내 염증을 총칭하는 말이다.

② 증상 : 결막염(Conjunctivitis)의 증상과 비슷하나 이물감과 가려움이 없다.

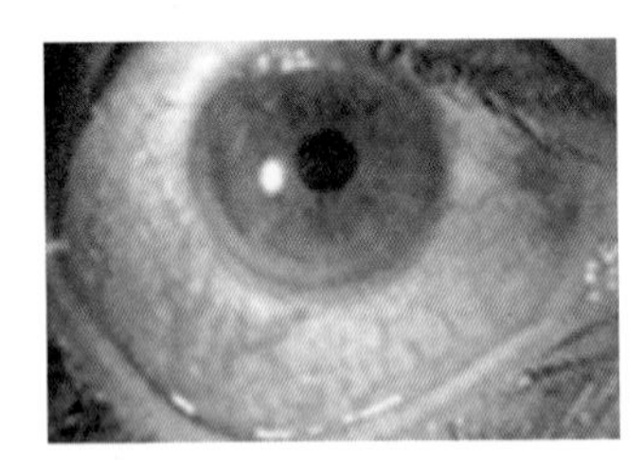

포도막염으로 인한 충혈

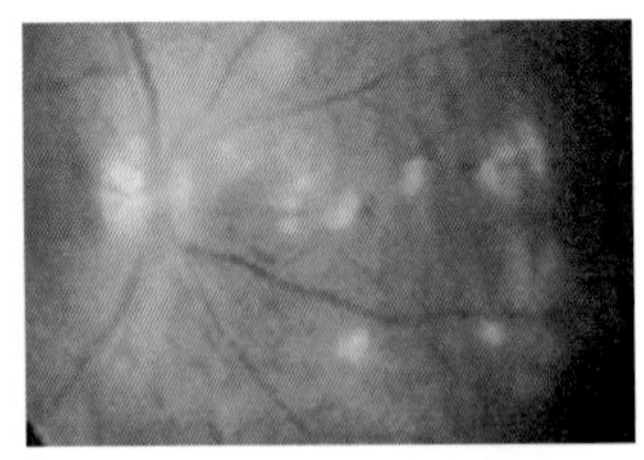

포도막염이 동반된 망막변심

그림 13-11 포도막염 (Uveitis)

4) 안검하수 (눈꺼풀 처짐, Ptosis)

① 정의 : 여러 원인에 의해 윗눈꺼풀의 높이가 정상보다 낮아지면서 불편 증상이 나타난다.

② 증상 : 눈꺼풀이 동공을 가리게 되어, 시력 발달을 방해한다.

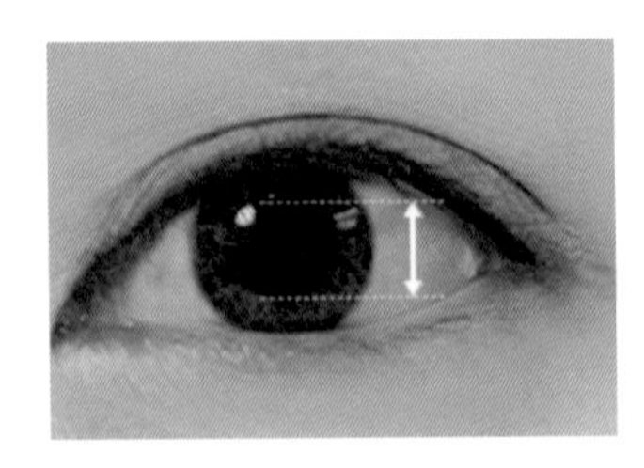

정상

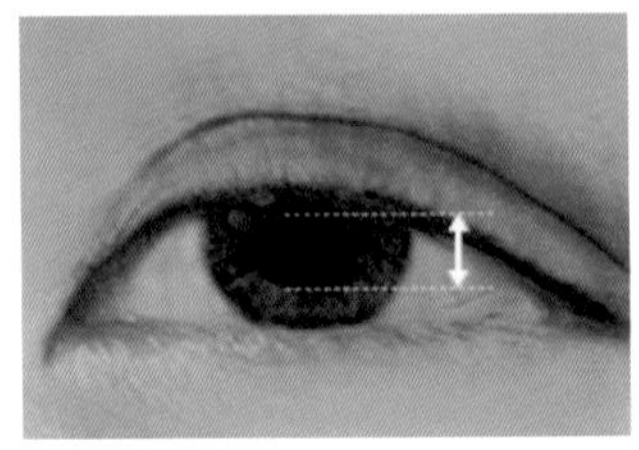

안검하수

그림 13-12 안검하수 (눈꺼풀 처짐, Ptosis)

5) 백내장 (Cataract)

① 정의 : 선천적인 경우와 후천적인 경우로 나뉘며, 일반적으로 나이가 들어감에 따라 발생하는 후천적인 노년 백내장을 말한다.

② 증상 : 눈에 안개가 낀 것처럼 뿌옇고 한 치 앞도 내다볼 수 없으며, 시력이 감퇴한다.

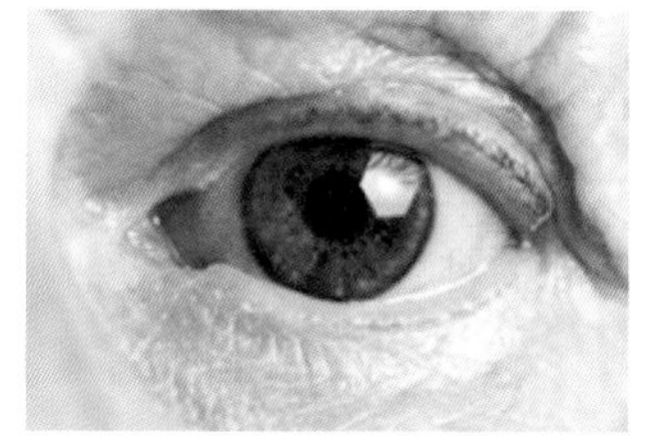
정상

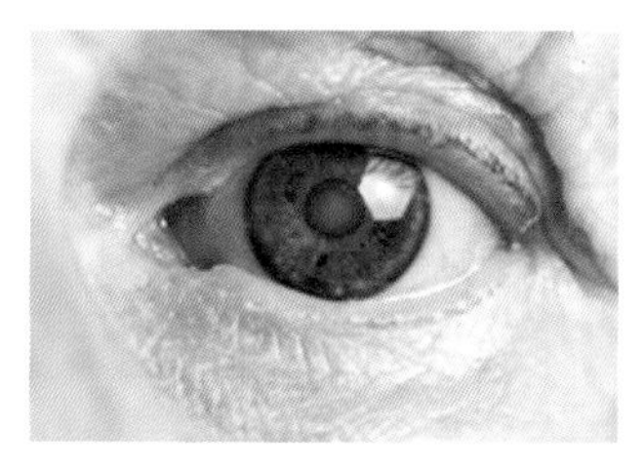
백내장 중기

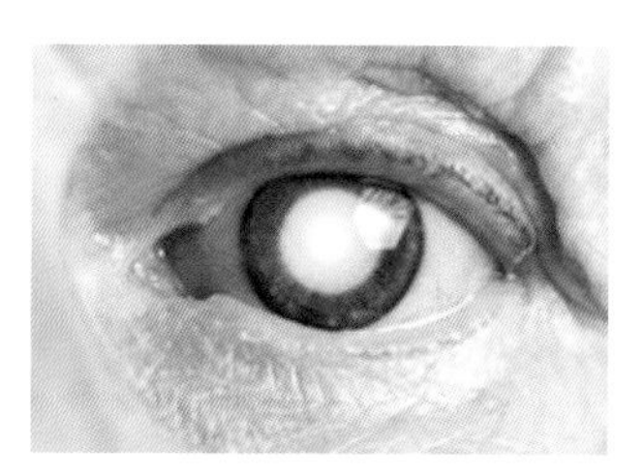
백내장 말기

그림 13-13 백내장(Cataract)

6) 녹내장(Glaucoma)

① **정의** : 눈으로 받아들인 빛을 뇌로 전달하는 시신경(Optic nerve)에 이상이 생겨, 그 결과 시야결손(Visual field defect)이 나타나는 질환으로 방치 시 실명에 이르게 된다.

② **증상** : 시력 감소, 주변 시야 손상, 중심 시력 감소, 암점과 구토 등

정상 시야

녹내장 중기 시야

녹내장 말기 시야

그림 13-14 녹내장(Glaucoma) 시야 비교

7) 비문증(날파리증, Vitreous floaters)

① **정의** : 나이에 따른 변화나 여러 가지 안과 질환에 의해 유리체(Vitreous body) 내에 혼탁이 생기면, 망막(Retina)에 그림자를 드리워서 우리가 마치 눈앞에 뭔가가 떠다니는 것처럼 느끼는 질환이다.

② **증상** : 망막에 구멍이 생긴 상태인 망막열공(Retinal tear)이나 안쪽의 감각 신경층과 바깥쪽의 색소 상피층이 분리되는 망막 박리(Retinal detachment) 등이 나타난다. 일부 안질환의 경우 광시증이 나타난다.

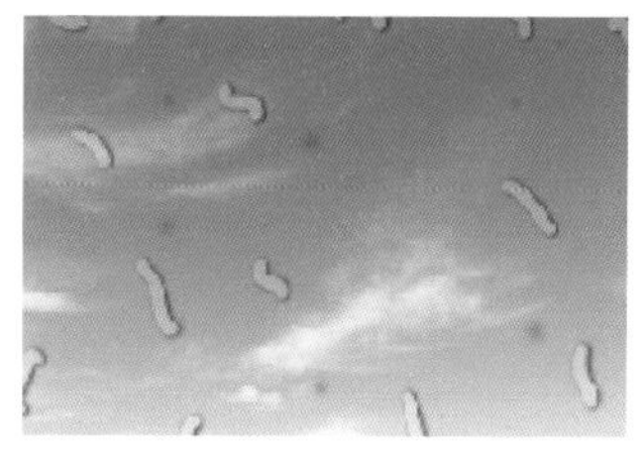
날파리증

광시증

그림 13-15 비문증(Vitreous floaters)의 종류

8) 황반변성(Macular degeneration)

① 정의 : 눈 안쪽 망막(Retina) 중심부에 있는 황반부에 변화가 생겨 시력 장애가 발생한다.

② 증상 : 사물이 구부러져 보이는 변형 시각 또는 시력의 중앙부위가 보이지 않는 중심암점이 발생한다.

변형 시각

중심암점

그림 13-16 황반변성(Macular degeneration)

9) 사시(Strabismus)

① 정의 : 두 눈이 정렬되지 않고 서로 다른 지점을 바라보는 시력 장애를 말한다.

② 증상 : 정면을 주시하지 못한다.

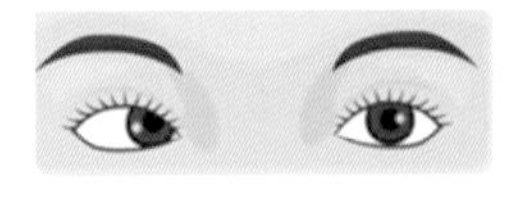

내사시

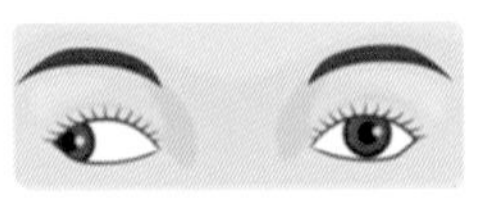

외사시

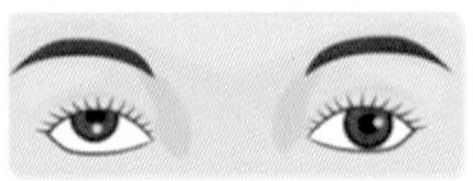

상사시

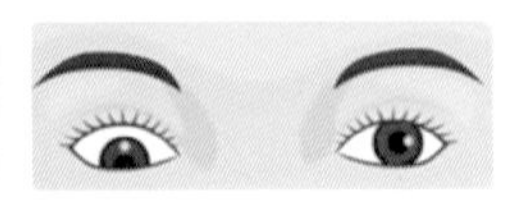

하사시

그림 13-17 사시(Strabismus)의 종류

10) 당뇨 망막병증(Diabetic retinopathy)

① 정의 : 당뇨병으로 인해 망막(Retina)의 모세혈관(Capillary)의 혈액순환이 악화해도 저산소 혈증을 일으켜 혈관 주변에 부종 및 출혈을 일으키는 질환이다.

② 증상 : 비문증, 독서 장애, 시야 흐림, 야간시력 저하와 광시증 등

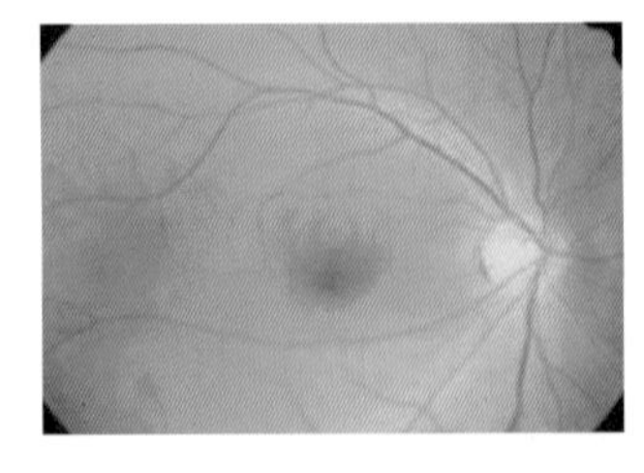

정상안

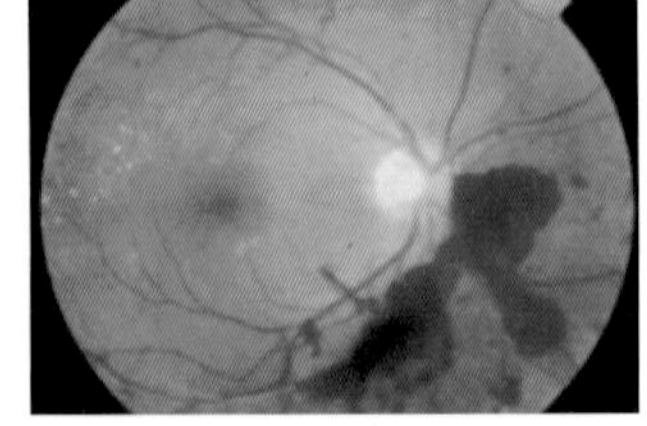

당뇨 망막병증안

그림 13-18 당뇨망막병증(Diabetic retinopathy)

Chapter 14

속눈썹 연장 연습 교본

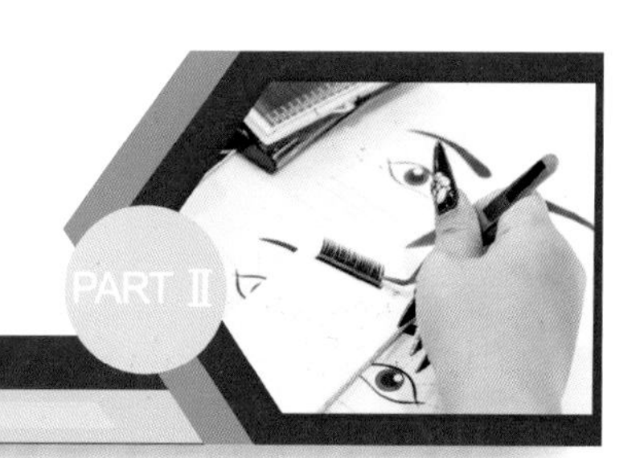

1. 연습 교본 기초

※ 진한 선은 사람 눈의 경계선으로 점선에 맞추어 속눈썹 가모를 한 가닥씩 부착한다.

실습 교본 I

- 눈매의 3가지 기준점으로 눈 중앙(T.P : Top Point), 눈 앞머리(I.P : In Point)와 눈 뒷머리(O.P : Out Point)를 3등분하여 가모를 부착한 후 기준점을 잡는다.

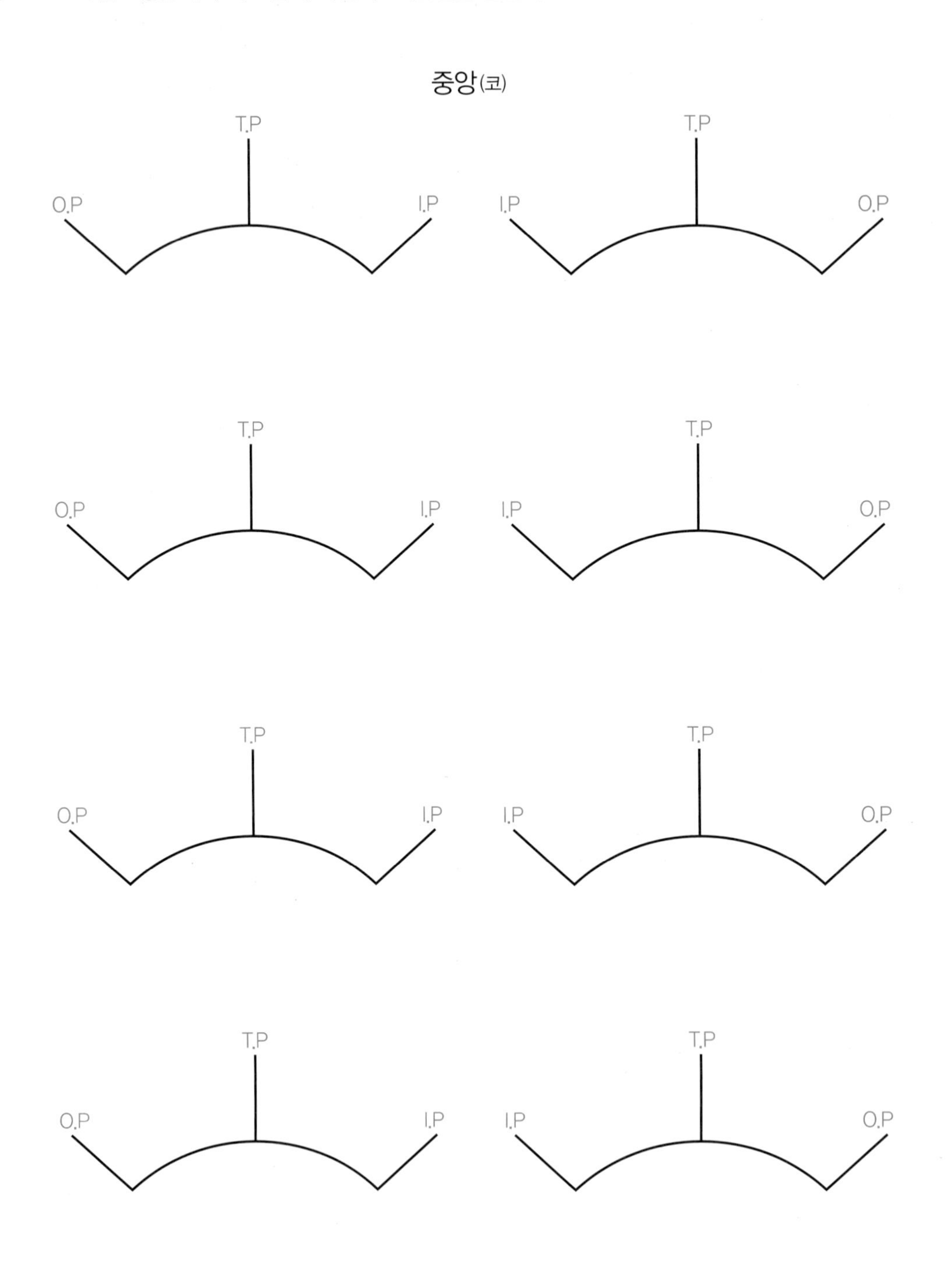

실습 교본 II

- 눈매의 3가지 기준점으로 ① 눈 중앙(T.P : Top Point), ② 눈 앞머리(I.P : In Point)와 ③ 눈 뒷머리(O.P. Out Point)를 3등분한다.
- ④와 ⑤번의 순서에 따라 가모를 부착하여 총 5개의 기준점을 만든다.

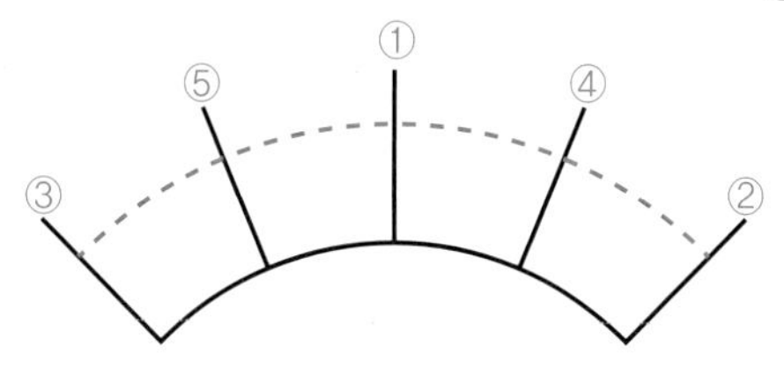

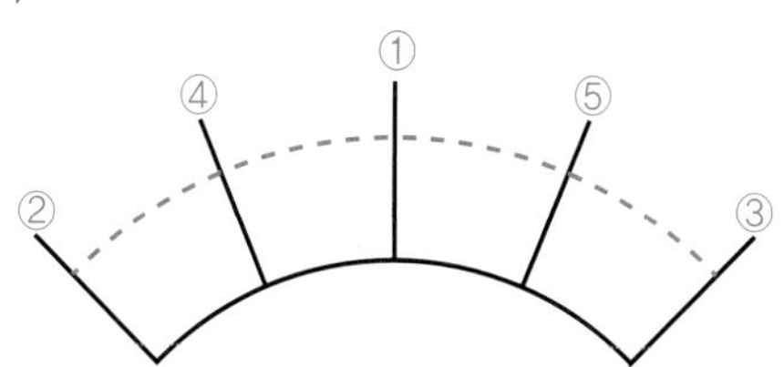

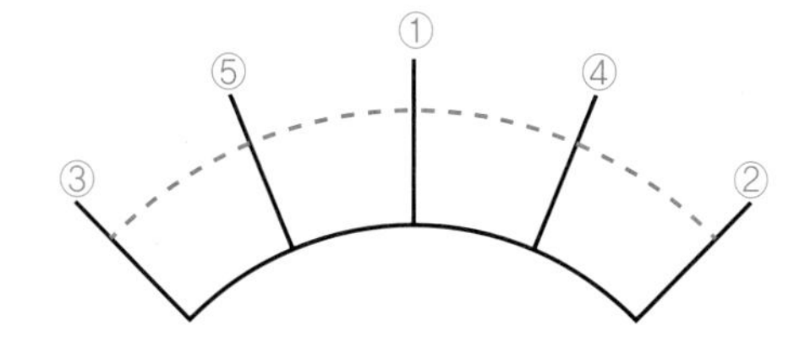

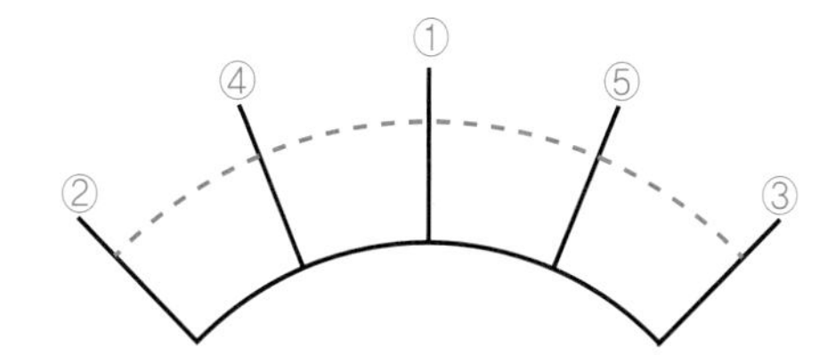

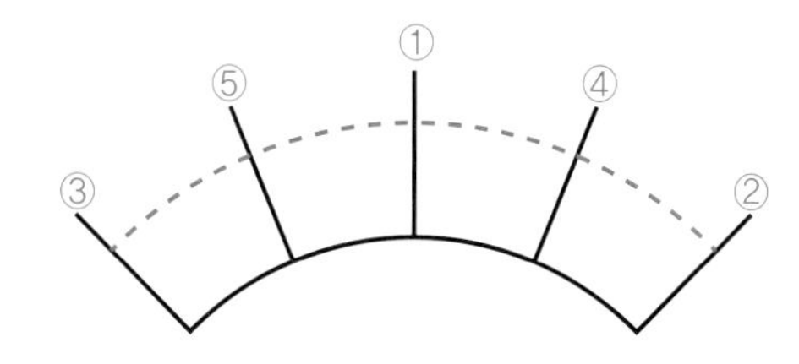

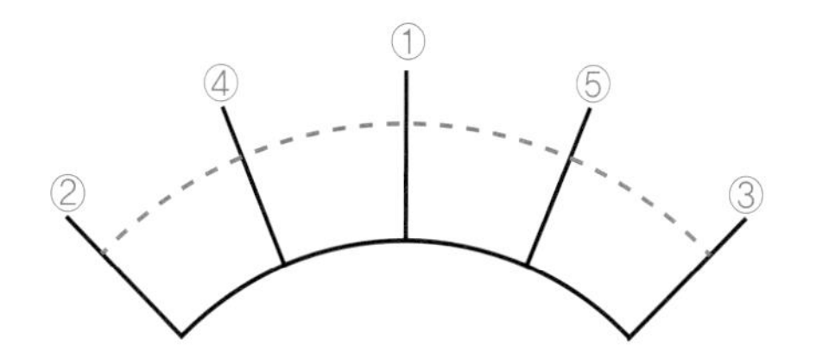

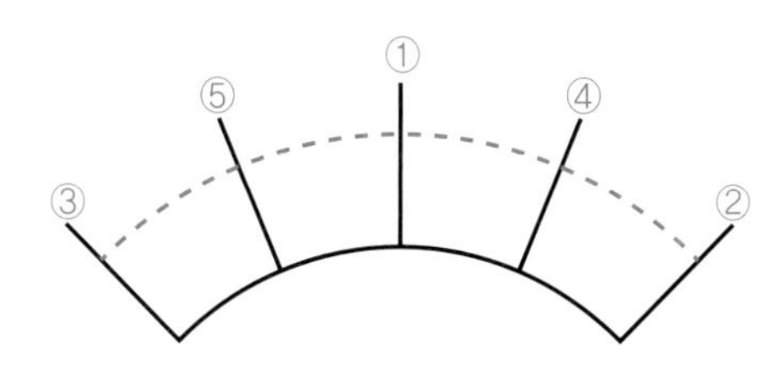

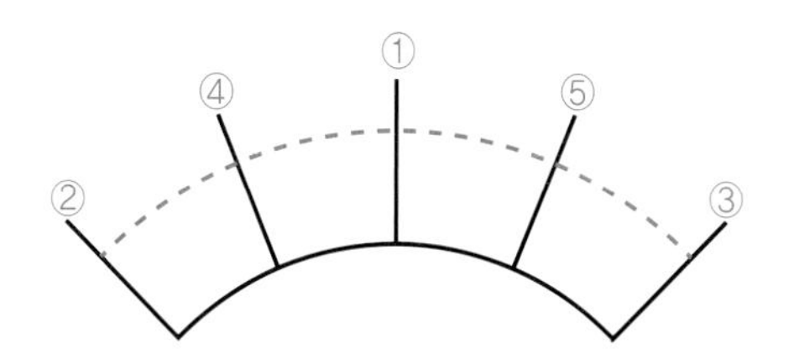

실습 교본 III

- 총 5개의 기준점에 부착 시 사용한 가모를 이용하여 각 기준점과 기준점 사이를 채운다.
- 부착 시 적절한 가모의 길이를 사용하여 전체적인 형태를 유지한다.

중앙(코)

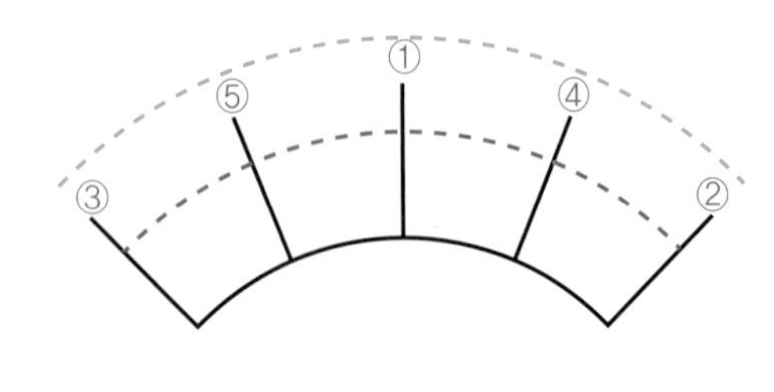

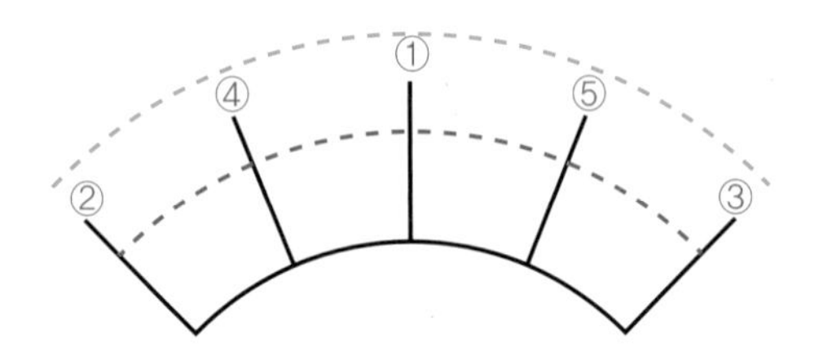

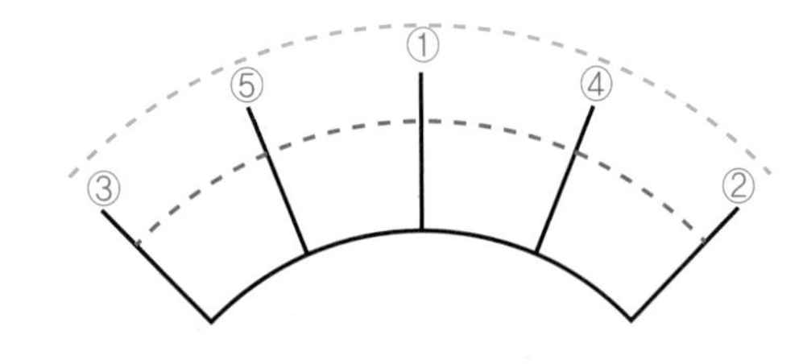

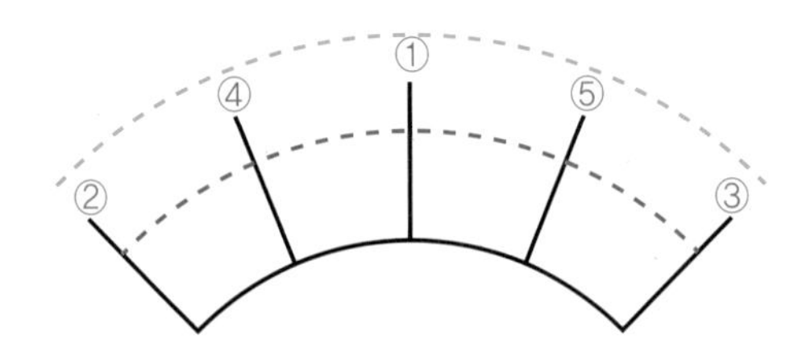

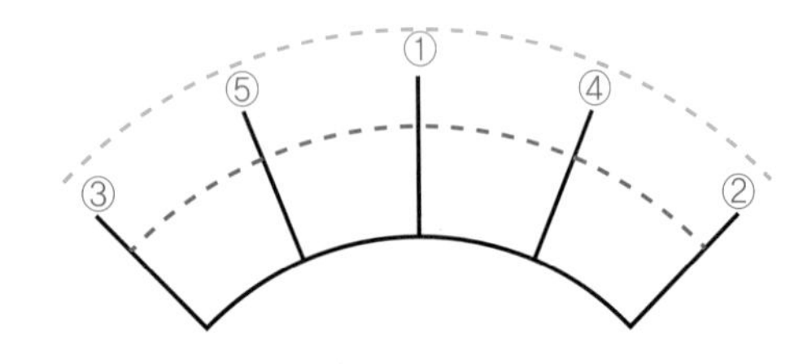

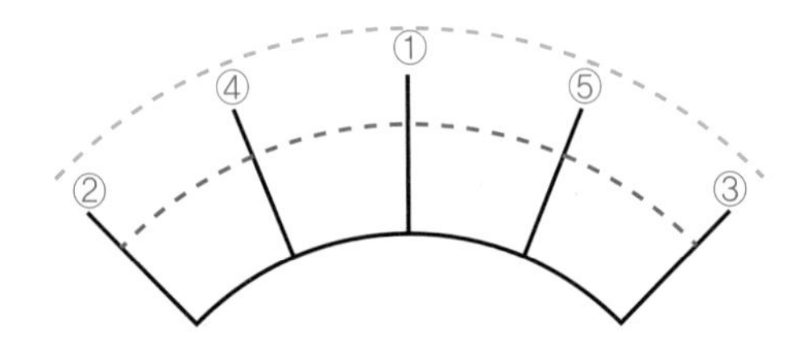

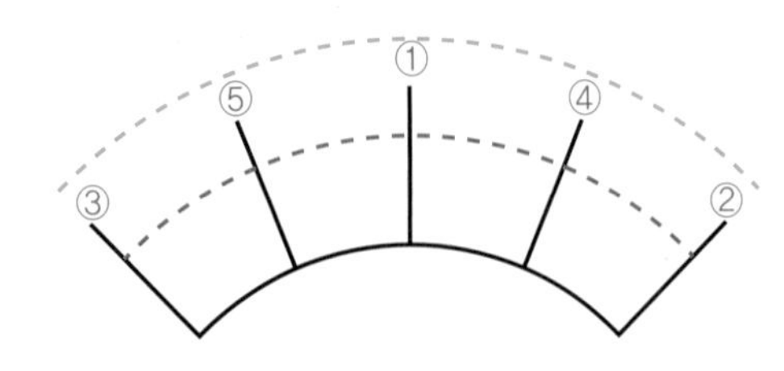

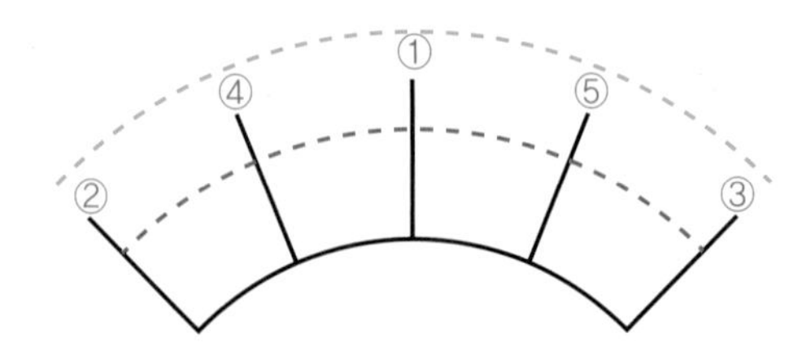

부채꼴형 실습 교본

- 부채꼴형 눈매의 기준점을 잡을 때 ① T.P는 12mm ② I.P는 8mm ③ O.P는 9mm의 가모를 부착한 후 ④와 ⑤에 11mm의 가모를 부착한다.
- ①과 ④ 사이에 8~10mm ⑤와 ③의 사이에 10~9mm의 가모를 사용하여 부착한다.
- ①~⑤에 사용한 가모를 이용하여 부채꼴형 속눈썹을 연출한다.

중앙(코)

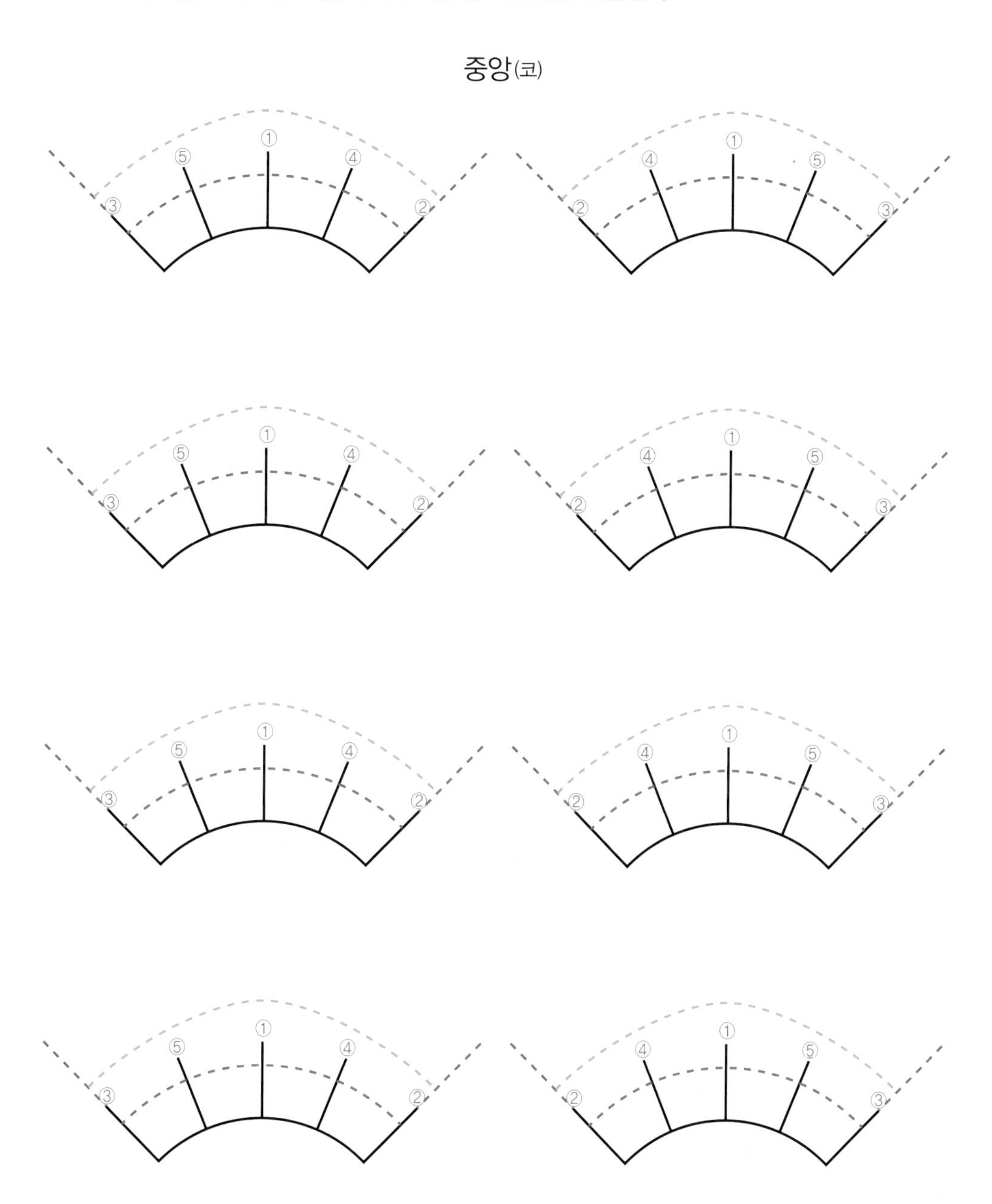

큐티형 실습 교본

- 큐티형 눈매의 기준점을 잡을 때 ① T.P는 12mm ② I.P는 9mm ③ O.P는 9mm의 가모를 부착한 후 ④와 ⑤에 11mm의 가모를 부착한다.
- ②와 ④, ③과 ⑤의 중앙에 10mm의 가모를 부착한 뒤 ①~⑤에 사용한 가모를 이용하여 큐티형 속눈썹을 연출한다.

중앙(코)

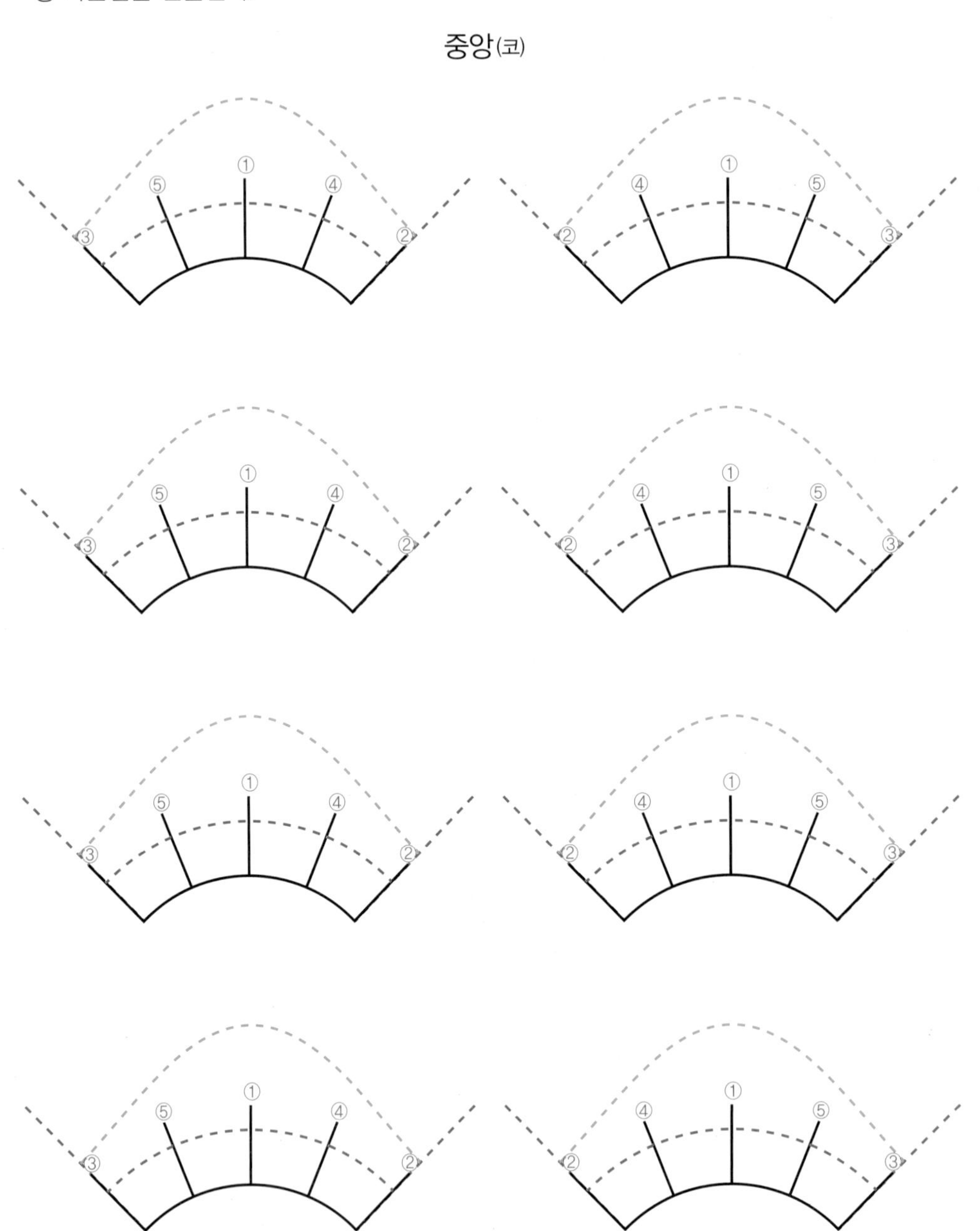

섹시형 실습 교본

- 섹시형 눈매의 기준점을 잡을 때 ① T.P는 11mm ② I.P는 8mm ③ O.P는 11mm의 가모를 사용하여 부착한다.
- ④에 10mm를 ⑤에 12mm를 사용한다. ②와 ④의 중앙에 9mm를 부착하여 섹시형 속눈썹을 연출한다.

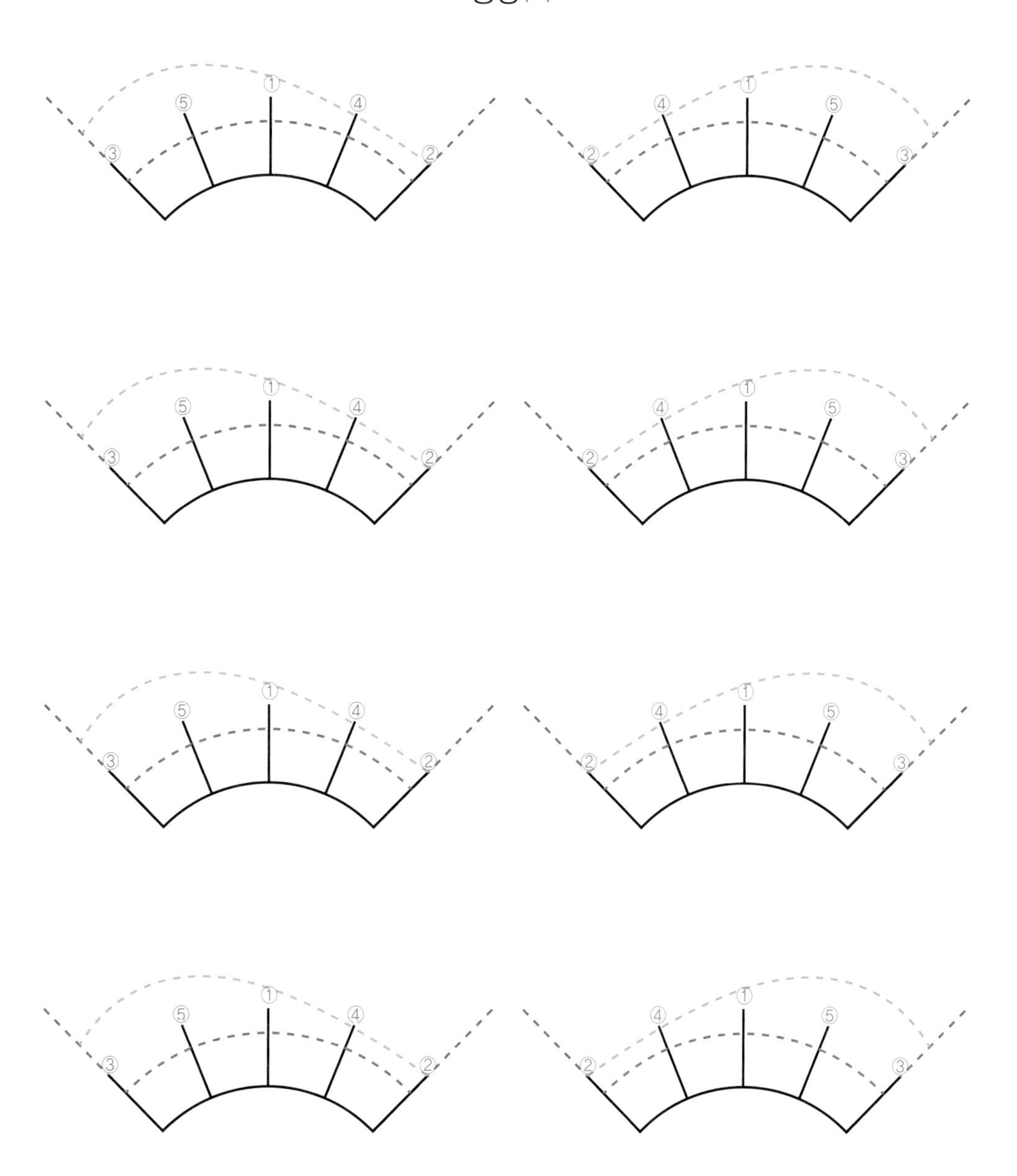

PART Ⅲ 아이래쉬 펌 Eyelash Perm

Chapter

Chapter 15

아이래쉬 펌의 실제

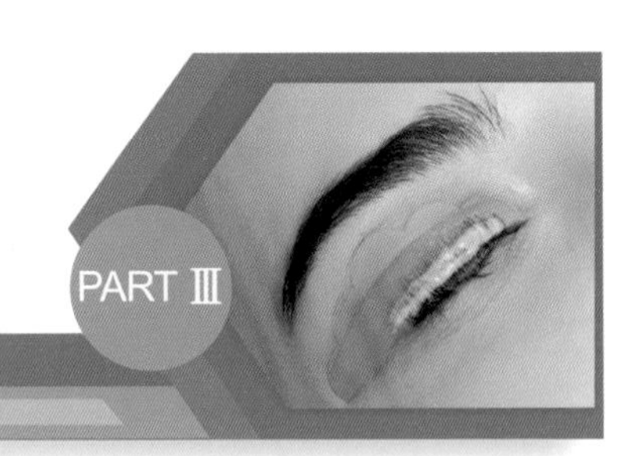

1. 아이래쉬 펌(Eyelash Perm)의 원리

모발(Hair)의 한 종류인 속눈썹(Eyelash)의 주요 구성 성분은 80~85%의 케라틴(Keratine) 단백질로 구성되어 있으며, 케라틴은 각종 아미노산이 결합하여 이루어진 폴리펩티드(Polypeptide) 쇄상(Chain)이 연결되어 있다. 이 사이를 임시로 연결하는 다리와 같이 가교 역할을 하는 것을 시스틴결합(S-S, Cystine Bond)이라고 한다.

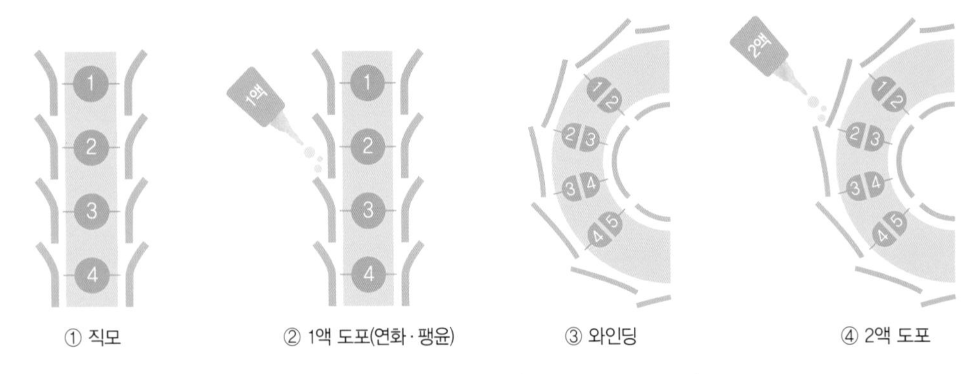

그림 15-1 퍼머넌트 웨이브(Permanent Wave) 원리

측쇄결합 중 가장 강한 시스틴결합은 물, 알코올과 약산 등에는 비교적 강한 저항력을 나타내지만 알칼리성 물질에는 약하여 모발이 팽윤·연화된다. 시스틴결합의 화학적인 성질을 이용하여 오래 유지될 수 있는 웨이브(Wave)와 컬(Curl)을 만드는 것을 퍼머넌트 웨이브(Permanent Wave)라고 한다.

시스틴결합은 퍼머넌트 웨이브의 약제 중 제1제인 환원제에 의해 모발 구조가 변형되어 환원 절단되며, 환원 절단에 의해 생긴 시스테인(Cysteine)은 제2제 산화제의 산화작용에 의해 본래의 구조로 돌아온다.

퍼머넌트 웨이브 형성 시 화학적인 작용뿐만 아니라 물리적 작용도 함께 이루어진다. 웨이브와 컬을 형성하기 위해 롯드(Rod)라는 기구를 사용한다. 롯드에 물리적인 힘을 가하여 모발을 감아올리는 와인딩(Winding) 작업은 굴곡에 의해 안쪽과 바깥쪽이 늘어나는 정도에 따른 차이를 이용하여 웨이브와 컬을 형성할 수 있다.

표 15-1 퍼머넌트 웨이브 약제의 주요성분과 작용 효과

구분	제1제(환원제)	제2제(산화제)
성분	알칼리제, 계면활성제, 양모제, 안정제(치오글리콜산 또는 시스테인)	계면활성제, 양모제, 안정제
작용	연화작용, 팽윤작용, 흡열작용	산화작용, 고정작용, 발열작용

1. 제1제의 환원 작용(Reducing process)

제1제는 알칼리(Alkali)제로 모발을 팽윤하고 연화시키며, 환원제 성분 중 수소(H)가 모발에 작용하여 시스틴결합을 절단시킨다. 즉, 시스틴결합인 |−S−S−| 사이에 수소(H)가 들어가 |−SH HS−| 형태로 분해하는 환원 작용을 한다.

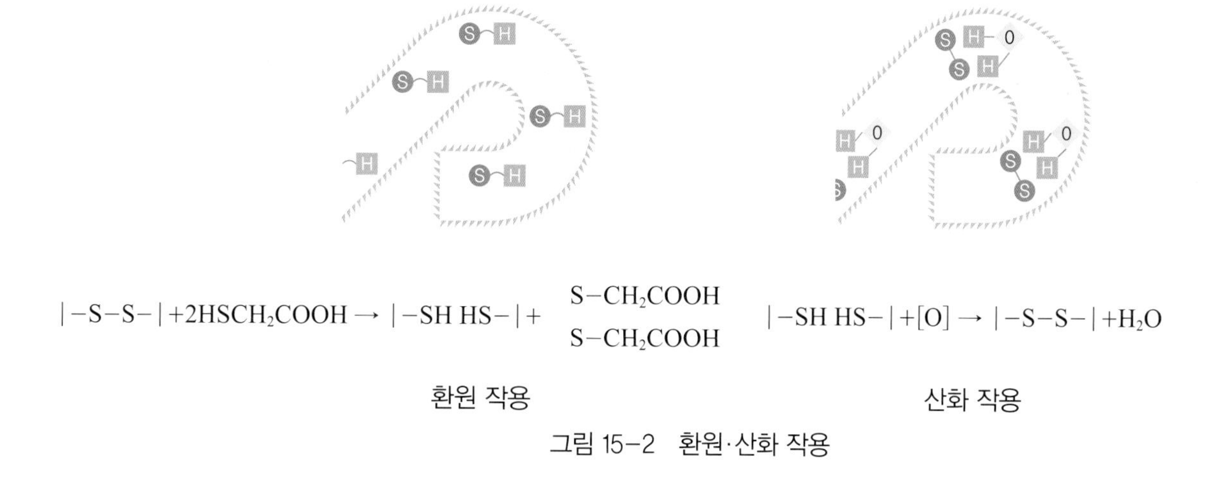

그림 15-2 환원·산화 작용

2. 제2제의 산화작용(Oxidation)

제2제는 브롬산염과 과산화수소 등을 주성분으로 하는 산화제로, 환원제에 의해 환원 절단된 시스틴결합을 재결합하여 새로운 시스틴결합함으로써 인해 반영구적인 웨이브가 형성될 수 있다. 즉, 산화제 성분의 산소(O)가 |−SH HS−|의 수소(H)와 결합하기 때문에 다시 시스틴결합 |−S−S−|이 형성된다.

아이래쉬 펌의 도구 및 재료

1. 아이래쉬 펌의 도구

(1) 핀셋(Tweezer)

	① 일자형 핀셋(I-Shape Tweezer) 아이패치, 전처리제 패드, 펌 롯드와 펌지 등을 하나씩 집어내어 위생적으로 사용할 수 있다. 속눈썹을 곧게 펴주거나 아이래쉬 디자인(Eyelash Design)과 같이 섬세한 작업을 할 때 사용한다.
	② 기역형 핀셋(L-Shape Tweezer) 속눈썹을 정리하기 위해 곧게 펴주거나 아이래쉬 디자인을 할 때 사용한다.

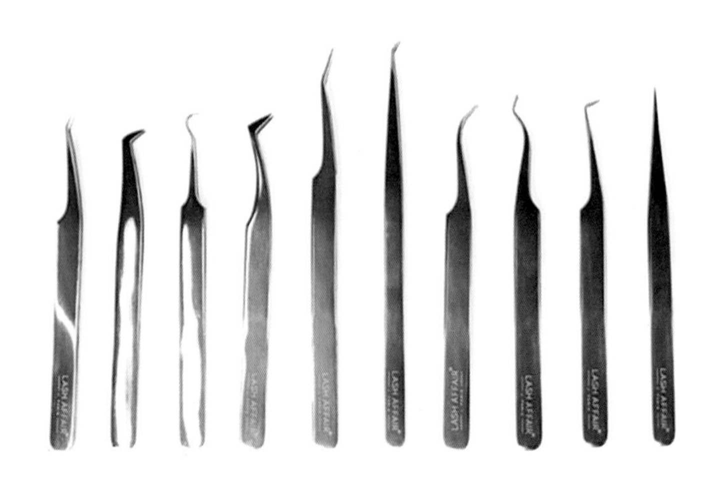

그림 15-3 다양한 핀셋의 종류

(2) 아이래쉬 펌 스틱(Eyelash Perm Stick)

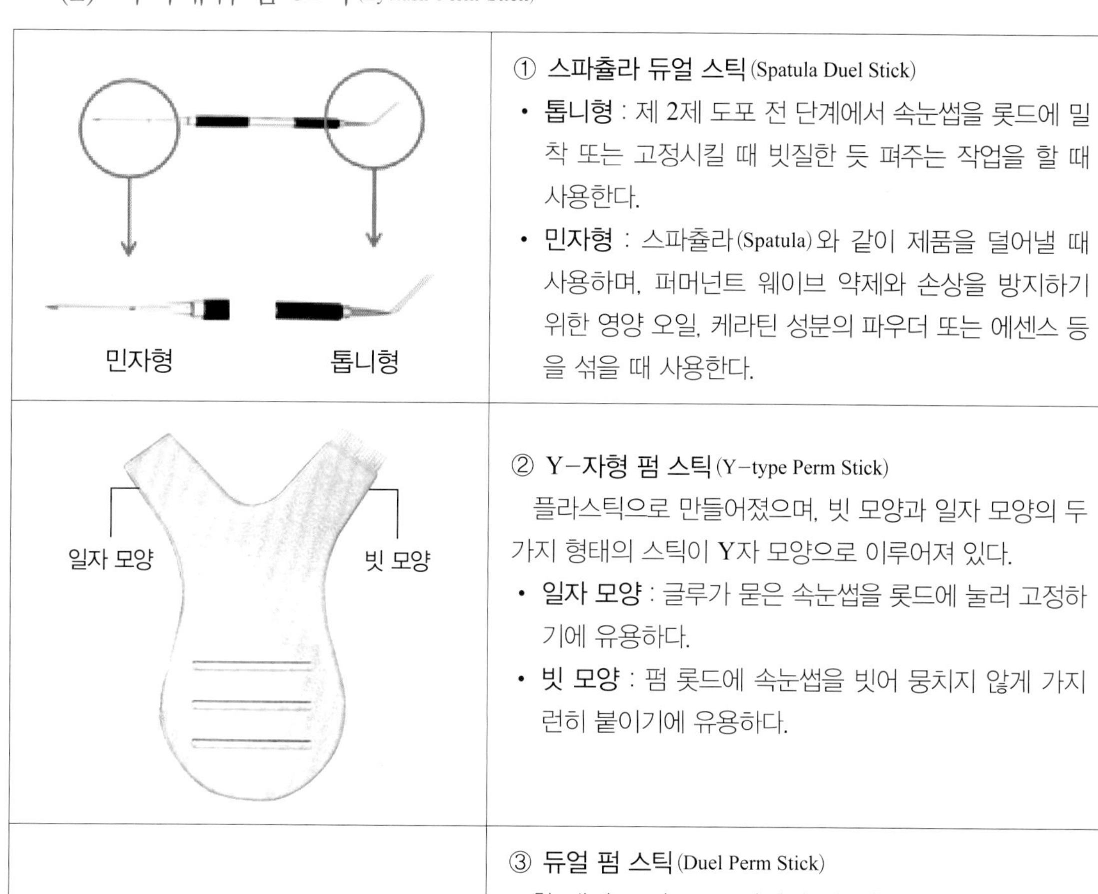

① **스파츌라 듀얼 스틱**(Spatula Duel Stick)

- **톱니형** : 제 2제 도포 전 단계에서 속눈썹을 롯드에 밀착 또는 고정시킬 때 빗질한 듯 펴주는 작업을 할 때 사용한다.
- **민자형** : 스파츌라(Spatula)와 같이 제품을 덜어낼 때 사용하며, 퍼머넌트 웨이브 약제와 손상을 방지하기 위한 영양 오일, 케라틴 성분의 파우더 또는 에센스 등을 섞을 때 사용한다.

② **Y-자형 펌 스틱**(Y-type Perm Stick)

플라스틱으로 만들어졌으며, 빗 모양과 일자 모양의 두 가지 형태의 스틱이 Y자 모양으로 이루어져 있다.

- **일자 모양** : 글루가 묻은 속눈썹을 롯드에 눌러 고정하기에 유용하다.
- **빗 모양** : 펌 롯드에 속눈썹을 빗어 뭉치지 않게 가지런히 붙이기에 유용하다.

밀대형

갈고리형

③ **듀얼 펌 스틱**(Duel Perm Stick)

한 개의 스틱으로 2가지의 기능을 구사하는 펌 스틱, 플라스틱 재질로 가볍고 그립감이 좋아 사용하기 매우 편리한 제품이다.

- **갈고리형** : 속눈썹이 겹치지 않도록 한 올 한 올 정리할 때 사용
- **밀대형** : 속눈썹을 롯드 위로 올려 들뜸없이 정밀하게 밀착시킬 때 사용

④ **갈고리형 펌 스틱**(Hook type Perm Stick)

속눈썹을 한 가닥씩 가지런히 올리거나 정리할 때 유용하다.

Tip

끝이 매우 날카롭고 뾰족하여 눈이나 피부를 찌르지 않도록 주의하여 사용한다.

⑤ **실리콘형 브러쉬**(Silicone type Perm Stick)

부드럽고 유연한 재질의 실리콘 팁(Silicone Tip)이 속눈썹과 롯드의 밀착력을 높여주어 관리 시간이 단축되며, 힘 조절이 쉬워 속눈썹 손상을 최소화할 수 있다.

⑥ **붓**(Brush)

펌제를 바를 때 사용한다. 사용 후 깨끗이 세척하여 건조한 후 보관한다.

> Tip
>
> 주의사항으로는 제1제와 제2제가 섞이지 않도록 각각 다른 붓을 사용한다.

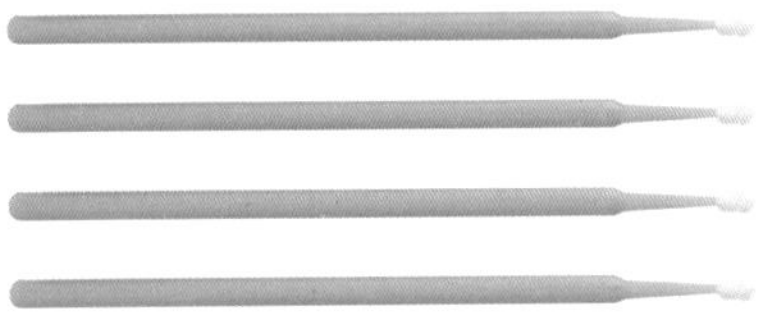

⑦ **마이크로 면봉**(Micro Cotton Swab)

일반 면봉으로 대체해서 사용할 수 있다.

- **숏**(Shot Type)

섬세하고 미세한 작업에 용이하며, 펌제를 바르거나 닦아내기에 편리하다.

- **롱**(Long Type)

전처리제 액상 타입을 바를 때나 펌제를 걷어낼 때 아주 편리하게 사용할 수 있다.

⑧ **립 면봉**(Lip Cotton Swab)

아이래쉬 펌제를 바를 때 또는 닦아낼 때 편리하게 사용할 수 있다. 부드러운 코튼(Cotton) 소재로 사용이 용이하며, 속눈썹을 롯드에 잘 밀착시켜 준다.

> Tip
>
> 면적이 넓고 흡수가 잘되어 전처리제 액상타입을 바를 때 흘러내리지 않아 편리하다.

⑨ **이쑤시개 면봉**(Toothpick Cotton Swab)

아이래쉬 펌 시 소량의 펌제를 도포할 때 사용한다. 적은 양의 솜이 스틱에 감겨져 있는 상태로, 일반 면봉에 비해 단단하여 정밀한 작업에 용이하다.

⑩ **마스카라 브러쉬**(Mascara Brush)

아이래쉬 펌이 끝난 후 엉켜있는 컬을 빗질하여 가지런하게 정리할 수 있다. 휴대용으로 들고 다니며 엉클어진 속눈썹 정리할 때 사용하기 편리하다.

> Tip
>
> 속눈썹을 정리할 때 브러쉬 헤드를 구부린 후 사용하면 편리하다.

⑪ **롯드**(Rod)

눈꺼풀에 고정하여 컬에 따른 롯드를 구분하여 속눈썹 연출 시 사용한다.

> Tip
>
> 종이, 플라스틱과 실리콘 등 재질 및 두께와 굴곡에 따른 롯드를 눈두덩이와 눈매에 맞게 컬과 사이즈를 선택하여 사용한다.

⑪-1) **롤링킹 롯드**(Rolly King Rod)

- C컬, J컬 양면의 롯드 경사가 다르다.
- S, M, L의 3개의 사이즈로 구성되어 있어, 고객의 속눈썹의 길이에 알맞은 사이즈를 선택하여 사용한다.
- 커브가 있으므로, 눈매에 맞게 선택하여 부착한다.

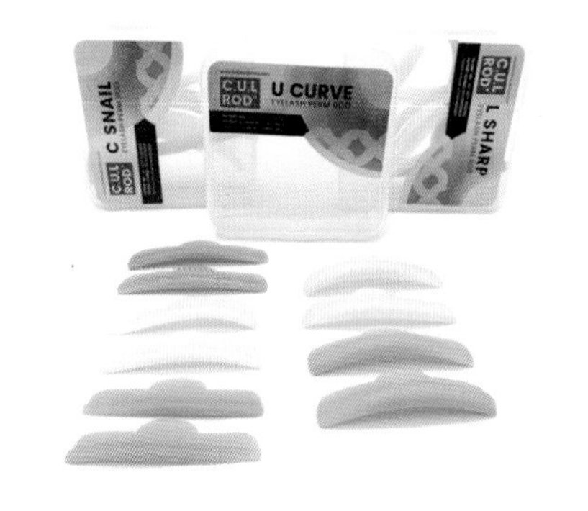

⑪-2) **로만사 롯드**(Romansa Rod)

- C, U, L 컬의 다양한 롯드로 구성되어 있다.
- 속눈썹 길이에 따라 SS~LL 사이즈로 다양하게 구성되어 있다.
- 부드럽고 밀착력이 좋아 글루를 사용하지 않아도 아이래쉬 펌이 가능하다.

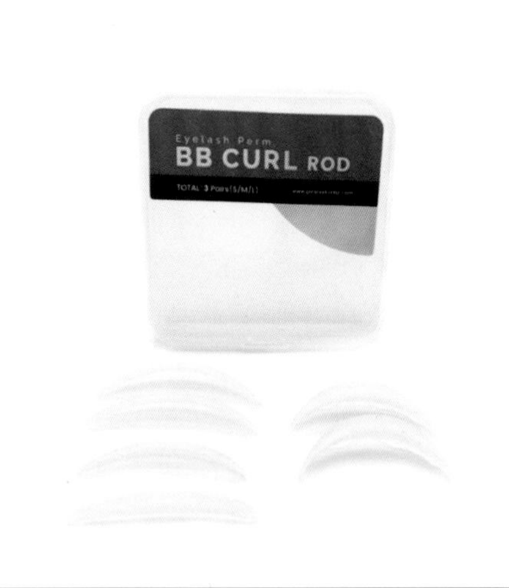

⑪-3) BB 롯드(BB Rod)

- 자연스러운 컬을 연출할 수 있다.
- 단단한 소재로 만들어져 눈매에 따라 부착이 어려운 단점이 있으나, 디자인 펌 시 연출이 편리한 것이 장점이다.
- 돌출된 안구 및 두꺼운 눈두덩이에 부착 시 롯드의 양쪽이 들뜰 수 있으므로 글루를 사용하거나 양쪽 끝에 테이핑하여 펌을 실시한다.

> Tip
>
> 크라운 펌(Crown Perm) 관리하기에 적합하다.

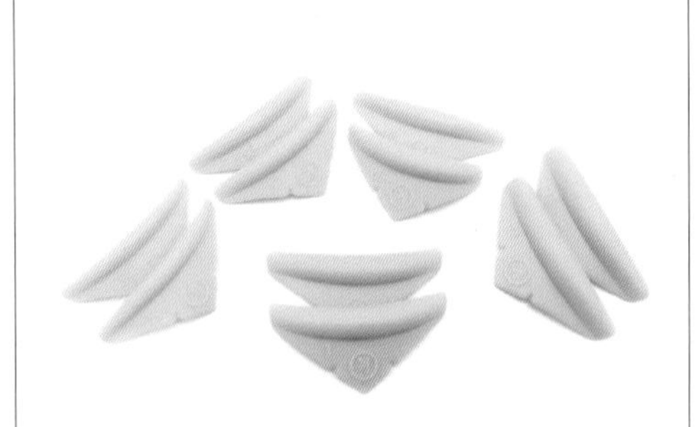

⑪-4) 언더 펌 롯드(Under Perm Rod)

롯드 끝부분이 매우 얇고, 언더 아이래쉬(Under Eyelash)에 맞추어 사이즈 별로 S, M, L, LL로 구성되어 있다.

> Tip
>
> 언더래쉬 뿐만 아니라 짧고 좁은 눈매에 사용이 가능하다.

2. 아이래쉬 펌의 재료

(1) 전처리제(Eyelash Pretreatment)

<table>
<tr><td>
</td><td>① 액상형 전처리제(Pretreatment Liquid)
아이래쉬 펌을 하기 전 눈의 유분 및 이물질을 깔끔하게 제거해 줌으로써 아이래쉬 펌의 완성도를 높여준다.

Tip
면봉이나 솜에 적당량을 적셔서 사용한다.</td></tr>
<tr><td>
</td><td>② 패드형 전처리제(Pretreatment Pad)
부드럽고 얇은 솜(Cotton)에 리무버가 적셔져 있어 사용이 편리하다.

Tip
메이크업 리무버 패드는 관리 전 사용 시 화장이 잘 지워진다.</td></tr>
<tr><td>
</td><td>③ 샴푸형 전처리제(Lash Shampoo Pretreatment)
미세한 거품 타입의 전처리제로 전용 브러쉬를 이용하여 속눈썹 사이사이의 세균 및 먼지 제거, 피지와 각질, 화장품의 잔여물 등을 세정하는 효과가 있어 딥클렌징을 할 수 있다.</td></tr>
<tr><td></td><td>④ 래쉬 샴푸 브러쉬(Lash Shampoo Brush)
래쉬샴푸 전용 브러쉬로 전처리 시 적당량을 전용 브러쉬로 눈썹이 자라난 방향으로 쓸어서 바를 때 사용한다.

Tip
사용 후에는 깨끗이 씻어서 서늘한 곳에서 말린 후 보관한다.</td></tr>
</table>

(2) 속눈썹 펌 글루(Eyelash Perm Glue)

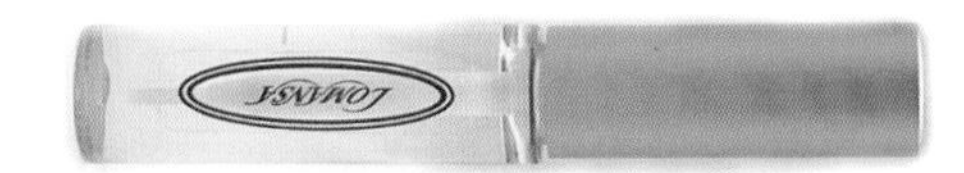

① 글루(Glue)

롯드를 눈꺼풀(눈두덩이) 또는 속눈썹을 롯드에 고정시킬 때 사용한다.

(3) 아이래쉬 펌제(Eyelash Permanent Agents)

아이래쉬 펌을 위해 사용하는 약제는 환원제인 제1제와 산화제인 제2제로 구성되어 있다. 평균 적용 시간은 제1제의 경우 약 10~15분, 제2제의 경우 약 10~15분 방치하지만, 속눈썹의 상태와 굵기 등에 따라 제품의 사용량과 적용 시간을 달리할 수 있다.

① 롤리킹 펌제(Rolly King Eyelash Permanent Agents)

- STEP 1, 2의 사용 시간 : 각 10 ~15분
- 잘 흘러내리지 않으며, 뛰어난 컬과 유지력이 돋보인다.

② 래쉬 업 펌제(Lash Up Eyelash Permanent Agents)

- STEP 1, 2의 사용 시간 : 각 10 ~15분
- 치오 성분이 없는 저자극 펌제이다.
- 묽은 제형이고 펌 시간이 단축된다.
- 제3제 : 에센스 팩으로 (4)-②를 참고한다.

> **Tip**
>
> 속눈썹보다 굵고 두꺼운 리프트 브로우 관리 시에 시간이 단축되어 편리하다.

③ 퍼매니아 펌제(Permania Eyelash Permanent Agents)

- STEP 1, 2의 사용 시간 : 각 5~10분
- 굵은 모를 위한 전용 스피드 펌제이다.
- 제3제인 에센스 팩이 같이 구성되어 아이래쉬 펌 시 영양을 공급할 수 있다.

(4) 아이래쉬 트리트먼트제(Eyelash Tretment)

속눈썹에 영양을 주거나 엉킴을 방지하는 다양한 제품들이 있다.

	① **신데렐라 클리닉 오일**(Cinderella Clinic Oil) 제1제 사용 시 1~2방울 떨어뜨려 사용하면, 손상된 모에 영양공급 및 탄력과 윤기를 부여한다. Tip 클리닉 펌 또는 복구 펌 시 사용한다.
	② **에센스 팩**(Keratin Pack & Essence Pack) 에센스 팩으로 펌 제1제, 제2제 사용 후 마지막 단계에서 도포 후 약 5분 방치 시 손상이 적고 탄력 있는 아이래쉬 펌을 완성할 수 있다. Tip 클리닉 펌 또는 복구 펌 시 사용한다.
	③ **코팅제**(Coating Agent) 속눈썹을 코팅하여, 외부로부터 보호해주고 또렷하고 윤기나는 속눈썹을 만들어준다. Tip 아이래쉬 펌 직후 컬링과 유지력을 높여주기 위해 사용한다.
	④ **에센스**(Essence) 아이래쉬 펌 후 컬을 오래 유지하기 위해 영양을 공급하여 속눈썹을 건강하게 관리할 수 있다. Tip 아이래쉬 펌 고객에게 홈케어 시 에센스를 사용하여 속눈썹을 건강하게 관리할 수 있도록 권장한다.
	⑤ **속눈썹 전용 마스카라**(Eyelash Mascara) 클렌징으로 손상을 주지 않는 전용 마스카라를 사용하여 눈매를 더욱 선명하고 펌 컬링이 더 업되는 효과를 준다.

⑥ **틴트**(Tint)

틴팅(Tinting)이라고 부르며, 아이래쉬 펌 후 속눈썹에 도포하여 아이래쉬 컬러링(Coloring) 관리를 할 수 있다.

> Tip
>
> 속눈썹에 속눈썹을 더욱 선명하게 보일 수 있도록 코팅(Coating)하는 효과가 있다.

3. 아이래쉬 펌의 부자재

① **아이패치**(Eyepatch)

아이래쉬 펌 중 위·아래 속눈썹을 구분하여 관리를 용이하게 한다.
눈가 피부에 보습과 영양을 공급하여 주름개선과 탄력에 효과적이다.

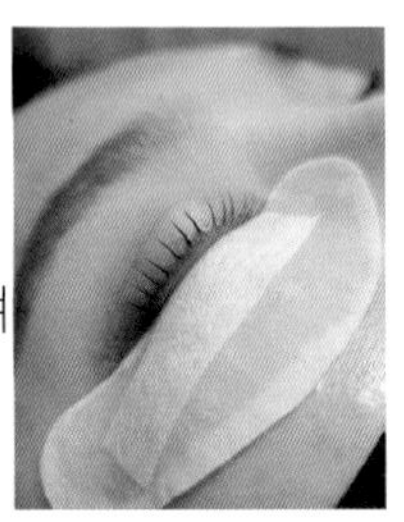

② **아이래쉬 테이프**(Eyelash Tape)

3M, 유키반과 니치반 등 저자극 테이프로서 눈꺼풀을 고정할 수 있다.

- 3M 테이프 : 통기성이 우수하며, 저알러지성 접착제를 사용하여 피부에 부작용이 적은 저자극 의료용 테이프이다.
- 유키반 테이프 : 저렴한 가격으로 가성비가 좋으며, 자극이 적고 사용이 편리하다.
- 니치반 테이프 : 시간이 지나도 보풀이 일어나지 않으며, 자극이 적다.

③ **커버 랩**(Cover Wrap)

제1제 사용 시 롯드에 속눈썹을 밀착시킬 때 사용한다. 외부 공기를 차단하여 펌의 효과를 높일 수 있다.

> Tip
>
> 펌제가 눈으로 들어가지 않게 주의한다.

④ **펌지**(Perm Paper)

주로 제2제 도포 후 사용하며 아주 약하고 가늘거나 손상이 되어 있는 속눈썹에 사용하여 손상을 최소화할 수 있다.

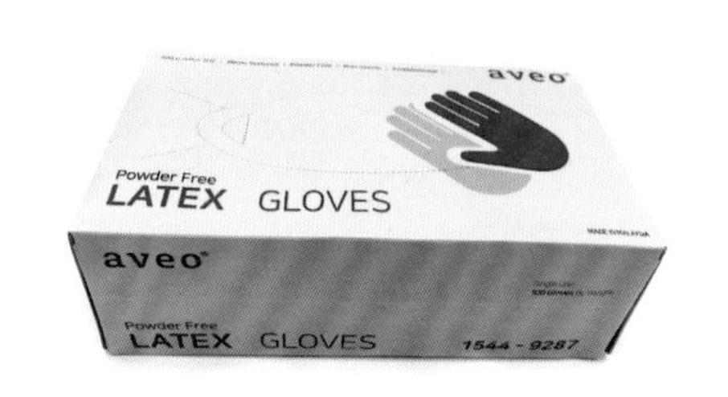

⑤ **라텍스 장갑**(Latex Gloves)

- 천연고무 원료로 생산된 의료용 장갑이다. (파우더 프리와 라텍스 프리)
- 멸균 글러브로 위생적이다.
- 고객 및 사용자의 교차 감염을 예방할 수 있다.
- 사이즈 : XS, S, M, L

⑥ **솜 & 솜통**(Cotton & Cotton Container)

스테인리스 스틸 재질로 녹이 슬지 않아 위생적이며 정제수 솜 보관 시 사용할 수 있다.

> Tip
>
> 자외선 살균 소독기에 보관하면 더욱 좋다.

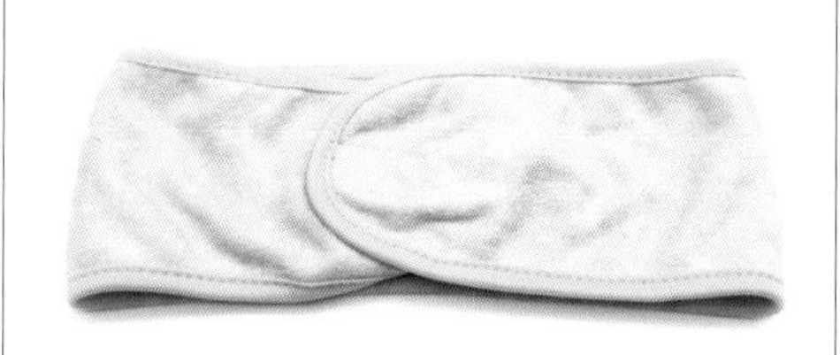

⑦ **헤어 터번**(Hair Turban)

헤어라인 머리카락이 나오지 않도록 고객의 머리를 감싼 뒤 위생적으로 아이래쉬 펌을 할 수 있도록 도와준다.

⑧ **반지형 스틸 팔레트**(Ringlike Steel Pallet)

- 펌 제1제, 제2제, 케라틴 팩 등을 덜어서 쓰는 다양한 용도로 사용된다.
- 관리자와 가까이에 있어 작업시간을 단축할 수 있다.
- 표면에 일회용 필름을 붙여서 사용하면 청결하고 편리하게 사용할 수 있다.

실리콘 팔레트 크리스탈 팔레트	⑨ 팔레트(Pallet) • 제1제, 제2제 등의 제품을 덜어서 사용할 수 있다. • 표면에 필름, 테이프 등을 붙여서 사용하면 씻어서 사용할 필요가 없으므로 편리하고 위생적으로 관리할 수 있다. • 사용 후 이물질이나 글루를 깨끗하게 닦아내어 사용하고 알코올을 이용하여 한 번 더 소독한다. • 미생물의 번식을 억제하여 위생적인 상태로 보관한다.
	⑩ 철제 바트(Stainless Alcohol tank) • 아이래쉬 펌에 필요한 핀셋과 아이래쉬 펌 롯드 등의 도구와 재료를 미리 준비할 때 사용한다. • 사용 후에는 물로 깨끗하게 씻은 뒤 알코올을 이용하여 소독한다. • 서늘한 곳에 말려서 위생적인 상태로 보관한다.
	⑪ 이마 패드(Forehead Pad) 작업 중 손에 화장이 묻는 것을 방지하고, 위생을 위해 이마 부위에 패드를 얹고 아이래쉬 펌을 진행한다.
00:00 START/PAUSE MIN SEC RESET	⑫ 타이머(Timer) 제1제와 제2제 도포 후 방치 시간을 측정하는 용도로 사용한다.
	⑬ 가운(위생복) (Gown/Disinfected Overgarment) 작업자가 깔끔하고 위생적인 작업을 하기 위해 착용하고 아이래쉬 펌을 한다.

4. 아이래쉬 펌의 기구

① 베드(Bed)

철제 프레임으로 내구성이 좋으며, 아이래쉬 테크니션의 앉은키에 맞게 알맞은 높이의 베드를 선택한다. 고객 사용 전·후 소독하여 위생적으로 관리한다.

② 의자(Chair)

높낮이가 조절되는 미용 관리 시 사용하는 의자로 바퀴가 있어 이동이 편하다.

③ 조명(Lamp)

관리 시 밝기 조정이 가능하여 작업자의 눈이 피로하지 않게 도와준다.

④ 웨건(Wagon)

아이래쉬 펌을 할 때 도구와 재료 등을 정리하기 위해 사용한다. 바퀴가 달려있어 작업자의 동선에 맞게 사용할 수 있다.

	⑤ 태양광선을 이용한 소독기 • 자외선 소독기(Ultraviolet Disinfector) – 자외선(UV.C)의 살균력을 이용한 소독기를 말한다. – 관리 전, 후 다양한 미용 기구 및 도구를 소독하여 사용한다.
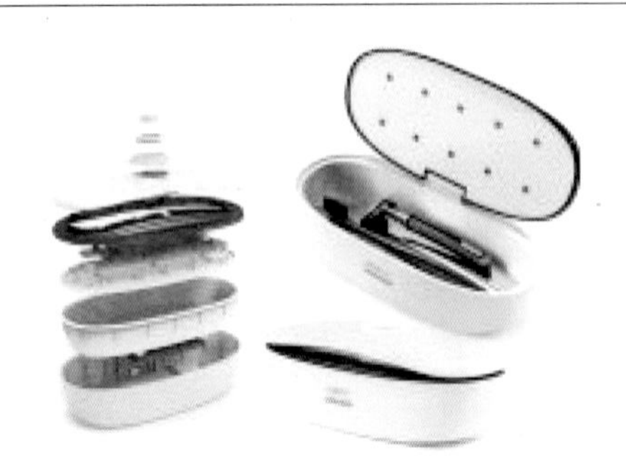	• LED 기구 소독기 사용 방법과 기능은 자외선 소독기와 같지만, 램프의 교체 없이 반영구적으로 사용할 수 있다.
	⑥ 초음파 소독기(Ultrasonic Disinfector) • 초음파 소독기는 보통 28KHz, 40KHz 주파수 출력에 200W, 400W, 600W, 1,200W 등으로 필요에 따라 조절하여 사용한다. • 지문, 잡티, 먼지, 냄새 등을 소독 및 세척한다. Tip 반드시 기기 안에 물이 있는 상태에서 사용해야 한다.
	⑦ 고압증기 멸균 소독기 • 고압 멸균, 건열, UV 크게 3가지의 소독 방법으로 구분되어 진다. • 1기압보다 높은 압력을 가하여 물의 끓는 점을 100℃ 이상의 고온으로 높여 액체나 기구를 멸균하는 장치이다. • 멸균기의 안을 1.5기압 이하에서 온도를 121℃까지 상승시켜 멸균기 안의 세균을 즉시 사멸시키며 저항력이 강한 아포 형성 세균도 20분 이내에 사멸시킨다.

Chapter 16

기초 테크닉 및 속눈썹 모의 진단

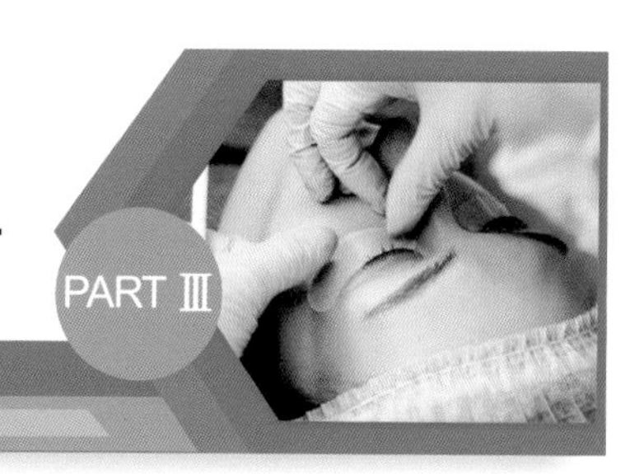

 피부 타입별 속눈썹 모의 종류에 따른 전처리 방법

1. 중성 속눈썹 모(정상 모, Neutral Eyelash)

정상적인 모의 형태라고 할 수 있고, 피지의 분비량이 모에 윤기를 줄 정도의 이상적인 분비라고 볼 수 있으며 모의 관리는 정상적인 상태를 유지하는 것으로도 충분하다.

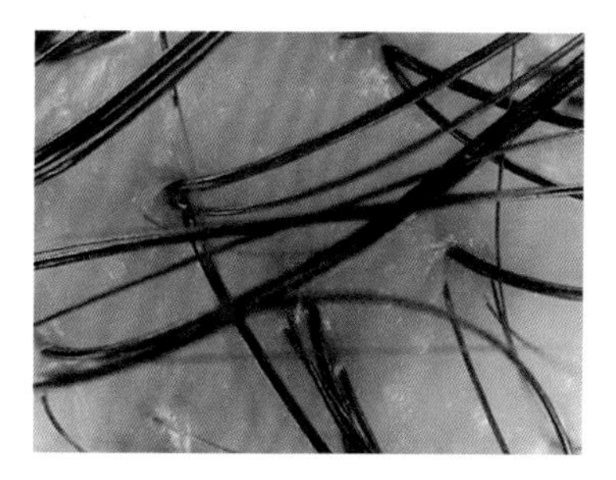

그림 16-1 건강한 정상 모의 상태

Point

중성 속눈썹의 경우 액상 또는 패드 타입으로 된 전처리제를 사용하여 유분기를 제거한다.

액상 타입

패드 타입

2. 건성 속눈썹 모 (Dry Eyelash)

피지샘에서 피지의 분비가 적어 건조한 모를 말하는 것으로 건성 모의 경우는 푸석거림을 만들고 윤기가 없으며 정전기에 더 약한 면이 있다. 펌제의 흡수도 빠르게 진행되므로 시간을 조절하여 지나친 펌제의 흡수를 막아 주는 것이 좋다.

그림 16-2 건조하고 각질이 일어난 건성 모의 상태

Point

정제수 솜을 이용하여 가볍게 닦아낸 후 스팀으로 수분을 보충해준다.

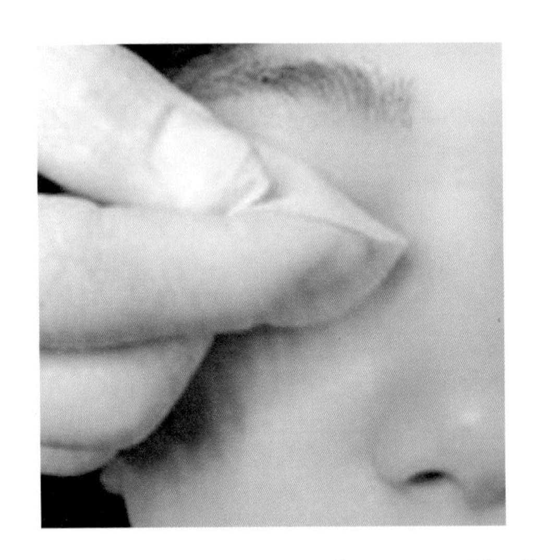

그림 16-3 스팀을 이용한 속눈썹 수분 보충

3. 지성 속눈썹 모(Oily Eyelash)

피지샘에서 분비되는 피지의 양이 정상적인 모보다 많은 경우의 모를 말하며 지성 모의 경우는 모의 강도가 강하지만 모가 쉽게 더러워진다는 결점과 지성 모발의 경우는 지성 피부를 만들기도 한다. 지성 모의 경우에는 펌 전체 과잉 피지를 씻어내기 위한 샴푸를 해주어야 흡수가 느려지게 되어 펌 효과가 빨리 나타날 수 있다.

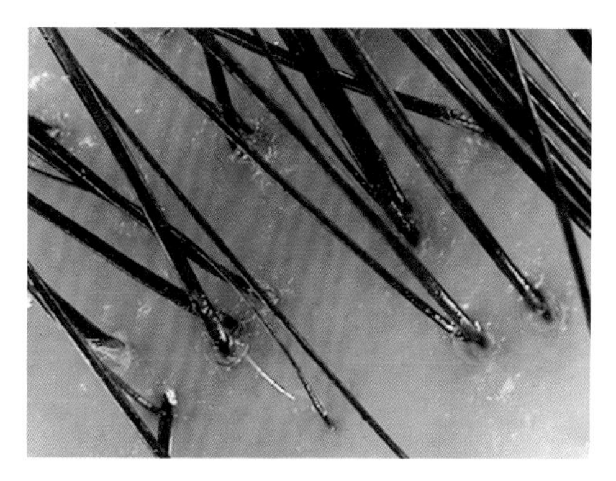

그림 16-4 피지가 많은 지성 모의 상태

Point

래쉬 샴푸를 충분히 흔든 뒤 버블을 속눈썹 위에 도포하고, 샴푸 전용 브러쉬를 이용하여 잔여물, 유분기와 끈적임 등을 깨끗이 닦아낸다. 샴푸 후 물티슈, 정제수 솜과 수건 등으로 한 번 더 닦아준다.

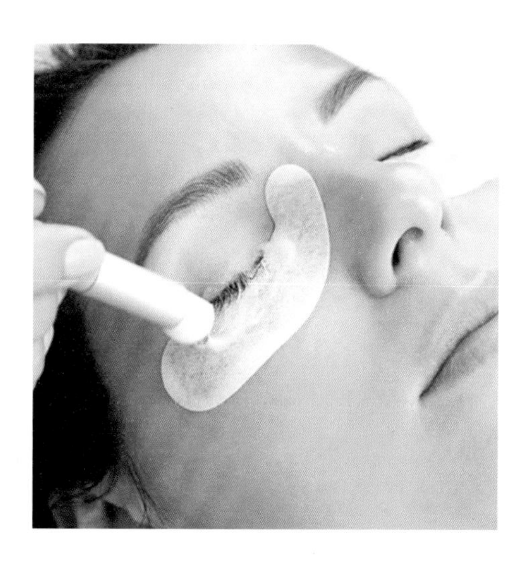

그림 16-5 래쉬 샴푸를 이용한 속눈썹 클렌징

4. 손상 속눈썹 모 (Damaged Eyelash)

다공성이거나 큐티클 층이 파괴되어 화학 제품의 반응이 고르게 나타나지 않기 때문에 펌의 결과가 좋지 않거나 얼룩이 생기게 된다. 그러므로 손상 모발에 펌을 할 때 2차 손상을 막으려면 전처리를 하여 큐티클 층을 정리해 준 후 펌을 하거나 단백질 성분을 보충하여 펌 처리를 하는 것이 좋다.

그림 16-6 손상된 피부와 모의 상태

Point

액상 타입 또는 패드 타입으로 된 전처리제를 사용하여 유분기를 최대한 자극 없이 가볍게 닦아준다. 아이래쉬 펌 시 영양 오일, 케라틴 등을 사용하는 클리닉 펌 또는 복구 펌을 진행한다.

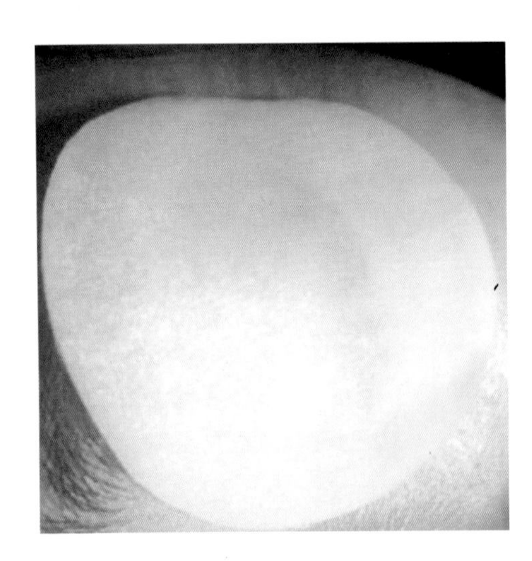

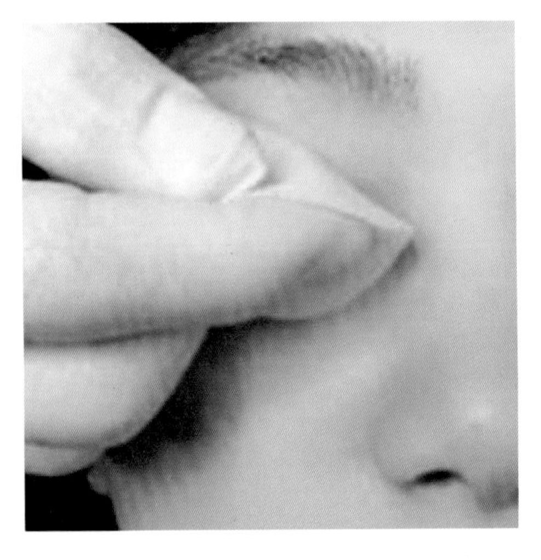

그림 16-7 손상된 피부와 모의 전처리제 사용

롯드(Rod) 선택 기준

1. 컬(Curl)에 따른 롯드 선택

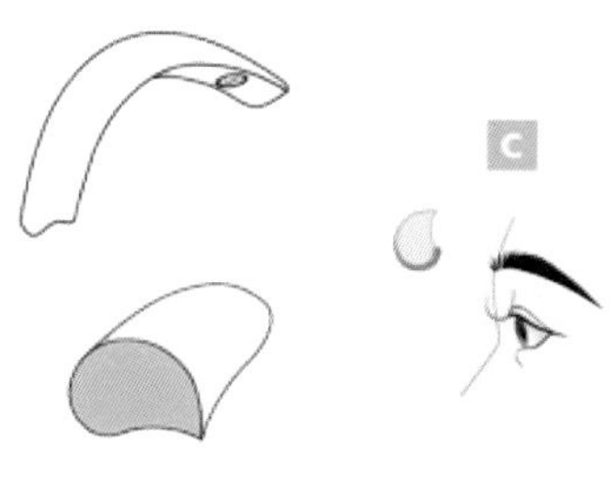

① C컬 롯드

둥글게 말려 올라가는 스타일로 옆으로 보았을 때 알파벳 C와 같이 연출된다.

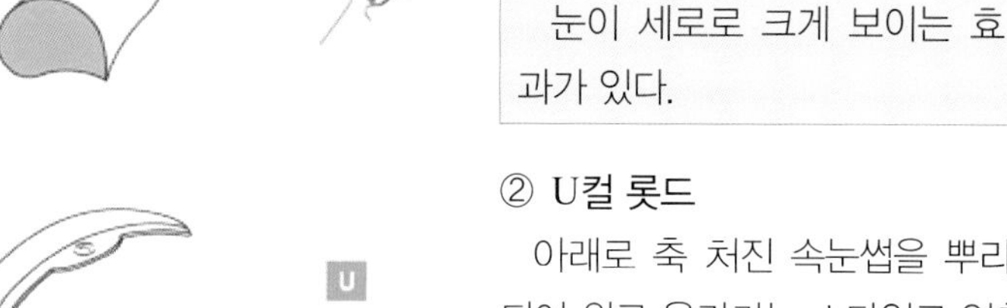

> Tip
>
> 눈이 세로로 크게 보이는 효과가 있다.

② U컬 롯드

아래로 축 처진 속눈썹을 뿌리부터 급격하게 컬이 형성되어 위로 올라가는 스타일로 연출할 때 사용한다.

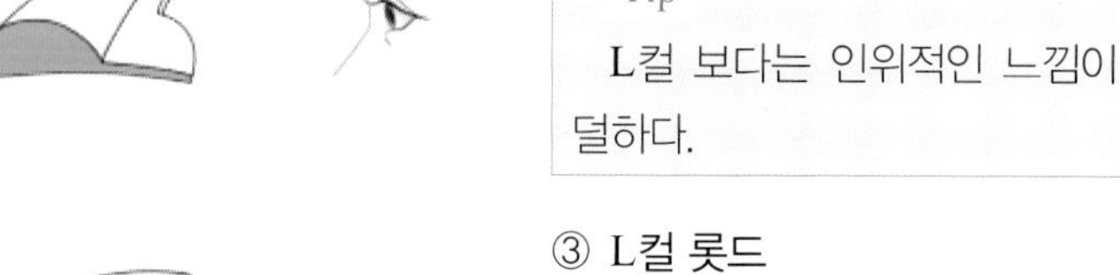

> Tip
>
> L컬 보다는 인위적인 느낌이 덜하다.

③ L컬 롯드

속눈썹의 뿌리부터 급격하게 꺾인 듯이 바짝 집어 직선적으로 올라가는 스타일로 연출할 수 있다.

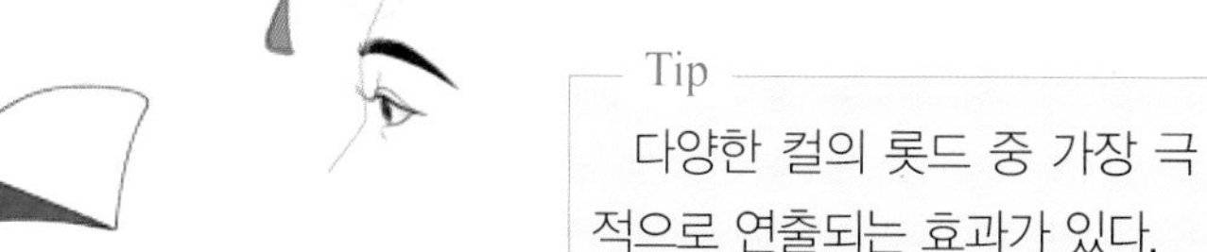

> Tip
>
> 다양한 컬의 롯드 중 가장 극적으로 연출되는 효과가 있다.

2. 속눈썹 길이(Length)에 따른 롯드 선택

표 16-1 속눈썹 길이에 따른 알맞은 롯드 사이즈

롯드 사이즈	속눈썹의 길이	크기 비교
SS	3~5mm	↑ 작은 사이즈
S	6~8mm	
M	8~9mm	
L	10~11mm	↓ 큰 사이즈
LL	11mm 이상	

3. 눈매에 따른 롯드 선택

(1) L컬과 U컬 사용 권장 눈매

① 돌출된 눈

안구가 볼록하게 돌출된 눈은 C컬과 같이 볼륨 있는 컬보다 급격한 컬을 만들 수 있는 L컬 또는 U컬을 사용한다. 특히, 숨어있는 뻗친 속눈썹을 위로 올릴 수 있어 시원한 눈매를 연출할 수 있다.

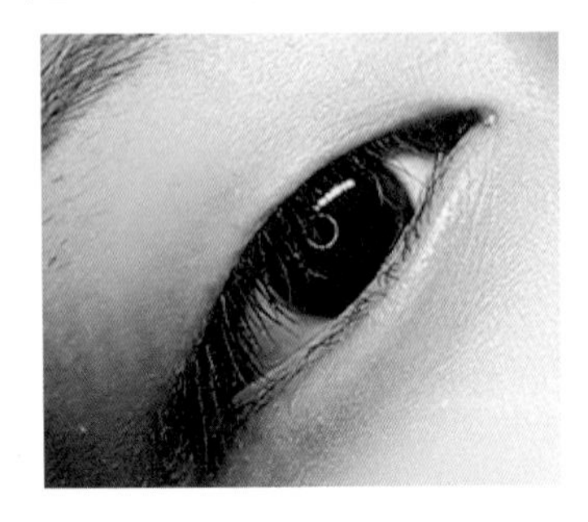
전

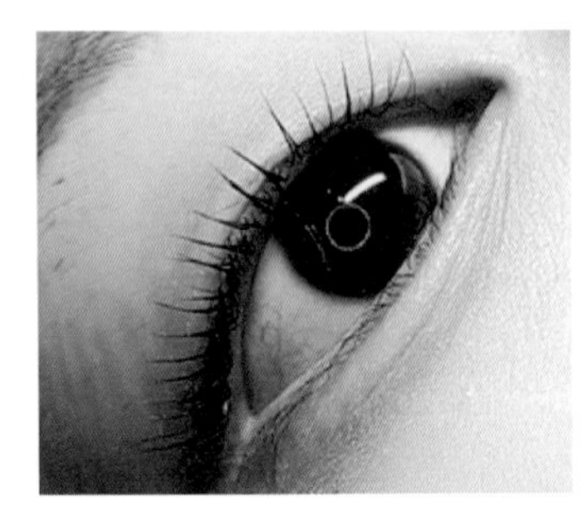
후

② 눈두덩이 두꺼운 눈

눈두덩에 지방이 많고 두꺼워 다소 답답해 보이는 눈으로 L컬이나 U컬 등 경사가 납작한 롯드를 사용하여 속눈썹의 뿌리부터 끝까지 바짝 위로 올려주어 또렷한 눈매로 교정할 수 있다.

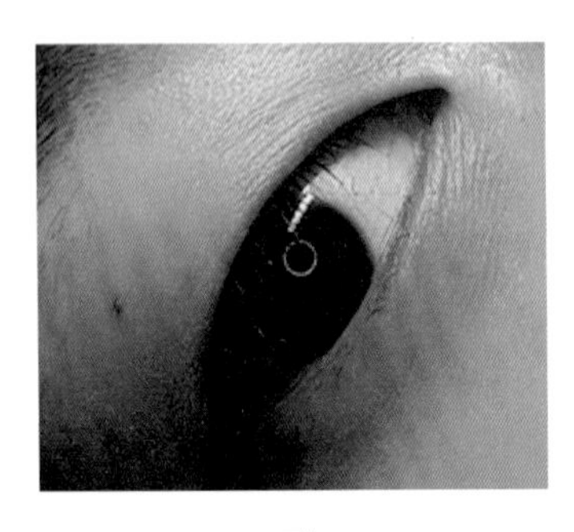
전

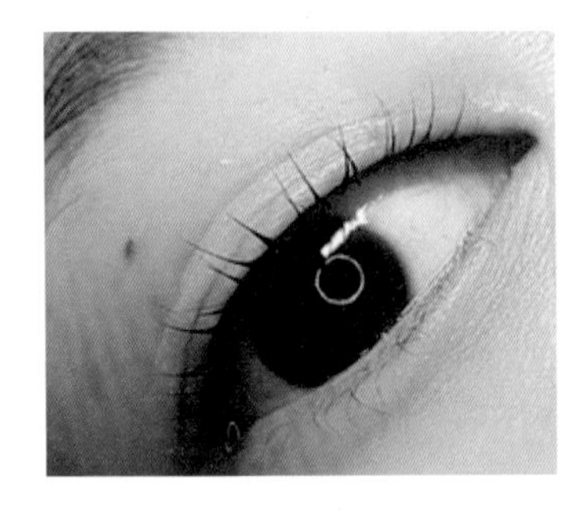
후

③ 쌍꺼풀 없는 눈

쌍꺼풀이 없으며 속눈썹이 직모일 경우 눈동자를 가리게 되어 시야 확보가 어렵기 때문에 시력이 저하될 수 있다. 특히, 답답해 보일 수 있어 속눈썹의 뿌리부터 바짝 올라가는 롯드를 사용하여 위로 올려주면 눈매를 더 시원하게 보일 수 있도록 연출이 가능하며, 시력 보호에도 도움을 준다.

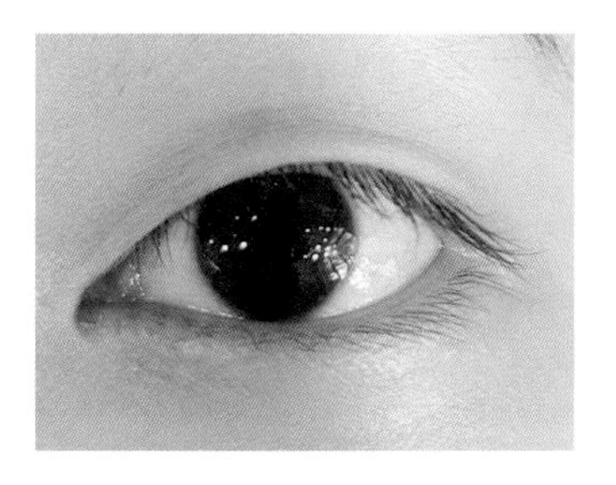

전

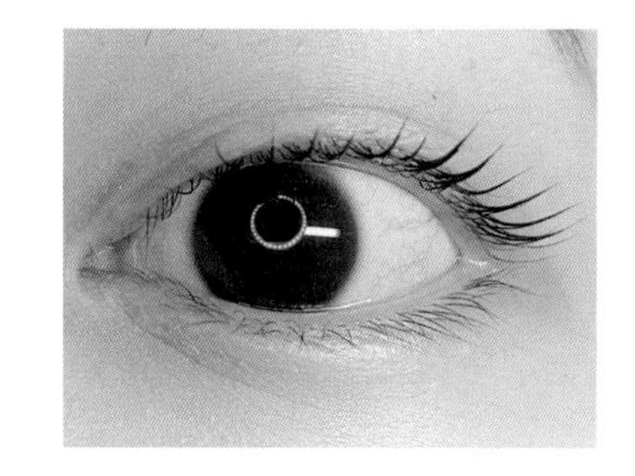

후

(2) C컬 사용 권장 눈매

① 함몰된 눈

대부분 서양인에게서 찾아보기 쉬운 함몰된 눈은 눈썹뼈와 이목구비가 도드라지게 발달하여 아이홀(Eye-hole)이 존재하며, 눈과 눈썹 간의 거리가 짧다. 이로 인해 힘이 없고 피곤해 보이는 인상을 가지고 있다. 이를 보완하기 위해 C컬을 연출하여 눈매가 또렷하고 선명해 보일 수 있도록 한다.

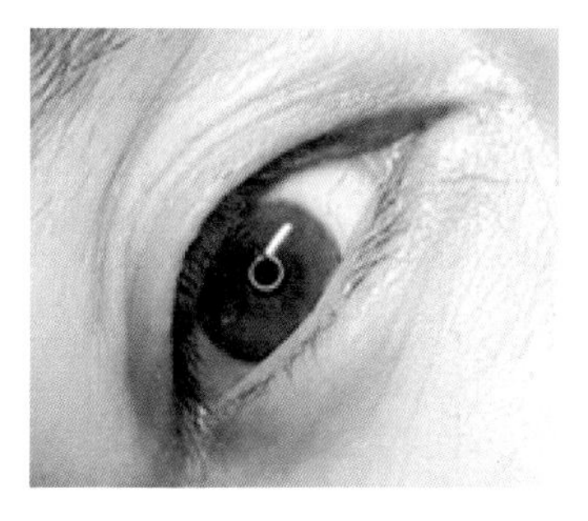

전

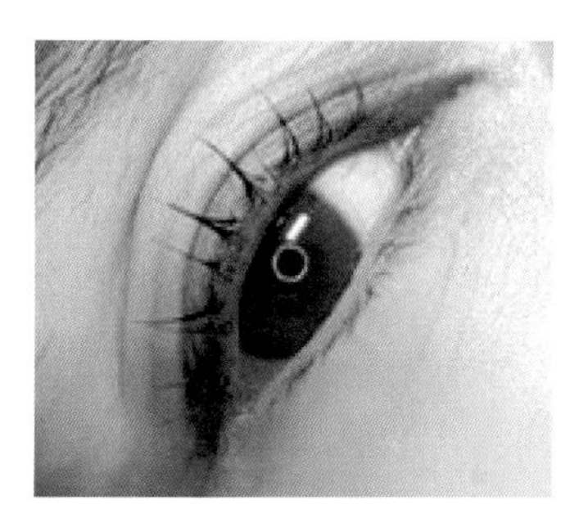

후

② 눈꺼풀에 지방이 없는 눈

눈꺼풀과 눈가 피부가 얇은 편으로 아이홀이 깊게 패어 있다. 여러 겹의 쌍꺼풀로 인해 피곤해 보이거나 졸려보일 수 있으므로, 볼륨감을 더할 수 있는 C컬을 이용한 펌을 통해 생기있는 모습을 연출할 수 있다.

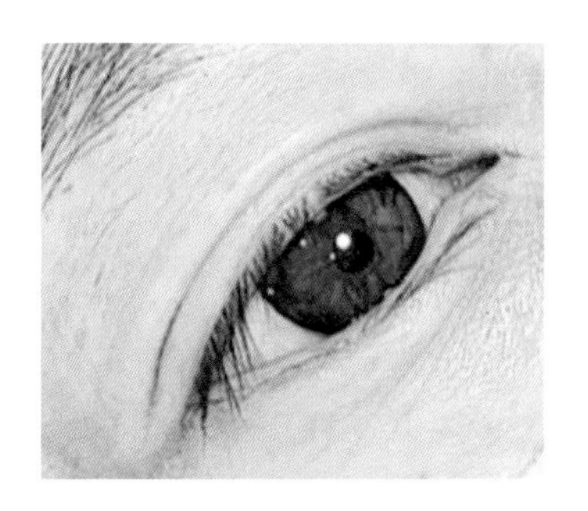

전

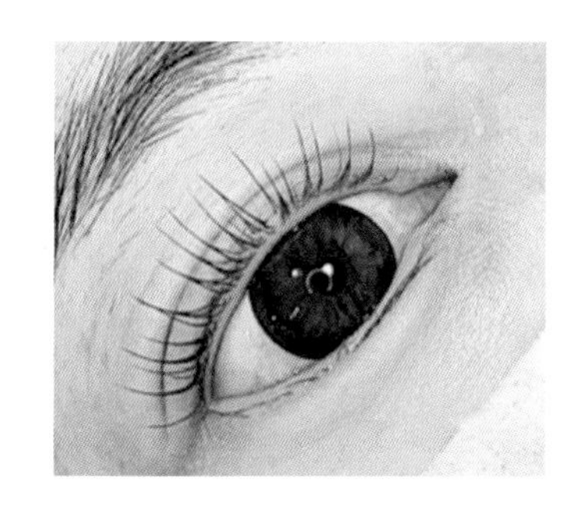

후

속눈썹의 굵기에 따른 펌제 도포시간

일반적으로 굵은 모발보다 가는 모발이 손상되기 쉬우며, 아이래쉬 펌을 할 때 약제 도포 후 방치 시간을 조절해야 한다. 모의 굵기에 따라 취모, 연모와 경모로 분류할 수 있다.

모의 굵기에 따라 펌제의 도포시간을 차등 적용한다.

표 16-2 펌제의 도포시간

	얇은모	정상 모	굵은모
일반 펌제	7~10분	10~15분	15~18분
스피드 펌제	5~7분	7~10분	10~12분

아이래쉬 펌의 특징

① 속눈썹이 길어 보인다.
② 눈매가 또렷해 보이고 커 보인다.
③ 컬에 따라 원하는 이미지 연출이 가능하다.
④ 속눈썹 연장과 같은 효과를 볼 수 있다.
⑤ 속눈썹의 손상을 최소화하여, 눈매를 디자인할 수 있다.
⑥ 아이 메이크업(Eye Make-up) 시 시간이 단축된다.
⑦ 찌르는 속눈썹을 수술이 아닌, 아이래쉬 펌으로 교정이 가능하다.

Chapter 17

아이래쉬 펌의 실습

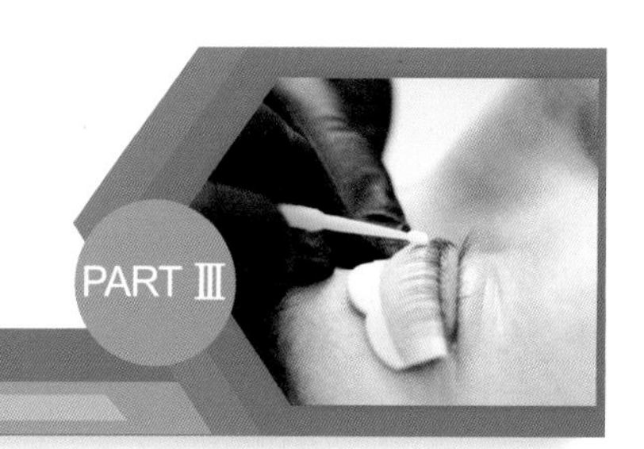

아이래쉬 펌의 종류에는 베이직 펌, 디자인 펌(크라운 펌), 노글루 펌, 언더 펌, 클리닉 펌과 복구 펌 등이 있다.

1. 베이직 펌(Basic Perm)

속눈썹을 한 가닥 한 가닥 끌어올려 연화되는 과정 중에 텐션을 주어 숨어있는 1mm까지 찾아내어 보다 길고 아름다운 눈매를 연출한다. 눈매에 맞는 컬을 찾아 펌을 하게 되면 눈매가 더욱 또렷해질 뿐만 아니라 한층 더 커 보이는 효과가 있고, 아름답고 매혹적인 눈매를 연출한다.

1. 베이직 펌(Basic Perm)의 관리 자세

① 아아래쉬 테크니션 : 복장을 위생적으로 청결히 하고 고객이 불편하지 않게 응대하며 고객이 편하게 탈의할 수 있도록 안내하고 상담을 통해 고객의 속눈썹 상태를 파악한다. 적정 실내 온도와 습도를 유지할 수 있도록 한다.

② 고객 : 고객이 편하게 관리를 받을 수 있도록 적당한 높이의 베개(Pillow)를 준비한다. 편한 자세로 누울 수 있도록 안내하고 고객 체온을 유지할 수 있도록 이불을 준비한다.

2. 베이직 펌(Basic Perm)을 위한 관리 준비물

핀셋, 스파츌라, 래쉬 샴푸, 래쉬 샴푸 전용 브러쉬, 롯드, 붓, 마이크로 면봉, 립 브러쉬, 마스카라 브러쉬, 속눈썹 전처리제(액상, 패드, 래쉬샴푸), 속눈썹 글루, 아이래쉬 펌제, 신데렐라 오일, 에센스 & 코팅제, 마스카라 & 틴트, 케라틴 팩 & 에센스 팩, 아이패치, 테이프(3M, 유키반, 니치반), 랩 & 펌지, 파레트, 솜통, 솜, 헤어 터번 등

3. 베이직 펌(Basic Perm) 주의사항

(1) 관리 전 고객 확인 사항

① 콘택트렌즈 착용 유·무 확인
② 알레르기 유무 확인 (금속, 피부, 화장품, 기타 등)
③ 라식·라섹 수술 등의 성형 수술 및 안질환 수술 및 시술 2개월 뒤 가능
④ 안과 질환 및 눈 주위 상처
⑤ 아이라인 반영구를 받은 한 달 후 아이래쉬 펌 가능
⑥ 보톡스, 필러 등의 시술 시 한 달 후 아이래쉬 펌 가능
⑦ 폐소공포증(Claustrophobia), 공황장애(Panic disorder) 및 눈을 감고 있는 것에 대한 불안감 여부 체크

(2) 관리 전 위생관리

① 작업 전 반드시 손을 깨끗이 씻고, 소독하여 청결을 유지한다.
② 불필요한 액세서리 착용은 하지 않도록 한다.
③ 작업장은 항상 소독을 철저히 하고 쓰레기는 적절한 방법으로 처리한다.
④ 작업 시 사용한 모든 소모품은 일회용을 사용하며, 작업 후 즉시 폐기한다.
⑤ 롯드 및 핀셋, 스파츌라, 트레이 등은 사용 직후 바로 소독한다.

(3) 아이래쉬 펌 시 주의사항

① 일회용 재료와 도구들은 매회 새것으로 교체한다.
② 도구는 사용 전 자외선 소독기와 기구 소독기를 이용하여 소독 또는 멸균 처리하여 준비한다.
③ 아이래쉬 펌 롯드는 소독된 것으로 사용한다.
④ 관리 전 반드시 70% 알코올을 사용하여 손 소독을 시행한다.
⑤ 고객의 눈가 피부를 정리하고 전처리하여 깨끗한 상태에서 아이래쉬 펌을 진행한다.
⑥ 전처리하기 전 고객의 속눈썹 상태를 미리 점검한다.

(4) 관리 후 주의사항

① 고객이 관리받는 곳의 주변을 정리하고 항상 청결하게 유지한다.

② 도구는 깨끗이 소독하고 자외선 소독기에 소독한 후 보관한다.

③ 아이래쉬 펌 후 배출된 쓰레기는 바로 폐기한다.

④ 고객 관리가 끝나면 주변을 정리정돈하여 마무리한다.

4. 베이직 펌(Basic Perm) 전 준비상태

(1) 재료 및 도구 준비

① 재료 및 도구는 소독이 완료되어 있어야 하고 일회용 도구는 한 번 사용후 반드시 폐기한다.

② 한 번 사용한 도구는 반드시 소독해야 한다.

③ 재료 및 도구는 웨건(트레이)에 사용에 편리하도록 정리정돈 한다.

④ 위생용기에 정제수 솜을 준비한다.

(2) 관리자 복장 준비

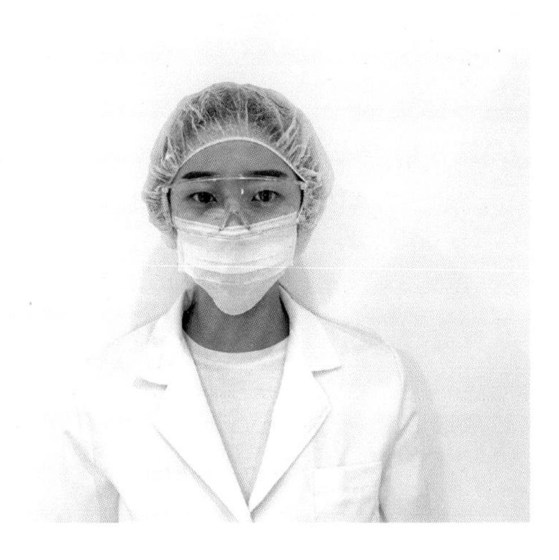

① 위생복을 착용한다.

② 잔여물과 머리카락이 떨어지지 않도록 헤어캡을 착용한다.

③ 위생을 위해 마스크를 착용한다.

④ 위생을 위해 일회용 장갑을 착용한다.

⑤ 안전을 위해 보안경을 착용한다.

(3) 고객 준비 및 베드 셋팅

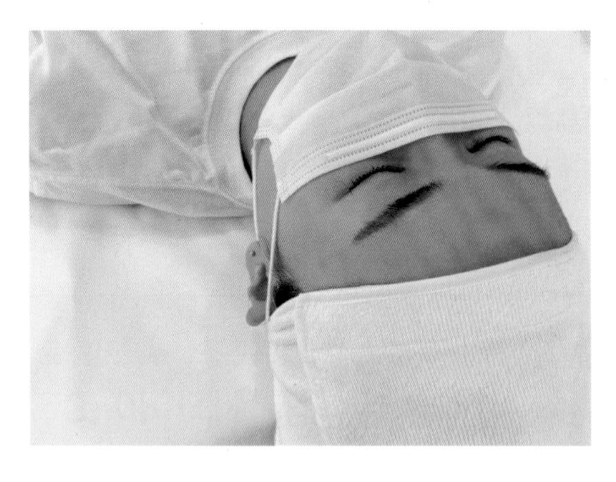

① 고객은 관리할 때 머리가 방해되지 않게 헤어 밴드(터번)를 착용한다.
② 고객이 관리를 받는 동안 최대한 편안할 수 있도록 최선을 다해 자세를 잡아준다.
③ 관리자는 관리하는 공간을 확보해 작업의 효율성을 극대화한다.

5. 베이직 펌(Basic Perm) 실기

(1) 손 소독

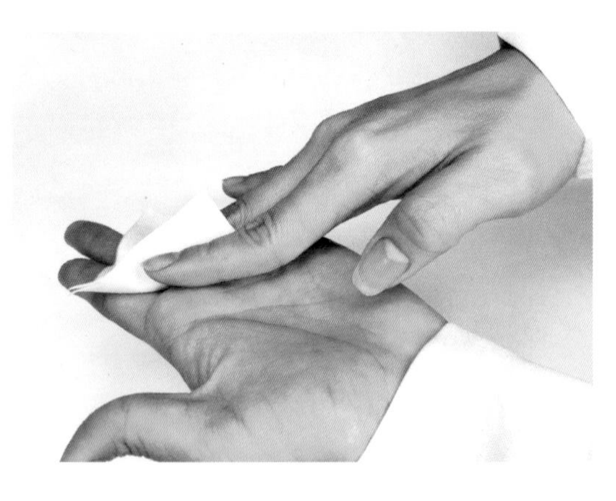

① 위생 장갑 착용 전·후 손의 소독을 실시한다.
② 관리 전·후 관리자의 손을 70% 알코올 솜으로 소독한다.
③ 손 소독제의 종류 : 스프레이 타입, 겔 타입, 티슈 타입 등 편리에 따라 다양하게 사용한다.

(2) 위생 장갑 착용 후 소독

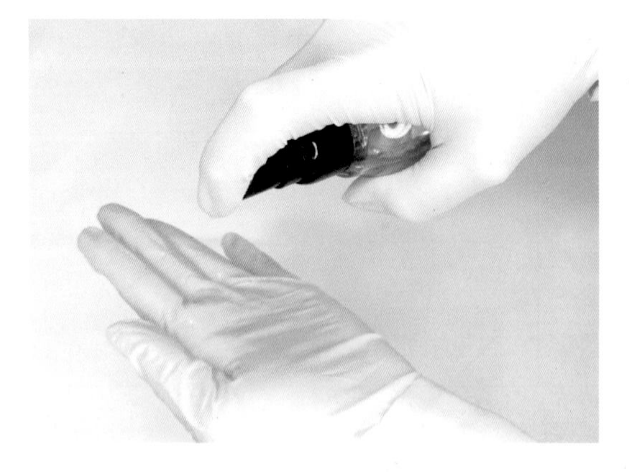

소독제를 이용하여 꼼꼼히 한 번 더 소독한다.

(3) 전처리 단계

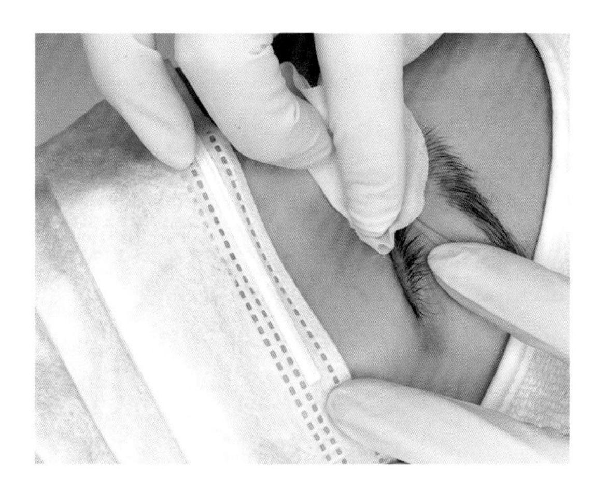

① 액상 또는 패드형 전처리제로 속눈썹 사이의 이물질(화장끼임, 먼지 등) 및 유분기를 제거한다.

② **액상형** : 적당량을 마이크로 면봉, 립 브러쉬 등을 이용하여 속눈썹이 나는 방향으로 꼼꼼히 닦아낸다.

③ **패드형** : 적당량(1~3장) 눈썹이 엉키지 않게 속눈썹이 나는 방향으로 꼼꼼히 닦아낸다.

(4) 아래 속눈썹 고정 단계

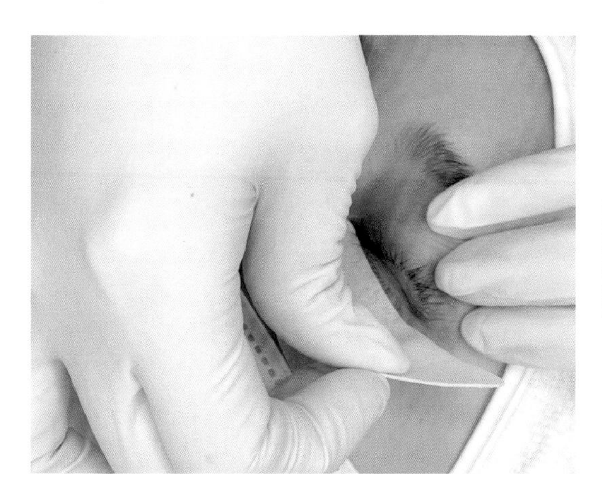

아이패치, 스킨 테이프 등을 이용하여 언더 속눈썹이 아이래쉬 펌 과정에 방해받지 않도록 고정한다.

> Tip
>
> 시야 확보를 위해 스킨 테이프로 피부를 고정한다.

(5) 롯드 부착 단계

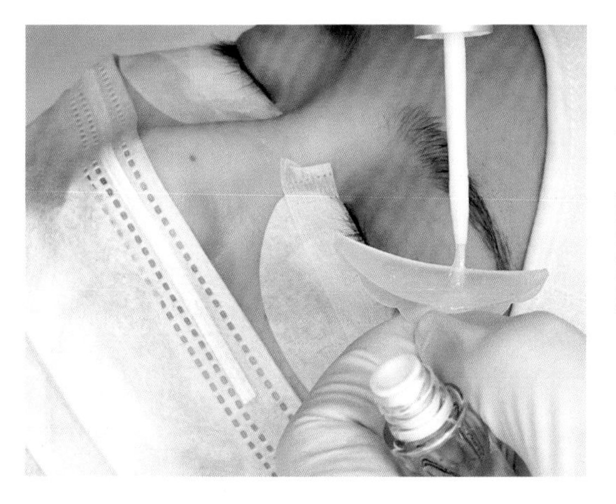

롯드 뒷면에 펌 글루를 소량 도포 후 속눈썹 모근(Eyelash root) 근접 부분에 롯드를 고정한다.

> Tip
>
> 롯드가 들뜰 경우 테이프로 양옆을 고정한다.

(6) 롯드에 속눈썹 고정 단계(펌 제1제 전단계)

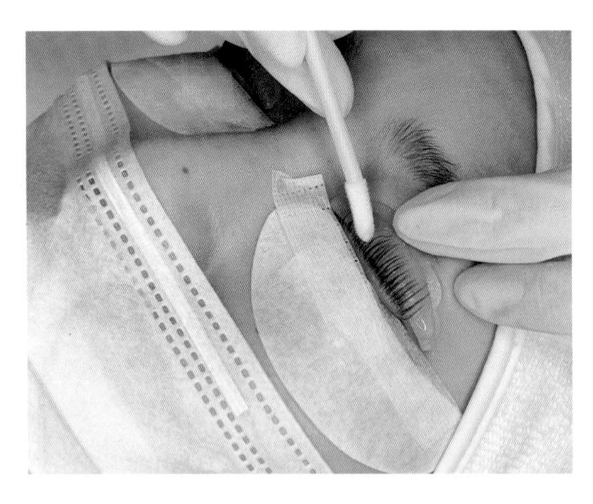

① 핀셋, 스파츌라, 립 면봉 등을 이용하여 롯드에 속눈썹을 고정시킨다.

② 글루를 소량 묻혀 이용하면 더욱 쉽게 롯드에 고정할 수 있다.

(7) 펌 제1제 도포 단계

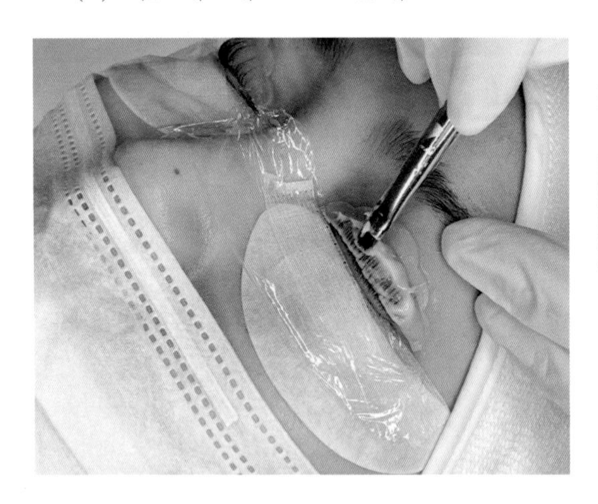

마이크로 면봉, 브러쉬 등을 이용하여 펌 제1제를 양쪽 눈에 꼼꼼히 도포한다.

> Tip
>
> 펌제가 점막에 닿지 않게 1～2mm 띄워 도포한다.

(8) 펌 제1제 고정 단계

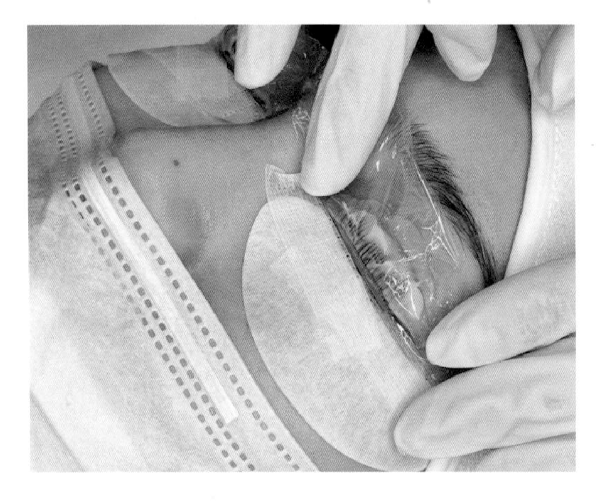

양쪽 눈에 랩, 펌지 등을 씌워 제1제의 작용을 원활하게 한다.

> Tip
>
> 방치시간은 속눈썹 모 굵기에 따라 작업자 개인적인 주관으로 상의하여 적용한다.

- 가는모 : 7～10분
- 정상모 : 10～15분
- 굵은모 : 15～18분

(9) 펌 제1제 제거 단계

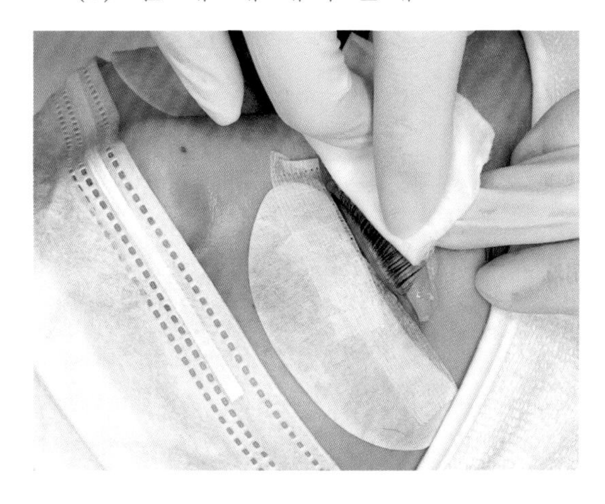

면봉, 정제수 솜 등을 이용하여 펌 제1제를 깨끗이 제거한다.

> **Tip**
> 눈 안에 펌제가 들어가지 않도록 주의하며 위로 쓸어 올리면서 닦아낸다.

(10) 롯드에 속눈썹 고정 단계(펌 제2제 전 단계)

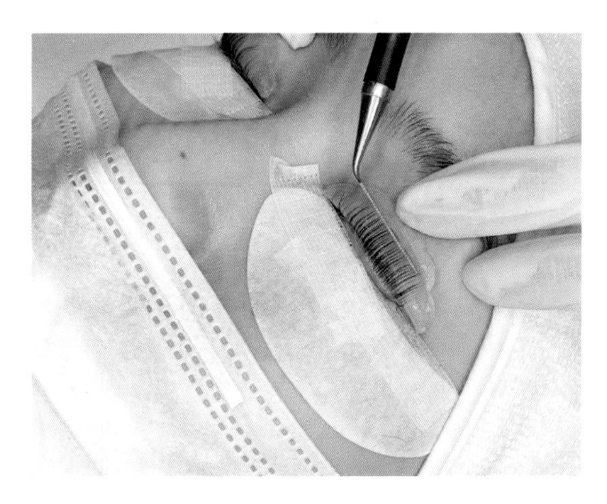

핀셋, 스파츌라, 립 면봉 등을 이용하여 흐트러진 속눈썹을 롯드에 가지런히 정돈한다.

(11) 펌 제2제 도포 단계

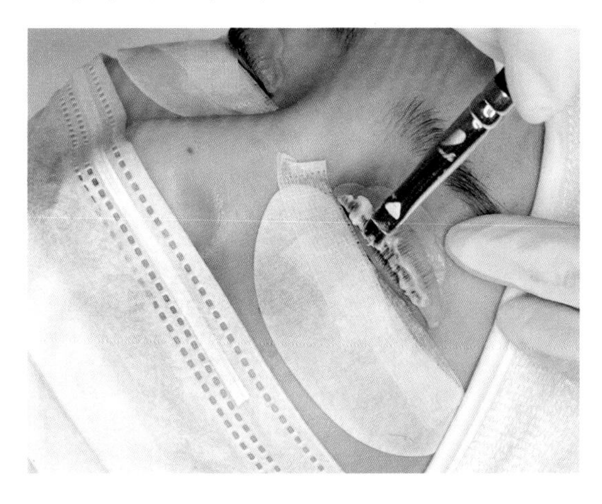

마이크로 면봉, 브러쉬 등을 이용하여 펌 제2제를 양쪽 눈에 꼼꼼히 도포한다.
(펌제가 점막에 닿지 않게 1~2mm 띄운다.)

> **Tip**
> 속눈썹 끝부분은 얇기 때문에 1~2mm 정도 비워두고 도포하면 속눈썹 모 끝부분의 구부러짐과 손상을 방지할 수 있다.

(12) 펌 제2제 고정 단계

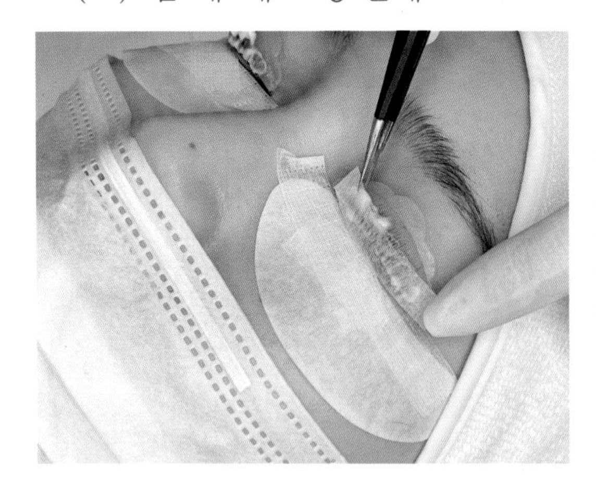

양쪽 눈에 랩, 펌지 등을 씌워 펌 제2제의 작용을 원활하게 한다.

> Tip
>
> 상하거나 약한 속눈썹은 펌지를 이용하여 손상을 최소화한다. (방치시간은 모에 따라 관리자 주관적 소견으로 상이하게 적용한다.)

- 가는모 : 7~10분
- 정상모 : 10~15분
- 굵은모 : 15~18분

(13) 펌 제2제 제거 단계

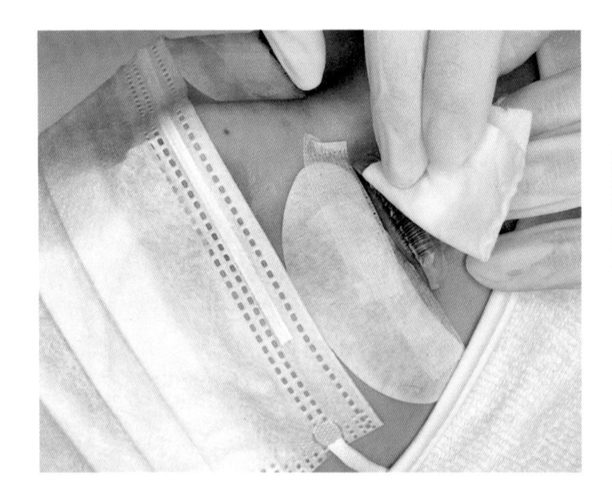

면봉, 정제수 솜 등을 이용하여 펌 제2제를 깨끗이 제거한다.

> Tip
>
> 눈 안에 펌제가 들어가지 않도록 주의하며 위로 쓸어 올리면서 닦아낸다.

(14) 롯드 분리하기

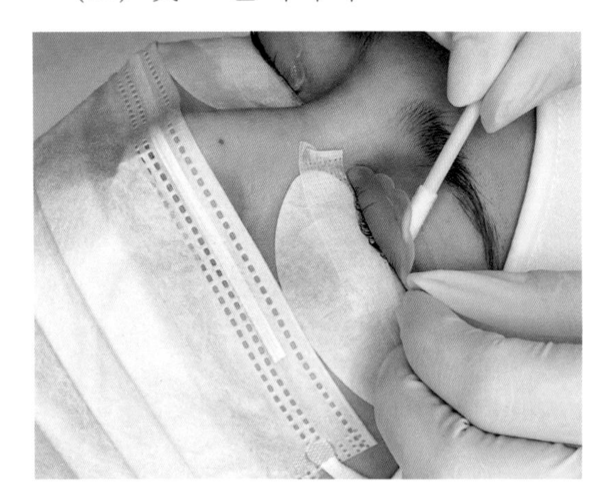

면봉에 물을 적셔 사용하거나 정제수 솜에 물을 묻혀 눈두덩에 붙어있는 롯드를 조심스럽게 분리한다.

> Tip
>
> 접촉성 피부염 등 자극이 되지 않도록 눈두덩 부분을 세게 문지르지 않는다.

(15) 눈 주변 정리 단계

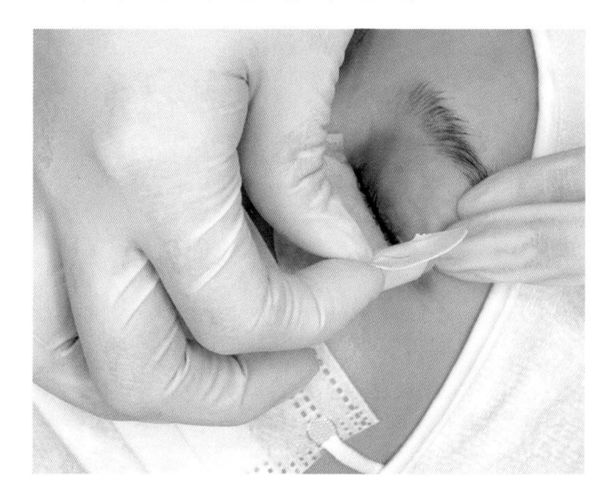

눈에 부착되어 있는 아이패치, 스킨 테이프 등을 제거한 후 양쪽 속눈썹에 펌제가 남아있지 않도록 정제수 솜으로 깨끗이 닦아낸다.

(16) 마무리 단계

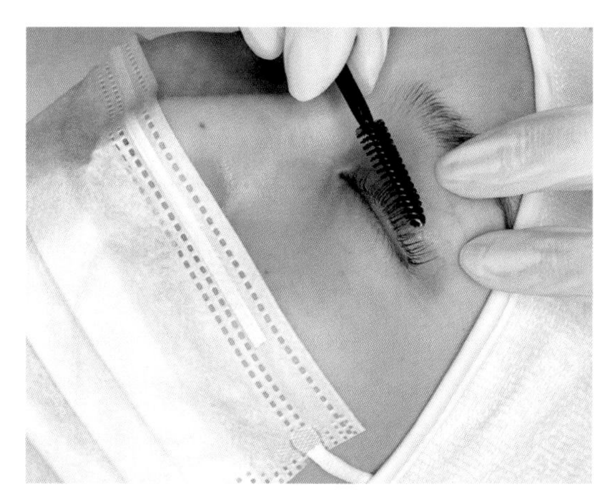

펌을 한 후 속눈썹 에센스, 코팅제 등을 이용하여 속눈썹 결 정리 및 마무리를 한다.

(17) 아이래쉬 펌(Eyelash Perm) 완성

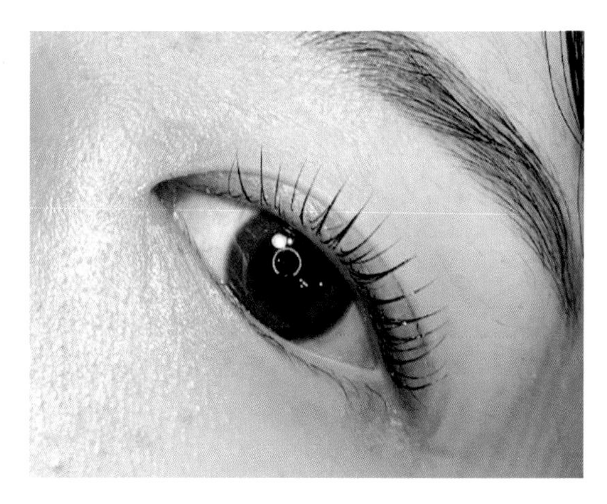

2. 디자인 펌(Design Perm)

크라운 펌(Crown Perm)이라고 불리며 연화되는 과정 중에 적당한 힘으로 숨어있는 1mm의 속눈썹까지 찾아내어 한 가닥씩 롯드 위로 끌어올리는 방법을 통해 보다 길고 아름다운 눈매를 연출한다. 제1제로 속눈썹 연화 후 제2제가 들어가기 전 왕관 모양으로 디자인을 잡아 주는 방법이다.

1. 관리 자세, 준비물 및 주의사항

관리 자세, 준비물 및 주의사항은 베이직 펌과 동일하다.

2. 디자인 펌(Design Perm) 준비

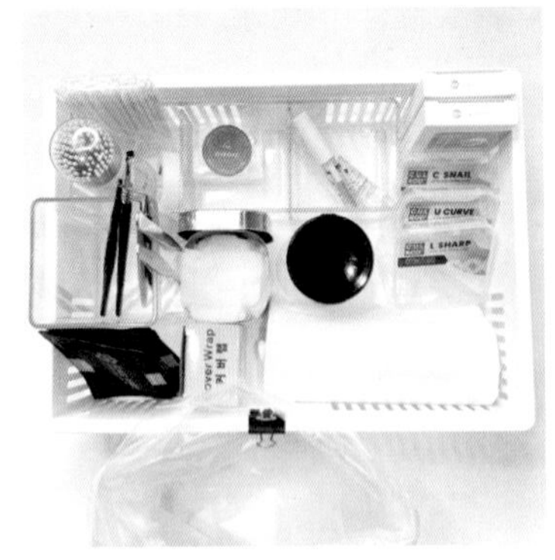

① 재료 및 도구 준비

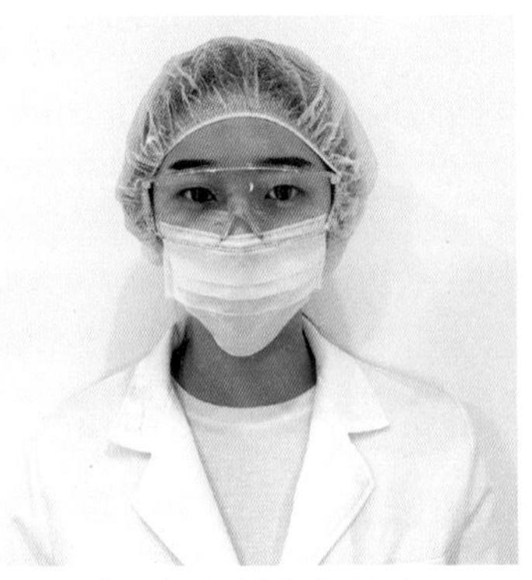

② 관리자 복장 준비

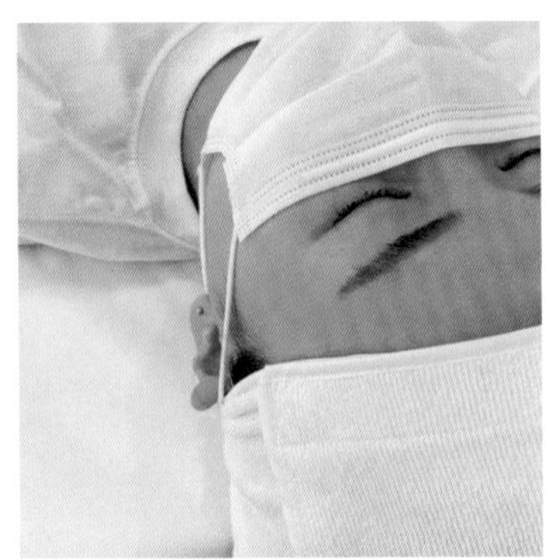

③ 고객 준비

3. 디자인 펌(Design Perm)의 순서

(1) 손 소독

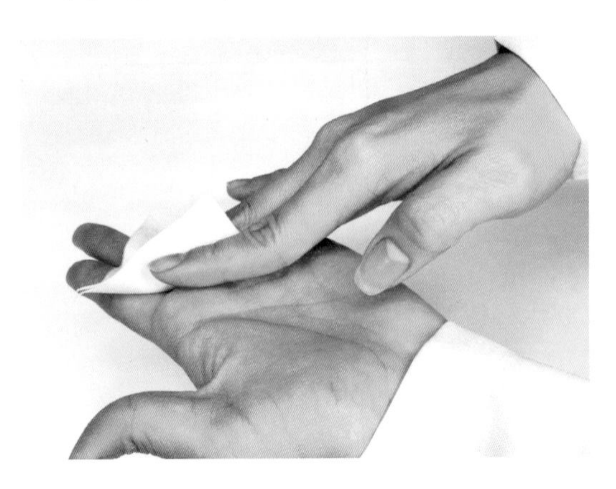

① 위생 장갑 착용 전 손의 소독을 실시한다.

② 관리 전·후 관리자의 손을 70% 알코올 솜으로 소독한다.

③ **손 소독제의 종류** : 스프레이 타입, 겔 타입, 티슈 타입 등 편리에 따라 다양하게 사용한다.

(2) 전처리 단계

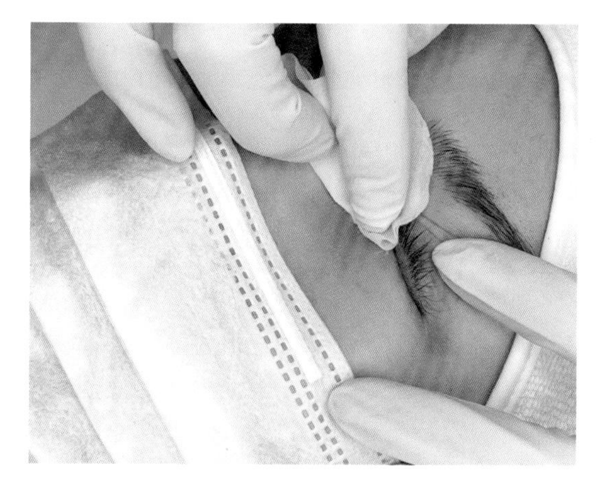

① 액상 또는 패드형 전처리제로 속눈썹 사이의 이물질(화장끼임, 먼지 등) 및 유분기를 제거한다.
② **액상형** : 적당량을 마이크로 면봉, 립 브러쉬 등을 이용하여 속눈썹이 나는 방향으로 꼼꼼히 닦아낸다.
③ **패드형** : 적당량(1~3장) 눈썹이 엉키지 않게 속눈썹이 나는 방향으로 꼼꼼히 닦아낸다.

(3) 아래 속눈썹 고정 단계

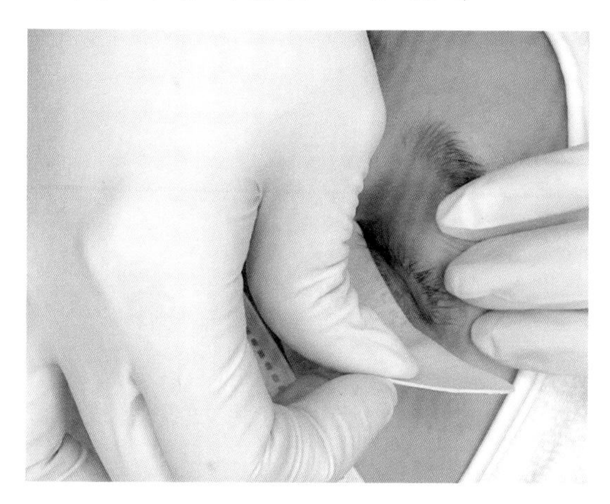

아이패치, 스킨 테이프 등을 이용하여 언더 속눈썹이 아이래쉬 펌 과정에 방해받지 않도록 고정한다.

Tip

시야 확보를 위해 스킨 테이프로 피부를 고정한다.

(4) 롯드 부착 단계

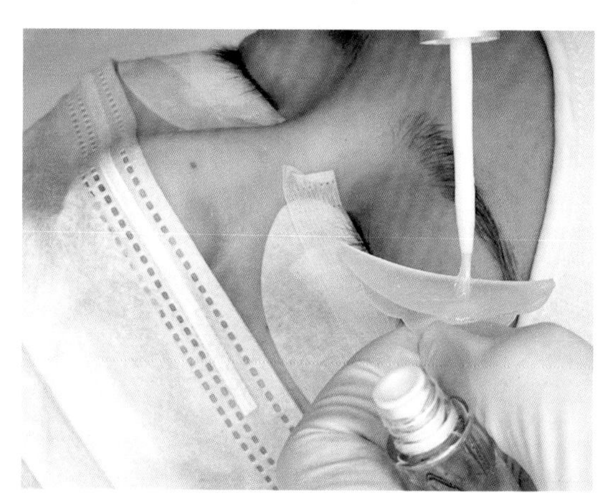

롯드 뒷면에 펌 글루를 소량 도포 후 속눈썹 모근(Eyelash root) 근접 부분에 롯드를 고정한다.

Tip

롯드가 들뜰 경우 테이프로 양옆을 고정한다.

(5) 롯드에 속눈썹 고정 단계(펌 제1제 전단계)

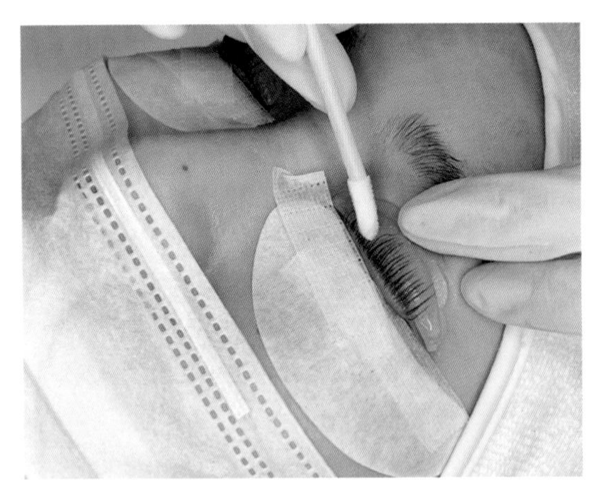

① 핀셋, 스파츌라, 립 면봉 등을 이용하여 롯드에 속눈썹을 고정시킨다.

② 글루를 소량 묻혀 이용하면 더욱 쉽게 롯드에 고정할 수 있다.

(6) 펌 제1제 도포 단계

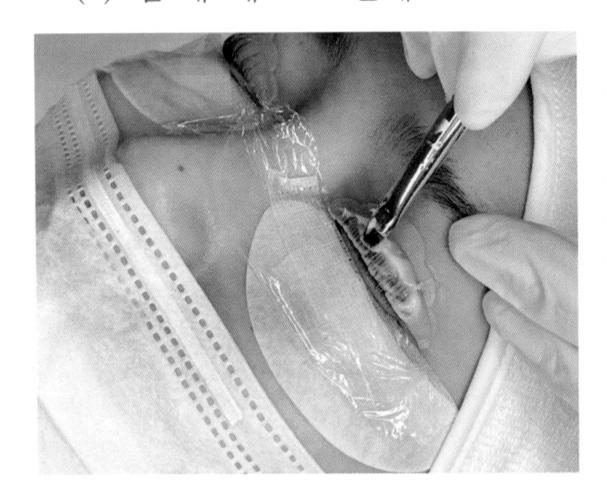

마이크로 면봉, 브러쉬 등을 이용하여 펌 제1제를 양쪽 눈에 꼼꼼히 도포한다.

> Tip
>
> 펌제가 점막에 닿지 않게 1~2mm 띄워 도포한다.

(7) 펌 제1제 고정 단계

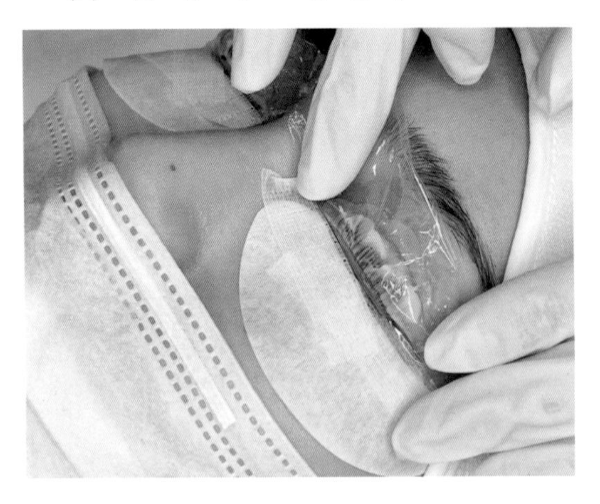

양쪽 눈에 랩, 펌지 등을 씌워 제1제의 작용을 원활하게 한다.

> Tip
>
> 방치시간은 속눈썹 모 굵기에 따라 작업자 개인적인 주관으로 상이하게 적용한다.

- 가는모 : 7~10분
- 정상모 : 10~15분
- 굵은모 : 15~18분

(8) 펌 제1제 제거 단계

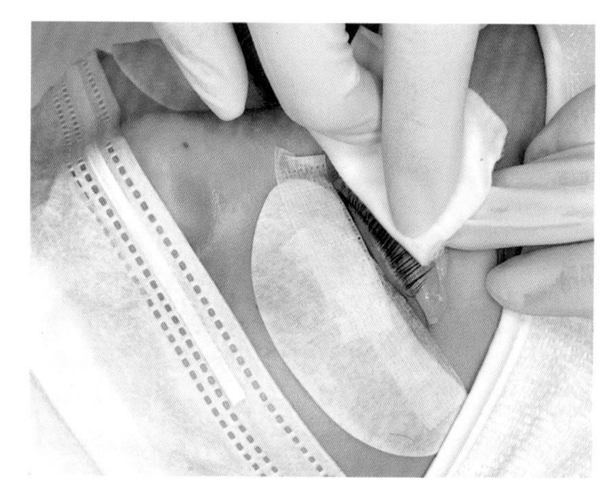

면봉, 정제수 솜 등을 이용하여 펌 제1제를 깨끗이 제거한다.

> Tip
>
> 눈 안에 펌제가 들어가지 않도록 주의하며 위로 쓸어 올리면서 닦아낸다.

(9) 롯드에 속눈썹 고정 단계(펌 제2제 전 단계)

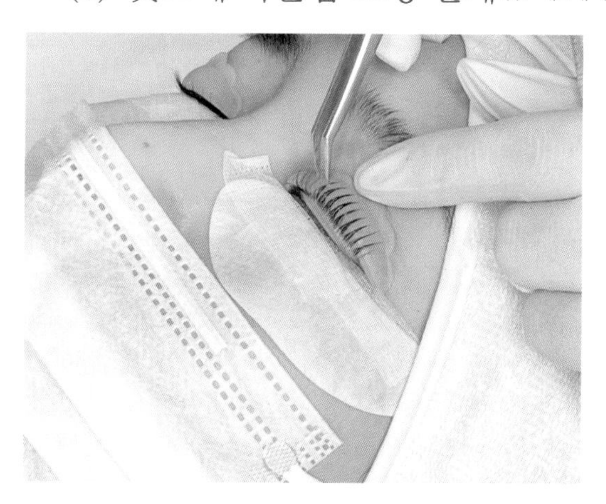

① 제2제 도포 전 핀셋을 이용하여 속눈썹을 크라운 모양으로 잡아준다.

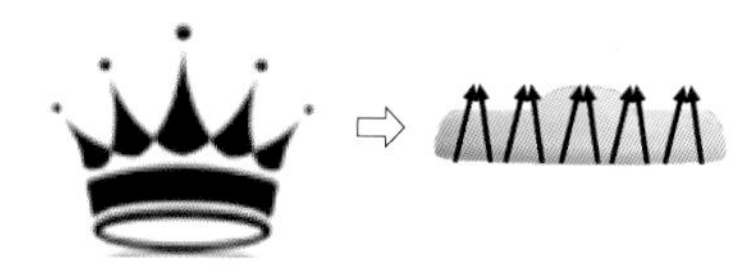

② 디자인 해놓은 모양이 틀어지지 않게 조심하여 제2제를 도포한다.

(10) 펌 제2제 도포 단계

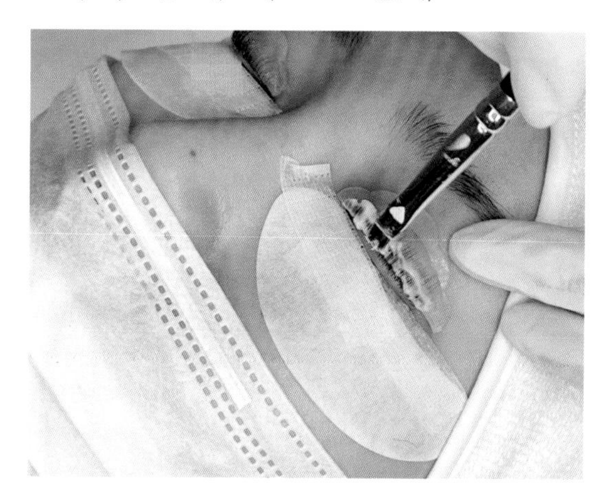

마이크로 면봉, 브러쉬 등을 이용하여 펌 제2제를 양쪽 눈에 꼼꼼히 도포한다.
(펌제가 점막에 닿지 않게 1~2mm 띄워 도포.)

> Tip
>
> 속눈썹 끝부분은 얇기 때문에 1~2mm 정도 비워두고 도포하면 속눈썹 모 끝부분의 구부러짐과 손상을 방지할 수 있다.

(11) 펌 제2제 고정 단계

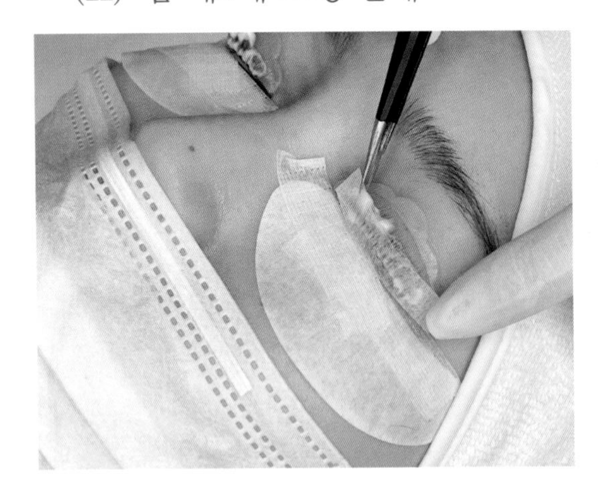

양쪽 눈에 랩, 펌지 등을 씌워 펌 제2제의 작용을 원활하게 한다.

> Tip
>
> 상하거나 약한 속눈썹은 펌지를 이용하여 손상을 최소화한다. (방치시간은 모에 따라 관리자 주관적 소견으로 상이하게 적용한다.)

- 가는모 : 7~10분
- 정상모 : 10~15분
- 굵은모 : 15~18분

(12) 펌 제2제 제거 단계

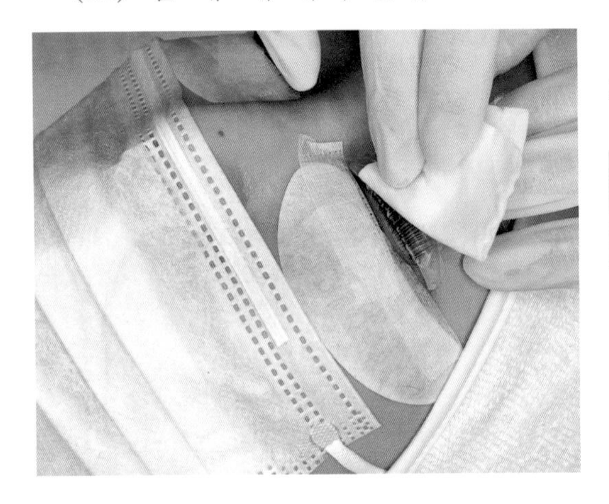

면봉, 정제수 솜 등을 이용하여 펌 제2제를 깨끗이 제거한다.

> Tip
>
> 눈 안에 펌제가 들어가지 않도록 주의하며 위로 쓸어 올리면서 닦아낸다.

(13) 롯드 분리하기

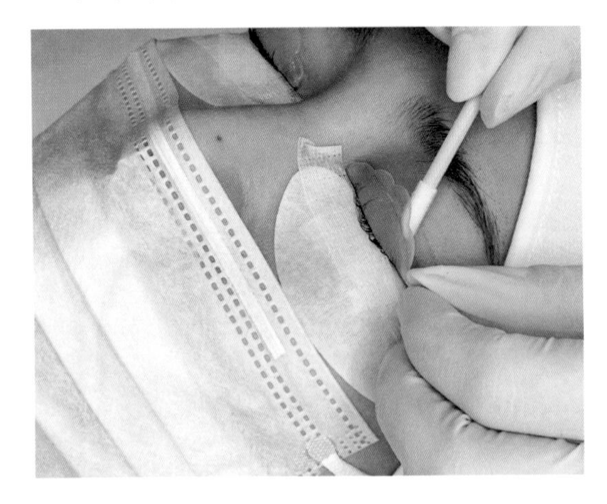

면봉에 물을 적셔 사용하거나 솜에 물을 묻혀 눈두덩에 붙어있는 롯드를 조심스럽게 분리한다.

> Tip
>
> 접촉성 피부염 등 자극이 되지 않도록 눈두덩 부분을 세게 문지르지 않는다.

(14) 눈 주변 정리 단계

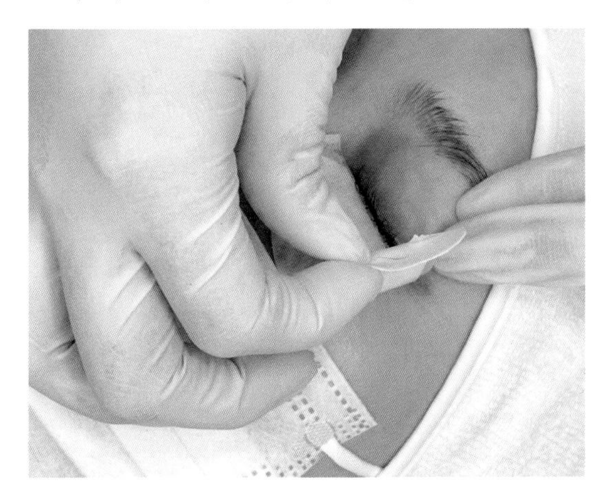

눈에 부착되어 있는 아이패치, 스킨 테이프 등을 제거한 후 양쪽 속눈썹에 펌제가 남아있지 않도록 정제수 솜으로 깨끗이 닦아낸다.

(15) 마무리 단계

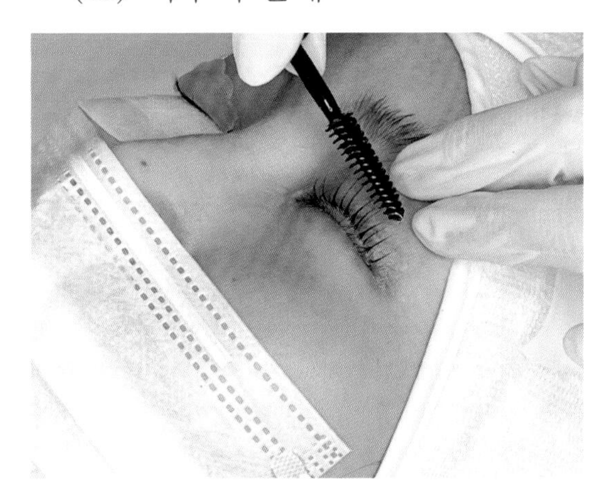

펌을 한 후 속눈썹 에센스, 코팅제 등을 이용하여 속눈썹 결 정리 및 마무리를 한다.

(16) 크라운 펌(Crown Eyelash Perm) 완성

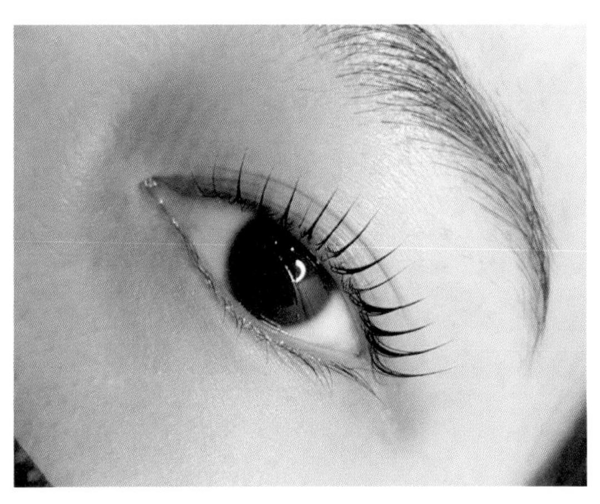

노 글루 펌(No-glue Perm)

아이래쉬 펌 롯드를 속눈썹 펌 글루를 사용하지 않고 피부에 고정한 후 제1제의 원리를 이용하여 속눈썹을 연화시킨다. 연화된 속눈썹을 롯드 위에 가지런히 정리하는 기술을 노 글루 펌이라고 한다. 피부와 속눈썹의 자극 및 손상을 최소화한 방법이다.

1. 노 글루 펌(No-glue Perm)의 특징

① 속눈썹 펌 글루를 사용하지 않고 롯드를 피부에 고정한다.
② 속눈썹 펌 글루 사용 시 발생하는 질환을 예방할 수 있다.
③ 속눈썹 펌 글루 사용에 비해 약제 작용 시간이 단축되어 관리 시간이 줄어든다.
④ 속눈썹을 롯드에 잘못 부착할 경우 발생하는 당기는 현상이 없다.
⑤ 약제의 원리를 이용하여 롯드에 고정시키므로 속눈썹 손상이 적다.
⑥ 연화된 속눈썹을 가지런히 정리할 수 있어 꼬불거리거나 꺾이는 현상이 줄어든다.
⑦ 아이래쉬 펌 후 잔여물이 남지 않는다.

2. 기타 준비사항

모든 펌이 동일하다.

3. 노 글루 펌(No-glue Perm) 준비상태

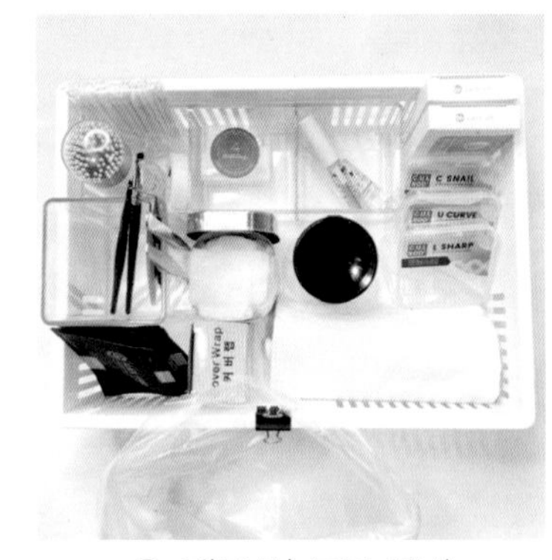

① 재료 및 도구 준비

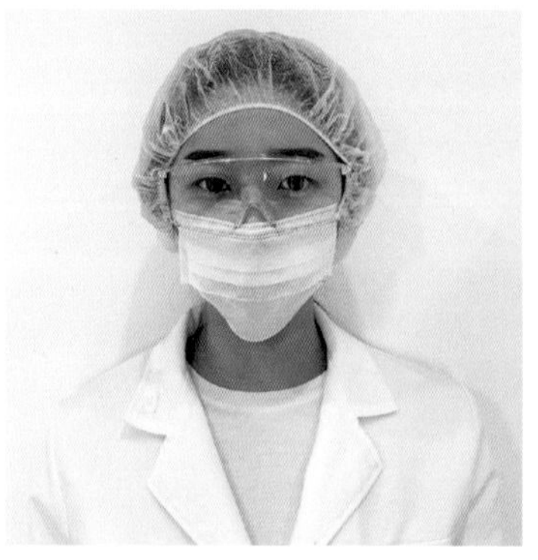

② 관리자 복장 준비

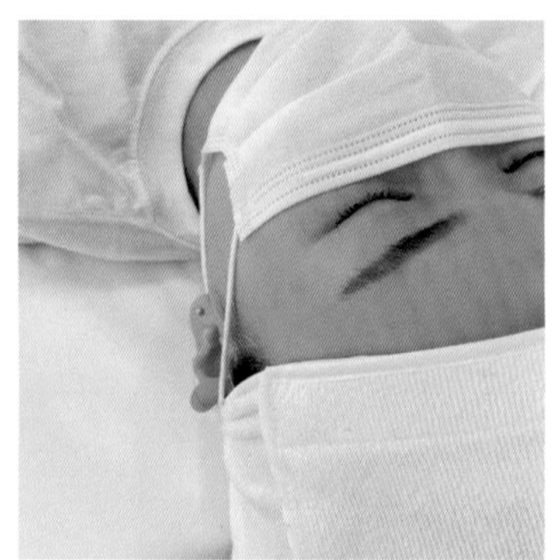

③ 고객 준비

4. 노 글루 펌(No-glue Perm)의 관리자세

(1) 손 소독

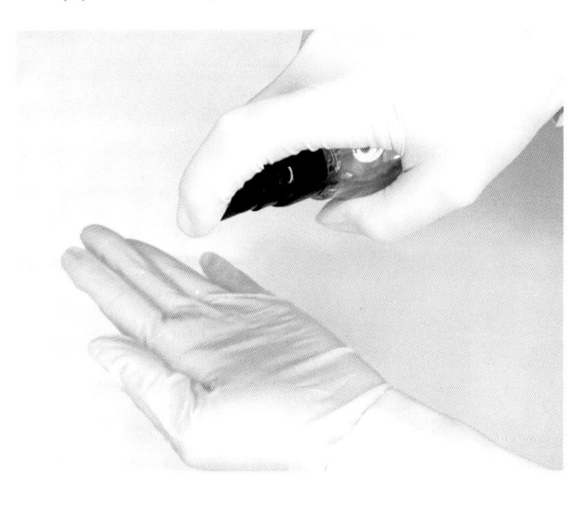

① 위생 장갑 착용 전 손의 소독을 실시한다.

② 관리 전·후 관리자의 손을 70% 알코올 솜으로 소독한다.

③ **손 소독제의 종류** : 스프레이 타입, 겔 타입, 티슈 타입 등 편리에 따라 다양하게 사용한다.

(2) 전처리 단계

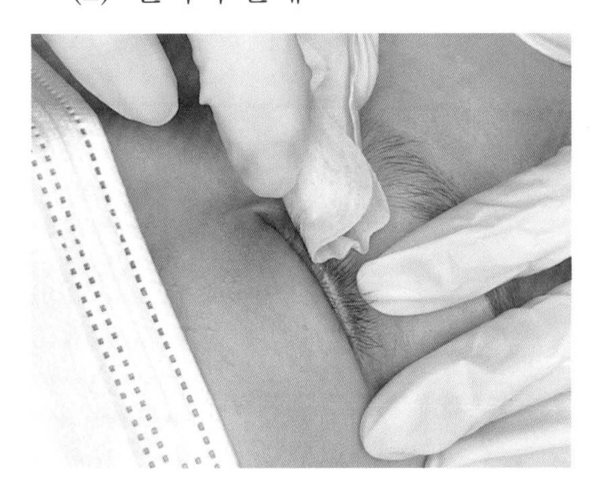

① 액상 또는 패드형 전처리제로 속눈썹 사이의 이물질(화장끼임, 먼지 등) 및 유분기를 제거한다.

② **액상형** : 적당량을 마이크로 면봉, 립 브러쉬 등을 이용하여 속눈썹이 나는 방향으로 꼼꼼히 닦아낸다.

③ **패드형** : 적당량(1~3장) 눈썹이 엉키지 않게 속눈썹이 나는 방향으로 꼼꼼히 닦아낸다.

(3) 아래 속눈썹 고정 단계

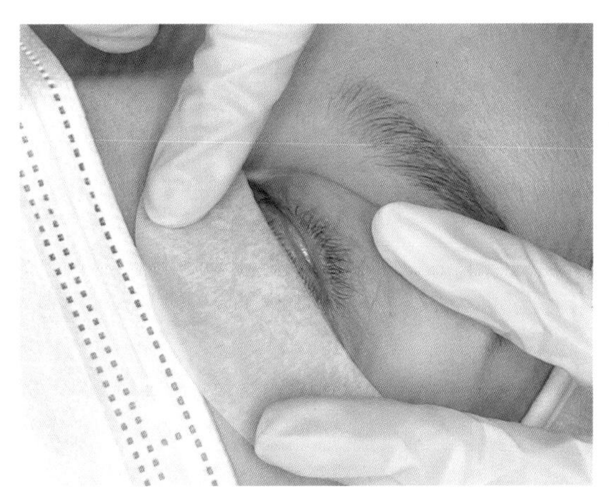

아이패치, 스킨 테이프 등을 이용하여 언더 속눈썹이 아이래쉬 펌 과정에 방해받지 않도록 고정한다.

> **Tip**
> 시야 확보를 위해 스킨 테이프로 피부를 고정한다.

(4) 롯드 부착 단계

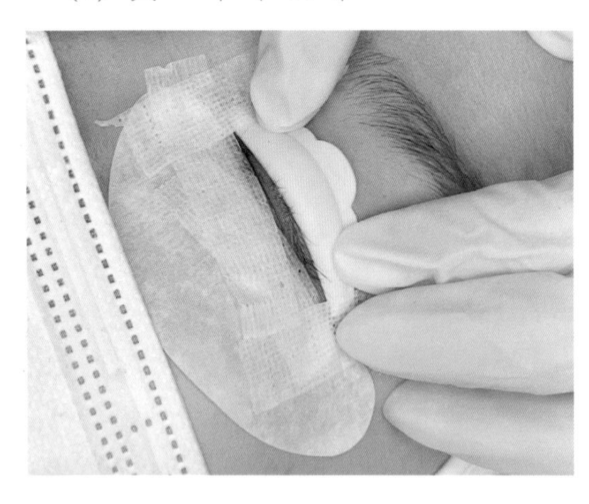

① 글루를 사용하지 않고, 롯드를 부착한다.

② 스킨 테이프를 이용하여 롯드가 들뜸을 방지하기 위해 양옆을 고정한다.

> **Tip**
>
> 속눈썹 모가 강할 경우 아주 소량의 글루를 사용할 수도 있다.

(5) 펌 제1제 도포 단계(글루로 속눈썹 고정 생략)

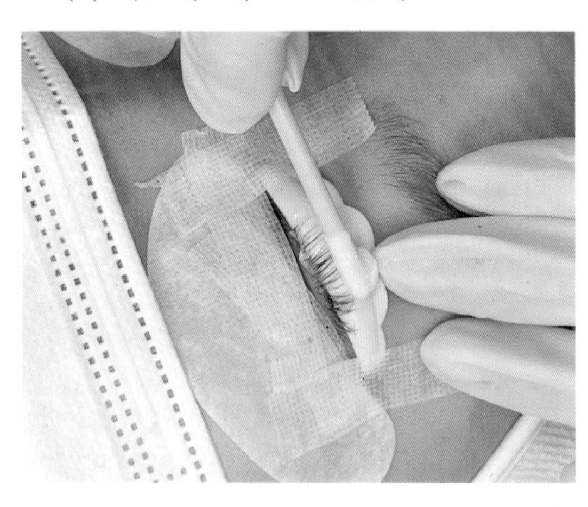

① 마이크로 면봉, 브러쉬 등을 이용하여 펌 제1제를 양쪽 눈에 꼼꼼히 도포한다.

② 글루를 이용하지 않으므로, 속눈썹이 들뜨지 않도록 더욱 주의하여 속눈썹을 고정해 준다.

> **Tip**
>
> 펌제가 점막에 닿지 않게 1~2mm 띄워 도포한다.

(6) 펌 제1제 고정 단계

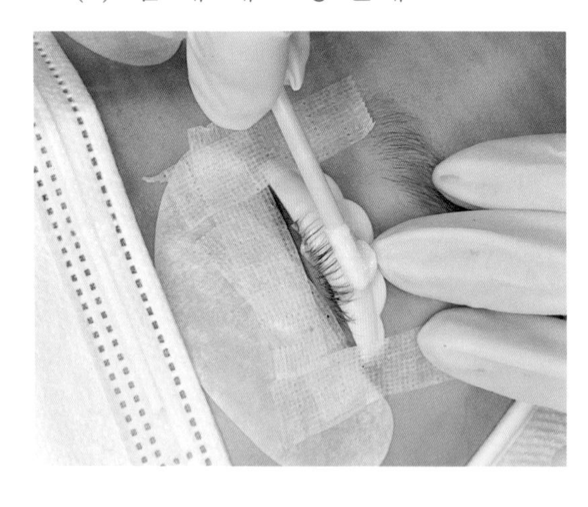

양쪽 눈에 랩, 펌지 등을 씌워 제1제의 작용을 원활하게 한다.

> **Tip**
>
> 방치시간은 속눈썹 모 굵기에 따라 작업자 개인적인 주관으로 상이하게 적용한다.

- 가는모 : 7~10분
- 정상모 : 10~15분
- 굵은모 : 15~18분

(7) 펌 제1제 제거 단계

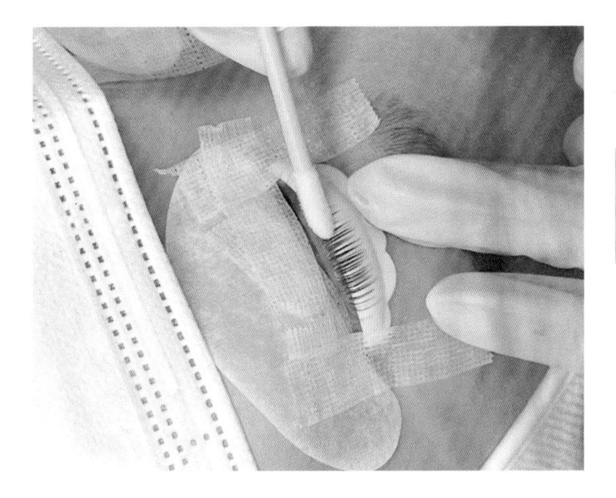

면봉, 정제수 솜 등을 이용하여 펌 제1제를 깨끗이 제거한다.

Tip

눈 안에 펌제가 들어가지 않도록 주의하며 위로 쓸어 올리면서 닦아낸다.

(8) 펌 제2제 도포 단계

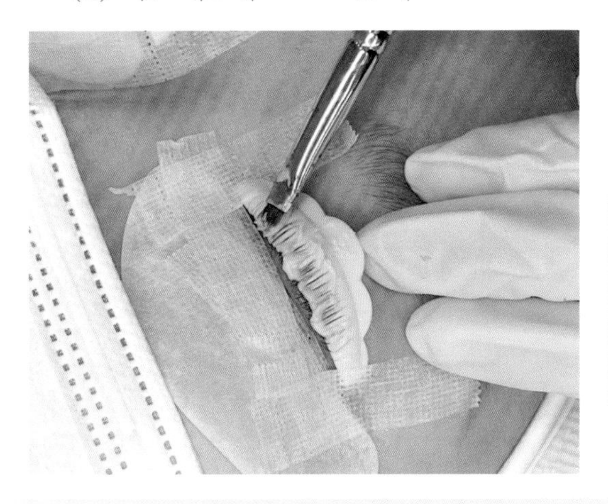

마이크로 면봉, 브러쉬 등을 이용하여 펌 제2제를 양쪽 눈에 꼼꼼히 도포한다. (펌제가 점막에 닿지 않게 1~2mm 띄워 도포)

Tip

속눈썹 끝부분은 얇기 때문에 1~2mm 정도 비워두고 도포하면 속눈썹 모 끝부분의 구부러짐과 손상을 방지할 수 있다.

브러쉬 등으로 빗질을 해주며 속눈썹을 가지런히 고정시킨다.

(9) 펌 제2제 고정 단계

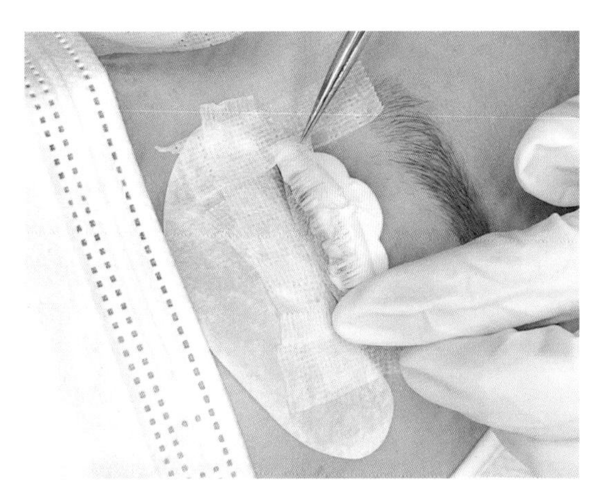

양쪽 눈에 펌지를 씌워 펌 제2제의 작용을 원활하게 한다.

Tip

상하거나 약한 속눈썹은 펌지를 이용하여 손상을 최소화한다. (방치시간은 모에 따라 관리자 주관적 소견으로 상이하게 적용한다.)

- 가는모 : 7~10분
- 정상모 : 10~15분
- 굵은모 : 15~18분

(10) 펌 제2제 제거 단계

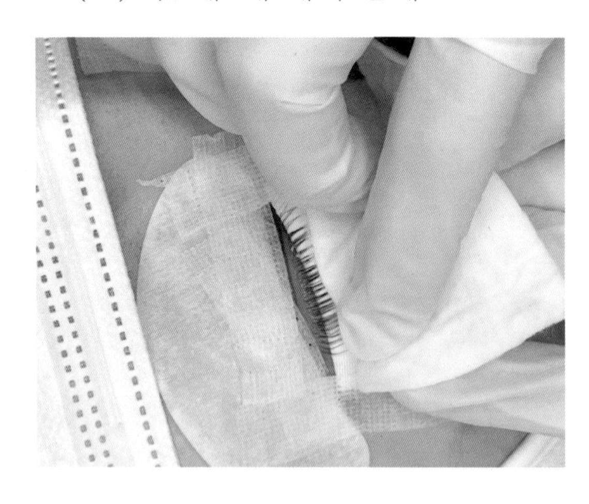

면봉, 정제수 솜 등을 이용하여 펌 제2제를 깨끗이 제거한다.

Tip

눈 안에 펌제가 들어가지 않게 주의하며 위로 쓸어 올리면서 닦아낸다.

(11) 눈 주변 정리 단계

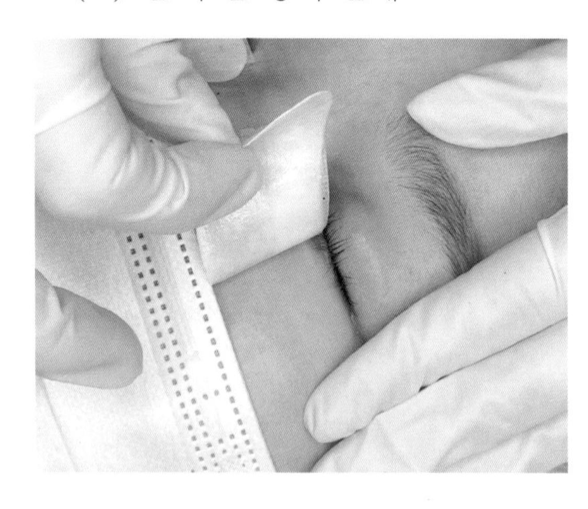

눈에 부착되어 있는 아이패치, 스킨 테이프 등을 제거한 후 양쪽 속눈썹에 약액이 남아있지 않도록 정제수 솜으로 깨끗이 닦아낸다.

(12) 마무리 단계

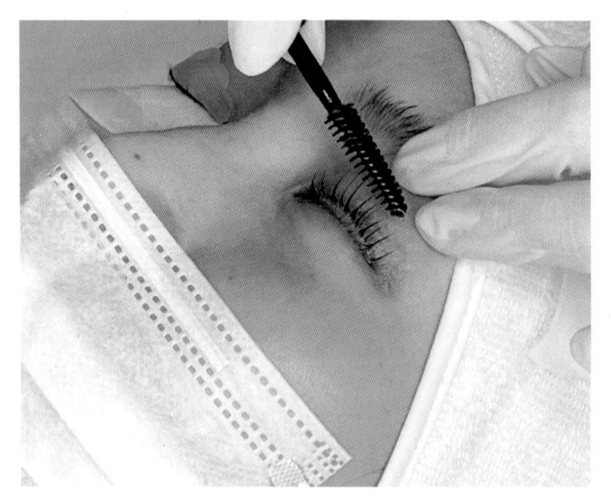

펌을 한 후 속눈썹 에센스, 코팅제 등을 이용하여 속눈썹 결 정리 및 마무리를 한다.

(13) 노 글루 펌(No-glue Eyelash Perm)의 완성

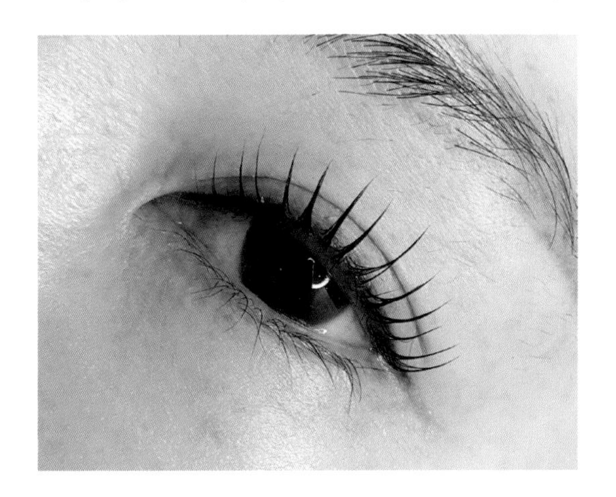

언더 아이래쉬 펌(Under Eyelash Perm)

일반적으로 시행하는 아이래쉬 펌의 방법과 같으나, 언더 속눈썹의 경우 속눈썹이 약하기 때문에 약한 힘을 사용하여 속눈썹을 관리하며, 손상을 예방하기 위해 약제 도포 후 시간을 조절해야 한다.

1. 언더 아이래쉬 펌(Under Eyelash Perm)의 순서

※ 모든 펌 테크닉의 기본 준비 및 위생, 주의사항은 동일하다.

(1) 손 소독

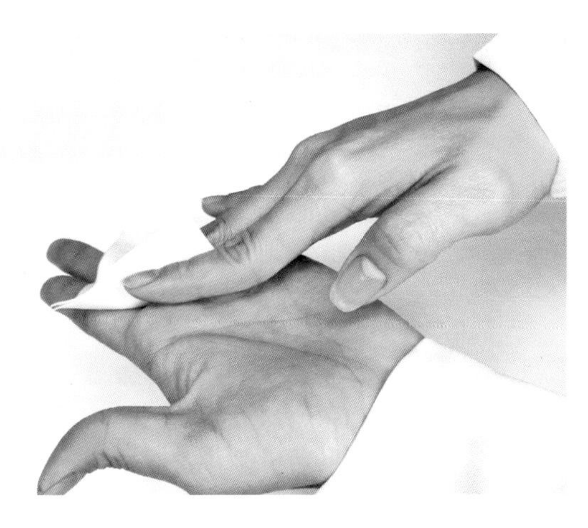

① 위생 장갑 착용 전 손의 소독을 실시한다.

② 관리 전·후 관리자의 손을 70% 알코올 솜으로 소독한다.

③ **손 소독제의 종류** : 스프레이 타입, 겔 타입, 티슈 타입 등 편리에 따라 다양하게 사용한다.

(2) 전처리 단계 : 유분기를 제거한다.

(3) 위 속눈썹 고정 단계

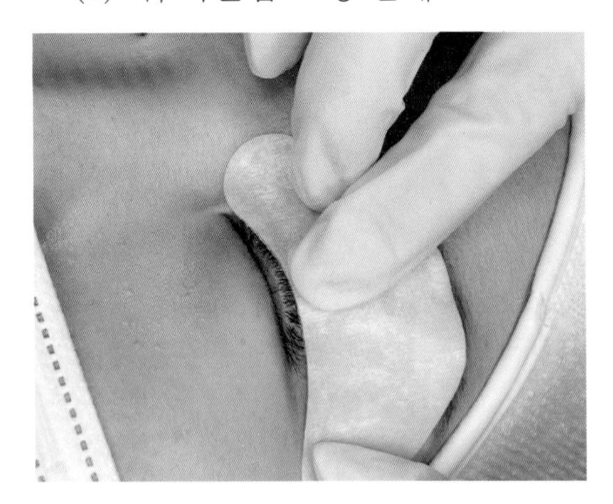

아이패치, 스킨 테이프 등을 이용하여 위쪽 속눈썹이 언더 펌 과정에 방해 받지 않도록 고정한다.

> **Tip**
> 시야 확보를 위해 스킨 테이프로 피부를 고정한다.

(4) 롯드 부착 단계

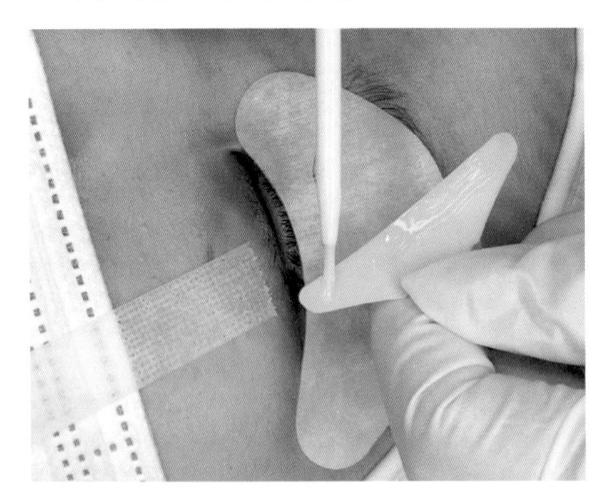

언더 롯드 뒷면에 펌 글루를 소량 도포 후 뿌리 근접 부분에 롯드를 고정한다.

> **Tip**
> 롯드가 들뜰 경우 테이프로 양옆을 고정한다.

(5) 롯드에 속눈썹 고정 단계(펌 제1제 전 단계)

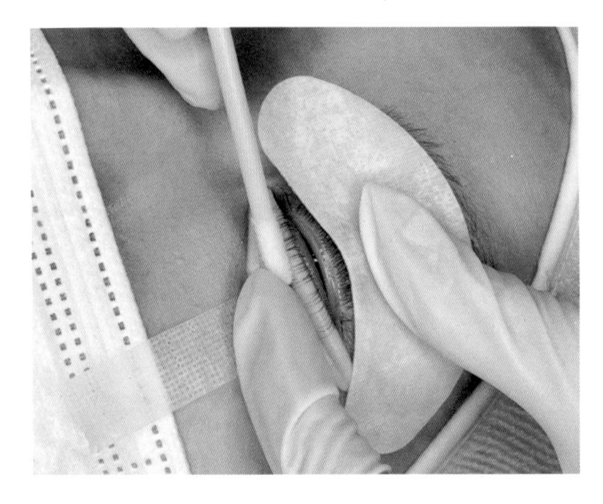

핀셋, 스파츌라, 립 면봉 등을 이용하여 롯드에 속눈썹을 고정시킨다.

> **Tip**
> 언더 속눈썹은 약하기 때문에 텐션을 강하게 주지 않는다.

(6) 펌 제1제 도포 단계

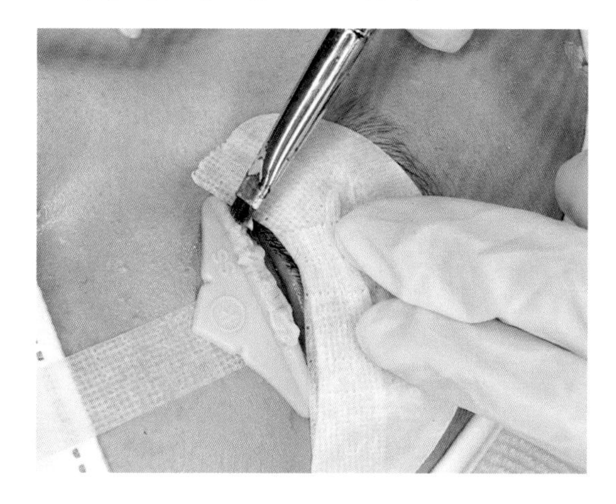

마이크로 면봉, 브러쉬 등을 이용하여 펌제1제를 양쪽 눈에 꼼꼼히 도포한다.

> Tip
> 펌제가 점막에 닿지 않게 1~2mm 띄워 도포한다.

(7) 펌 제1제 고정 단계

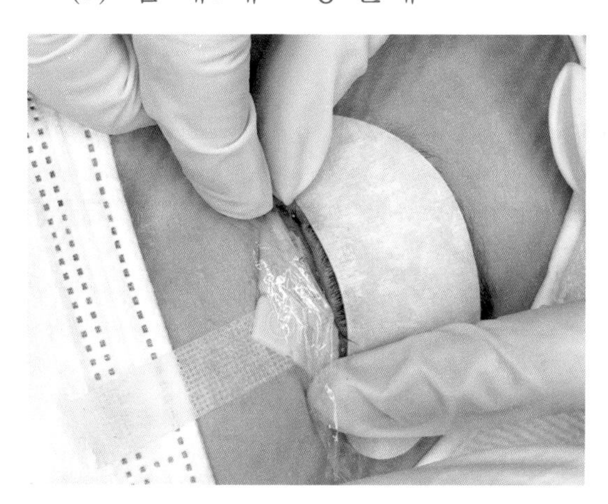

양쪽 눈에 랩, 펌지 등을 씌워 제1제의 작용을 원활하게 한다. (방치시간 : 7~10분)

> Tip
> 언더 속눈썹은 약하기 때문에 오랜 시간 두지 않는다.

(8) 펌 제1제 제거 단계

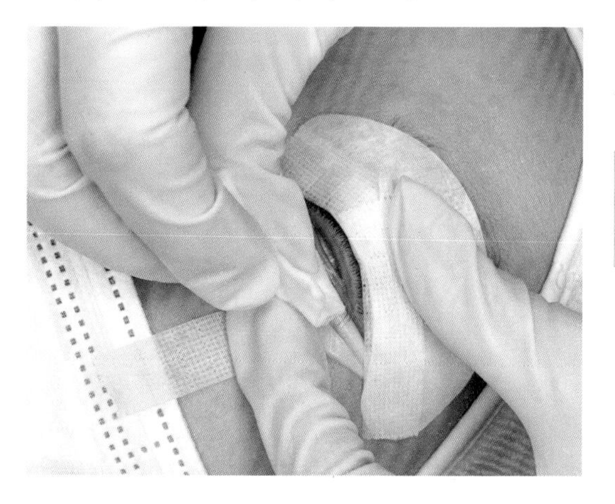

면봉, 정제수 솜 등을 이용하여 펌 제1제를 깨끗이 제거한다.

> Tip
> 눈 안에 펌제가 들어가지 않도록 주의하며 위로 쓸어 올리면서 닦아낸다.

(9) 롯드에 속눈썹 고정 단계(펌 제2제 전 단계)

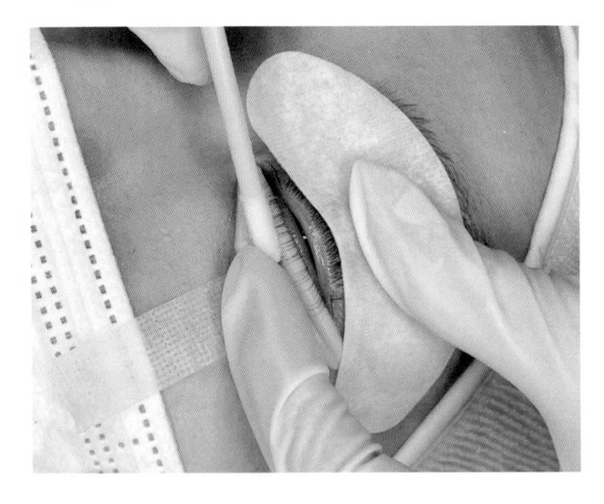

핀셋, 스파츌라, 립 면봉 등을 이용하여 흐트러진 속눈썹을 롯드에 가지런히 정돈한다.

(10) 펌 제2제 도포 단계

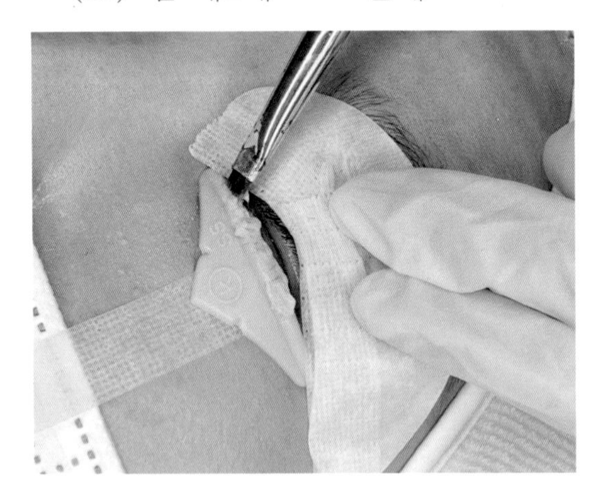

마이크로 면봉, 브러쉬 등을 이용하여 펌 제2제를 양쪽 눈에 꼼꼼히 도포한다.
(펌제가 점막에 닿지 않게 1~2mm 띄워 도포.)

Tip

속눈썹 끝부분은 모가 얇기 때문에 1~2mm 정도 비워두고 도포하면 속눈썹 모 끝부분의 구부러짐과 손상을 방지할 수 있다.

(11) 펌 제2제 고정 단계

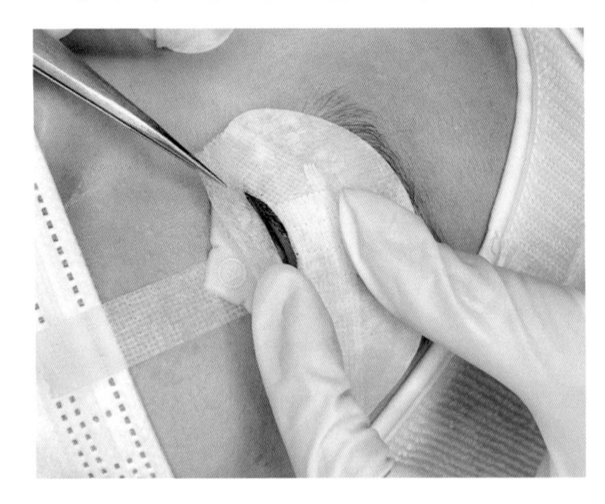

양쪽 눈에 랩, 펌지 등을 씌워 펌 제2제의 작용을 원활하게 한다.(방치시간 7~10분)

Tip

언더 속눈썹은 약하기 때문에 끊어질수 있으므로 시간을 오래두지 않는다.

(12) 펌 제2제 제거 단계

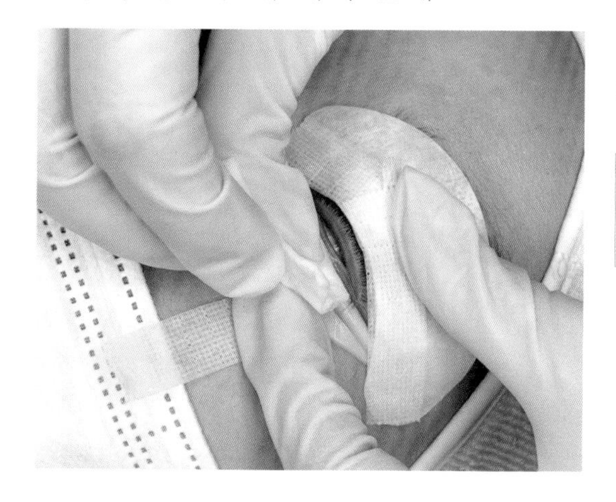

면봉, 정제수 솜 등을 이용하여 펌 제2제를 깨끗이 제거한다.

> **Tip**
>
> 눈 안에 펌제가 들어가지 않도록 주의하며 아래로 쓸어내리면서 닦아낸다.

(13) 롯드 분리하기

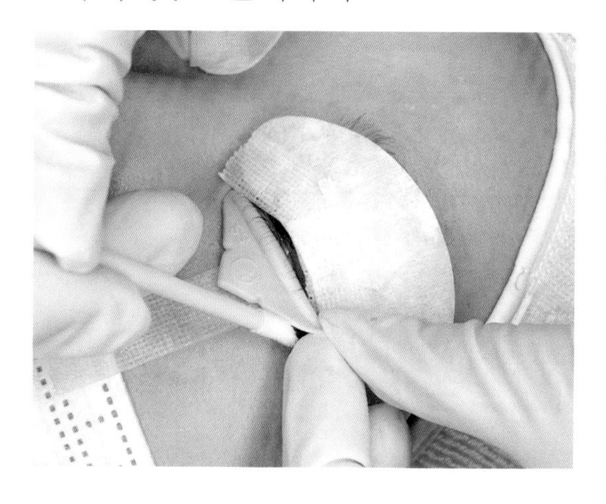

면봉에 물을 적셔 사용하거나 물 솜을 이용하여 눈 아래 붙어있는 롯드를 조심스럽게 분리한다.(자극이 되지 않게 세게 문지르지 않는다.)

(14) 눈 주변 정리 단계

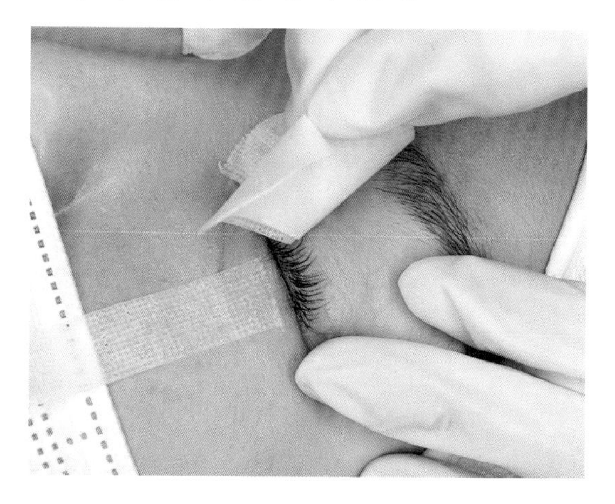

윗쪽 속눈썹에 붙여 두었던 아이패치, 스킨 테이프 등을 제거한 후 양쪽 속눈썹에 약액이 남아있지 않도록 솜에 물을 묻혀 깨끗이 닦아낸다.

(15) 마무리 단계

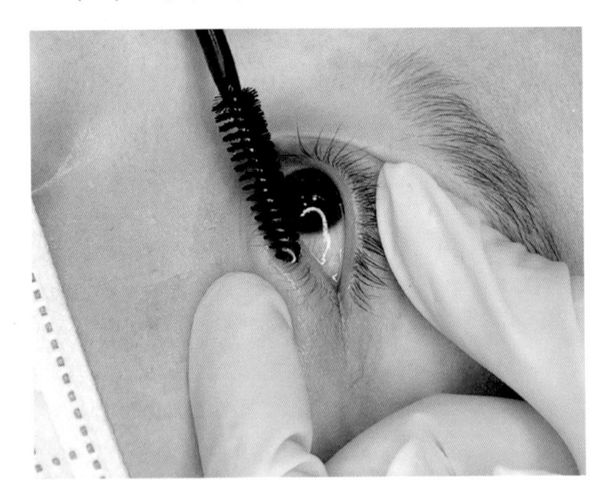

펌을 한 후 속눈썹 에센스, 코팅제 등을 이용하여 속눈썹 결 정리 및 마무리를 한다.

(16) 언더 펌(Under Eyelash Perm) 완성

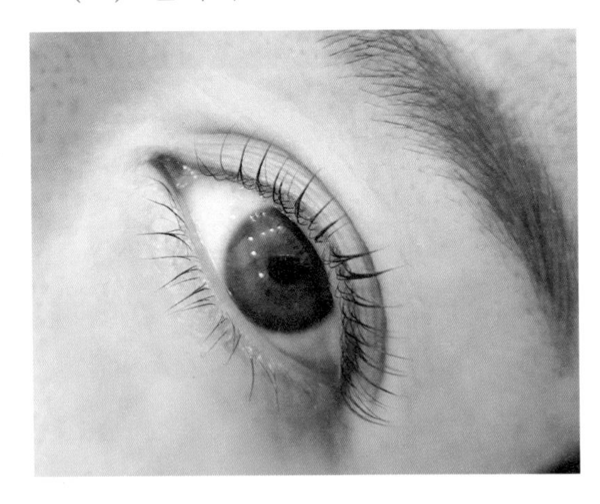

 클리닉 펌(Clinic Perm)

아이래쉬 펌을 진행할 때 클리닉 제품, 단백질 에센스 등으로 속눈썹의 손상을 최소화시키는 방법으로 베이직 펌과 병행하여 관리한다. 제1제에 클리닉제품을 섞거나 클리닉 펌제를 사용한다.

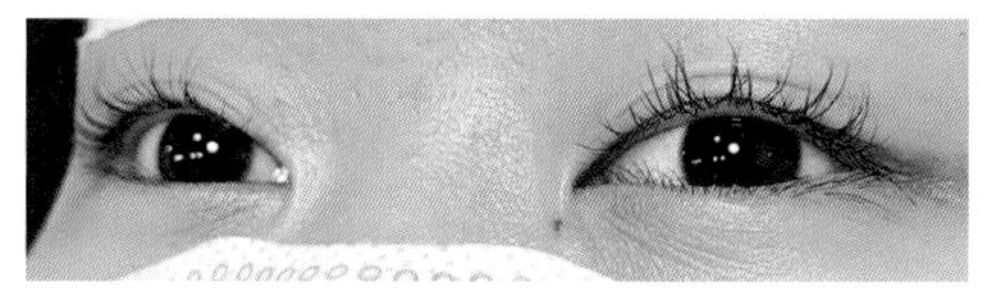

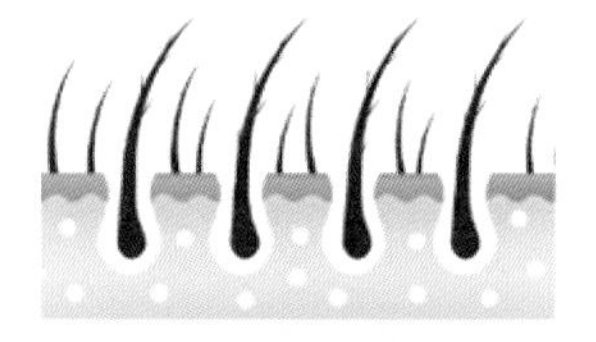

손상된 모발상태

클리닉펌 후 모발상태

그림 17-1 클리닉 전·후 속눈썹 모의 상태

 속눈썹 복구 펌(Recovery Perm)

속눈썹은 생리적·물리적 요인 및 환경적 요인으로 인해 손상되며, 이를 원래 상태로 복구시키기 위해 속눈썹 복구 펌을 진행한다. 속눈썹 펌제 제1제에 클리닉 제품을 섞어서 사용하거나 별도의 클리닉 펌제를 사용한다.

1. 속눈썹 손상 요인

① **생리적 요인** : 호르몬 불순, 스트레스, 편식, 다이어트 등

② **물리적 요인** : 뷰러의 사용, 속눈썹 전용 아이론, 잘못된 관리 등

③ **환경적 요인** : 자외선, 적외선, 해수, 온도 차이, 대기오염, 건조 등

복구 펌 전 모발상태

복구 펌 후 모발상태

그림 17-2 복구 펌 전·후의 모발상태

Chapter 18

아이래쉬 펌 후 관리사항

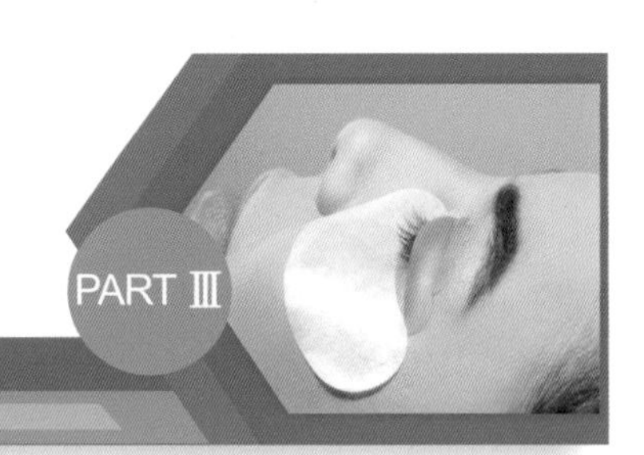

아이래쉬 펌 후 관리사항

1. 주의사항 (Cautions)

① 아이래쉬 펌은 약 4주간 유지되나, 전용 영양제 및 에센스를 꾸준히 바르고 관리하면 좀 더 길게 유지할 수 있다.

② 워터 클렌징 제품을 사용하여 컬의 방향대로 닦아주면 컬이 좀 더 오래 유지된다.

③ 당일은 컬의 방향이 흩어지지 않도록 조심스럽게 세안한다.

④ 눈을 비비지 않도록 주의하며, 엎드리는 등 컬이 눌리는 자세는 피하는 것이 좋다.

⑤ 뷰러는 모발을 손상시키는 원인이 되므로 피하는 것이 좋다.

⑥ 마스카라는 아이래쉬 펌 후 다음 날부터 사용하는 것을 권장한다.

⑦ 당일에는 열이 발생하는 사우나는 피하는 것이 좋다.

⑧ 자라나는 모(신생모, New Born Hair)도 곧게 자랄 수 있게 속눈썹 영양제로 꾸준히 관리한다.

2. 홈 케어 (Home Care)

(1) 속눈썹 브러쉬(Eyelash Brush) : 이물질 제거와 모발의 성장 촉진

(2) 속눈썹 영양제(Eyelash Tonic) : 단백질(케라틴, Keratin) 강화

(3) 눈 주변 마사지(Massage for Eyes) : 혈액순환 촉진

(4) 속눈썹에 좋은 음식 섭취 (Healthier foods for Eyelash) : 단백질 비타민 C 등

(5) 눈 문지르지 않기 (Don't Rub Eyes) : 모낭 손상, 견인성 탈모 유발

(6) 속눈썹을 청결하게 유지 (Keep Eyelash Clean) : 모공 클렌징

(7) 속눈썹 휴식 (Eyelash Rest)

(8) 스트레스 관리 (Stress Management)

질환

1. 아이래쉬 펌에 의한 안질환

(1) 눈꺼풀 물집 (Blister)

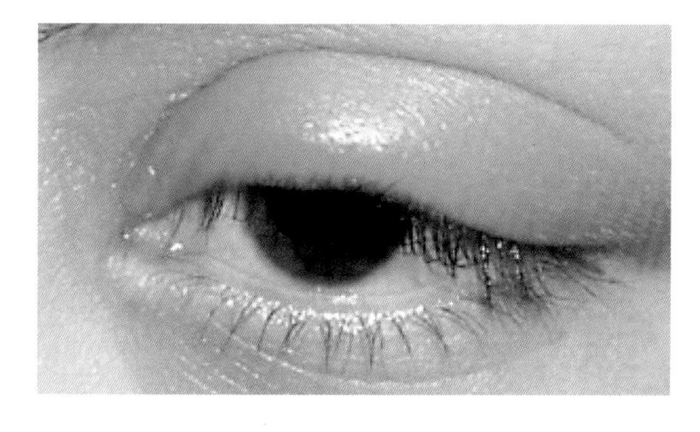

펌 용액에는 각막과 결막에 독성이 있는 것으로 밝혀진 암모늄(Ammonium)이 포함되어 있다. 이것은 아이래쉬 펌에 대한 부작용 반응을 일으키고 시력에 극도의 위험을 초래한다. 시중에 판매되는 17개 아이래쉬 펌제에 대해 실태 조사를 한 결과 전 제품에서 치오글라이콜릭애씨드(Thioglycolic Acid) 성분이 검출되었다. 치오글라이콜릭애씨드란 민감한 소비자가 접촉할 경우 피부에 물집이 생기거나 화상을 입을 수 있고 심하면 습진성, 소포성 발진을 유발할 수 있는 성분이다.

(2) 눈 발진 (Eye Rash)

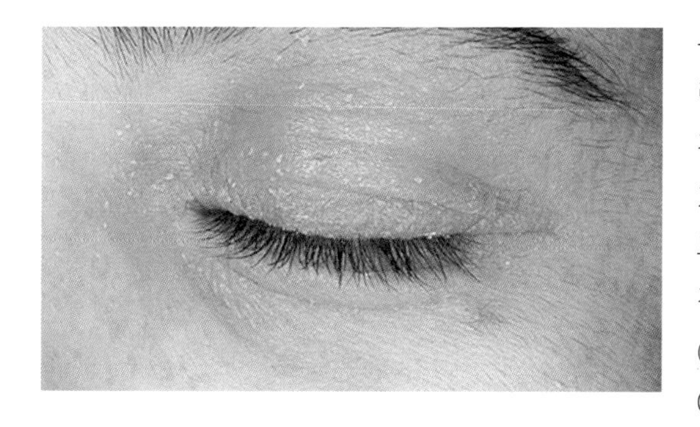

눈 발진은 화학 반응, 알레르기, 질병, 크림, 약물, 곰팡이, 바이러스 또는 기생충 감염 또는 먼지의 반응이다. 증상은 피부가 건조해 지며, 울퉁불퉁하고 갈라진 피부로 인해 통증, 가려움과 피부의 붉어짐 현상이다. 원인은 세균(Virus), 곰팡이(Monosporium), 기생충 감염(Parasitization), 아이래쉬 펌(Eyelash Perm) 등으로 인해 발생한다.

(3) 홍반(Erythema)

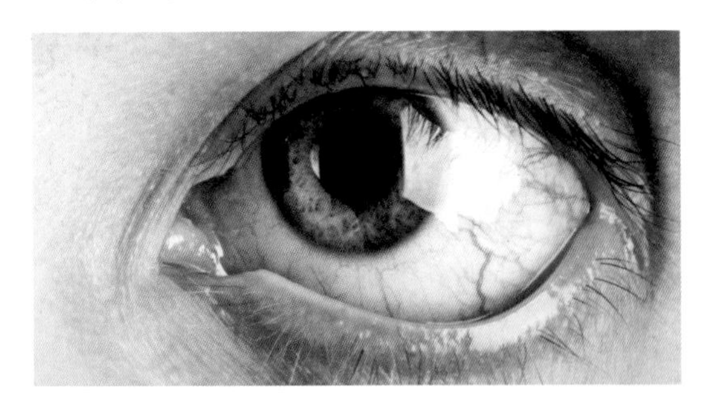

각막(눈 부분)이 붉어지고 혈액 응고처럼 보이는 질환이다. 증상은 눈의 자극, 작열감, 가려움증 및 색이 붉어진다. 대기 오염, 미용 제품, 연기, 공기, 화학 제품 등의 원인으로 발생된다.

(4) 안구 건조증(Xerophthalmia)

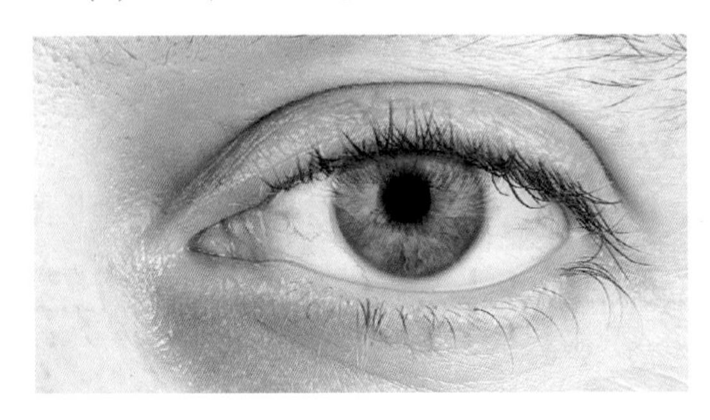

눈이 적절한 윤활을 생성하지 못하면 눈이 건조해진다. 증상은 빛에 대한 민감성, 눈 근처에 끈적끈적한 점액, 따끔거림 및 작열감 등이 있다. 원인으로는 노화, 건강 상태(비타민 A 결핍, 여드름, 피임), 화학 미용 제품 및 눈물샘 손상 등이 있다.

(5) 눈물(Tear)

눈에서 과도한 흐름과 지속적인 물의 흐름은 눈물로 간주된다. 증상은 눈에 윤활유를 바르고 과도한 눈물을 흘리며 머리와 눈에 통증이 있다. 눈 표면에 자극이나 염증, 속눈썹 및 눈꺼풀 문제 또는 아이래쉬 펌 또는 미용 제품 등의 원인이 있다.

(6) 안구 염증(Ophthalmitis)

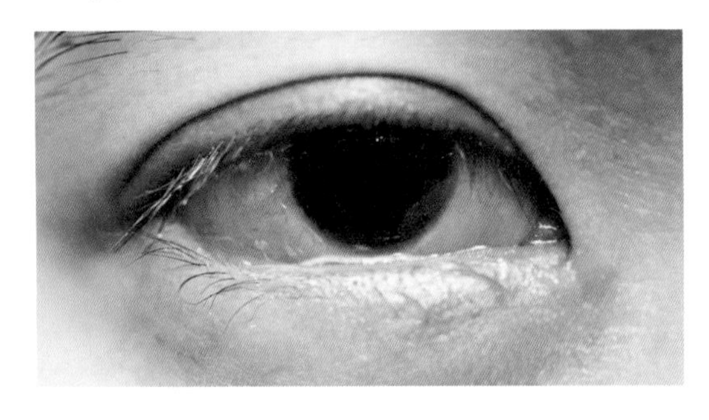

염증은 염증성 질환으로 인해 눈의 중간층에서 발생한다. 염증, 통증, 발적, 움직이지 않음, 부기 및 열의 증상 등이 있다. 화학 반응, 혈액 공급, 호중구(신체에서 방출) 및 알레르기로 인한 원인 등이 있다.

2. 아이래쉬 펌에 의한 피부질환

아이래쉬 펌제, 테이프, 아이래쉬 펌 글루 등이 피부에 직접적으로 닿았을 때 생길 수 있는 질환들에 대해 알아본다.

(1) 지루성 피부염에 의한 눈가 가려움(지루성 피부염, Seborrheic Dermatitis)

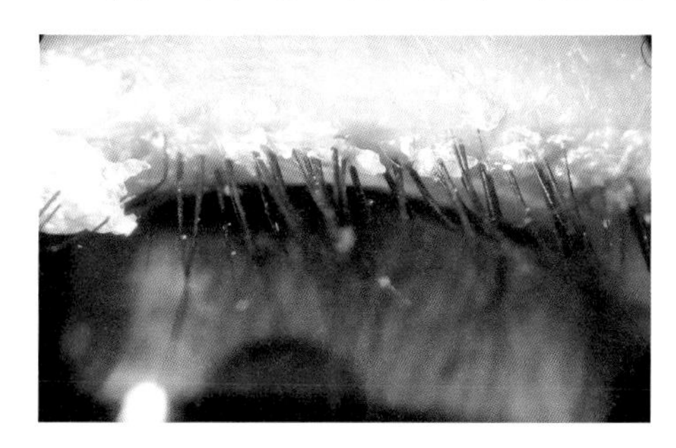

많은 양의 피지 배출이 원인으로 눈썹에 지루성 피부염이 생긴 경우에는 눈가 주변까지 가려움이 나타날 수가 있다. 또한, 두피나 눈썹에 생긴 지루성 피부염에 의해 만들어진 기름진 각질이 눈꺼풀에 떨어져 안검염(Blepharitis)이라는 추가 질환이 발생하기도 한다.

(2) 아토피에 의한 눈 주변 가려움(아토피, Atopy / 아토피 피부염, Atopy Dermatitis)

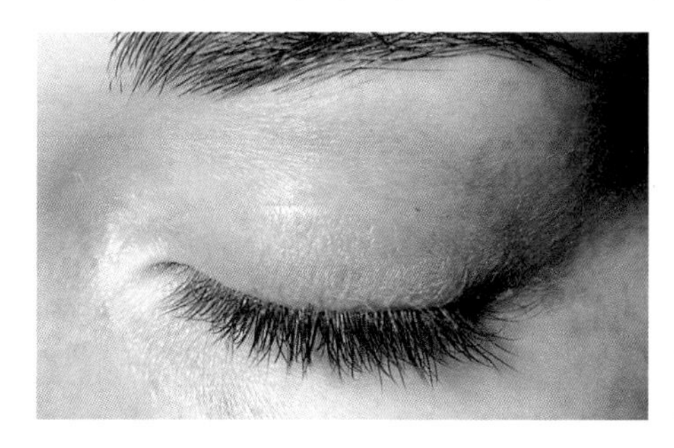

유전, 환경, 면역학적 요인 등 다양한 원인이 복합적으로 작용하여 발생하는 만성 피부염인 아토피 피부염에 의해 눈가 가려움이 유발되기도 한다. 가려움을 견디지 못해 눈 부위를 긁게 되면 눈썹이 빠진다거나 색소침착(Pigmentation)에 의해 눈 주위가 어둡게 변하는 증상으로 이어질 수 있으므로 주의해야 한다.

(3) 알레르기와 두드러기에 의한 눈가 가려움(두드러기: Urticaria)

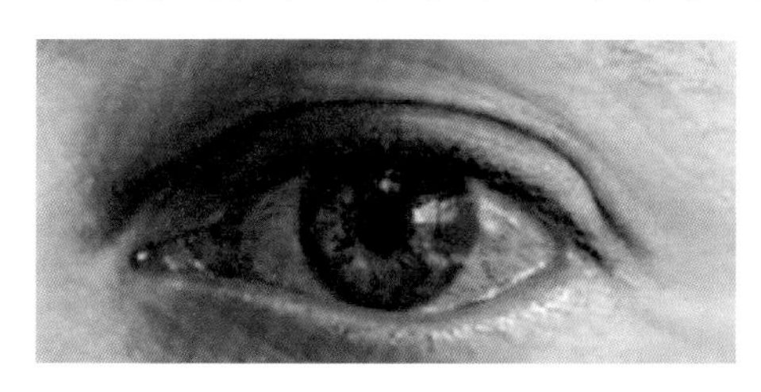

눈 주변 피부는 화장품이나 연고제 등에 의한 알레르기 반응으로 가려움이 나타나기도 한다.

(4) 물리적 작용으로 인한 부작용

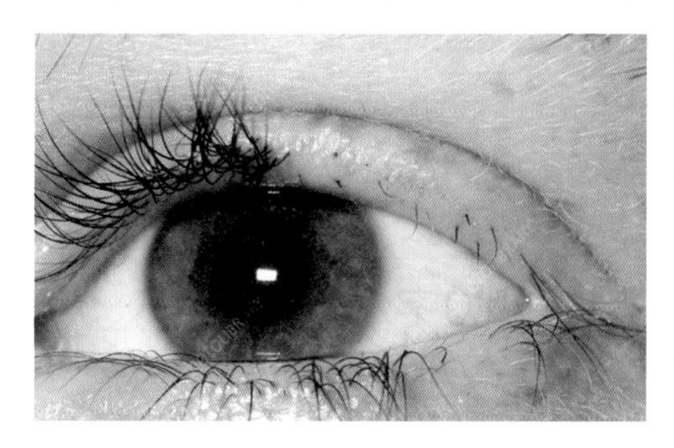

속눈썹의 견인성 탈모가 가장 큰 원인이라 할 수 있다. 자주 속눈썹을 만지거나 뜯는 것과 같이 외부적인 힘이 가해지는 경우 등 모낭의 일부가 뜯겨지면서 다시 자라지 않아 영구 탈모로 이어진다. 아이래쉬 펌의 경우에도 속눈썹 집게나 리프트 도구로 무리하게 속눈썹을 당길 경우 견인성 탈모가 일어날 수 있기 때문에 주의해야 한다.

참고 문헌

- 강경희 외, "프로가 되는 속눈썹 연장", 시대인출판사, 2018.
- 곽형심 외, "모발 · 두피관리학", 청구문화사, 2012.
- 권오혁, "소독 및 감염병학", 청구문화사, 2014.
- 권태일 외, "속눈썹 미용실태에 따른 외모만족도와 자아존중감", 한국피부과학연구원, 2019.
- 권태일 외, "속눈썹 미용에 대한 선호도 및 만족도", 한국피부과학연구원, 2018.
- 권혜영 외, "NEW 피부과학", 메디시언, 2019.
- 김기연, "피부과학", 수문사, 2001.
- 김명숙, "이론과 실제 피부관리학", 현문사, 2009.
- 김수진 외, "속눈썹미용", 서우, 2011.
- 김은희, "피부미용사 필기 최근기출문제", 책과 상상, 2019.
- 김지희 외, "20세기 화장문화사", 경춘사, 2006.
- 김한석, "미용과학 I", 청구문화사, 2012.
- 김희숙 외, "메이크업과 패션", 수문사, 1996.
- 대한간호학회, "간호학대사전", 한국사전연구사, 1996
- 대한의료관련감염관리학회, "의료기관의 손위생 지침", 질병관리본부, 2014.
- 류지호, "햇빛과 피부노화 건강칼럼", 공업화학전망, 2010.
- 박남수, "공중위생 관리학", 보문각, 2019.
- 신경환, "눈의 구조와 기능", 약업신문사, 2001.
- 약학 정보원, "맞춤 OTC 선택 가이드", 조윤커뮤니케이션, 2020.
- 에듀웨이 R&D 연구소, "2019 기분파 피부미용사 필기", ㈜에듀웨이, 2019.
- 유지영 외, "티나스타일", 뷰티북스, 2015.
- 윤호준 외, "피부의 기저막 구성성분의 발현에 미치는 비타민과 비타민의 효과", 서울대학교 대학원, 2007.
- 이수비, "모발과 두피관리", 구민, 2016.
- 이우주, "이우주 의학사전", 군자출판사, 2012.
- 이진옥, "모발과학", 형설출판사, 2004.
- 이진학, "안과학", 일조각, 2011.
- 이화순 외, "미용문화와 시대 메이크업", 예림, 2009.
- 전선정 외, "미용미학과 미용문화사", 청구문화사, 2014.
- 최영희, "헤어 펌 웨이브 테크닉", 서울 :光文閣, 2005.
- 한림대학교 의과대학 안과학 교실, "임상증례를 통한 안과 질환의 이해", 도서출판 내외학술, 2012
- 한의학대사전 편찬위원회, "한의학대사전", 정담, 2010.

- 홍경옥 외, "미용의 기초", 능률교과서, 2018.
- 황재성, "화장품과 피부과학 연구동향", 보건산업기술동향, 2001.
- David Maggs 외, "수의 안과학", OKVET, 2015.
- NCS 네일미용 학습모듈, 네일미용 고객서비스(1201010412_17v4)
- NCS 네일미용 학습모듈, 네일미용 위생서비스(1201010411_17v4)
- NCS 메이크업 학습모듈, 눈썹 특수 연출(1201010353_19v2)
- NCS 메이크업 학습모듈, 메이크업 위생관리(1201010301_19v5)
- NCS 메이크업 학습모듈, 속눈썹 연장(1201010319_19v5)
- NCS 피부미용 학습모듈, 피부미용 고객상담(1201010201_17v3)
- NCS 피부미용 학습모듈, 피부미용 위생관리(1201010210_19v3)
- NCS 헤어미용 학습모듈, 고객응대 서비스(1201010116_19v5)
- NCS 헤어미용 학습모듈, 미용업 안전위생 관리(1201010101_17v4)

- https://cleanindoor.seoul.go.kr/contents.do?menuNo=237&contentsNo=34
- https://www.bllashes.com/pages/blog
- https://www.cosmeticsandskin.com/cdc/false-eyelashes.php
- https://www.easy-eye.co.kr/
- http://www.ec21.co.kr/issue-info/international-issues/beauty_issue/?pageid=1&-mod=document&uid=39
- https://health.kdca.go.kr/healthinfo/index.jsp
- https://post.naver.com/my.naver?memberNo=46004708
- http://www.doopedia.co.kr
- https://blog.naver.com/경한의원
- https://www.law.go.kr/법령/공중위생관리법
- https://tv.naver.com/snuh
- http://www.amc.seoul.kr/asan/healthinfo/disease/diseaseDetail.do?contentId=31535

All About Eyelash

속눈썹의 모든 것

2023년 1월 5일 초판 인쇄
2023년 1월 10일 초판 발행

지은이 • 권태일 · 김성언 · 김다롱 · 배주은
송진주 · 이정은 · 정은지 · 조예랑
발행인 • 주병오 · 주민기

발행처 • 메디시인
주 소 • 경기도 파주시 회동길 209
파주출판문화정보산업단지
영업부 • 031-955-7566 · 7577
편집부 • 031-955-7731
F A X • 031-955-7730
홈페이지 • www.ji-gu.co.kr
전자우편 • jigupub@hanmail.net
등록번호 • 2005년 2월 16일
제 406-2005-000045호

ISBN 979-11-90839-69-3 가격 : 28,000원